"十四五"时期水利类专业重点建设教材
河南省"十四五"普通高等教育规划教材
全国水利行业规划教材
普通高等教育"十四五"系列教材

水环境学（第2版）

主　编　窦　明　左其亭
副主编　凌敏华　陈　豪　王　梅

中国水利水电出版社
www.waterpub.com.cn
·北京·

内 容 提 要

本教材是在综合了水资源学、环境化学、环境水利学等相关学科的基础理论知识和当前有关水环境研究领域的最新理论方法，并在满足水环境方面相关专业应用需求的基础上编撰完成的、主要面向本科教学的统编教材，由层次递进的三部分内容组成：对水环境中溶质形成和转化规律的基本认识；水环境模拟分析与控制技术方法，包括检测分析方法、数学模型和污染控制技术方法；水环境主体工作内容，包括污染源调查、水环境监测、水环境质量评价、水环境规划和水环境管理。

本教材可作为水利工程类、环境科学与工程类、地质工程类、地理科学类、地球科学类等专业本科生、专科生学习教材，也可供上述专业的研究生和教师以及相关专业的科技工作者使用和参考。

图书在版编目（CIP）数据

水环境学 / 窦明等主编. -- 2版. -- 北京：中国水利水电出版社, 2023.8
"十四五"时期水利类专业重点建设教材　河南省"十四五"普通高等教育规划教材　全国水利行业规划教材　普通高等教育"十四五"系列教材
ISBN 978-7-5226-1638-4

Ⅰ.①水… Ⅱ.①窦… Ⅲ.①水环境－高等学校－教材 Ⅳ.①X143

中国国家版本馆CIP数据核字(2023)第132200号

书　名	"十四五"时期水利类专业重点建设教材 河南省"十四五"普通高等教育规划教材 全国水利行业规划教材 普通高等教育"十四五"系列教材 **水环境学（第 2 版）** SHUIHUANJINGXUE
作　者	主编　窦　明　左其亭 副主编　凌敏华　陈　豪　王　梅
出版发行	中国水利水电出版社 （北京市海淀区玉渊潭南路1号D座　100038） 网址：www.waterpub.com.cn E-mail: sales@mwr.gov.cn 电话：(010) 68545888（营销中心）
经　售	北京科水图书销售有限公司 电话：(010) 68545874、63202643 全国各地新华书店和相关出版物销售网点
排　版	中国水利水电出版社微机排版中心
印　刷	清淞永业（天津）印刷有限公司
规　格	184mm×260mm　16 开本　18.5 印张　450 千字
版　次	2014 年 3 月第 1 版第 1 次印刷 2023 年 8 月第 2 版　2023 年 8 月第 1 次印刷
印　数	0001—2000 册
定　价	**55.00 元**

凡购买我社图书，如有缺页、倒页、脱页的，本社营销中心负责调换
版权所有·侵权必究

第 2 版前言

　　本教材是全面介绍水环境形成、演变、评价、模拟、管理、保护等系列内容的教材，融合了水环境化学、环境工程学、水文地质学、环境管理学等多学科知识点和化学实验、数学建模、工程设计、规划编制等多种技术方法，旨在向读者展现一个现代的、科学的、完善的水环境学科体系。

　　本教材（第1版）出版以来，先后被多所高校选用作为本科生或研究生教材，获得使用院校师生好评。自党的十八大以来，随着"绿水青山就是金山银山""人与自然和谐共生"等生态文明思想的深入人心，国家也加快推进水环境治理体制机制的探索，先后修订或颁布了《中华人民共和国环境保护法》《中华人民共和国水污染防治法》《水污染防治行动计划》及《中共中央　国务院关于深入打好污染防治攻坚战的意见》等法律政策，对水环境保护工作提出了更高要求，迫切需要在教学理念和知识体系方面适应最新需求。同时，自第1版教材出版至今，水环境学研究及相关技术也取得了长足的进步。《水环境学（第2版）》保持了第1版的主体内容框架，体现了近年来相关学科领域的新理念，吸取了相关技术标准的新规定，更新和补充了有关资料，也更正了第1版教材中的一些不当之处。

　　与第1版相比，第2版主要做了如下改进：

　　（1）总体沿用第1版的教材结构和内容安排，对部分章节的重点内容进行了一些调整，特别突出了目前水环境学研究和应用实践更加关注的内容，使重点更加突出。

　　（2）基于新的资料、研究成果和实践经验，重新更新了有关数据、结论和认识，增加了一些新知识，使教材更加完善。

　　（3）新增加了一些新的水环境保护与管理理念和方法体系，如水环境保护国家战略、水环境检测分析新技术、河湖健康评价，基于这些新理念和方法来重新解读水环境管理的发展方向。

　　本教材题材丰富、内容新颖、论述深入浅出、理论联系实际，能很好地适应不同层次、不同专业的读者，同时在爱课程网、国家虚拟仿真实验教学课程共享平台还有在线的教学视频和虚拟仿真实验等多媒体资料，其内容丰富、生动直观，能直接用于课堂教学，便于教师授课和学生课外自学。

本教材由窦明、左其亭任主编，凌敏华、陈豪、王梅任副主编。第一章由窦明、左其亭编写，第二章由窦明、王梅编写，第三、第四章由王梅编写，第五章由窦明编写，第六、第七、第九章由陈豪编写，第八、第十、第十一章由凌敏华编写。窦明、左其亭负责统稿。

本教材在编写的过程中，参阅了有关书籍资料，获益匪浅，在此向相关作者表示衷心的感谢！本教材部分引用内容来源于作者的研究成果，这些研究成果得到了国家自然科学基金（51679218、51879239）、河南省高等学校重点科研项目计划（21A570008）等项目的资助，同时教材出版得到了河南省教育厅和中国水利水电出版社的支持，被列入"十四五"时期水利类专业重点建设教材、河南省"十四五"普通高等教育规划教材系列。由于编者水平所限，书中难免存在不足或错误，敬请各位读者批评指正。

作 者

2023 年 5 月

第 1 版前言

人类在生存和发展的实践中，特别是在寻求解决环境问题有效途径的过程中，不断对水环境系统进行认识和探索，逐步形成了有关水环境方面的专业知识和经验。但在相当长的时间内，这些知识都融合在其他早期形成的学科中，如环境科学、水文学、地理学、自然资源学等。自20世纪80年代以来，随着人们对水环境问题认知水平的提高，国际社会开始重视这一领域的研究，这极大地促进了学术界的研究热情。在不断认识和经验积累的基础上，通过吸取其他基础科学的思想、理论、方法，逐渐形成了自成体系的水环境学。

由于水环境学刚刚形成体系，支撑其学科发展的基础理论还在不断地完善和总结中，给本教材的编撰带来了很大难度。在普通高等教育"十二五"规划教材、全国水利行业规划教材的支持下，作者在总结多年相关教学经验、科研实践和多本相关专著的基础上，编写了此书，力图向读者展现一个比较完整的水环境学体系。

本书由层次递进的三大部分内容组成，即"水环境中溶质形成与转化基本原理""水环境分析与控制方法""水环境保护主体工作"，共编排了11章。参加编写人员的贡献量如下：第一章、第五章由窦明、左其亭编写；第二章、第三章、第四章、第六章由窦明编写；第七章、第八章由陈豪编写；第九章由陈豪、左其亭编写；第十章、第十一章由凌敏华编写。全书由窦明统稿。

本书第一章是对水环境学的总体介绍，后面分为三个部分展开详述：第一部分包括第二章、第三章，是对水环境中溶质形成与转化规律的基本认识。第二部分包括第四章~第六章，是对水环境学基本理论方法的介绍。第三部分包括第七章~第十一章，是对水环境保护主体工作内容的介绍。在本书的每章后面列出了课后习题和参考文献，供进一步学习参考。本书计划教学时数为30~45学时，书中带*的内容可以选讲，具体学时分配可由任课教师根据教学计划安排确定。

本书是在参考和引用作者撰写的多本教材［如：《水资源规划与管理》

(左其亭、窦明、吴泽宁编著，中国水利水电出版社，2005)；《水资源学教程》(左其亭、窦明、马军霞著，中国水利水电出版社，2008)等] 的基础上，通过参阅大量文献，不断总结、完善编撰完成的统编教材。本书部分引用内容来源于作者的研究成果，这些研究成果得到了国家社科基金重大项目(12&ZD215)、国家自然科学基金 (U1304509)、河南省高校科技创新团队支持计划 (13IRTSTHN030) 等项目的资助，谨此向支持和关心作者教学、科研工作的所有单位和个人表示衷心的感谢！书中部分内容参考和引用了有关单位和个人的研究成果或学术专著，均已在参考文献中列出。另外，在撰写过程中，还参考引用了《中华人民共和国环境保护法》、《水功能区划分标准》(GB/T 50594—2010)、《全国水资源保护规划技术大纲》等多个法规、标准及其他技术文件，在文中未能一一列出，在此一并致谢。

因首次编撰水环境学教材，无从借鉴，更因作者水平有限，书中错误和缺点在所难免，敬请同行专家和读者批评指正。

作　者

2013 年 8 月

目 录

第 2 版前言
第 1 版前言

第一章 绪论 ……………………………………………………………………… 1
第一节 水环境概念及特性 ……………………………………………………… 1
第二节 水环境问题的产生和影响 ……………………………………………… 3
第三节 水环境学理论体系简介 ………………………………………………… 6
第四节 水环境学的任务及主要内容 …………………………………………… 9
课后习题 …………………………………………………………………………… 10
参考文献 …………………………………………………………………………… 10

第二章 天然水化学组成与特征 ………………………………………………… 11
第一节 天然水的化学成分 ……………………………………………………… 11
第二节 天然水溶质成分的形成过程 …………………………………………… 19
第三节 天然水组成的影响因素 ………………………………………………… 24
第四节 各类天然水体的化学特征 ……………………………………………… 27
课后习题 …………………………………………………………………………… 33
参考文献 …………………………………………………………………………… 33

第三章 水污染物转化原理与过程 ……………………………………………… 34
第一节 污染物的分类及危害 …………………………………………………… 34
第二节 水化学反应的基本原理 ………………………………………………… 37
第三节 污染物在水中的转化过程 ……………………………………………… 51
课后习题 …………………………………………………………………………… 60
参考文献 …………………………………………………………………………… 60

第四章 水环境检测分析方法 …………………………………………………… 62
第一节 水环境分析方法概述 …………………………………………………… 62
第二节 主要检测分析方法介绍 ………………………………………………… 64
第三节 常用水环境指标检测方法 ……………………………………………… 72
第四节 水环境检测分析新技术 ………………………………………………… 79

课后习题 ·· 85
　　参考文献 ·· 86

第五章　水环境数学模型 ·· 87
　第一节　水环境数学模型的建模机理 ·· 87
　第二节　主要水环境数学模型介绍 ·· 99
　第三节　水环境数学模型的解析解 ·· 111
　第四节　水环境数学模型的数值解 ·· 117
　　课后习题 ··· 122
　　参考文献 ··· 123

第六章　水污染控制技术 ·· 124
　第一节　水污染控制技术发展沿革及主要内容 ······································· 124
　第二节　城市污水处理系统 ·· 128
　第三节　非点源污染控制技术 ·· 134
　第四节　流域综合治理技术 ·· 141
　　课后习题 ··· 150
　　参考文献 ··· 151

第七章　污染源调查 ·· 152
　第一节　污染源调查概述 ·· 152
　第二节　污染源调查方法 ·· 155
　第三节　污染源评价 ··· 160
　第四节　污染负荷预测 ·· 163
　　课后习题 ··· 170
　　参考文献 ··· 170

第八章　水环境监测 ·· 171
　第一节　水环境监测概述 ·· 171
　第二节　水质监测采样位置的布设 ·· 173
　第三节　水质样品的采集、保存及预处理 ··· 179
　第四节　水生生物的采样、保存及预处理 ··· 185
　　课后习题 ··· 195
　　参考文献 ··· 195

第九章　水环境质量评价 ·· 197
　第一节　水环境质量评价概述 ·· 197
　第二节　水环境质量评价标准 ·· 199
　第三节　水环境质量评价方法介绍 ·· 206
　第四节　水生生物评价 ·· 212
　第五节　水生态系统健康评价 ·· 216

课后习题 ··· 221
　　参考文献 ··· 221
第十章　水环境规划 ··· 223
　第一节　水环境规划概述 ··· 223
　第二节　水功能区划 ··· 229
　第三节　水环境容量 ··· 235
　第四节　水环境规划数学模型 ··· 242
　第五节　水环境规划报告编制 ··· 245
　课后习题 ··· 254
　参考文献 ··· 254

第十一章　水环境管理 ·· 256
　第一节　水环境管理的概念与内容 ··· 256
　第二节　水环境保护法规 ··· 261
　第三节　水环境行政管理体制机制 ··· 267
　第四节　水环境管理制度 ··· 273
　第五节　水环境管理信息系统 ··· 280
　课后习题 ··· 282
　参考文献 ··· 283

第一章 绪 论

水是生命之源、生产之要、生态之基。兴水利、除水害，事关人类生存、经济发展、社会进步，历来是治国安邦的大事。然而，随着经济社会的发展和水资源开发利用程度的提高，人类对水环境系统的作用和影响越来越明显，水环境污染继干旱缺水、洪涝灾害之后成为制约人类发展的第三大水问题。为了有效解决水污染问题，人们在长期治水过程中摸索总结出大量有关水环境保护方面的专业知识和经验，并逐步形成了自成体系的水环境学。水环境学是一门新兴的涉及水利、环境两大学科领域的交叉分支学科，主要用于研究溶质在水环境中的形成与转化规律以及相应的水环境基础理论方法、水环境保护技术等方面。本章将概述水环境学的基础知识，包括水环境的概念及特性，水环境问题的产生和影响，水环境学的发展沿革、研究对象和理论体系，以及本课程的教学任务和主要内容。

第一节 水环境概念及特性

一、水环境的概念

在介绍"水环境"一词的概念之前，首先了解一下对"环境"的解释。"环境"是与某一中心事物有关的周围事物的总称。在环境科学中，"环境"一般被认为是围绕人类的空间，及其中可以直接影响人类生活和发展的各种自然因素的总体。但也有人认为环境除自然因素外，还应包括有关的社会因素（《中国大百科全书·环境科学》，2002）。因此，"环境"按其主体可分为两类：①以人类为主体，其他生命物体和非生命物质都被视为环境要素的环境；②以生物体为主体（包括人类和其他生命物体），只把非生命物质视为环境要素，而不把人类以外的生命物体看成环境要素的环境。

水环境则是指自然界中水的形成、分布和转化所处的空间环境。因此，水环境既可指相对稳定的、以陆地为边界的天然水域所处的空间环境，又可指围绕人群空间及可直接或间接影响人类生活和发展的水体，其正常功能的各种自然因素和有关的社会因素的总体。水环境主要由地表水环境和地下水环境两部分组成。地表水环境包括河流、湖泊、水库、海洋、池塘、沼泽、冰川等；地下水环境包括泉水、浅层地下水、深层地下水等。水环境是构成环境的基本要素之一，是人类社会赖以生存和发展的重要场所，也是受人类干扰和破坏最严重的领域。

通常，"水环境"与"水资源"两个词很容易混淆，其实两者既有联系又有区别。水资源是水环境的形成要素，水环境是水资源存在的场所。水资源是自然资源的一种，其含义十分丰富，文献[1]将"水资源"定义为两种：广义水资源是指"地球上各种形态（气态、液态或固态）的天然水"；狭义水资源是指"与生态系统保护和人类生存与发展密切相关的、可以利用的而又逐年能够得到恢复和更新的淡水，其补给来源为大气降水"。

水资源的表现形态有气态、液态和固态，存在形式有地表水（如河流、湖泊、水库、海洋、冰雪等）、地下水（潜水、承压水）、土壤水和大气水。从水资源这一概念引申，也可以将水环境分为两方面：广义水环境是指所有的以水作为介质来参与作用的空间场所，从该意义上来看基本地球表层（大气圈、水圈、岩石圈、生物圈）都是水环境系统的一部分；而狭义水环境是指与人类活动密切相关的水体的作用场所，主要是针对水圈和岩石圈的浅层地下水部分。

二、水环境与地球表层环境系统

1. 水环境是地球表层环境系统的组成要素

所谓地球表层环境系统是指地球表面由大气圈、水圈、生物圈和岩石圈所共同组成的环境系统，是地球上与人类息息相关的生存环境。地球表层环境系统中各个圈层可以看做该系统的子系统，各子系统内部可继续划分亚子系统。对于地球表层环境系统中子系统和亚子系统而言，它们既是相对独立的，又都不是孤立的，而是相互作用、相互联系的有机整体，是在全方位上开放的系统。也就是说该系统的子系统和亚子系统之间，不断通过物质与能量的交换、迁移与富集过程而相互影响和相互制约，这是认识、分析、研究水环境作为地球表层环境系统的一个子系统发生、发展因果关系的根本出发点和依据。

2. 水环境在地球表层环境系统中的地位和作用

前面介绍过，狭义的水环境主要是指位于地球陆地表面的水圈，其上界面直接与大气圈和生物圈相接，下界面则主要与岩石圈相连。可见水环境在整个地球表层环境系统中占据着特殊的空间地位——处于大气圈、生物圈、岩石圈的交接地带，是连接无机环境和有机环境的纽带。从环境系统来看，它与大气、生物和土壤都密不可分。它是地表环境系统中各种物理、化学、生物过程以及界面反应、物质与能量交换、迁移转化过程的重要发生场所，也是环境变化信息较为敏感和丰富的子环境系统。正是由于水环境的这种特殊位置，促使它在该环境系统中起着重要的稳定与缓冲作用。此外，由于水圈与大气圈、岩石圈之间有着密切的联系，也使得水圈成为大气环境、土壤环境中污染物质浓度变化的调节平衡机制之一，如地下水对土壤环境中的污染物质迁移转化起到重要作用，水循环也对大气中 SO_2、N_2O 等有害气体的减少起到一定作用。

由于水环境有较强的自净能力、较大的环境容量，因而它在地球表层环境系统的污染净化过程中起着极为重要的作用。例如，人类很早就意识到水环境的这一功能，把它当作生活污水、工业废水的排放处理场所。水体作为一个重要的环境要素，其稳定协调与缓冲作用等环境功能，正在受到人们的重视和重新认识。但水环境的这种稳定和缓冲作用是有限的，若输入水环境的污染物质的数量和强度超过了水体的自净能力，或超过了水环境容量，不但会使水环境遭受污染或导致水生态系统平衡的破坏，而且可通过各种迁移途径，使大气、生物、土壤环境发生"次生污染"。

三、水环境的特性

水环境系统是一个复杂的，具有时、空、量、序变化的动态系统和开放系统。系统内外存在着物质和能量的变化和交换，表现出水环境对人类活动的干扰与压力，具有不容忽视的特性。

（1）整体性。自然界中所有的水都是流动的，地表水、地下水、土壤水、大气水之间可以相互转化，这是由水自身的物理性质决定的。正是由于水的这一固有特性，才使得水资源成为一种可再生资源，为水资源的可持续利用奠定物质基础。同时，这一特性还使地球上的所有水体形成一个整体，从而构成水环境的整体性。

（2）可恢复性。自然界中的水不仅是可以流动的，而且是可以补充更新的，处于永无止境的循环之中。水的这种循环特性，使得水环境系统在水量上损失（如蒸发、流失、取用等）后和（或）水体被污染后，通过大气降水和水体自净（或其他途径），可以得到恢复和更新。可恢复性是水环境系统自我调节能力的体现。

（3）有限性。虽然水环境是在不断恢复和更新的，但水环境对污染物的自净能力是有限的。当人类向水环境排放的污染物数量超过水环境容量时，水体就无法自净恢复到以前状况，从而使得水质变差，水体使用功能降低，甚至无法使用。

（4）滞后性。除了突发性的污染与破坏可直观其后果外，日常的水环境污染与破坏对人们的影响，其后果的显现需要经过一段时间。

（5）持续性。大量事实证明，水环境污染不但影响当代人的健康，而且还会造成世世代代的遗传隐患。

第二节　水环境问题的产生和影响

一、水环境问题的产生

水环境问题是伴随着人类对自然环境的作用和干扰而产生的。长期以来，自然环境给人类的生存发展提供了物质基础和活动场所，而人类则通过自身的种种活动给环境打下深深的烙印。随着科学技术的迅猛发展，使得人类改变环境的能力日渐增强，但发展引起的环境污染则使人类不断受到种种惩罚和伤害，甚至使赖以生存的物质基础受到严重破坏。目前，环境问题已成为当今制约、影响人类社会发展的关键问题之一。现代社会发展建设的各个领域，凡和环境有关的问题都日益受到人们的重视。从人类历史发展来看，环境问题的演进可大致分为三个阶段：

（1）工业革命以前阶段。在远古时期，为了生存和发展需求，人类通过各种手段来获取生活必需品和生产资料。在这一过程中，随着砍伐森林，盲目开荒，乱采乱捕，滥用资源，破坏草原，农业、牧业的发展，引起一系列水土流失、沙漠化和环境轻度污染等问题。

（2）环境的恶化阶段。18世纪60年代美国工业革命至20世纪50年代前，是环境问题的发展恶化阶段。在这一阶段，生产力的迅速发展，机器的广泛使用，劳动生产率的大幅度提高，增强了人类利用和改造环境的能力。由此，也带来了新的环境问题，大量废渣、废水、废气的排放污染了环境，并引起环境的进一步恶化。如1873—1892年间，伦敦多次发生有毒烟雾事件，死亡近千人。这一阶段的环境污染属局部的、暂时的，其造成的危害也是有限的。

（3）环境问题的爆发阶段。20世纪中期以后，科学技术、工业生产、交通运输等迅猛发展，尤其是石油工业的崛起，导致工业分布过分集中，城市人口过分密集。环境污染由局部逐步扩大到区域、甚至全球；由单一的大气污染扩大到气体、水体、土壤和食品等各方面的污染。有的已酿成震惊世界的公害事件。由于直接威胁着人们的生命和安全,环境污染成为重大的社会问题,激起广大人民强烈不满,也影响了经济的发展。例如美国1970年4月22日爆发了2000万人大游行,提出不能再走"先污染、后治理"的路子,必须实行以预防为主的综合防治办法。这次游行也是1972年斯德哥尔摩人类环境会议召开的背景,会议通过的《人类环境宣言》唤起了全世界对环境问题的注意。此后,发达国家把环境问题摆上了国家议事日程,通过制定相关法律,加强管理,采用新技术,使环境污染得到了有效控制。

总体来看,水环境问题自古就有,并且随着人类社会的发展而发展,人类越进步,水环境问题也就越突出。发展和环境问题是相伴而生的,只要有发展,就不能避免环境问题的产生。环境问题的产生是一个与社会和经济相关的综合问题,要解决环境问题,就要从人类、环境、社会和经济等综合的角度出发,找到一种既能实现发展又能保护好生态环境的途径,协调好发展和环境保护的关系,实现人类社会的可持续发展。

二、中国水环境现状

20世纪80年代至21世纪10年代期间,我国水体的水质状况呈恶化趋势。然而,自2015年4月国务院发布实施《水污染防治行动计划》以来,生态环境部会同各地区、各部门加快推进水污染治理,水质恶化情势得到控制,整体水质状况开始好转。1980年全国污废水排放总量为310多亿m^3,2000年为620亿m^3,2018年为750亿m^3,呈现出20世纪末快速递增、21世纪增势减缓的趋势。随着排污量的日益增加,我国主要河流湖泊普遍受到污染。据统计,2018年,全国河流水质为Ⅰ~Ⅲ类、Ⅳ~Ⅴ类、劣Ⅴ类水河长分别占评价河长的81.6%、12.9%和5.5%,主要污染项目是氨氮、总磷和化学需氧量。在全国10个水资源一级区中,西北诸河和西南诸河水质为优,长江流域、珠江流域和东南诸河水质较好,黄河流域、松花江流域、淮河流域为轻度污染,海河流域和辽河流域为重度污染。全国湖泊水质为Ⅰ~Ⅲ类、Ⅳ~Ⅴ类、劣Ⅴ类水分别占评价湖泊总数的25.0%、58.9%和16.1%;营养状况评价结果显示,中营养湖泊占26.5%、富营养湖泊占73.5%,其中河北的白洋淀,江苏的滆湖、洮湖,安徽的天井湖、巢湖,江西的西湖,湖北的南湖、南太子湖、墨水湖,云南的滇池、杞麓湖、异龙湖富营养化程度较重。从水功能区达标率来看,全国全年水功能区水质达标率为66.4%,其中一级水功能区水质达标率71.8%,二级水功能区水质达标率62.6%[6]。

同时,我国的地下水环境状况也不容乐观。全国多数城市地下水受到一定程度的点源和面源污染,局部地区的部分指标超标,主要污染指标有矿化度、总硬度、硝酸盐、亚硝酸盐、氨氮、铁和锰、氧化物、硫酸盐、氟化物、pH值等,而且地下水水质污染有逐年加重的趋势。在沿海地区,因地下水超采引起的海水入侵面积已经接近2500km^2,海水入侵使得内陆淡水含水层水体咸化、使用价值降低。

我国北方地区过量开采地下水,导致水位持续下降,引发了地面沉降、地面塌陷、地裂缝和海(咸)水入侵等环境地质问题,并形成地下水位降落漏斗。根据《全国地下水利用与保护规划》统计显示,全国地下水超采面积已达24万km^2,涉及北京、天津、河北、山西、辽宁、吉林、江苏、山东、河南、陕西、新疆等24个省(自治区、直辖市)。

此外,河湖萎缩,生物多样性减少,森林、草原退化,土地沙化等诸多问题都严重影响到水环境。全国水蚀、风蚀等土壤侵蚀面积 367 万 km², 占国土面积的 38%; 在位于西北内陆区的石羊河下游、黑河下游、塔里木河下游都存在严重的土地荒漠化现象。

总体来看,我国水污染防治形势依然严峻,在城乡环境基础设施建设、氮磷等营养物质控制、流域水生态保护等方面还存在一些突出问题,需要加快推动解决。

此外,河湖萎缩,森林、草原退化,土地沙化等诸多问题都严重影响到水环境。全国水蚀、风蚀等土壤侵蚀面积 367 万 km², 占国土面积的 38%; 在位于西北内陆区的石羊河下游、黑河下游、塔里木河下游都存在严重的土地荒漠化现象。

以上水环境问题的出现或加剧,均体现了加强水环境保护工作的重要性。为此,应尽快采取有效措施,缓和人类社会与自然界的紧张关系。

三、水环境问题带来的影响

水环境问题严重威胁到国家安全、经济安全和生态安全,其带来的影响主要表现在以下三个方面。

1. 水环境恶化威胁到国家安全稳定

目前,全国七大水系中有近 1/3 的河段严重污染,80% 的城市河段水质普遍超标。例如,在评价淮河的 2000km 河段中,79% 的河段不符合饮用水标准,80% 的河段不符合渔业用水标准,32% 的河段不符合灌溉用水标准。受不洁饮用水的影响,一些地区癌症发病率高出其他地区十几倍到上百倍,甚至在淮河干流和支流出现了数十个"癌症村"。另据全国饮用水源调查显示,全国约 7 亿人饮用大肠菌群超标水,1.64 亿人饮用有机污染严重的水,3500 万人饮用硝酸盐超标水。近年来我国伤寒、细菌性痢疾、传染性肝炎、腹泻等疾病屡有发生,都与水污染有关。我国是一个水资源短缺的国家,特别是北方地区缺水问题已十分严重,水污染加剧了水资源的短缺,全国 500 多个城市中有 300 多个城市缺水,40 多个城市经常闹水荒。

2. 水环境污染给国民经济带来重大损失

近三十年来,在全国范围内水污染事故时有发生。据不完全统计,在 1993—2004 年期间,全国共发生环境污染事故 21152 起,其中特大事故 374 起,重大事故 566 起,污染事故发展态势不容忽视[4]。而 2011—2017 年期间,全国突发环境污染事件 3203 起,其中重大事故 24 起,较大事故 59 起,事故等级和发生次数均呈下降趋势[9]。这些事故对工农业生产和人民生活造成极大危害,直接经济损失达数百亿元。例如,1994 年淮河水污染事故造成直接经济损失约 2 亿元,沿淮水厂被迫停止供水达 54 天。2005 年 11 月 13 日发生的松花江水污染事造成直接经济损失 6900 万元,哈尔滨全城停止供水 4 天。2010 年 7 月 3 日,福建紫金矿业溃坝事件造成汀江重大水污染,直接经济损失达 3187.71 万元。另据 15 个省(市)29 条江河不完全统计,平均每年发生大面积污染死鱼事故约 1000 起,直接经济损失达 4 亿元。

3. 水环境恶化引发生态平衡破坏

我国湖泊普遍遭到污染,尤其是重金属污染和富营养化问题十分突出。例如,由于昆明市大量工业废水和生活污水排入滇池,致使滇池重金属污染和富营养化十分严重,藻类数量暴增,夏秋季 84% 的水面被藻类覆盖,作为饮用水源已有多项指标未达标。水污染使得滇池特产的银鱼大幅度减产,1987 年产量仅为最高年产量的 1/10,鱼群种类减少,名贵鱼种绝迹。2012年1月15日，广西龙江河突发严重镉污染，污染河段长达约300km，造成宜州拉浪至三岔段133万尾鱼苗、4万kg成鱼死亡。受水体富营养化的影响，汉江自20世纪90年代以来先后多次硅藻水华；太湖、巢湖、洪泽湖等淡水湖泊也多次暴发了蓝藻水华。同时由于水体污染加剧，珠江、长江河口的溯河性鱼虾资源遭到破坏，产量大幅度下降，部分内湾渔场荒废。

由此可见，水环境污染带来的影响是非常严重的。在今后一段时期内，如果在水资源开发利用方式方面没有新的转变，在水环境保护能力方面没有大的突破，水环境质量将很难满足国民经济发展的需求，水危机将成为所有资源问题中最突出的问题，它将威胁到我国乃至世界的经济社会可持续发展。

第三节 水环境学理论体系简介

人类在生存和发展的实践中，特别是在寻求解决环境问题有效途径的过程中，不断对水环境系统进行认识和探索，逐步形成了有关水环境方面的专业知识和经验。但在相当长的时间内，这些知识都融合在其他早期形成的学科中[1]，如环境科学、水文学、地理学、自然资源学等。进入20世纪80年代，随着人们对水环境问题认知水平的提高，国际社会开始重视这一领域的研究，这极大地促进学术界的研究热情。在不断认识和积累经验的基础上，吸取其他基础科学的思想、理论、方法，逐渐形成了自成体系的水环境学。

一、水环境学的概念

水环境学（Water environment science），是针对日益突出的水环境问题，综合应用环境科学、水利科学以及地理学、生态学、化学等其他相关学科的基本理论知识，研究水环境的形成和演变规律，特别是人类活动对水环境系统的组成、结构、性质和状况的影响，进而指导水环境保护相关业务（如水环境监测、调查、评价、预测、规划、治理、管理等）开展的知识体系。

水环境学是在20世纪60年代形成环境科学这门独立的、新兴的学科之后，以地球系统中水圈这一环境要素作为研究对象，将环境科学与水利科学交叉融合而形成的一个新学科。它主要用于研究人类在开发和利用水资源过程中出现的一切与环境有关的新问题，揭示经济社会发展、水资源开发利用与环境保护之间对立统一关系，从而有效掌握区域或流域水环境演变规律，并充分利用人类对自然环境的改造和能动作用，抑制和消除水环境污染带来的消极影响，使水环境系统朝着有益于人类发展和有利于生态平衡维护的方向发展。

二、水环境学的发展沿革

水环境学的发展经历了由萌芽到成熟、由定性到定量、由经验到理论的过程，大致可分为如下三个阶段。

（一）第一阶段：萌芽阶段（20世纪80年代以前）

人为的环境问题，是随人类的诞生而产生，并随着人类社会的发展而发展的。到了20世纪50—60年代，全球性的环境污染与破坏，引起人类思想的极大震动和全面反省。环境学作为一门科学，开始发展起来。此后，地学、生物学、化学、物理学、公共卫生学、工程技术科学等原理和方法在环境研究领域的应用，极大丰富了环境学的内涵，并由此衍生出了环境地学、环境生物学、环境化学、环境物理学、环境医学、环境工程学等一系列的边缘性分支学科。此时，受人们的认识能力所限，对水环境系统了解不够、认知不深，水环境学被包含在相关学科中加以研究，不可能上升到水环境学理论高度、形成独立的学科体系，因此这一发展过程仅称得上是水环境学的发展起源或萌芽阶段。

尽管在这一漫长阶段还没有形成水环境学，但是通过人类的长期生产实践，获得和积累了大量的有关水环境方面的知识和经验，为后来水环境学的形成奠定了基础。

（二）第二阶段：形成阶段（20世纪80年代至90年代末）

随着科学技术的迅速发展以及人类对水环境认识的不断深入，水环境在整个环境系统中的地位日益凸现，针对水环境领域的研究工作也越来越多。此时，传统的环境学已不能满足水环境领域的研究需要，更多涉及水环境方面的内容不断加入进来，并衍生出与水环境学相关的分支学科，如环境水利学、水环境化学、生态水文学等。这些学科可作为水环境学独树一帜的前奏，但由于其所侧重的研究方向和内容不同，尚不能称作真正意义上的水环境学。在这一时期，由于出现的水环境问题越来越突出，对水环境的认识也越来越深刻，并发现了一些水环境学的基本原理，从而奠定了水环境学的基础，逐步形成了水环境学的雏形。同时，人们对水环境的一些看法也出现了重大转变，例如从早期"以牺牲环境为代价去追求经济效益"的观点，转变为"以环境为本、与环境共生"的理念等，并逐步重视水环境的调查、评价、规划、管理等工作，丰富了水环境学的内容。

（三）第三阶段：初步发展阶段（21世纪初至今）

21世纪初以来，随着计算机技术的发展和遥感及信息技术的应用，一些新理论和边缘学科的不断渗透，使得水环境研究增添了许多新的技术手段、理论与方法，由此也使得水环境学理论更加丰富。同时，由于人类对环境改造能力的不断增强，活动范围不断扩大，再加上人口快速增长，也使水环境学面临更多的机遇与挑战，并极大地促进了水环境学的蓬勃发展。但值得一提的是，到目前为止还没有正式以水环境学命名的教材。本教材首次从一个学科领域的视角对水环境学进行了凝练和提升，力图使之成为一个完整的学科体系。

三、水环境学的研究对象及内容

水环境学的研究对象是由自然界各类水体形成的水环境以及与其相互作用的人类社会所构成的复杂大系统，归纳起来可分为两个方面：一是对水环境自身规律的认识，包括水环境天然化学组成、污染物在水环境中的转化规律、水环境数学建模、水环境质量评价、水环境容量计算等；二是对人类社会对水环境影响作用的认识，包括污染源调查、水环境监测、水污染控制措施制定、水生态修复与保护、水环境保护规划编制、水环境管理等。

水环境学由层次递进、相互联系的三部分内容组成：首先，是水环境中溶质形成和转化规律。将介绍水体中的溶质组成、来源以及溶质在水环境中的物理、化学和生物过程等。这是学习水环境学的基础知识，也是对水环境基本特征和规律的初步认识，是学习后续章节的基础。其次，是水环境分析与控制技术方法。将介绍水环境学的三大基础研究方法，即水环境检测分析方法、水环境数学模型、水污染控制技术。这是水环境学成为一门学科的理论支撑，也是后续章节中有关水环境保护主体工作开展的重要理论依据。最后，是水环境保护主体工作内容。将介绍污染源调查、水环境监测、水环境质量评价、水环境保护规划、水环境管理方面的知识。这是水环境保护工作的主体内容，也是水环境学服务于人类社会的重要体现。

四、水环境学的理论体系

根据水环境学的研究对象和研究内容，可以把本书分成层次递进的三大部分内容，即"水环境中溶质形成与转化基本原理""水环境分析与控制方法""水环境保护主体工作"，组成水环境学的学科体系，本书编撰了11章，如图1-1所示。

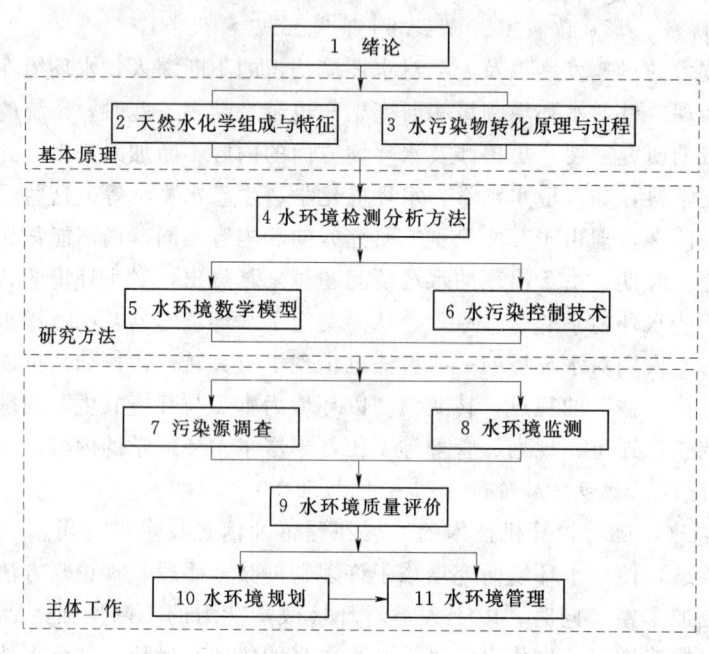

图1-1 水环境学理论体系及本书各章安排

五、水环境学的特点

水环境学不仅仅研究水环境系统自身，而且涉及与之有关的经济社会系统、生态系统以及它们之间的相互协调，研究的问题不仅有水环境问题，还有社会问题、生态问题，涉及的学科多、内容广。概括起来有以下特点。

1. 交叉性

支撑水环境学的知识体系涉及了环境科学、水文学、化学、地质学、水力学、生物学、生态学等自然科学和经济学、社会学、法学、管理学等社会科学中与水有关的学科内容，所以它是交叉性很强的边缘学科。例如，在水污染治理工作中，要用到化学、生物学、生态学知识来设计不同的水污染处理工艺和流程；在对水污染进行预警预报时，要用到水文学、水力学、数学、计算机科学知识来研制水环境数学模型，有效模拟污染物在水体中的迁移转化规律；在水环境保护规划工作中，要综合运用社会学、经济学、系统科学知识对经济社会发展规模进行论证，为污染源控制方案的编制奠定基础；在面对水环境管理的复杂问题时，要借助法学、管理学、经济学知识，实现水环境管理的科学化、制度化。

2. 综合性

水环境学是将整个水圈作为研究对象，而水圈在地球系统中本身就是一个非常复杂的子系统，它涉及动物、植物、微生物等组成的生命系统和岩石、大气等组成的非生命系统，既涉及自然系统，又涉及人、社会、经济等社会系统。各个系统之间存在着多层次、多方位的复杂关系。所以水环境学是一门综合性很强、涉及面很广的科学。

3. 前沿性

水环境学作为一门新兴的边缘学科，随着人们环保意识的不断增强，其研究呈现出蓬勃发展的生机。近年来，各种具有前沿性的新观点、新理论、新方法研究成果不断涌现。同时，水环境学的发展还与当前的水环境管理政策、理念密切相关。随着近年来人类对水环境问题认识的不断深入，以及水环境保护理念的不断升华，水环境学也正朝着全新的方向快速发展和提升。

4. 应用性

水环境学是一门直接服务于人类社会的学科，其产生的目的就是为了解决水环境管理工作中遇到的实际问题，其主要工作内容就是解决现实中出现的水环境问题，如污染源调查、水污染治理、水环境修复等。因此，水环境学是一门应用性很强的学科，需要在实践的基础上不断完善和发展，再反过来指导生产实践。

第四节　水环境学的任务及主要内容

我们组织编写的《水环境学》教材，可以作为水文与水资源工程、环境科学与工程、给排水工程、地理科学等相关专业的一门专业课或专业基础课教材。它的任务是让学生在掌握水文学、水资源学等学科知识的基础上，学习水环境学的基本理论、基本知识，初步掌握这方面的分析方法、计算方法以及实际工作方法，以使学生毕业后，经过一段生产实践的锻炼能胜任这方面的工作。对于从事水利工程、环境工程、给排水工程的设计、施工和管理的工程技术人员来说，掌握一定的水环境知识也是十分必要的。

本教材的主要内容包括让学生充分了解溶质在水环境中的形成和转化基本规律，熟悉、掌握当前主要的水环境检测分析方法、数学模型和污染控制技术，并能熟练地运用这些方法去解决研究工作中的实际问题，特别是能开展有关污染源调查、水环境监测与评价、水环境保护规划编制、水环境管理政策和措施制定等方面的常规水环境保护工作。

实际上，本教材是对水环境学主体内容的系统介绍。在水文与水资源工程专业课中，多数学校已经安排了水环境化学、环境规划与管理、水资源保护等课程，与本教材部分内容重复，可以在本课程中少讲或不讲。本教材可以作为水文与水资源工程专业的专业基础课，对水环境学内容做概论性介绍；也适合于非水文与水资源工程专业的教学，安排这一门专业课教学，基本上能满足对水环境知识的了解。

本教材教学学时合计为32～48学时，各章的学时分配为：①绪论2～4学时；②天然水化学组成与特征4～6学时；③水污染物转化原理与过程4～6学时；④水环境检测分析方法2～4学时；⑤水环境数学模型4～6学时；⑥水污染控制技术2～4学时；⑦污染源调查2～4学时；⑧水环境监测2～4学时；⑨水环境质量评价4～6学时；⑩水环境规划

4~6学时;⑪水环境管理2~4学时。书中带*的内容可以选讲,具体学时分配可由任课教师根据本校教学计划安排的学时确定。

课 后 习 题

1. 讨论水环境与地球表层环境之间的内在联系。
2. 收集我国现已发布的水体水质统计资料,分析全国水质状况的变化趋势。
3. 查阅相关资料,并举例说明水环境问题带来的负面影响以及开展水环境保护工作的重要意义。
4. 分析水环境学与其他相关学科之间的内在联系。
5. 介绍水环境学的研究对象及内容。
6. 阐述水环境学的理论体系及其各组成部分的内在联系。

参 考 文 献

[1] 左其亭,窦明,吴泽宁. 水资源规划与管理 [M]. 北京:中国水利水电出版社,2005.
[2] 刘超臣,蒋辉. 环境学基础 [M]. 北京:化学工业出版社,2007.
[3] 陈震,等. 水环境科学 [M]. 北京:科学出版社,2006.
[4] 潘红波,王梅,高宇. 开展环境风险评价防范突发污染事件 [J]. 环境保护科学,2006,32 (4):63-65.
[5] 王蜀南,王鸣周. 环境水利学 [M]. 北京:中国水利水电出版社,1996.
[6] 水利部. 2018年中国水资源公报 [M]. 北京:中国水利水电出版社,2019.
[7] 左其亭,窦明,马军霞. 水资源学教程 [M]. 2版. 北京:中国水利水电出版社,2016.
[8] 陈磊,刘永,贾海峰,等. 流域水环境学 [M]. 北京:北京师范大学出版社,2021.
[9] 李旭,吕佳佩,裴莹莹,等. 国内突发环境事件特征分析 [J]. 环境工程技术学报,2021,11 (2):401-408.

第二章 天然水化学组成与特征

天然水体是指被水覆盖着的地球表面的自然综合体，海洋、河流、湖泊、沼泽、冰川等都是天然水体。水体不仅仅是单指水，还包括其中所含的各种物质，如溶解物质、悬浮物质、水生生物及底质等。天然水体在自然界和人类生活中发挥着巨大的作用，是影响人类和自然环境健康发展的重要因素。本章通过对天然水的化学成分、形成过程、影响因素以及各类天然水体化学特征的介绍，帮助作者全面了解天然水的化学性质。

第一节 天然水的化学成分

天然水的化学成分，是指存在于水中各种元素的离子、分子、溶解和未溶解的气体成分、天然和人工的同位素、各种有机化合物、活的或死的微生物（细菌）以及不同成分的机械物质和胶体物质等。

实际上，自然界中并不存在纯粹化学概念上的纯水。因为天然水在水循环过程中总是不断地与地质环境中的各种物质成分相接触，并且或多或少地溶解或携带了其中的部分，所以天然水实际上是一种混合溶液，并且其成分十分复杂。就目前所知，存在于地壳中的87种稳定的化学元素中，在天然水中就发现了70种以上。天然水成分的复杂性不仅在于其中有为数众多的化学元素，还在于各种化学元素在不同水体中的含量变化很大，甚至在不同类型的水中，每一化学元素存在的形式具有多样性。正是由于这些物质成分的存在，使得天然水的物理化学性质在许多方面与纯水大不相同，如海水的电导率是纯水的数万倍；再如由于溶质与水的结合，在一定程度上也改变了水的结构。下面将介绍天然水的组成分类和一般成分。

一、天然水的组成分类

天然水的组成可按颗粒大小、化合物类型、含量（相对浓度）及相态（状态）进行分类。

1. 按颗粒大小划分

（1）真溶液（或称溶液）：真溶液是由溶质和溶剂所组成的、均一的、稳定的混合物。其组成物质的颗粒直径 $d < 10^{-9}$ cm，主要包括溶解性气体、离子、微量元素、有机物、放射性元素等。

（2）胶体：胶体是一种物质的极细微粒（分散质）分散在另一种物质（分散介质）中形成的不均匀的、高度分散的多相体系。胶体的颗粒直径 $d = 10^{-9} \sim 10^{-7}$ cm，主要包括硅、铝、铁等元素的氧化物和氢氧化物、黏土矿物、腐殖质等。

（3）悬浮物：一些大颗粒物质与水呈机械混合，在水中呈悬浮状态，其存在使水着色、浑浊或产生异味，在静水中易于沉积。悬浮物的颗粒直径 $d > 10^{-7}$ cm，主要包括细菌、病毒、藻类、原生动物、黏土微粒、泥沙、淤泥等。

2. 按化合物类型分类

(1) 无机物（矿物质）：无机物一般是指其组成中不含碳元素的化合物，如 H_2O、酸、碱、盐、氧化物、电解质、某些配合物等，但一些简单的含碳化合物，如 CO、CO_2、碳酸盐和碳化物等，由于其组成和性质与其他无机化合物相似，因此也归入到无机化合物。通常，可将无机化合物分为氧化物、酸、碱、盐四大类。

(2) 有机物：有机物是碳氢化合物及其衍生物的总称，多是以共价键结合的化合物，如烷、烯、烃、苯、酚、醛、酯、石油、某些配合物等。有机物与含碳无机物最大的区别，就是有机物中的 C 是作为有机物的骨架，连接 H、O、N 等其他元素，而含碳无机化合物中 C 不作为化合物的骨架。

3. 按含量（相对浓度）划分

(1) 宏量物质：一般在水体中的浓度达到每升几十毫克以上的物质，主要有 Cl^-、SO_4^{2-}、HCO_3^-、CO_3^{2-}、Ca^{2+}、Mg^{2+}、Na^+、K^+ 等。

(2) 中量物质：一般在水体中的浓度在 1~10mg/L 之间的物质，如 Fe^{3+}、NO_3^-、NH_4^+、H_4SiO_4、F^-、Sr^{2+}、Br^- 等。

(3) 微量物质：一般在水体中的浓度小于 1mg/L 的物质，如硅（Si）、碘（I）、铜（Cu）、锌（Zn）、硒（Se）、钼（Mo）、铬（Cr）、锰（Mn）、钒（V）、镍（Ni）、锡（Sn）等，主要以重金属元素为主。

4. 按相态（状态）划分

可分为固相、液相、气相。

二、天然水的一般成分

天然水的成分是相当复杂的。进入天然水中的物质可以是固态、液态、气态中的任意一种或多种形态，进入水中的物质可以呈均匀状态，也可呈非均匀状态。强电解质在水中多是呈离子状态；弱电解质和非电解质在水中多呈分子状态。由于水是极性分子，这些分子、离子及水分子相互作用，使水中溶质处于极度分散状态。总体来看，天然水中溶解的化学物质可分为溶解性气体、主要离子、生源物质、微量元素、有机物五大类。

（一）溶解性气体

天然水中的溶解性气体主要有 O_2、CO_2、H_2S 等，其次还有含量较少的 N_2、CH_4 和 He 等。溶解性气体多以分子状态存在，其中 O_2 和 CO_2 的存在意义较大，它们直接影响到水生生物的生存和繁殖，还影响到水中物质的溶解、化合等化学和生物化学行为。

1. 氧气（O_2）

天然水中的氧主要来自大气及水生植物的光合作用。溶解于水中的分子态氧称为溶解氧（Dissolved Oxygen, DO）。溶解氧在天然水中起着非常重要的作用：水中动植物及微生物需要靠溶解氧来维持生存，水中发生的氧化还原反应需要依靠溶解氧作氧化剂，水中一切有机物残骸的分解需要好氧微生物参与作用；此外，含氧量高的天然水，水质洁净，为人类生活提供了优良的条件。

水中氧气的输入和输出条件决定了溶解氧含量的多少，天然水中溶解氧的含量为 0~14mg/L。在 1 个标准大气压（$1.0133×10^5$Pa）下，水中溶解氧的含量随温度的升高而降低。在一定温度时，当水中溶解氧的实际值低于饱和值时，大气中的氧气将继续溶于水；但当实际值高于饱和值时，一部分氧将从水中逸出。表 2-1 列出了在 1 个标准大气压下，水体不同温度时的饱和溶解氧含量。

表 2-1　　　　　　　　　水体不同温度时的饱和溶解氧含量[3]

温度/℃	0	4	8	12	16	20	24	28
饱和溶解氧/(mg/L)	14.62	13.13	11.87	10.83	9.95	9.17	8.53	7.92

此外，不同水体溶解氧含量有很大的差别。由于氧气从大气溶入水体只能在气水交界面进行，并依靠浓度差及对流扰动才能传至水体深处，因此水体中的溶解氧浓度还与水体的流动状态、水与大气接触的面积以及水的深度等因素有关。流动的水体与大气的接触面大，溶解氧的含量就多。流动的河水比静止的湖水或塘水中溶解氧含量要高；深层水比表层水的溶解氧含量要低；地下水因土壤中有机物氧化时要消耗大量氧，所以溶解氧含量很低。

2. 二氧化碳（CO_2）

CO_2 在水中的溶解度要比氧和氮大得多。天然水中的 CO_2 主要来自大气圈和有机物的氧化。大气中的 CO_2 与水中的 CO_2 之间不断进行着交换，从而形成一个动态平衡体系。水中有机体的氧化分解及水生动植物的新陈代谢作用也会使水中 CO_2 的含量升高。水中碳酸盐的溶解和水生植物的光合作用会消耗 CO_2，水中 CO_2 过饱和时，它也会从水中逸出。

天然水中 CO_2 含量的变化范围很大，一般在 0.1～1000mg/L 之间变化。河流、湖泊等陆地水，由于 CO_2 经常从水中逸出，以及大量消耗于水生植物的光合作用，故其含量很少超过 20～30mg/L，夏季气温较高时，水体中的 CO_2 几乎全部逸出。而由于地下水水压较大，故 CO_2 在地下水体中含量较高，一般为 15～40mg/L。有些矿泉水中甚至可达到 1000mg/L。

溶解在水中呈分子状态的 CO_2 称为游离 CO_2，其中大部分以 CO_2 的形式存在，少部分与水结合成 H_2CO_3（CO_2+H_2O）。在水中 H_2CO_3 与 HCO_3^-、CO_3^{2-} 的平衡关系随 pH 值而变。在此平衡体系中，与 HCO_3^- 处于平衡状态时的 CO_2 称为平衡性 CO_2。当水中游离 CO_2 超过平衡性 CO_2 时，多余的这部分 CO_2 称为侵蚀性 CO_2。含有侵蚀性 CO_2 的天然水对金属构件、混凝土建筑材料及水工建筑物等都有严重的侵蚀作用，故在兴建水利工程时侵蚀性 CO_2 常作为一项重要的水质检测指标。

3. 硫化氢（H_2S）

天然水中还含有少量的 H_2S，它来源于含硫蛋白质的分解及硫酸盐类的还原作用，还有火山喷发也可以产生，但由于 H_2S 易于氧化，所以只能在缺氧条件下存在，例如水体底层。因为大气中 H_2S 的气压较低，水中的 H_2S 容易逸出，所以地表水中 H_2S 含量甚微，甚至为零。地下水中 H_2S 含量相对高于地表水，这与其地球化学作用有关，尤以深层地下水、矿泉水中 H_2S 含量较高。

硫化氢只有在缺氧条件下才能存在，因为与氧接触时，H_2S 能被氧化成硫酸根离子。当地下水出露地表或水体底部受到扰动时，游离的 H_2S 就会从水体中逸出，于是平衡移动将促使水中 HS^- 转化为 H_2S，被溶解氧氧化。所以在含氧量充足的天然水中，H_2S 含量很少。H₂S对水产养殖危害较大，只要水中含有超过0.1mg/L的H₂S就会影响幼鱼的生存与生长，含量超过0.3mg/L可使鲤鱼全部死亡。

（二）主要离子

天然水中的主要无机离子有 K^+、Na^+、Ca^{2+}、Mg^{2+}、HCO_3^-、CO_3^{2-}、SO_4^{2-}、Cl^- 八种，这些离子占天然水离子总量的95%~99%以上。海水中 Na^+ 与 Cl^- 离子含量占优势；河水中 Ca^{2+} 与 HCO_3^- 离子含量占优势；地下水因受局部环境地质条件限制，其优势离子变化较大。这些离子在天然水中的总含量称为水的矿化度。

1. 氯离子（Cl^-）

Cl^- 在天然水中分布极其广泛，几乎所有的天然水中都有 Cl^-，但含量差别很大。在大气降水中 Cl^- 平均含量低于1mg/L；在河流及淡水湖泊中，Cl^- 含量多在100mg/L以下，一般为25mg/L左右；在部分盐湖中 Cl^- 含量可高达190mg/L；而在干旱地区则达到1000mg/L；在海水中 Cl^- 是主要的阴离子，其含量可达18.9g/L。

天然水中的 Cl^- 主要来自各种岩石中氯化物的溶解。沉积岩的岩盐（NaCl）矿床是天然水中 Cl^- 的主要来源；岩浆岩中氯磷灰石 $Ca_5(PO_4)_3Cl$ 和方钠石 $Na_4(Al_3Si_3O_{12})Cl$ 的风化产物也是 Cl^- 的来源之一；此外，在古卤水中、古海洋的沉积物中、干旱内陆湖的沉积物中，以及曾经遭受过海水浸入的岩石孔隙中都含有一定的氯化物。所有氯化物都是易溶的，只有在蒸发时它们才能从水中析出。Cl^- 受离子交换作用、吸附和各种生物因素的影响很弱，因此，一般的水化学作用很难使 Cl^- 从溶液中析出。

淡水中 Cl^- 含量一般低于 SO_4^{2-} 和 HCO_3^-，咸水中三者的含量顺序正好相反。在阴离子以 Cl^- 占优势的水中，阳离子则以 Na^+ 占优势。若天然水中 Na^+ 和 Cl^- 成等物质的量累积时，则其含量与天然水中溶解性固体总量的增长成正比。这种情况与各种钠盐和氯化物在水中的溶解度有很大关系。

2. 硫酸根离子（SO_4^{2-}）

SO_4^{2-} 和 Cl^- 一样，在天然水中普遍存在，其浓度在0.2~100mg/L之间，它是海水和高矿化湖水中的主要阴离子，含量仅次于 Cl^-（在低矿化水中一般 $SO_4^{2-}>Cl^-$）。干旱地区的地表水中 SO_4^{2-} 可低至每升几毫克，在海水的含量为2.6g/L，但在海洋深部，由于还原作用，SO_4^{2-} 含量很低。大气降水中 SO_4^{2-} 的平均浓度为2mg/L，其主要来自含硫酸盐气溶胶和一些经过氧化可以生成硫酸盐的 SO_2 和 H_2S 气体。

天然水中 SO_4^{2-} 主要来自含有石膏（$CaSO_4 \cdot 2H_2O$）的沉积岩，另外，硫还以金属硫化物的形式分布在岩浆岩中。当硫化物与含氧水接触时，便被氧化成 SO_4^{2-}；火山喷气中的 SO_4^{2-} 和某些矿泉水中的S或 H_2S 都可以被氧化为 SO_4^{2-}；含硫动植物残骸的分解也可以增加天然水中 SO_4^{2-} 的含量。然而，天然水中若有 Ca^{2+} 存在时，则将使 SO_4^{2-} 含量减少，因为 Ca^{2+} 和 SO_4^{2-} 能形成不易溶解的 $CaSO_4$。但是当天然水中有 NaCl 存在时，可使 $CaSO_4$ 的溶解度增大，这是由于盐效应❶的影响。例如在25℃，水中无 NaCl 存在时，

---

❶ 往弱电解质的溶液中加入与弱电解质没有相同离子的强电解质时，由于溶液中离子总浓度增大，离子间相互牵制作用增强，使得弱电解质解离的阴、阳离子结合形成分子的机会减小，从而使弱电解质分子浓度减小，离子浓度相应增大，解离度增大，这种效应称为盐效应。

SO_4^{2-} 的含量为 1480mg/L，若水中 Na^+ 的含量为 2500mg/L 时，SO_4^{2-} 的含量则可增加到 1800mg/L。

天然水中 SO_4^{2-} 含量除决定于各类硫酸盐的溶解度外，还决定于环境的氧化还原条件。在还原条件下，SO_4^{2-} 是不稳定的，可以被还原为自然硫和硫化氢，在硫酸盐还原中起重要作用的是硫酸盐还原菌，这些细菌在缺氧条件下和存在有机物时，可将 SO_4^{2-} 还原成 H_2S。如在海洋深处和油田水中都有这种作用，故这类水中无 SO_4^{2-} 存在。

3. 重碳酸根离子（HCO_3^-）和碳酸根离子（CO_3^{2-}）

HCO_3^- 和 CO_3^{2-} 是低矿化水的主要阴离子，主要由于碳酸盐矿物与含有 CO_2 的水作用而形成的。在这一溶解过程中产生的离子有 HCO_3^-、CO_3^{2-}、Ca^{2+}、H^+，它们在水溶液中存在着一定的数量比例。其中任何一个含量的改变都会影响到其他成分含量的变化，因此，以 Ca^{2+} 为主的天然水中，HCO_3^- 及 CO_3^{2-} 含量不会很多，HCO_3^- 在湖水及河水中不会超过 250mg/L，CO_3^{2-} 的含量仅为每升几毫克；在地下水中两者可略有增多，这是由于在空气中 CO_2 的分压很低、CO_2 容易从地表水中逸出所致；在海水中由于盐效应的原因，水中 HCO_3^- 和 CO_3^{2-} 的离子浓度较小，HCO_3^- 的浓度在 150mg/L 左右，CO_3^{2-} 每升仅在十几毫克以上。

水中 CO_3^{2-} 与 HCO_3^- 之间的比值取决于介质的 pH 值。H^+ 浓度的增加会使水体中的 H_2CO_3 通过一级和二级电离依次分解为 HCO_3^- 和 CO_3^{2-}，其电离平衡式可表达为：

$$CO_2 + H_2O \rightleftharpoons H_2CO_3 \rightleftharpoons H^+ + HCO_3^- \rightleftharpoons 2H^+ + CO_3^{2-}$$

假设水体中各种形态的碳酸根总量用 c 表示，则

$$c = [H_2CO_3] + [HCO_3^-] + [CO_3^{2-}]$$

在一定水温和压强下，当水环境系统达到平衡时 c 值相对稳定，则三种类型的总碳酸之间应有固定的比例，其比例与水体中的 H^+ 浓度有关。当 H^+ 浓度增加时，平衡向左移动，游离碳酸增多；当 H^+ 浓度降低时，平衡向右移动，CO_3^{2-} 和 HCO_3^- 增多。其变化关系可以表示为图 2-1 所示的曲线形式。

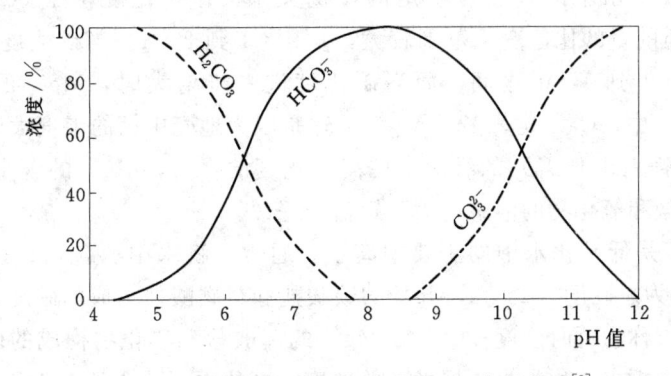

图 2-1 三种类型的碳酸盐含量与 pH 值的关系[3]

当 pH 值低于 4.5 时，水中的总碳酸主要以 H_2CO_3 形式存在，此时 HCO_3^- 与 H^+ 结合生成 H_2CO_3；当 pH 值介于 4.5 和 8.3 之间时，HCO_3^- 含量逐步升高，H_2CO_3 含量减

少，pH 值等于 8.3 是一个很有意义的分界点，在该点时 HCO_3^- 达最高值，占 98%，H_2CO_3 和 CO_3^{2-} 含量甚微，各占总碳酸的 1%；当 pH 值介于 8.3 和 12.6 之间时，HCO_3^- 含量逐步减少，CO_3^{2-} 含量增加，此时 HCO_3^- 分解为 CO_3^{2-} 和 H^+ 的反应进行得很活跃；当 pH 值高于 12.6 时，水中的总碳酸主要以 CO_3^{2-} 形式存在。由于大多数天然水的 pH 值接近中性，故 HCO_3^- 占优势，其含量在 10~800mg/L 之间。

4. 钙离子（Ca^{2+}）和镁离子（Mg^{2+}）

Ca^{2+} 是大多数天然淡水中的主要阳离子。钙广泛地分布于一切岩矿中，沉积岩中方解石（$CaCO_3$）在 CO_2 的作用下发生溶解，以及沉积岩中石膏（$CaSO_4 \cdot 2H_2O$）和萤石（CaF_2）的溶解都是天然水中 Ca^{2+} 的主要来源。此外，钙长石（$CaAl_2Si_2O_8$）的水解也是 Ca^{2+} 的重要来源。钙长石的水解可表示如下：

$$CaAl_2Si_2O_8 + H_2O + 2H^+ \Longleftrightarrow Al_2Si_2O_5(OH)_4 + Ca^{2+}$$

当天然水溶解方解石时，水中 Ca^{2+} 含量随大气中 CO_2 分压的增加而增加。在正常大气中，与方解石接触的天然水 Ca^{2+} 含量为 16mg/L。由于植物根系的呼吸作用和微生物对死亡植物残体的分解作用，使 CO_2 的分压增高，所以地下水中 Ca^{2+} 浓度一般比地表水高。

当天然水溶解石膏时，Ca^{2+} 浓度可达 600mg/L。若溶液中离子强度增大，则水体中 Ca^{2+} 的平衡浓度还可增大。例如，当水体中 Cl^- 浓度为 2500mg/L、Na^+ 浓度为 1500mg/L 时，由于盐效应的影响，Ca^{2+} 与 SO_4^{2-} 的平衡浓度可增至 700mg/L。通常在与石膏相接触的天然水中，当 SO_4^{2-} 含量增加时，由于同离子效应❶的影响，Ca^{2+} 的含量将会降低。

不同天然水中 Ca^{2+} 含量差别很大。在潮湿地区的河水中，Ca^{2+} 含量比其他阳离子含量都高，一般为 20mg/L 左右，但不超过 $CaCO_3$ 平衡时的浓度。在干旱地区的河水中，当某些易溶的含钙岩石露出地表时，水中 Ca^{2+} 含量较高。

Mg^{2+} 主要来源于白云岩、泥灰岩及基性岩、角闪岩等含镁较高的岩石。在天然水中都有 Mg^{2+} 存在，但很少有以 Mg^{2+} 为主要阳离子的天然水，通常在淡水中的阳离子以 Ca^{2+} 为主，在咸水中则以 Na^+ 为主。大多数天然水中 Mg^{2+} 含量介于 1~4mg/L 之间。Ca^{2+} 和 Mg^{2+} 在天然水中的含量有一定的比例关系，在矿化度小于 500mg/L 的水中，Ca^{2+} 与 Mg^{2+} 物质的量的比值变化范围较大，从 4:1 到 2:1。当矿化度大于 1000mg/L 时，其比值在 2:1 到 1:1 之间，而当矿化度进一步增大时，Mg^{2+} 的含量就会超过 Ca^{2+}。在低矿化水中，Ca^{2+} 显著多于 Mg^{2+}，这是因为地壳中钙的丰度大于镁（钙占地壳重量的 3.82%，镁占 1.52%）的缘故。在高矿化度的水中，Mg^{2+} 的含量大于 Ca^{2+}，这是因为镁的硫酸盐和氯化物的溶解度大于钙盐的缘故。

Ca^{2+} 和 Mg^{2+} 是低矿化水中的主要阳离子。通常，将水中所含钙、镁离子（Ca^{2+} + Mg^{2+}）的总量称为总硬度。Ca^{2+}、Mg^{2+} 的碳酸盐和重碳酸盐构成的硬度，由于煮沸时容易生成沉淀析出，称为暂时硬度；Ca^{2+}、Mg^{2+} 的硫酸盐和氯化物构成的硬度，煮沸后不能生成沉淀从水中析出，称为永久硬度。总硬度过高的水不适合于工业和生活用水，因为

---

❶ 两种含有相同离子的盐（或酸、碱）溶于水时，它们的溶解度（或酸度系数）都会降低，这种现象称为同离子效应。

水被加热时，能生成碳酸盐和氢氧化镁等难溶物质，沉积在加热器的壁上形成水垢，水垢会对锅炉产生不利影响，它不仅阻碍传热，而且需要消耗更多燃料，更严重的是产生局部过热，易引起锅炉爆炸。

5. 钠离子（Na^+）和钾离子（K^+）

Na^+与Cl^-相似，是表征高矿化水的主要阳离子。各种含钠岩矿是天然水中Na^+的主要来源。由于大部分钠盐的溶解度都很大，天然状态下Na^+很难从水中沉淀析出，人工条件下可通过阳离子的交换反应，使部分Na^+被具有高吸附容量的黏土矿物微粒所吸附，但吸附数量也是有限的。然而在干旱的盐湖地区，水被岩盐所饱和（此时Na^+含量可达150g/L），多余的Na^+则以固体盐的形式沉积，从而限制了天然水中的Na^+浓度。

在不同的天然水体中Na^+含量的差别很大。在赤道带的河水中，Na^+含量很小，仅1mg/L左右；大多数河水中Na^+含量也不高，一般在10～100m/L之间。但在卤水湖中则可达10g/L以上。含盐量高的天然水中，Na^+是主要的阳离子，海水中Na^+的含量（按质量计）占全部阳离子含量的81%。

钾主要分布于酸性岩浆岩及石英岩中。铝硅酸盐（$K_2Al_2Si_6O_{16}$）矿物的分解是天然水中K^+的重要来源。在岩石中K^+和Na^+的含量差别不大，分别为2.60%和2.64%。但在天然水中K^+含量比Na^+要低得多，一般为Na^+含量的4%～10%。造成这种状况的原因，一方面是由于岩石中含钠矿物易于风化，风化过程中Na^+倾向于转至天然水中，而含钾矿物抗风化能力较强，K^+不易从矿物中释放出来，即使释放也倾向于与黏土矿物结合，由此土壤中保存的钾比钠多得多；另一方面由于K^+是植物的基本营养元素，释放出来的K^+被植物大量吸收和固定，这就有比较多的Na^+输入江河湖海，使水中Na^+含量比K^+大得多。

实测资料表明，只有在极少数情况下，如某些石英岩地区，天然水中K^+含量可以接近甚至超过Na^+含量，但两者含量都甚微。在某些咸水中K^+含量达10～100mg/L，在卤水中K^+含量可达100～1000mg/L。

（三）生源物质

生源物质是指在成因上与生命活动有关的物质，主要包括含氮化合物（NH_4^+、NO_2^-、NO_3^-）、含磷化合物（HPO_4^{2-}、$H_2PO_4^-$、PO_4^{3-}）及含铁化合物等。

1. 含氮化合物

天然水中氮既可呈无机化合物形式，又可呈有机化合物形式。含氮无机化合物有氨氮（NH_3-N）、亚硝酸盐氮（NO_2-N）、硝酸盐氮（NO_3-N），它们以NH_4^+、NO_2^-、NO_3^-的形式存在于水中，这些离子彼此间可相互转化。氮的有机物主要指生物体组织中的蛋白质及其分解物。

天然水中的无机氮化合物是随同大气降水，或由于有机氮化合物的分解而进入水中的。其浓度取决于无机氮化合物被消耗的强度和有机氮化合物的分解释放速度。在通气良好的水中，虽然经常有NH_4^+存在，但含量极微，一般不超过10mg/L。NO_2^-很不稳定，容易被氧化成NO_3^-，在地表水中NO_2^-含量每升只有百分之几至千分之几毫克，在地下水中含量显著升高，可达10～100mg/L。NO_3^-含量较NO_2^-含量为高，地下水的上部水层可达100mg/L，但在下部水层及流动的地表水中含量甚微，由于NO_3^-是植物生长的营养物质，因此在植物生长期，天然水中 NO_3^- 含量急剧减少，而在冬季生物死亡后，在有机体的分解过程中，NO_3^- 含量又可增多。

2. 含磷化合物

天然水中含磷化合物分为无机态和有机态两种。无机态磷的化合物主要来自磷酸盐矿物，它们以 $H_2PO_4^-$、HPO_4^{2-}、PO_4^{3-} 等离子的形态存在于天然水中；另外还有可溶的有机磷。天然水中磷的含量为 0.01～0.1mg/L。各种磷酸根的含量与水中 H^+ 离子浓度有关，H^+ 浓度越小（即 pH 值越大），越有利于磷酸根的各级电离。由于天然水的 pH 值大部分介于 6～8 之间，所以天然水中磷酸根多以 $H_2PO_4^-$ 为主，HPO_4^{2-} 次之，PO_4^{3-} 含量最小。

磷是水生植物生长、繁殖所必需的营养元素，但若含量过高将会和氮一起促进水生植物急剧生长，造成水体富营养化。

3. 含铁化合物

天然水中含铁化合物以各种各样的形态存在。地下水中多数是二价铁的化合物，其中以碳酸氢亚铁 $Fe(HCO_3)_2$ 为主要存在形式。在含有大量 CO_2 和缺氧的水中，$Fe(HCO_3)_2$ 是稳定的；而当水中 CO_2 减少和有溶氧存在时，$Fe(HCO_3)_2$ 就会发生水解形成难溶的氢氧化亚铁 $Fe(OH)_2$ 和其他中间产物。因此，在天然水中可以同时存在 $Fe(HCO_3)_2$、$Fe(OH)^+$、$Fe(OH)_2$ 和 Fe^{2+} 等分子和离子。

亚铁主要存在于地下水中，但含量很少超过 1mg/L。当 pH 值高于 7 时，水中 $Fe(OH)_2$ 容易被溶解氧氧化成絮状的 $Fe(OH)_3$ 棕褐色沉淀。其反应式如下：

$$4Fe(OH)_2 + O_2 + 2H_2O \Longrightarrow 4Fe(OH)_3 \downarrow$$

$Fe(OH)_3$ 很难溶解，但它可以呈胶体状态存在于地表水中。因此，某些含有碳酸氢亚铁的地下水刚从深井中抽出时，水质澄清透明，但放置一段时间后，由于与空气中的氧接触逐渐浑浊，最后有棕褐色氢氧化铁沉淀析出。

（四）微量元素

天然水中的微量元素是指含量小于 1mg/L 的元素，这些元素主要是重金属（Zn、Cu、Pb、Ni、Co 等）、稀有金属（Li、Rb、Cs、Be 等）、卤素（Br、I、F）和放射性元素（Ra、Rn 等）。尽管这些元素在水中的浓度很低，但所起的作用不容忽视。通过对微量元素组成的分析，可以了解天然水体的地质演化历史。

好氧条件下天然水体中微量元素的基本存在形态见表 2-2（仅考虑无机化合物形态）。

表 2-2　　　　　　　　好氧条件下天然水体中微量元素的基本存在形态

元素	基本形态	元素	基本形态	元素	基本形态	元素	基本形态
Li	Li^+	Mn	Mn^{2+}	Se	SeO_3^{2-}	Sn	$SnO(OH)_3^-$
Be	$BeOH^+$	Co	Co^{2+}	Br	Br^-	I	IO_3^-,I^-
B	H_3BO_3,$B(OH)_4^-$	Ni	Ni^{2+}	Sr	Sr^{2+}	Ba	Ba^{2+}
F	F^-	Cu	$CuCO_3$,$CuOH^+$	Mo	MoO_4^{2-}	Hg	$Hg(OH)_2^0$,$HgOHCl$,HgC_2^0
Al	$Al(OH)_4^-$	Zn	$ZnOH^+$,Zn^{2+},$ZnCO_3$	Ag	Ag^+	Pb	$PbCO_3$,$Pb(OH)_3^-$
Cr	$Cr(OH)_3$,CrO_4^{2-}	As	$HAsO_4^{2-}$,$H_2AsO_4^-$	Cd	Cd^{2+},$CdOH^+$,$CdCl^+$	Bi	BiO^+,$Bi(OH)_2^+$

注 摘自文献 [1]。

(五) 有机物

溶解在天然水体中的有机物大多是生物生命过程中及生物遗体分解过程中所产生的有机物质，如有机氮、有机磷等，此外还包括构成各种水生生物的有机物质。这些有机物不论是来自水体还是周边环境，大部分呈胶体状态，其他呈真溶液或悬浮物状态。有机物的化学成分决定于其成因，而且是非常复杂的。各种不同形式的有机物主要由碳、氢、氧组成，这几种元素约占全部有机物含量的 98.5%。另外还有少量的氮、磷、钙及多种微量或超微量元素。有机物在水中的含量变化幅度很大，在沼泽水和由沼泽水补给的河流中有机物含量最大，可达 50mg/L，而在其他天然水中有机物含量一般很低。

水中有机物在一系列化学作用下不断地分解出无机物。与此同时，水体中也进行着相反的过程，即通过光合作用和化学合成作用由无机物形成有机物或生物体。

通常，可将天然水体中的水生生物种类划分为底栖生物、浮游生物、水生植物和鱼类四大类。生活在水体中的微生物是关系到水质优劣的最重要的生物体，对其又可分为植物性和动物性两类。植物性微生物按其体内是否含叶绿素又可分为藻类和菌类微生物。一般的细菌（单细胞和多细胞）和真菌（霉菌、酵母菌等）都属于体内不含叶绿素的菌类。生活在水体中的单细胞原生动物以及轮虫、线虫之类的微小动物都是动物性微生物。生活在天然水体中的较高级生物（如鱼）在数量上只占相对很小的比例，所以它们对水体化学性质的影响较小。相反，水质对它们生活的影响却很大。

在以上溶质中，八大主要离子在天然水体中所占的比重最大，其次是有机物质，再次为生源物质、溶解性气体，微量元素所占的比例通常很小。但在某些地区（如矿产丰富的地区）地下水中富含某些微量元素。

第二节　天然水溶质成分的形成过程 [*]

一、陆地水的溶质形成过程

在纯天然条件下，陆地水中的各种离子主要来自岩石风化作用所形成的矿物碎屑。风化作用是指原生矿物为适应地表热力条件而在物理、化学形态和性质方面所发生的一系列变化过程。风化作用可表现为以下两种形式：一是岩石的解体过程（也称物理风化作用），指岩石和矿物所发生的机械破碎作用；二是岩石化学成分的改变过程（也称化学风化作用），包括原生岩石与矿物的物理化学性质发生变化和新矿物的形成。以上两个过程对水体溶质的形成都起到了关键性作用：第一过程为水和空气等的渗入创造了条件；第二过程促使岩石中元素的释放。从岩石释放出来的元素中易溶部分大多进入天然水体，进而通过全球水循环过程迁移转化到世界各地。受岩石化学成分和自然环境的制约，不同地区发生的风化作用也不一样，并由此决定了岩石释放元素的种类不同。斯通姆（Stumm）和摩根（Morgan）将自然界对各类矿物的化学风化作用分为三大类反应。

（一）生成同相产物的溶解反应

生成同相产物的溶解反应，也称均相溶解作用，是指矿物被纯水或吸收了 CO_2 的弱酸性水溶解后全部生成溶于水体的离子和分子。陆地地表水和地下水中的 H_4SiO_4、Ca^{2+}、HCO_3^- 等相当一部分来自 SiO_2 和 $CaCO_3$ 的同相溶解反应。自然界中可发生均相溶解反应的矿物有石英、方解石、水铝石、铁橄榄石、镁橄榄石、滑石等。下面列出几种常见的同相溶解反应：

石英：$SiO_2(s) + 2H_2O \rightleftharpoons H_4SiO_4$

方解石：$CaCO_3(s) + H_2O \rightleftharpoons Ca^{2+} + HCO_3^- + OH^-$

水铝石：$Al_2O_3 \cdot 3H_2O(s) + 2H_2O \rightleftharpoons 2Al(OH)_4^- + 2H^+$

铁橄榄石：$Fe_2SiO_4(s) + 4H_2CO_3 \rightleftharpoons 2Fe^{2+} + 4HCO_3^- + H_4SiO_4$

滑石：$Mg_6Si_8O_{20}(OH)_4(s) + 12H^+ + 8H_2O \rightleftharpoons 6Mg^{2+} + 8H_4SiO_4$

很多矿物的同相溶解反应强度决定于水体的 pH 值。以石英（SiO_2）为例，在 pH 值低于 8 时，随着 pH 值的降低，其溶解度趋近于一个常数（$10^{-2.7}$ mol）；而在较高 pH 值时，随着 pH 值的升高，溶解度急剧增大。石英在不同 pH 值下的反应机理如下：

当 pH 值等于 3.7 时，$SiO_2 + 2H_2O \rightleftharpoons H_4SiO_4$

当 pH 值等于 9.5 时，$H_4SiO_4 \rightleftharpoons SiO(OH)_3^- + H^+$

研究显示，水环境中固体物质的溶解度是它们晶格能❶和离子水化能的函数，这两种能量的大小均受到离子电荷对离子半径比值（称为离子电位）的影响。由低离子电位（离子电荷小，离子半径大）的离子所构成的化合物具有较大的溶解度；由较低离子电位的离子构成的化合物溶解度中等；由高离子电位（离子电荷大，离子半径小）的离子构成的化合物在水中易于水解，形成不溶性氢氧化物沉淀。水与高离子电位的离子作用可减弱水的 O—H 键，生成金属氢氧化物：

$$Al^{3+} \cdots O\begin{matrix}H\\H\end{matrix} \rightleftharpoons [Al-O-H]^{2+} + H^+$$
$$\downarrow$$
$$Al(OH)_3(s) + 3H^+$$

矿物中 $Fe(OH)_2$、$Fe(OH)_3$、Al_2O_3 和 $CaCO_3$ 等的溶解度随 pH 值的变化见图 2-2。

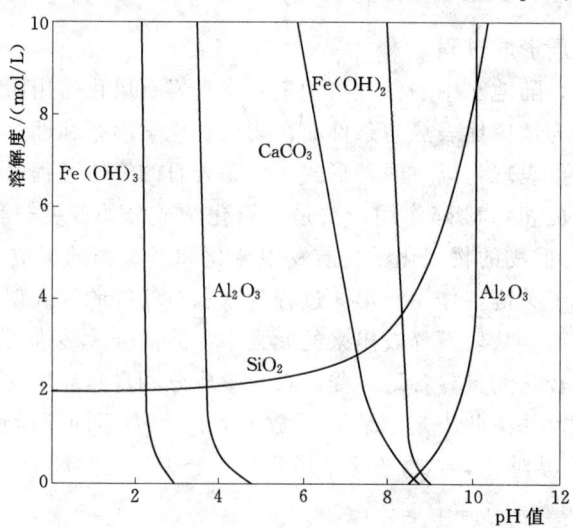

图 2-2 某些矿物溶解度随 pH 值的变化曲线[3]

---

❶ 晶格能指在反应时 1mol 离子化合物中的阴、阳离子从相互分离的气态结合成离子晶体时所放出的能量。

在自然界中广泛存在的碳酸盐矿物的风化也属于同相溶解反应。在这个反应中,由于大气中 CO_2 或有机体呼吸作用产生的 CO_2 溶于水中成为绝大多数天然水中 H^+ 产生的源泉。

$$CO_2(g) + H_2O \rightleftharpoons H^+ + HCO_3^-$$

而 H^+ 增加又会使碳酸盐矿物的同相溶解作用大大加强,以 $CaCO_3$ 为例:

$$CaCO_3(s) + H^+ \rightleftharpoons Ca^{2+} + HCO_3^-$$

(二) 生成异相产物的溶解反应

生成异相产物的溶解反应,也称非均相溶解作用,是指矿物被纯水或吸收了 CO_2 的弱酸性水溶解后的产物中既有溶解物质,同时又有新生成的固体产物。自然界中大多数氧化物和硅酸盐矿物都可发生非均相溶解反应,常见的有菱镁矿、高岭石、钾长石、钠长石、钙长石、氟磷灰石、黑云母、白云石等。下面列举出几种常见的非均相溶解反应:

菱镁矿:$MgCO_3(s) + 2H_2O \rightleftharpoons HCO_3^- + Mg(OH)_2(s) + H^+$

高岭石:$Al_2Si_2O_5(OH)_4(s) + 5H_2O \rightleftharpoons 2H_4SiO_4 + Al_2O_3 \cdot 3H_2O(s)$

钾长石:$3KAlSi_3O_8(s) + 2H_2CO_3 + 12H_2O \rightleftharpoons 2K^+ + 2HCO_3^- + 6H_4SiO_4 + KAl_3Si_3O_{10}(OH)_2(s)$

黑云母:$KMg_3AlSi_3O_{10}(OH)_2(s) + 7H_2CO_3 + \frac{1}{2}H_2O \rightleftharpoons K^+ + 3Mg^{2+} + 7HCO_3^- + 2H_4SiO_4 + \frac{1}{2}Al_2Si_2O_5(OH)_4(s)$

白云石:$CaMg(CO_3)_2(s) + Ca^{2+} \rightleftharpoons Mg^{2+} + 2CaCO_3(s)$

在异相溶解反应中,矿物 (M) 的 M—O 键和水分子的 O—H 键断裂,同时矿物与 OH^- 又生成新的 M—OH 键,并伴随着碱或酸的生成,例如:

$$CaO(s) + H_2O \rightleftharpoons Ca(OH)_2 (碱)$$

其具体机理如下:

$$CaO + H_2O \xrightarrow{水解} [Ca(H_2O)]^{2+} + O^{2-} \rightarrow \left[Ca\cdots O\begin{matrix}H\\H\end{matrix}\right]^{2+} + O^{2-} \rightarrow [Ca-OH]^+$$

(键的形成 ↑ 键的断裂 ↑)

$$+ \underbrace{H^+ + O^{2-}}_{OH^-} \rightarrow Ca(OH)_2(s) \rightleftharpoons Ca^{2+} + 2OH^-$$

具有较弱的 M—O 键的化合物在风化过程中容易被淋溶,表 2-3 列举了不同金属 M—O 键的强度。

表 2-3　　　　　　　　不同金属 M—O 键的强度

键	Ti—O	Al—O	Si—O	Ca—O	Mn—O*	Fe—O*	Mg—O
强度/(kJ/mol)	624	582	464	423	389	289	377

* 该元素为二价氧化物状态。

下面以钾长石为例，介绍硅酸盐矿物的异相溶解过程。钾长石溶解后生成新的次生矿物高岭石（s）和碱性溶液，其反应是分步进行的，总反应式为

$$4KAlSi_3O_8(s) + 22H_2O \longrightarrow Al_4Si_4O_{10}(OH)_8(s) + 4K^+ + 4OH^- + 8H_4SiO_4(l)$$
　　　（钾长石）　　　　　　　　（高岭石）

当有 CO_2 存在时，其总反应式为

$$4KAlSi_3O_8(s) + 4H_2CO_3 + 18H_2O \longrightarrow Al_4Si_4O_{10}(OH)_8(s) + 4K^+ + 4OH^- + 8H_4SiO_4(l) + 4CO_2$$

在前一反应中生成 OH^-，使溶液的 pH 值升高。当溶液中含有 CO_2 时，风化后溶液酸性减弱。在不含 CO_2 时，风化后溶液的 pH 值可升至 9，但不会更高，因为有 H_4SiO_4 的缓冲作用。总之，硅酸盐矿物在水解过程中释放出碱金属和碱土金属阳离子以及硅酸，是天然水中大量离子的主要来源。

（三）氧化还原反应

氧化还原是矿物化学风化作用的第三类反应，对天然水溶液的 pH 值有显著影响。以最常见的黄铁矿风化反应为例，有如下反应式：

$$4FeS_2 + 15O_2 + 14H_2O \longrightarrow 4Fe(OH)_3 + 16H^+ + 8SO_4^{2-}$$

实际上该反应可分为多步进行：

$$2FeS_2 + 7O_2 + 2H_2O \longrightarrow 2Fe^{2+} + 4H^+ + 4SO_4^{2-}$$
$$4Fe^{2+} + O_2 + 4H^+ \longrightarrow 4Fe^{3+} + 2H_2O$$
$$Fe^{3+} + 3H_2O \longrightarrow Fe(OH)_3 + 3H^+$$

在上述反应中产生大量 H^+，每摩尔黄铁矿风化可生成 4 摩尔的 H^+，并使风化溶液的 pH 值降至 2 或更低，因此大部分天然矿坑水酸性很强。

在自然界中常见的其他矿物的氧化还原反应还有

$$PbS + 4Mn_3O_4 + 12H_2O \longrightarrow Pb^{2+} + SO_4^{2-} + 12Mn^{2+} + 24OH^-$$
$$2MnCO_3 + O_2 + 2H_2O \longrightarrow 2MnO_2 + 2H_2CO_3$$

在岩石风化过程中，铝释放的最少。假定铝在岩石中的含量保持稳定，以此作为参比，其他主要元素数量的变化情况为：SiO_2 略有减少；MgO 和 K_2O 显著减少；CaO 和 Na_2O 几乎全部被淋失，天然状况下很少存在；FeO 几乎全部被氧化为 Fe_2O_3，从而导致 Fe_2O_3 显著增加；H_2O 大大增加。由此可见，在风化过程中岩石中的少量组分含量增加，而大部分均不同程度地遭受淋失。淋失了的组分，即为陆地地表水和地下水中各类离子成分的来源。

二、海水的溶质形成过程

对于海水中溶质成分的形成，随着近代地质学的发展而逐渐形成较为一致的观点。戈尔德施密特（Goldschmidt V. M.）认为，在地球历史最初的某个时刻，地球表面开始有了液态水，从此时起就进入了由蒸发、凝结、降水所构成的循环。在该循环过程中，水对岩石进行风化和侵蚀作用，使岩石变成碎屑岩，而某些元素溶于水中，成为原始海水的成分，此后进一步通过无机化学和生物的作用，从海水中析出化学沉淀物。按照这一观点，从岩石中溶出进入海水中的大部分元素，几乎都以化学沉淀物的形式从海水中被除掉，只有极小部分留于海水中。但实际上就某些元素而言，尤其是海水中的某些阴离子，如

Cl^-、Br^-、I^-、F^-、SO_4^{2-} 和 HCO_3^- 等，在现代海水中所含有的量，比预料从岩石中溶出而供给海水的量大得多。这说明，海水中的这些元素不只是从风化岩石中溶出的，还有另外的来源。现代观点认为，海水中的元素还有一部分是由地幔通过火山和温泉的途径供给海水的。如果考虑到上述元素所构成的化合物在高温下都是挥发性物质，则可以比较合理地解释这一现象。值得注意的是，作为海洋主体的水，也属于挥发性物质，因而海水中的某些元素，完全可能在火山活动时 1000℃ 以上的高温状态下，以挥发性化合物的形式通过岩石裂隙逸出。

鲁比（Pubey W. W.，1955）通过研究认为，在地球早期从地球内部逸出于地球表面的挥发性物质主要有 H_2O、HCl、CO_2、N_2、H_2S、Ar 等，并列出了一系列挥发性物质间的化学反应式，如下所示：

$$H_2O(g) \Longleftrightarrow H_2(g) + \frac{1}{2}O_2(g)$$

$$CH_4(g) + 2H_2O(g) \Longleftrightarrow CO_2(g) + 4H_2(g)$$

$$CH_4(g) + H_2O(g) \Longleftrightarrow CO(g) + 3H_2(g)$$

$$CH_4(g) \Longleftrightarrow C(s) + 2H_2(g)$$

$$NH_3(g) \Longleftrightarrow \frac{1}{2}N_2(g) + \frac{3}{2}H_2(g)$$

$$2HCl(g) \Longleftrightarrow H_2(g) + Cl_2(g)$$

$$H_2S(g) \Longleftrightarrow S(s) + H_2(g)$$

上述气体逸出地表后，当温度降低到凝结点，就生成了液态水，并且 HCl 很容易溶解在水中，基于现在地球表面的挥发性物质来考虑，溶于海水中的 HCl 相当于 0.3mol/L 盐酸溶液，这些稀盐酸溶液可能立即和岩石发生反应，把岩石溶解，而本身被中和，这样就形成了含 Cl^- 量很高的海水。

就现代海洋而言，除部分近岸或河口地区的海水外，大多数海水的溶质成分是非常稳定的。克雷默（Kramen J. R.，1965）通过研究认为，目前海水中所存在的溶质化学形式和在海底沉积物中存在的矿物之间处于一种化学平衡状态，这些元素在海水中的浓度就是由这种平衡关系决定的。同时，克雷默还给出了决定海水中离子浓度的矿物种类（表 2-4）。

表 2-4　　　　决定海水中离子浓度的矿物种类

离子	Na^+	K^+	SO_4^{2-}	Ca^{2+}	Mg^{2+}	PO_4^{3-}	CO_2	F^-
矿物种类	Na-蒙脱石	K-伊利石	硫酸锶	钙十字石	绿泥石	OH-磷灰石	方解石	F-CO_2-磷灰石

以上这些矿物与海水之间的化学反应如下：

$$H\text{-蒙脱石} \Longleftrightarrow Na\text{-蒙脱石}$$

$$H\text{-伊利石} \Longleftrightarrow K\text{-伊利石}$$

$$Ca_2Al_4Si_8O_{24} \cdot 9H_2O(\text{钙十字石}) + 4H^+ \Longleftrightarrow$$

$$4SiO_2(\text{石英}) + 2Al_2Si_2O_7 \cdot 2H_2O(\text{高岭石}) + Ca^{2+} + 7H_2O$$

$$Mg_5Al_2Si_3O_{14} \cdot 4H_2O(绿泥石) + 10H^+ \rightleftharpoons SiO_2(石英) + Al_2Si_2O_7 \cdot 2H_2O(高岭石)$$
$$+ 5Mg^{2+} + 7H_2O$$
$$Ca_{10}(PO_4)_6(OH)_2(磷灰石) \rightleftharpoons 10Ca^{2+} + 6PO_4^{3-} + 2OH^-$$
$$SrSO_4 \rightleftharpoons Sr^{2+} + SO_4^{2-}$$
$$CaCO_3(方解石) \rightleftharpoons Ca^{2+} + CO_3^{2-}$$

从海水形成历史来看，随着地球内部逸出的 HCl 溶于水后形成稀盐酸，再与地表各种岩石矿物接触，使得岩石中的 Ca^{2+}、Mg^{2+}、K^+、Na^+ 等被溶解，从而使各种溶质进入水体，海水被中和。海水的 pH 值则由海水中的 H^+ 与黏土矿物蒙脱石和伊利石中的 Na^+ 和 K^+ 的离子交换平衡来决定的。此后，随着大气中的 CO_2 开始溶于水，进一步促进了水体中的酸碱平衡反应，使得海水的 pH 值趋于稳定，各种岩石矿物与水体之间的化学反应也趋于平衡。

第三节 天然水组成的影响因素

天然水中溶质组分含量的变化既受到溶质自身物理、化学性质的影响，同时还受到区域外部条件的影响。影响天然水溶质成分的外部因素可分为直接和间接两类。能直接使天然水中溶质成分增加或减少的因素称为直接因素，例如岩石、土壤及生物有机体对天然水成分的影响属于直接影响因素；而通过改变天然水中溶质成分的赋存条件，间接起到改变溶质含量的因素则称为间接因素，例如气温、蒸发等气象因素虽然不直接向水体输入任何成分，但对天然水溶质成分的变化仍起到十分重要的作用。

一、气象因素

大气降水、气温、蒸发等气象因素对天然水中某些主要离子成分的影响是非常显著的。干燥气候不利于天然水体的快速侵蚀，蒸发作用则会引起土壤中已经溶解的风化产物浓缩，并有可能导致水中溶解固体含量增高。此外，随着气象因素年际和年内的波动，天然水体的化学成分也呈现出一定的变化规律。例如，具有潮湿和干燥季节性变化特征的气候有利于风化反应，因此在一年的某些季节内产生的可溶性无机物的量可以比其他季节大，具有这种气候特征的地区，其河流流量波动较大，水的化学组分的变化范围也较广。

(一) 温度

温度对水体溶质成分的影响至少表现在以下两个方面：一是温度变化改变了各种生物化学反应速率，包括那些以生物群为媒介物的反应过程也受到了影响；二是水温的变化会引起天然水中溶质溶解性能的变化，从而改变了溶解度大小。例如，一些盐湖水的化学成分具有明显的季节性变化规律。这些盐湖通常矿化度极高，含有 NaCl、Na_2SO_4、Na_2CO_3、$MgCl_2$ 等易溶类盐，其溶解度可达到每升几十克或几百克。在水温由 40℃ 降低到 7℃ 时，Na_2SO_4 的溶解度会下降至原来的 1/6；Na_2CO_3 的溶解度会下降至原来的 1/8。因此，从秋天开始，从硫酸湖中会结晶出芒硝（$Na_2SO_4 \cdot 10H_2O$），从苏打湖中会结晶出苏打，同时伴随着这个过程，盐湖水的主要化学成分发生了变化。地表淡水的化学成分也会受到温度的影响。当温度升高时，$Ca(HCO_3)_2$ 会分解析出碳酸钙，因此夏天被晒得透热的湖水中易发生方解石的沉淀，同时水体矿化度有所减小。

在多年冻土地区，气温变化对水体的矿化度变化具有特殊的意义。在水冻结过程中，在冰和水之间进行着盐分的再分配。盐析入到冰中是有选择的，冰结晶的同时析出难溶化合物，而在水中则保存了在低温条件下最易溶解的化合物，如 $CaCl_2$、$MgCl_2$ 和 $NaCl$。在冰融化时，钙和镁的碳酸盐及钙和钠的硫酸盐不完全转入水中。在重碳酸钙型淡水的冻结和融化过程中，由于盐分的析出，经过重碳酸镁型水阶段，最后将形成重碳酸钠型水。

（二）蒸发

蒸发是影响天然水化学成分的重要因素之一，特别是在蒸发强烈的干旱、半干旱地区，这一因素所起到的作用最大。在蒸发作用下，地表水体逐步析出无机盐分，开始是溶解度小的盐析出，然后是溶解度大的盐析出。由此，地表水的化学性质也发生了变化，例如西北地区有些原本以重碳酸盐型水为主的湖泊，由于蒸发强烈逐步演变为硫酸盐型水，进而变为硫酸盐－氯化物型水，最后成为氯化物型水。

蒸发对地下水的化学成分也有一定的影响，特别是与地表水交换比较密切的潜水。潜水的蒸发过程比较复杂，通常有两种形式：毛细蒸发和岩土内部蒸发。毛细蒸发是在潜水的埋藏深度不大于毛细上升高度时，地下水可沿着毛细管上升，并通过蒸发返回大气的过程。由于毛细蒸发使地下水由下向上运移，在这一过程中携带一定的盐分到表层土壤，故而过度蒸发时会使土壤盐分增加而形成盐渍土，但潜水自身的矿化度并不增加。岩土内部蒸发是指水分子脱离潜水面扩散到空气中，而盐分仍滞留在潜水中。在干旱地区，这种蒸发过程会引起潜水中盐分的逐渐累积，最后形成高矿化度的咸水或卤水。

二、水文地质因素

天然水中大部分离子来自地表周围岩石中的矿物溶解。除了不同地区岩石的化学成分有差异外，矿物的纯度和晶体大小、岩石结构、孔隙、暴露时间的长短，以及许多其他因素都会影响流经岩石的水体化学成分。

（一）岩石类型的影响

各种不同的岩石对天然水溶质成分的影响差异很大。有些岩石中的矿物易溶于水，从而向水体输送了大量离子，这些物质主要是作为沉积物重要组分或胶结剂的方解石、白云石、石膏、岩盐和其他各种蒸发岩矿物及硫化物等。当陆地水流经含这些矿物的岩石时，能从中获得大量的 Ca^{2+}、HCO_3^-、Na^+、Mg^{2+}、Cl^-、SO_4^{2-} 等离子。相反，由硅酸盐矿物（如石英、长石、角闪石、辉石、云母和黏土矿物）和氧化物（如磁铁矿、赤铁矿等）组成的岩石相对难溶。这类岩石主要是岩浆岩、变质岩以及碎屑沉积物（如砂岩、页岩等）。砂岩和页岩中既含有某些相对易溶的物质（如 $CaCO_3$ 胶结物），也含有难溶的矿物（如石英和黏土矿物等），当水体流经这类岩石时，从中获得的离子成分较少。

在各类岩石中，岩浆岩的风化作用对供给天然水溶质成分具有极为重要的意义，它为天然水中各种离子成分提供了最初的来源。由于岩浆岩的风化作用，在漫长的地质历史中形成了厚层的沉积岩，目前沉积岩覆盖了大陆的大部分地区，其中可溶盐的含量占 5.8%（按质量计），是正在循环的陆地水中各种离子的主要来源。米勒（Miller）通过研究后发现，花岗岩地区的水为软的重碳酸盐钙型水或重碳酸盐钠－钙型水，并且查明在花岗岩地区水中的重碳酸根来自大气和成土过程；砂岩地区中等硬度重碳酸盐水的生成与砂岩中的碳酸钙胶结物的溶解有关；花岗岩与石英岩地区软水的生成与这两类岩石风化产物的难溶性有关。

岩石类型对地下水溶质成分的影响尤为显著，特别是对阳离子成分有明显影响。潜水特点是以 Mg^{2+} 占优势；在正常花岗岩风化的初期阶段可以形成以 Ca^{2+} 为主要阳离子的水，而有钠长石的花岗岩存在时，可导致水中 Na^+ 浓度提高。岩石的化学成分对阴离子组成的影响不明显，但当岩浆岩中有一定的硫化物时，由于黄铁矿组矿物的氧化和淋溶，可导致地下水中 SO_4^{2-} 的增加。

（二）土壤特征的影响

天然水的化学成分是土壤形成过程或土壤化学反应的直接作用结果。大气降水在进入土壤后大部分滞留了相当长的时间，在此期间溶解或淋滤了土壤中的各种矿物，再以地下径流的形式带走了土壤中的可迁移物质，并改变了自身的化学组成。

当水与土壤接触时，水从土壤中获得什么样的成分和获得量的多少取决于土壤的性质。水渗透过已经强烈淋溶的土壤，如红壤、砖红壤和灰化土时，获得的离子数量很少，水呈酸性反应。水透过含有大量盐基的土壤（如棕钙土、栗钙土、荒漠土或盐渍土）时获得大量盐基离子，水呈碱性反应。水透过土壤后二氧化碳含量增加，氧气含量减少，这是由于土壤中的有机质在微生物作用下分解耗氧而释放二氧化碳的缘故。水透过土壤时还与土壤发生离子交换反应，这也改变着水的成分。

影响土壤水化学组成的因素包括：硅酸盐或其他矿物的溶解或蚀变；较难溶解的盐类的沉淀；植物对营养元素的选择性去除和循环；产生二氧化碳的生化反应；矿物和有机表面对离子的吸附与解吸；蒸腾引起的溶质浓缩；气态氮转化为能被植物吸收的形式。土壤空隙中的空气所含有的二氧化碳通常比普通空气高 10~100 倍，在土壤中移动的水能溶解其中的一些二氧化碳、氢离子、碳酸氢根和碳酸根离子，是控制水的 pH 值以及侵蚀岩石矿物的潜在力量。

三、生物化学因素

由于以生命体为主的生态系统在维持自身运转的同时，其发生的一系列生物化学反应均与水体中的溶质紧密相关，因此在一定程度上也会改变天然水的化学组成。在暴露于空气和阳光下的水体中，维持生命的过程尤其强烈。在空气和阳光都不存在的环境中，如地下含水层中，生物活动通常并不重要。然而，在水文循环运动的某些阶段，所有的水都受生化过程的影响，这些过程的残余效应处处可见，甚至在地下水中都能发现。

（一）微生物的影响

在天然水化学成分的演变过程中，微生物起到了非常重要的作用。研究表明，在多数水体中都存在一定数量的微生物，例如湖泊、河流、海洋，甚至在埋藏较浅的地下水中也发现有微生物的生长和繁殖。微生物适应能力很强，可在远大于其他生物的温度范围内（由零下几摄氏度到 85~90℃）生存，适合微生物生存的水体矿化度范围也比较宽泛，有些盐生细菌甚至能在盐水中生存。但总体来看，过高的矿化度和温度会抑制微生物的活性。

水体中的微生物会以各种有机物作为营养物，并将其分解为简单的无机物，从中获取构成细胞本身的材料和活动需要的能量，借以进行生长和繁殖等生命活动。在这一过程中改变了水体的化学成分。凡是利用有机化合物作为主要养料的细菌称为异养细菌；凡是利用无机化合物作为营养物质的细菌称为自养细菌。水体中绝大部分细菌都是异养细菌，它们能使水中有机物降解为小分子物质。

微生物能够进行各种复杂的代谢活动，是由于体内具有各种复杂的酶体系。不同的细菌细胞拥有不同种类的酶，因而有不同的新陈代谢功能。例如，好氧细菌具有一套氧化酶体系，使它能吸收利用氧气；厌氧细菌具有脱氢酶体系，可在无氧环境中生长；兼氧细菌具有脱氢酶、氧化酶两套酶体系，在有氧、无氧环境中都能进行呼吸；固氮菌具有固氮酶，能将空气中的氮还原为氨。

不同微生物的存在对水化学成分的影响也是不同的。脱硫菌可以将水体中的硫酸盐还原为 H_2S（脱硫作用），从而使 SO_4^{2-} 含量下降，并形成 H_2S 和 CO_3^{2-}，使得水的化学类型发生变化；造氨菌可将水体中蛋白质等有机物质进行分解，并生产氨气；硝化细菌可将水体中的氨氮氧化为亚硝酸盐和硝酸盐。

(二) 水生生物和植物的影响

在水体中或与水体联系密切的环境中存在的生物形成了一个生态系统。正是由于这些生物的存在，从而促使在水环境中发生了一系列的生物化学过程，并影响到水体化学成分的变化。例如，池塘或河流底部的植物根部以及漂浮植物通过光合作用产生 O_2、消耗 CO_2，同时又通过呼吸和降解作用消耗 O_2、产生 CO_2。水体中藻类和水生植物的生长需要氮、磷等营养元素，在其生长过程中会从底部沉淀物中通过根部吸收或直接从水中吸收，从而使水体中的营养元素含量降低，同时水生生物数量增加。在其生长和衰亡循环过程中产生的有机残渣，一部分在水体中被微生物分解，另一部分沉淀到水体的底部，在那里作为其他类型生物体的食物。水体中的其他溶质（包括某些微量组分）有可能是某些种类生物群的基本营养，如硅酸盐是硅藻生长的必要元素，由此，水体中某些微量元素的浓度也可能是由某些生物过程控制的。

在干旱地区，植物是形成潜水化学成分的重要因素。植物在生长过程中蒸腾大量的水分，引起潜水水位降低、潜水矿化度增加和化学成分变化。植物对水溶液中离子的吸收具有一定的选择性，这能够改变水的 pH 值和化学类型。植物的这种选择能力，是指有些植物品种能从溶液中吸收并在体内大量积累某些固定的化学元素。例如，碱蓬、海蓬子等盐生植物对氯离子有着较好的选择性能。另外，植物对土壤的酸碱度也有一定的影响，例如，针叶林由于其有机残骸的酸性，能增加土壤的酸性；阔叶林和草本植物正好相反，有利于土壤溶液中碱的聚存。阔叶林与针叶林的交替，伴随着潜水 pH 值的改变。一些水生植物还能够在其组织中积累某些重金属，并使得其重金属含量比周围水体的浓度高 10 倍以上，许多植物还含有能与重金属结合的物质成分，从而参与重金属的解毒过程。如芦苇、水湖莲和香蒲等对 Al、Fe、Be、Cd、Co、Pb、Zn 等重金属均有显著的富集作用，其中芦苇对 Al 净化能力高达 96%，对 Fe 的净化能力达到 93%，对 Mn 的净化能力达到 95%，对 Pb 的净化能力为 80%，而对 Be 和 Cd 的净化更是高达 100%。

第四节　各类天然水体的化学特征

天然水的成分是水与周围介质（大气圈、生物圈、岩石圈）在长期历史进程中相互作用的结果。天然水由于其所处环境不同，它们的化学成分各异，所以在研究其成分和形成条件时，不能脱离介质环境。

一、大气降水的成分特征

大气降水是由海洋和陆地所蒸发的水蒸气凝结而成的，它的成分很大程度上取决于地区条件，因而变化幅度很大。靠近海洋处的降水可混入由风卷进的海水飞沫、火山粉尘；在内陆的降水可混入大气中的灰尘、细菌；在城市上空的降水则可混入煤烟、工业粉尘等。但总的来说，大气降水是杂质较少而且矿化度很低的软水。

大气降水的矿化度一般为 20~50mg/L，在海滨有时可超过 100mg/L。降水成分随水循环大小而定，在靠海洋处与海水相似，以 Na^+、Cl^- 为主；在内陆则与河水相似，以 Ca^{2+}、HCO_3^- 为主，SO_4^{2-} 含量也常常稍高。降水中溶解的气体如 O_2、CO_2 等常是饱和的，且含有由雷电所产生的含氮化合物。一般初期降水或干旱地区的降水中杂质较多，而长期降水后或湿润地区的降水中杂质较少。沿海地区和内陆地区降水中离子成分有很大差别。表 2-5 列举了沿海及内陆地区降水中的离子成分及含量。

表 2-5　　　　　　　　　降水中的离子成分及含量　　　　　　　　　单位：mg/L

离子成分	Ca^{2+}	Mg^{2+}	Na^+	NH_4^+	HCO_3^-	Cl^-	SO_4^{2-}	NO_3^-	矿化度
沿海地区	0.3	0.4	3.4	0.2	1.3	5.4	1.8	0.3	13.1
内陆地区	10.5	4.2	5.0	1.5	18.8	7.0	26.0	1.0	74.0

降水一般呈弱酸性。在未受污染的大气中 CO_2 约占 0.0316%，降水溶解 CO_2 后形成碳酸，当雨雪中饱和的 CO_2 达到电离平衡时，其 pH 值通常为 5.0~7.0，故呈酸性，多数为 5.6 左右。近年来，人类活动向大气排放大量的 SO_2 及氮氧化合物，使大气中 SO_x、NO_x、CO、NH_3 等浓度增大，而这些气体溶于降水中可形成硫酸和硝酸，从而使降水的 pH 值降低，形成酸雨（是指 pH 值小于 5.6 的降水）。目前，酸雨已成为全球性的重大环境问题之一，我国也有不少地区有酸雨。据《中国生态环境状况公报》，2022 年全国酸雨分布区域主要集中在长江以南——云贵高原以东地区，主要包括浙江、上海的大部分地区，福建北部，江西中部，湖南中东部，重庆西南部，广西北部和南部，广东部分地区。酸雨区面积约占国土面积的 5.0%。

除了呈弱酸性外，降水中还包含有多种离子，如 NH_4^+、Ca^{2+}、Mg^{2+}、Na^+、HCO_3^-、NO_3^-、SO_4^{2-}、Cl^-，还有微生物和灰尘。但总体来看，降水的矿化度在各种天然水体中最低，各种可溶盐类远未达到饱和，故降落到地面后对各种元素仍具有较强的溶解能力。

二、海水的成分特征

海洋是最大的地表水体。海水总体积达 13 亿多 km^3，占地球总水量的 97.2%，它覆盖了地球表面 70% 以上的面积。各大洋之间水流相通，所以世界各地海水的化学成分基本相似，但在海洋的水平和垂直方向上，水质仍呈现出一定的变化规律，在靠近海岸处水质变化更大。

各种天然存在的元素，在海水中几乎都能发现，它们以单离子、配合离子、分子等各种形式存在。但总体来看，一些宏量组分，如 Cl^-、Na^+、SO_4^{2-}、Mg^{2+}、Ca^{2+}、K^+、HCO_3^-、CO_3^{2-}（按含量顺序排列）等主要离子，占溶解物质总量的 99.90% 左右；另外一些微量组分尽管含量很低（均低于 10^{-6} mol/L），但这些微量离子对水生生物的生长有很大影响。

海水含盐量在不同地区和不同深度可能有所变化，但大致在 34‰～36‰ 范围内，各主要离子之间的比例关系相对稳定。海水的 pH 值在表层为 8.1～8.3，在深水层可下降到 7.8。海水中主要阴、阳离子含量的顺序为 $Na^+>Mg^{2+}>Ca^{2+}>K^+$；$Cl^->SO_4^{2-}>HCO_3^->Br^-$。表 2-6 为海水中主要离子成分及其含量。此外，海水中还含有溶解的和悬浮的有机物。一般情况下，有机碳含量为 0.2～2.7mg/L。

表 2-6　　　　　　　　　　海水中主要离子成分及其含量

成分	含量/(mg/L)	占含盐量的百分比/%	成分	含量/(mg/L)	占含盐量的百分比/%
Cl^-	19000	54.95	HCO_3^-	142	0.41
Na^+	10500	30.36	Br^-	67	0.194
SO_4^{2-}	2700	7.81	Sr^{2+}	8	0.023
Mg^{2+}	1350	3.90	SiO_2	6.4	0.0185
Ca^{2+}	410	1.19	NO_3^-	0.67	0.0019
K^+	390	1.13	总含盐量	34580	100.0

注　据 Goldberg 等，1973 年。

海水的化学成分基本特点是：①具有很高的矿化度，约为 35g/L；②成分比较均一且恒定；③离子成分无时空变化，很稳定。

三、河水的成分特征

降水在降落到地面后，汇集形成江河等地表径流。在发源地有高山冰雪及冰川水补给，沿途还可能与地下水交汇互补，由于流域面积广阔，又是敞开流动的水体，因此河水中的化学成分与地形、地质条件密切相关，而且受生物活动和人类活动的影响很大。江河是主要的供水水源，也是受水污染影响最大的水体。河水流动迅速，交替周期平均只有 16d。河水与河床的土石接触时间不长，其矿化作用是很有限的。河水的化学属性几乎完全取决于补给来源的性质和比例。

河水成分具有以下特征：

(1) 河水的矿化度普遍较小。地球上大多数河水属低矿化水（矿化度 $M<0.2$g/L）和中矿化水（$M=0.2\sim0.5$g/L）。河水中总含盐量在 100～200mg/L，一般不超过 500mg/L，有些内陆河流会有较高的含盐量。

(2) 河水中的无机物成分与流经的地层岩性有关。河水广泛接触岩石、土壤，不同地区的岩石、土壤组成决定着该地区河水的基本化学成分。在结晶岩地区，由于这类岩石难溶，河流中溶解离子含量较少；在石灰岩地区，河水中富含 Ca^{2+} 及 HCO_3^-；若河流流经白云岩及燧石层时，水中 Mg^{2+}、Si^{2+} 含量增高；河流流经石膏层时，水中富含 SO_4^{2-}，且总含盐量有所增加；当河流流经富含吸附阳离子的页岩及泥岩地区，则向河水提供大量溶解物质，如 Na^+、K^+、Ca^{2+}、Mg^{2+} 等。我国主要河流的化学成分见表 2-7。

表 2-7　　　　　　　　　　我国主要河流的化学成分　　　　　　　　　　单位：mg/L

河流名称	Ca^{2+}	Mg^{2+}	$Na^+ + K^+$	HCO_3^-	SO_4^{2-}	Cl^-	含盐量
长江	28.9	9.6	8.6	128.9	13.4	4.2	193.6
黄河	39.1	17.9	40.3	162.0	82.6	30.0	377.9
黑龙江	11.6	2.5	6.7	54.9	6.0	2.0	83.7
珠江	18.5	4.8	8.1	91.5	2.8	2.9	128.6
松花江	12.0	3.8	6.8	64.4	5.9	1.0	93.9
闽江	2.6	0.6	6.9	20.0	4.9	0.5	35.5
塔里木河	107.6	841.5	10205	117.2	6052	14368	31751.3

从表 2-7 可以看出，我国河流含盐量变幅大，但其离子组成仍有大致的规律性。我国河流平均含盐量推算为 166mg/L。

河水中主要离子关系与海水相反，主要离子含量一般规律为：$Ca^{2+} > Na^+ > Mg^{2+}$，$HCO_3^- > SO_4^{2-} > Cl^-$。一般情况下，河水化学成分有一定的稳定性，除常见的主要离子成分外，其他成分含量较少。若出现异常情况时，则大多是由于工业废水的污染或其他因素的影响。

(3) 河水中有机物成分复杂。地球陆地表面为植物所覆盖，当植物死亡或腐烂时，其中的部分有机物就会进入水中，因此河水中既有溶解的有机物，也含有微粒有机物，通常天然水体的有机物含量在 10~30mg/L，而在热带河流中，由于河水流经丛林沼泽可以使有机质百分含量增高，并引起水体色度增加。

(4) 河水的化学组成在空间分布上不均一。对于大江大河，其流域范围广，流程长，流经的区域条件复杂，同时有支流汇入，因此各河段水化学特征的不均一性就很明显。离河源越远，河水矿化度越大，同时 Na^+ 和 Cl^- 所占的比例增大，Ca^{2+} 和 HCO_3^- 所占的比例减小。

(5) 河水的化学组成随季节变化较其他水体更为明显。丰水期里冰雪融水和雨水是河流的主要来源。尤其是在汛期，随着流量增大，河水矿化度显著降低，同时含沙量增大。夏季水生植物繁茂，使 NO_3^-、NO_2^-、NH_4^+ 含量减少。枯水季节以地下水补给为主，河水矿化度增大。随着水温的降低，溶解氧增多。由于水生植物减少，NO_3^-、NO_2^-、NH_4^+ 的含量可达全年最大值。河水一般均携带泥沙悬浮物而有浑浊度，浑浊度从数十度到数百度不等，夏季或汛期可达上千度，并随季节而变化。一般情况下，河水在基岩山区浑浊度低，在土质平原区高，如流经黄土高原的黄河浑浊度就非常高。

四、湖泊及水库水的成分特征

湖泊是由河流及地下水补给而形成的地表水体，因此其水质与补给水的来源有密切关系。但是由于气候、地质、生物活动等条件的影响，它们的化学成分却又有明显的差别。另外，湖泊与河流的水文条件不同，湖泊水流缓慢，受日照和蒸发影响显著，如果一个湖泊的流入和排出水量较大，蒸发量相对较小，则该湖泊能保持较低的含盐量而成为淡水湖；如果湖泊的水交换能力较低，且蒸发强烈，则大部分淡水被蒸发，而输入的溶解盐在湖中累积就形成咸水湖以至盐湖。通常，将矿化度低于 1g/L 的湖泊称为淡水湖；将矿化度在 1~35g/L（相当于海水范围）的湖泊称为咸水湖；而将矿化度超过 35g/L 的湖泊称为盐湖。我国的淡水湖多在东部和南部湿润地区形成，比较著名的有鄱阳湖、洞庭湖、太湖、洪泽湖、微山湖、巢湖、洪湖等；而咸水湖则多在西北干旱地区形成，比较著名的有青海湖、纳木错、艾比湖等。通常，形成咸水湖或盐湖必须具备两个条件：一是当地为干旱或半干旱气候，使得湖泊的蒸发量超过补给量，湖水不断浓缩，含盐量日渐增加；二是具有封闭的地形和一定的盐分与水量补给，封闭的地形使得盐分通过径流源源不断地从流域内向湖泊输送，在强烈的蒸发作用下，湖水盐分越积越多，逐渐形成了咸水湖。

水库可以认为是人工湖泊，多由河道修坝筑成。一般为淡水湖，其水质状况与湖泊近似，但在新建时期，由于大片土地被淹没，大量有机物及可溶盐进入库内，同时库内水温升高，有利于浮游生物及高级水生生物繁殖生长。水质随环境条件而发生不同程度的变化，因而需要有一个过渡阶段，从河水及原有地区的特点逐渐调整为稳定的湖泊状态。

湖泊及水库水的特点是由于水体较深，热交换过程缓慢，因此在不同深度和不同季节，水质的变化有一定的规律。如表层水受日光直接照射，水温随气温变化较大；深层水受外界因素影响较小，水温比较稳定。这就造成夏季水温从表层到深层逐渐降低，冬季则相反，表层水温较低而深层水温较高。水温的分层现象进一步引起了湖水中溶解氧的分层变化。在春季和夏季表层水温较高，水生植物生长旺盛，它们在进行光合作用的过程中释放出 O_2，其中一部分 O_2 逸出水面扩散到大气中，一部分为水生动物呼吸所消耗，但仍然使湖水上部水层中溶解氧趋于饱和。在深水层中水温较低，有机物分解时要消耗大量溶解氧，溶解氧含量急剧降低，有时可能完全耗尽。

总体来看，淡水湖或低度咸水湖的主要化学成分与内陆淡水相似，大多是 $Ca^{2+}>Na^+$、$HCO_3^->SO_4^{2-}>Cl^-$ 的类型，少数是 $Na^+>Ca^{2+}$，个别有 $SO_4^{2-}>HCO_3^-$ 的情况，$Cl^->HCO_3^-$ 则是高度咸水湖的特点。

五、地下水的成分特征

地下水是赋存于包气带以下岩石空隙中的水，它是由降水、地表水经过土壤、地层的渗流而形成的。地下水的水质与所接触的土壤、岩石及环境条件密切相关。由于地下水与各种岩石接触的时间较长，使得各种元素及化合物溶于地下水中。同时地下水的各含水层被弱透水层或不透水层分开，成为相对封闭的分隔体，彼此间交换微弱，使地下水的化学成分具有多样性。地下水成分具有以下特征。

(1) 地下水的化学成分极其复杂，不同程度地含有地壳中可以见到的几乎所有的元素。赋存于岩石圈中的地下水，不断与岩土发生化学反应，并在与大气圈、水圈和生物圈进行水量交换的同时，交换化学成分，人类活动对地下水化学成分有很大影响。因此，地下水化学成分特征要比上述天然水化学成分更复杂些，例如在一些特定条件下，地下水中富集某些稀散元素（Br、I、B、Sr 等），并可作为宝贵的工业原料。

(2) 地下水中气体含量不高，但这些气体成分的存在都很有意义。地下水中常见的气体成分有 O_2、N_2、CO_2、CH_4 及 H_2S，尤以前三种为主。一方面，气体成分能说明地下水所处的地球化学环境，例如地下水中溶解氧含量愈多，说明地下水所处的地球化学环境愈有利于氧化作用的进行，相反，地下水中若出现 H_2S 和 CH_4，说明地下水处于还原的地球化学环境。另一方面，地下水中的有些气体（如 CO_2 等），能增加水溶解盐类的能力，促进某些化学反应。

(3) 地下水水质成分呈现出分层的特点。通常，地下水按深度可分为表层水、层间水和深层水。表层地下水是不透水层以上的地下水，它们渗流经过的地层较薄且与大气相通，所以受外界影响较大，有时还可能含有较多的腐殖质有机物和受到地面排水及工业废水的污染。层间水是指不透水层以下的中层地下水，它们不直接与外界相通，距补给水源较远且经过长途渗流，一般是自流的，可形成自流井或泉水。这种水层受外界影响小，水质成分比较稳定。深层水是指几乎和外界完全隔绝的地下水，一般有很高的矿化度或含有特种盐类。

(4) 大多数地区的地下水含盐量随含水层深度增加而增大，其主要离子成分随含水层深度从低矿化度的淡水型转化为高矿化度的咸水型。即从 $Ca^{2+}>Na^+$、$HCO_3^->SO_4^{2-}>Cl^-$ 转化为 $Na^+>Ca^{2+}$、Cl^- 或 $SO_4^{2-}>HCO_3^-$。温度、压力等物理条件随地下水的深度而剧烈变化。在很深的地方，水和岩石在很大的压力（100~1000 个标准大气压）和很高的温度（>100℃）下发生作用，这对地下水化学成分的形成影响很大。在深井水或一些干旱地区的苦咸井水，含盐量可以达到 $10^3 \sim 10^4 \, mg/L$，有的地方甚至达到海水含盐量的程度。

以黑河（我国西北地区第二大内陆河，甘肃省最大的内陆河）地下水为例（图 2-3），黑河上游、中游和下游的地下水水化学组分的含量有较大的差异[8]。阳离子中的 Na^+ 的毫当量（浓度单位的一种）百分数在上游为 5.08%，到中游时毫当量百分比增长为 45.6%，在下游，其毫当量百分比达到最高，为 48.32%，而 Ca^{2+}、Mg^{2+} 两种离子的毫当量百分比逐步降低，在黑河的上游、中游和下游，Ca^{2+} 的毫当量百分数降低最为明显。黑河地下水阴离子中 Cl^- 在上游、中游和下游的毫当量百分数逐步升高，而黑河

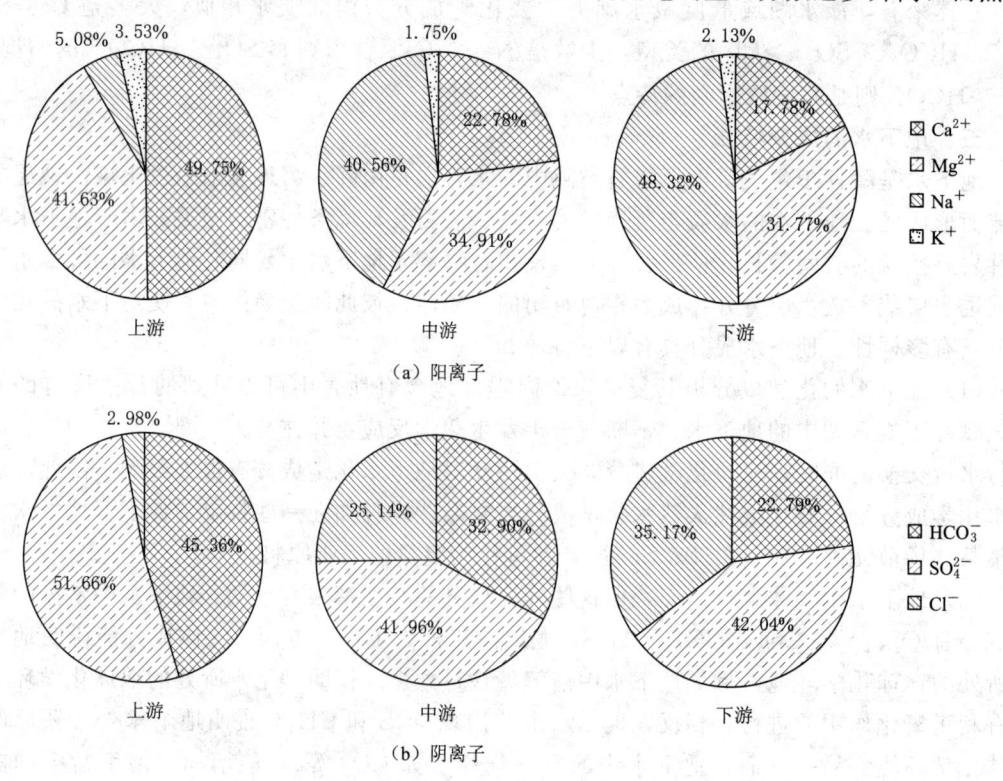

图 2-3 黑河流域地下水的离子毫当量百分数饼图[4]

流域地下水中 HCO_3^- 的毫当量百分数逐步降低。总体上，黑河上游地下水水化学类型以 $HCO_3^- - Ca^{2+} \cdot Mg^{2+}$ 型和 $SO_4^{2-} \cdot Cl^- - Na^+$ 型为主，中游以 $SO_4^{2-} \cdot HCO_3^- \cdot Cl^- - Mg^{2+}$ 型为主，下游以 $SO_4^{2-} \cdot Cl^- - Na^+ \cdot Mg^{2+}$ 型为主，产生差异的原因是黑河地下水水化学组分的控制作用不同。黑河上游地下水的水化学成分主要由水岩相互作用控制，中游和下游的水化学成分由水岩作用和蒸发浓缩作用共同影响。

水是最为常见的良好溶剂，它溶解、搬运岩土组分，并在某些情况下将这些组分从水中析出。水是地球中元素迁移、分散与富集的载体。天然水的化学成分是水与自然环境（自然地理、地貌、地质等背景）长期相互作用的结果，地域不同，各种水体中天然水含有的物质种类不同，浓度各异。一个地区水的化学面貌，在一定程度上反映了天然水的历史演变，研究水的化学成分可以帮助追溯水的起源与形成。

课 后 习 题

1. 根据不同的分类方式，可将天然水的溶质成分分为哪些类型？
2. 讨论水体中各种溶质成分存在的重要意义。
3. 为何在正常情况下，水体中 SO_4^{2-} 浓度会小于 Cl^-，Mg^{2+} 浓度会小于 Ca^{2+}，K^+ 浓度会小于 Na^+？
4. 风化作用主要有哪些类型？它们对水体溶质的形成起到了什么作用？
5. 形成陆地水溶质成分的化学风化作用有哪几大类？举例介绍其中主要的反应过程。
6. 影响天然水体溶质组分含量的影响因素有哪些？对我国西北内陆地区而言，哪些因素对当地水体溶质成分的形成起主导作用？
7. 比较说明河水与海水在水化学特征方面的差异。

参 考 文 献

[1] 肖艾兰. 普通化学与水化学 [M]. 北京：高等教育出版社，1993.
[2] 蒋辉. 环境水化学 [M]. 北京：化学工业出版社，2008.
[3] 吴吉春，张景飞，孙媛媛，等. 水环境化学 [M]. 2版. 北京：中国水利水电出版社，2021.
[4] 马李豪. 黑河流域地下水水化学特征分析 [D]. 西安：西北大学，2019.

第三章 水污染物转化原理与过程

随着人类对环境干扰作用的加剧,使大量的有害物质进入水体,并造成水的感观性状、物理化学性能、化学成分及生物组成等产生了不利于人类生产、生活的水质恶化现象,即水体受到了污染。严重的水污染,很难恢复到原有的良好状态,妨碍水体的正常功能,破坏生态环境,造成水质、生物、环境系统等方面的巨大危害和损失。本章主要介绍水体中污染物质的分类、水化学反应原理以及污染物在水体中的转化过程。

第一节 污染物的分类及危害

一、污染物分类

通常,天然水体所包含的各种阴阳离子、气体、微量元素以及胶体、悬浮物质等对人体和生物的健康影响不大。然而,在人类利用和改造自然的过程中,消耗了一定的纯净水体并排放了含有大量有毒有害物质的污废水,从而直接或间接改变了水体的化学成分。

进入水体的污染物种类繁多,危害各异,其分类方法依不同的要求可有多种。按污染的属性进行分类,可分为物理性污染物、化学性污染物和生物性污染物三类,其下又细分为感官性污染物、固体污染物、热污染、放射性污染物、无机无毒污染物、耗氧有机物(有机无毒物)、有毒物质、油类污染物、病原微生物和生源物质 10 种,详见表 3-1。

表 3-1　　　　　　　　水体中主要污染物质及特征

类型		主要污染物	污染特征
物理性污染物	感官性污染物	H_2S、NH_3、胺、硫醇、染料、色素、粪臭素、泡沫等	水体染色、恶臭
	固体污染物	溶解性固体、胶体、悬浮物、微塑料、泥、沙、渣屑、漂浮物等	水体变浑浊
	热污染	工业热水等	升温、缺氧或气体过饱和、热、富营养化
	放射性污染物	^{238}U、^{232}Th、^{226}Ra、^{90}Sr、^{137}Cs、^{289}Pu 等	放射性危害
化学性污染物	无机无毒污染物 非金属	Se、B、Br、I 等	
	无机无毒污染物 酸、碱、盐污染物	各种无机或有机的酸、碱物质,可溶性碳酸盐类、硝酸盐类、磷酸盐类	pH 值异常
	无机无毒污染物 硬度	Ca^{2+}、Mg^{2+}	硬度升高
	耗氧有机物	碳水化合物、蛋白质、油脂、氨基酸、木质素等	消耗溶解氧,进而引起水体缺氧

续表

类型			主要污染物	污染特征
化学性污染物	有毒物质	重金属	Hg、Cd、Cr、Pb、Cu、Zn、Ni、Co等	有毒性、可致癌
		非金属	F^-、CN^-、As等	有毒性
		农药污染	有机氯、有机磷农药、多氯联苯、多环芳烃、芳香烃类等	严重时水中生物大量死亡
		易分解有机物污染	酚类、苯、醛	耗氧、异味、毒性
		油类污染物	石油及其制品	漂浮和乳化、增加水色、毒性
生物性污染物	病原微生物		细菌、病毒、病虫卵、寄生虫、原生动物、藻类等	使水体带菌、传染疾病，有些具有毒性、可致癌
	生源物质		有机氮、有机磷化合物（洗涤剂）、硅、NO_3^-、NO_2^-、NH_4^+等	富营养化，恶臭

近年来，随着我国工业快速发展和化学品大量使用，环境中新污染物浓度不断升高，给生态环境和人体健康带来极大威胁，引起了高度关注。新污染物是指排放到环境中的具有生物毒性、环境持久性、生物累积性等特性，对生态环境或人体健康存在较大风险，但尚未纳入管理或现有管理措施不足的有毒有害化学物质。现阶段，国际上主要关注的新污染物包括环境内分泌干扰物、全氟化合物、微塑料和抗生素四大类[1]。

分泌干扰物又被称为环境激素，通过干扰内分泌功能引起个体或群体的生物学效应，主要包括农药（除草剂、六氯苯、林丹和呋喃丹等）、工业化合物（烷基酚、乙烯雌酚、多氯联苯、壬基酚、二噁英等）和重金属（铅、镉、汞等）。近年来，我国水体、沉积物及大气中均检出分泌干扰物。有调查显示，珠江三角洲主要河流中双酚A含量比德国南部河流高出10~100倍。分泌干扰物通过扰乱人体激素平衡，影响人类生殖系统、代谢系统和神经系统功能，干扰甲状腺、肾上腺和性别分化等。据估算，2010年我国因分泌干扰物造成的疾病负担总成本占全年GDP的1%左右。

全氟化合物以全氟辛酸和全氟辛烷磺酸及其盐类为主要代表，广泛用于化工、纺织、涂料、皮革、合成洗涤剂、炊具制造（如不粘锅）、纸制食品包装材料等，具有高度稳定性和生物蓄积性。全氟化合物广泛存在于我国各地土壤及水体中，还可以通过远距离环境传输污染全球水体。目前，在世界范围内的海水、地表水和饮用水中都检测到了全氟化合物的污染，包括北极圈在内的全球生态系统，如野生动物体内及人类血清中均广泛存在着全氟辛酸和全氟辛烷磺酸。我国是全氟化有机化合物生产和使用的大国，我国人体全氟辛烷磺酸污染水平较高，居世界前列。全氟辛烷磺酸对啮齿类动物具有生殖、发育和神经毒性等多种毒性效应，对职业性暴露人群存在潜在致癌性。全氟辛酸对免疫系统能产生抑制作用。动物实验表明，该化合物暴露可能与乳腺、睾丸、胰和肝肿瘤有关。

微塑料是指直径小于5mm的塑料碎片和颗粒，主要由塑料颗粒产品排入水环境或塑料垃圾经过分解产生。相比大塑料，微塑料体积小、在环境中分布广泛，长江河口微塑料的平均粒径是（0.90±0.74）mm，尺寸在 0.5~1.0mm 的塑料颗粒占总数量的 67%，大于 5mm 的塑料颗粒仅仅占了总数量的 0.2%；东海的水样中小于 5mm 的微塑料数量占总数的 91.2%。此外，微塑料更容易被生物摄入，其在鱼类、贝类等水生生物体内普遍存在，并会发生食物链迁移现象。人类在日常生活中很容易接触到微塑料，饮用水和海产品中均含有较高浓度的微塑料。微塑料进入生物体内会造成营养不良、累积引起血栓、产生神经毒性等，具有潜在健康风险。塑料中的添加剂在环境中的释放是造成微塑料生物毒性的原因。最常见的塑化剂邻苯二甲酸二酯，释放到环境后便成为环境雌激素中的酞酸酯类，当摄入并累积到一定的数量后，就会以假激素的形式向身体传递虚拟的化学信号，从而干扰生物体的内分泌功能，甚至影响其生殖和发育[2]。

抗生素是由微生物（包括细菌、真菌、放线菌属）或高等动植物在生命过程中所产生的具有抗病原体或其他活性的一类次级代谢产物，能干扰其他细胞发育功能的化学物质。自 1928 年弗莱明发现青霉素以来，抗生素得到了极大的创新和发展，广泛应用于医疗、畜禽、农业、水产养殖。根据作用机理不同，抗生素可分为 β-内酰胺类、大环内酯类、氨基糖苷类、磺胺类、喹诺酮类、四环素类、氯霉素类。随着抗生素的广泛使用甚至滥用，目前细菌对抗生素的耐药性问题已十分严重，抗生素耐药性正在对全球健康构成威胁。2015 年 6 月，中国科学院广州地球化学研究所公布的"中国河流抗生素污染地图"表明，我国主要河流均受到不同程度的抗生素污染，平均浓度为 303ng/L，以京津地区及东部沿海地区污染最为严重。长期低浓度抗生素会对水体中的微生物群落产生影响，并通过食物链影响高级生物，进而破坏生态系统平衡。

二、水污染的危害

水体受污染后，能使水环境系统产生物理性、化学性和生物性的危害。所谓物理性危害，是指恶化感官性状，减弱浮游植物的光合作用，以及热污染、放射性污染带来的一系列不良影响；化学性危害，是指化学物质降低水体自净能力，毒害动植物，破坏生态系统平衡，引起某些疾病和遗传变异，腐蚀工程设施等；生物性危害，主要指病原微生物随水传播，造成疾病蔓延。

耗氧有机物绝大多数无毒，但消耗溶解氧过多时，将造成水体缺氧、水质恶化，致使鱼类等水生生物窒息而死亡。目前水污染造成的死鱼事件，几乎绝大多数是由于这种类型污染所致。除乌鳢、鳝鱼、泥鳅等低等鱼类在必要时可以利用空气中的氧以外，绝大部分鱼要求溶解氧含量为 3~4mg/L，鲤鱼要求 6~8mg/L，我国特有的饲养品种，如青鱼、草鱼、鳙鱼等要求溶解氧含量 5mg/L 以上。当溶解氧不足时，就试图逃离，当溶解氧下降到 1mg/L 时，大部分鱼类就会窒息死亡。当水体中的氧耗尽时，有机物将在厌氧微生物作用下分解，产生 CH_4、NH_3、H_2S 等有毒物质，使水体变黑发臭，令人厌恶，严重毒化周围环境。

水体中氮、磷等营养元素增多会引起富营养化现象。富营养化是指湖泊、水库和海湾等封闭性或半封闭性水体内的营养元素富集，导致水体生产力提高，藻类异常繁殖，使水质恶化的过程。水体呈富营养化状态时，藻类大量繁殖，并成片成团地覆盖水体表面，水体透明度明显下降，溶解氧降低，对鱼类生长极为不利，严重缺氧时会使鱼类死亡。然而，过饱和的溶解氧又会使鱼类产生阻碍血液流通的生理疾病，甚至死亡。

重金属毒性强，饮用水含微量重金属，即可对人体产生毒性效应。一般重金属产生毒性的浓度范围大致是 $1\sim10\text{mg/L}$。毒性强的汞、镉产生毒性的浓度为 $0.01\sim0.1\text{mg/L}$。多数重金属半衰期长，一段时期内不易消失，进入水体后，也不能被微生物所降解，这是重金属与有机污染物最显著的区别。此外，水体中的微量重金属可被水生生物（如鱼类等）摄取吸收，并可通过食物链（如人吃鱼等）逐级放大，以致达到很高的富集系数和毒性影响。例如，日本的"水俣病"就是甲基汞通过鱼、贝类等食物摄入人体后引起中毒所致；"骨痛病"则是由于镉中毒引起的骨骼软化所致。

近年来，为了防治农业病虫害，许多地方大量使用难分解有机有毒农药，这些农药化学性能稳定、不易分解消失，可长期残留在土壤和作物上，或受雨水冲刷进入水体，危害水生生物的生长和生存。以有机氯农药为例，常见的有机氯农药有敌敌畏（二氯二苯基三氯乙烷，简称DDT）、六六六（六氯化苯）等，多数农药具有剧毒、高效、难分解、易残留等特性，其中DDT可以在人体中累积，造成慢性中毒，影响神经系统，破坏肝功能，造成生理障碍。此外，难分解有机毒物质与重金属相似，也能在食物链中高度富集，最终危害人体健康。

石油类污染物进入水体后会影响水生生物的生长，降低水资源的使用价值。大面积的油膜将阻碍大气中的氧气进入水体，从而降低水体的自净能力。石油污染对幼鱼和鱼卵的危害很大，并使鱼虾类产生石油味，降低水产品的使用价值。此外，石油类污染物中还包含一些多环芳烃致癌物质，可经水生生物富集后危害人体健康。

酚类化合物具有较弱的毒性。长期摄入超过人体解毒剂量的酚，会引起慢性中毒。苯酚对鱼的致死浓度为 $5\sim20\text{mg/L}$，当浓度为 $0.1\sim0.5\text{mg/L}$ 时，鱼类食用有酚味。

氰化物具有剧毒性，0.12g 氰化钾或氰化钠可使人立即致死。水体中氰化物含量超标能抑制细胞呼吸，引起细胞内窒息，造成人体组织严重缺氧的急性中毒。

病原微生物可引起各类肠道传染病，如霍乱、伤寒、痢疾、胃肠炎及阿米巴、蛔虫、血吸虫等寄生虫病。另外，水体中常见的病原体还有致病的肠道病毒、腺病毒、传染性肝炎病毒等。

第二节 水化学反应的基本原理

污染物在进入水体后会经历一系列复杂的生化反应过程，并导致其在水体中的含量不断变化，这些过程包括溶解平衡作用、氧化还原作用、配合作用、吸附作用（界面化学平衡作用）、生物降解作用、富集作用、地表水-地下水交换作用等。本节将简要阐述上述作用的基本原理，为进一步介绍污染物在水体中的转化过程做好铺垫。

一、溶解平衡

水是一种溶解能力很强的溶剂，许多物质都能或多或少地溶于水。物质在水中的溶解度是表征它在水中迁移能力最直观的指标。溶解度大者，大多以离子状态存在于水中，迁移能力强；溶解度小者，大多以固体状态悬浮于水中或沉积于底泥中，迁移能力弱。由于水是极性分子，它对极性大的离子型化合物有很强的溶解能力，而对极性小的化合物溶解能力较弱。一般把溶解度小于 $0.01\text{g}/100\text{g}$ 水的物质称为难溶物质。重金属的氯化物（除 AgCl、

HgCl$_2$、PbCl$_2$ 外)、硫酸盐都是易溶的,而其碳酸盐、氢氧化物和硫化物都是难溶物质。

当水与流经的岩土及含水层中的岩石(土)接触时,必定会发生溶解-沉淀反应,这是控制水化学成分形成和演变的重要作用。化学上的水岩(土)相互作用在某种程度上取决于与水的状态有关的各种反应,并使得反应最终达到一个相对的溶解-沉淀平衡状态。

以金属氢氧化物为例,其溶解平衡可表示为

$$M(OH)_n(s) \rightleftharpoons M^{n+}(aq) + nOH^-(aq)$$

溶度积[1]:
$$K_{sP} = [M^{n+}][OH^-]^n$$

$$[M^{n+}] = \frac{K_{sP}}{[OH^-]^n} \quad (3-1)$$

[M^{n+}] 是在一定温度时,氢氧化物饱和溶液中金属离子的浓度,即在任一 pH 值条件下该种金属氢氧化物的溶解度。由于水体在一定条件下存在电离平衡,因此 [OH$^-$] 可用 $K_W/[H^+]$ 来表示,其中 K_W 为水的离子积常数,由此式(3-1)可表示为

$$[M^{n+}] = \frac{K_{sP} \times [H^+]^n}{K_W^n} \quad (3-2)$$

在一定温压条件下,K_W 为常数,因此金属离子的饱和浓度除与 K_{sP} 有关外,还与水溶液的 pH 值有关。根据氢氧化物的溶度积和溶液的 pH 值,可计算出金属离子的饱和浓度。金属氢氧化物的溶度积如表 3-2 所示。

表 3-2 金属氢氧化物的溶度积 (25℃)

氢氧化物	K_{sP}	氢氧化物	K_{sP}	氢氧化物	K_{sP}
Cd(OH)$_2$	2.2×10^{-14}	Fe(OH)$_3$	1.1×10^{-35}	Sn(OH)$_2$	6.3×10^{-27}
Co(OH)$_2$	1.6×10^{-15}	Al(OH)$_3$	1.3×10^{-33}	Ni(OH)$_2$	2.0×10^{-15}
Cr(OH)$_2$	2.0×10^{-16}	Hg(OH)$_2$	4.8×10^{-25}	Th(OH)$_4$	4.0×10^{-43}
Cr(OH)$_3$	6.3×10^{-31}	Mg(OH)$_2$	1.2×10^{-11}	Ti(OH)$_3$	1.0×10^{-49}
Cu(OH)$_2$	5.6×10^{-20}	Mn(OH)$_2$	4.0×10^{-14}		
Fe(OH)$_2$	1.6×10^{-14}	Pb(OH)$_2$	1.2×10^{-15}		

由式(3-2)计算出的溶解度,仅仅是金属氢氧化物溶解后离解成为简单金属离子(M^{n+})的情况。但是在某些情况下,重金属离子在水中还可能生成多种羟基配合物。因此,氢氧化物的总溶解度应包括该金属离子的浓度和它所形成的各种羟基配合物的浓度。下面以 Cd(OH)$_2$ 为例,说明溶液中该溶质溶解度的计算。

Cd(OH)$_2$ 溶于水后,除了生成简单的 Cd^{2+} 外,还可与水中羟基结合生成羟基配合物,如 Cd(OH)$^+$、Cd(OH)$_2^0$、HCdO$_2^-$ 和 CdO$_2^{2-}$。其溶解平衡及平衡常数如下:

$$Cd(OH)_2(s) \rightleftharpoons Cd^{2+} + 2OH^- \quad K_1 = 10^{-13.65}$$

$$Cd(OH)_2(s) \rightleftharpoons Cd(OH)^+ + OH^- \quad K_2 = 10^{-9.49}$$

$$Cd(OH)_2(s) \rightleftharpoons Cd(OH)_2^0 \quad K_3 = 10^{-9.42}$$

$$Cd(OH)_2(s) + OH^- \rightleftharpoons HCdO_2^- + H_2O \quad K_4 = 10^{-12.97}$$

---

[1] 在一定温度下难溶电解质饱和溶液中相应的离子浓度的乘积,其中各离子浓度的幂次与它在该电解质电离方程式中的系数相同。

$$Cd(OH)_2(s) + 2OH^- \rightleftharpoons CdO_2^{2-} + 2H_2O \quad K_5 = 10^{-13.97}$$

上述平衡可根据平衡常数表达式，求得各含镉组分的浓度分别为（设 pH 值等于 9）：

$$[Cd^{2+}] = \frac{K_1}{[OH^-]^2} = \frac{10^{-13.65}}{(10^{-5})^2} = 10^{-3.65} \text{(mol/L)}$$

$$[Cd(OH)^+] = \frac{K_2}{[OH^-]} = \frac{10^{-9.49}}{10^{-5}} = 10^{-4.49} \text{(mol/L)}$$

$$[Cd(OH)_2^0] = K_3 = 10^{-9.42} \text{ mol/L}$$

$$[HCdO_2^-] = K_4[OH^-] = 10^{-12.97} \times 10^{-5} = 10^{-17.97} \text{(mol/L)}$$

$$[CdO_2^{2-}] = K_5[OH^-]^2 = 10^{-13.97} \times (10^{-5})^2 = 10^{-23.97} \text{(mol/L)}$$

将以上各组分浓度相加，得到水中镉的总浓度 Cd_T。

$$Cd_T = [Cd^{2+}] + [Cd(OH)^+] + [Cd(OH)_2^0] + [HCdO_2^-] + [CdO_2^{2-}]$$
$$= 10^{-3.65} + 10^{-4.49} + 10^{-9.42} + 10^{-17.97} + 10^{-23.97}$$
$$= 2.56 \times 10^{-4} \text{(mol/L)}$$

从以上计算可知，若不考虑生成羟基配合物，则 $Cd(OH)_2$ 的溶解度为 $[Cd^{2+}] = 2.23 \times 10^{-4}$ mol/L；若考虑生成羟基配合物，则 $Cd(OH)_2$ 的总溶解度为 2.56×10^{-4} mol/L，是 $[Cd^{2+}]$ 的 1.14 倍。

再以碳酸盐为例，二价金属离子的碳酸盐溶解度为

$$MCO_3(s) \rightleftharpoons M^{2+}(aq) + CO_3^{2-}(aq)$$

溶度积：
$$K_{sP} = [M^{2+}][CO_3^{2-}]$$

主要重金属碳酸盐的溶度积见表 3-3。

表 3-3　　　　　　　　主要重金属碳酸盐的溶度积（25℃）

碳酸盐	K_{sP}	碳酸盐	K_{sP}	碳酸盐	K_{sP}
$CuCO_3$	2.5×10^{-10}	$CoCO_3$	1.4×10^{-12}	$FeCO_3$	2.0×10^{-11}
$ZnCO_3$	3.6×10^{-12}	$NiCO_3$	1.4×10^{-7}	Ag_2CO_3	6.2×10^{-12}
$CdCO_3$	5.2×10^{-13}	$PbCO_3$	1.5×10^{-14}		

水中碳酸盐的溶解度很大程度上取决于 CO_2 的分压，其溶解过程为

$$MCO_3 + CO_2 + H_2O \rightleftharpoons M^{2+}(aq) + 2HCO_3^-(aq)$$

显然，碳酸盐在溶有 CO_2 的水体中比在不含 CO_2 的水体中溶解度要大得多。此外，碳酸盐的溶解度还与水的 pH 值有关。

需要说明的是，当水与矿物反应时，其反应可能向右进行，产生溶解，也可能向左进行，产生沉淀，直到达到平衡为止。这个过程所需时间，可能是一年、几年或者是上百年、上千年。在径流过程中，新的反应物的加入、生成物的迁移、温压条件的改变都可能使已建立的平衡破坏，体系将向新的平衡发展。所以，在天然径流条件好的地区，水与岩石矿物之间的化学平衡很难建立，故而平衡是相对的。

二、水解与配位

（一）水解反应

水解反应（Hydrolysis Reaction）是水与另一化合物反应，将该化合物分解为两部

分，水中氢原子加到其中的一部分水解，羟基加到另一部分，从而得到两种或两种以上新的化合物的反应过程。许多无机物和有机物都会发生水解反应。无机物在水中分解通常是复分解过程，在这一过程中水分子也被分解，并和被水解的物质残片结合形成新物质，如氯气在水中分解，一个氯原子和一个由水分子分解出来的氢原子结合成盐酸，水分子的另一个氢原子和氧原子与另一个氯原子结合成次氯酸；碳酸钠水解会产生碳酸氢钠和氢氧化钠；氯化铵水解会产生盐酸和氨水等。有机物的分子一般都比较大，水解时需要酸或碱作为催化剂，有时也用生物活性酶作为催化剂。在酸性水溶液中脂肪会水解成甘油和脂肪酸，淀粉会水解成麦芽糖、葡萄糖等，蛋白质会水解成氨基酸等分子量比较小的物质；在碱性水溶液中，脂肪会分解成甘油和固体脂肪酸盐（即肥皂），因此这种水解也称为皂化反应。

盐类水解反应，是溶液中盐电离出的离子与水电离出的氢离子和氢氧根离子结合生成弱电解质的反应过程。由于组成各类盐的酸和碱的强弱不同，因而各种盐类的水解情况也就不同。以 NH_4Cl 的水解为例，NH_4Cl 在水溶液中完全电离为 NH_4^+ 和 Cl^-，NH_4^+ 和由水电离的 OH^- 相互作用生成弱碱，破坏了水的电离平衡。当新的平衡到达时，溶液中的 $[H^+] > [OH^-]$，使水体呈酸性。其电离平衡关系如下：

$$NH_4Cl(aq) \rightleftharpoons NH_4^+(aq) + Cl^-(aq)$$
$$+$$
$$H_2O(l) \rightleftharpoons OH^-(aq) + H^+(aq)$$
$$\Updownarrow$$
$$NH_3(aq) + H_2O(l)$$

NH_4Cl 水解的离子方程式为

$$NH_4^+(aq) + H_2O(l) \rightleftharpoons NH_3(aq) + H_3O^+$$

通常，无机盐中金属离子的水解能力与金属离子电荷数的多少以及离子半径的大小有关。电荷数少、离子半径大的金属离子，如 K^+、Na^+、Rb^+、Cs^+ 等水解能力很弱，往往以简单水合离子的形式存在于水中；电荷数多、离子半径小的金属离子，如 Cu^{2+}、Zn^{2+}、Pb^{2+} 等水解能力较强；高价金属离子如 Fe^{3+}、Al^{3+} 等，在水中则发生强烈的水解作用。因此，多数重金属离子都能在水中通过水解反应生成不同的化合形态。

许多有机污染物也能在水中发生水解反应，例如甲酸乙酯（羧酸酯类）的水解反应为

$$CH_3COOC_2H_5 + H_2O \rightleftharpoons CH_3COOH + C_2H_5OH$$

水解后转化为相应的甲酸（羧酸）和乙醇，水解速率随温度升高而增大，酸或碱能加速水解反应。各种羧酸酯的水解速率是不同的，表3-4列出了25℃时若干羧酸酯的水解半寿期❶。

表3-4　　　　若干羧酸酯水解半寿期 $t_{1/2}$（25℃，pH值等于7）[3]

化合物	$CH_3COOC(CH_3)_3$	$C_6H_5COOC_2H_5$	$CH_3COOC_2H_5$	$CH_3COOC_6H_5$	$ClCH_2COOCH_3$	$Cl_2CHCOOCH_3$
$t_{1/2}$	140年	7.3年	2年	38天	14小时	38分钟

---

❶ 半寿期是指反应物的浓度下降到初始浓度一半时所需的时间。

从表 3-4 中可以看出,不同羧酸酯的水解速率相差很大,因此对于水解速率非常慢的羧酸酯,如无其他途径可供转化则将长期存在于天然水中。

(二) 配位作用

配位作用(Coordination Action)又称为络合作用,是分子或者离子与金属离子结合,形成很稳定的新离子的反应过程。通过配位作用形成的化合物称为配合物,它通常是由处于中心位置的原子或离子(一般为金属离子)与周围一定数目的配位体分子或离子键合而成。

在配合物的内界中有一个带正电荷的离子占据中心位置,称为中心离子或配离子的形成体。在形成体周围直接配位着一些中性分子或带负电荷的离子,这些分子或负离子称为配位体。配位体的数目叫配位数。例如在六氨合钴(Ⅲ)离子 $Co(NH_3)_6^{3+}$ 中,Co 是中心离子,NH_3 是配位体,N 是配位原子,6 是配位数。

水体中的配位体通常有无机配位体和有机配位体之分。重要的无机配位体有 OH^-、Cl^-、CO_3^{2-}、HCO_3^-、F^-、S^{2-} 等。有机配位体情况比较复杂,有动植物组织的天然降解产物,如氨基酸、腐殖酸等,以及由于工业及生活废水排入水体而形成的复杂有机配位体,如 CN^-、有机洗涤剂、次氮基三乙酸(NTA)、乙二胺四乙酸(EDTA)、农药和大分子环状化合物,这些有机物大都含有未共用电子对的活性基团,是较典型的电子供给体,易与重金属形成稳定的配合物。

配位作用对金属化合物的形态、溶解度和生物化学效应等均具有重要意义。它使得原来不溶于水的金属化合物转变为可溶性的金属化合物,如废水中的配位体可从管道和沉积物中将金属溶出。配位作用可以改变固体的表面性质及吸附行为,可以因为在固体表面争夺金属离子使金属的吸附受到抑制,也可以因为配合物被吸附到固体表面后又成为固体表面新的吸附点。配位作用还可以改变金属对水生生物的营养供给性和毒性。一些金属配合物,如血红蛋白中的铁配合物和叶绿素中的镁配合物对于生命活动是至关重要的。

1. 无机配位体的配位作用

多数无机配位体都可以与重金属离子形成配合物,其中 Cl^- 是天然水体中重金属离子最稳定的配位剂。Cl^- 和重金属离子形成的配合物主要有以下几种形态(以二价重金属离子为例):

$$M^{2+} + Cl^- \rightleftharpoons MCl^+$$
$$M^{2+} + 2Cl^- \rightleftharpoons MCl_2^0$$
$$M^{2+} + 3Cl^- \rightleftharpoons MCl_3^-$$
$$M^{2+} + 4Cl^- \rightleftharpoons MCl_4^{2-}$$

Cl^- 与重金属离子的配位能力决定于 Cl^- 的浓度和重金属离子对 Cl^- 的亲和力。Cl^- 对 Hg^{2+} 的亲和力最强,即使在 Cl^- 浓度较低的天然水中也可以生成 $HgCl^+$、$HgCl_2^0$、$HgCl_3^-$、$HgCl_4^{2-}$ 等配离子。而 Cd^{2+} 则必须在 Cl^- 浓度较高时才能生成 $CdCl^+$、$CdCl_2^0$、$CdCl_3^-$、$CdCl_4^{2-}$ 等配离子。

天然水体中的羟基、氯离子等都能与重金属离子生成多种形态的配离子,它们之间将存在着配位竞争。如海水中 $[Cl^-]$ 为 0.5mol/L、pH 值为 8.5 时,羟基和氯离子都可以

与 Hg^{2+} 生成多种形态的配离子，如 $HgCl^+$、$HgCl_2^0$、$HgCl_3^-$、$HgCl_4^{2-}$ 以及 $Hg(OH)^+$、$Hg(OH)_2^0$ 等。以上配离子在水体中的含量差别很大。研究表明，海水中 Cl^- 对 Hg^{2+} 的配位趋势大于羟基，主要以 $HgCl_4^{2-}$ 的形态存在，但是在淡水中由于 Cl^- 的浓度很低，所以羟基与 Hg^{2+} 的配位趋势比 Cl^- 要大。

2. 有机配位体的配位作用

天然水体中有许多动物和植物有机体降解之后的产物以及由工业废水带入的物质，如腐殖酸、氨基酸、糖类、脂肪酸和尿素等。这些有机物质具有易给出电子的配位基团，可与重金属离子形成配合物或螯合物❶，其中最主要的配位体是腐殖质。

腐殖质的组成非常复杂，通常根据它在溶剂中的溶解情况和颜色大致可划分为下列几种成分：腐殖质中能溶于酸和碱、分子量小于 1 万的组分称为富里酸或黄腐酸；不能溶于酸而能溶于碱、分子量小于 2 万的组分称为胡敏酸（胡敏酸中能溶于酒精等有机溶剂的组分称为棕腐酸，不溶的部分称为黑腐酸）；既不溶于酸也不溶于碱的部分称为胡敏素。一般腐殖质是富里酸和胡敏酸的总和，统称为腐殖酸。

河水中腐殖酸的平均含量为 10～50mg/L，湖水中平均含量可达 150～200mg/L。腐殖酸对天然水中的重金属离子有很强的配位能力，是天然水中最重要的螯合剂。腐殖酸与金属离子螯合反应的代表式为

$$\text{Hum}\begin{matrix}\text{C(=O)OH}\\\text{OH}\end{matrix} + M^{2+} \Longleftrightarrow \text{Hum}\begin{matrix}\text{C(=O)O}\\\text{O}\end{matrix}M + 2H^+$$

各种腐殖酸的螯合能力各不相同，这与腐殖酸的来源及组分有关。一般来说，分子量小的组分对重金属离子的螯合能力强；反之，则螯合能力弱，如富里酸的螯合能力大于棕腐酸，而棕腐酸又大于黑腐酸。腐殖酸对重金属离子的螯合能力随重金属离子的不同而改变，例如，湖泊中的腐殖酸对重金属离子的螯合能力按下列顺序递减：$Hg^{2+} > Cu^{2+} > Ni^{2+} > Zn^{2+} > Cd^{2+} > Mn^{2+}$。腐殖酸的螯合能力还与体系的 pH 值有关，如棕腐酸与 Cu^{2+}、Ni^{2+}、Zn^{2+} 所形成的螯合物的螯合能力会随着水体中 pH 值的降低而有所减弱。此外，在腐殖酸的成分中，富里酸与金属离子形成的螯合物在水中溶解度较大，能增强金属离子的迁移能力；而胡敏酸与金属离子形成的螯合物在水中溶解度较小，故常悬浮于水中或沉积于水体底泥中，难以迁移。

综上所述，由于重金属离子在天然水中的水解作用，以及天然水中无机及有机配位体的配位作用，使重金属离子转化成各种稳定形态的可溶性配离子或螯合物，从而增强了重金属离子污染物在天然水体中的迁移能力。

三、氧化与还原

氧化与还原反应（Oxidation and Reduction Reactions）是反应物质之间有电子得失或转移的化学反应，也是自然界常见的一种化学反应过程。通常，在天然水中包含有一种以

---

❶ 具有环状结构的配合物，由具有两个或多个配位体与同一金属离子形成螯合环的化学反应——螯合作用而得到。

上氧化态的元素，这些元素对氧化还原反应很敏感，因此有时它们也称为氧化还原元素。这些元素随水中氧化还原环境的变化，其反应也发生变化。水中主要的氧化还原元素见表 3-5。

表 3-5　　　　　　　　　　水中主要的氧化还原元素

元素	存 在 形 态
铁	$Fe(0); Fe^{2+}(II), FeCO_3(II), Fe(OH)_2(II), FeO(II); Fe^{3+}(III), Fe(OH)_3(III), Fe_2O_3(III)$
氮	$N_2(0); N_2O(I); NO_2^-(III); NO_3^-(V); NH_4^+(-III), NH_3(-III)$
硫	$S(0); SO_3^{2-}(IV); SO_4^{2-}(VI); FeS_2(-I); H_2S(-II), HS^-(-II), FeS(-II)$
锰	$Mn^{2+}(II), MnCO_2(II), Mn(OH)_2(II); Mn^{4+}(IV), MnO_2(IV)$
铬	$Cr(OH)^+(II); Cr_2O_3(III), Cr(OH)_3(III); CrO_4^{2-}(VI), HCrO_4^-(VI)$
砷	$AsO_3^{3-}(III), HAsO_3^{2-}(III), As_2O_3(III); AsO_4^{3-}(V), HAsO_4^{2-}(V), FeAsO_4(V)$

在各种氧化剂中，最常见的是溶解在水中的氧气。氧是强氧化剂，它可以使许多物质氧化。无论是大气降水或地表水，都含有来自大气中的氧，在水中以溶解氧的形式存在。天然水的氧化还原状态主要取决于通过水循环进入水体中的氧量，以及通过细菌分解有机物所消耗的氧量，或氧化低价金属硫化物、含铁的硅酸盐和碳酸盐所消耗的氧量。如进入水体的氧量大于或等于所消耗的氧量，则系统内处于氧化状态，或称为好氧状态；反之，则处于还原状态，或称为厌氧状态。水体中常见的消耗氧的氧化还原反应有

硫的氧化作用　　　$2O_2 + H_2S =\!=\!= SO_4^{2-} + 2H^+$

铁的氧化作用　　　$O_2 + 4Fe^{2+} + 4H^+ =\!=\!= 4Fe^{3+} + 2H_2O$

氮的硝化作用　　　$2O_2 + NH_4^+ =\!=\!= NO_3^- + 2H^+ + H_2O$

锰的氧化作用　　　$O_2 + 2Mn^{2+} + 2H_2O =\!=\!= 2MnO_2 + 4H^+$

黄铁矿的氧化作用　$15O_2 + 4FeS_2 + 14H_2O =\!=\!= 4Fe(OH)_3 + 8SO_4^{2-} + 16H^+$

在这些反应中，氧被还原，其他元素被氧化。反应的结果，多半产生 H^+。如果存在水与其他矿物的反应消耗 H^+，则水的 pH 值不会明显升高；如以这种方式反应的矿物不存在，则产生酸性水。例如，煤矿或金属硫化矿床的矿坑排水呈酸性。

除了耗氧的氧化还原反应外，在水体还存在着许多以消耗有机物为主的氧化还原反应，这在地表水中最为明显，在地下水中也较常见。以最简单的碳水化合物（CH_2O）为例，其反应如下：

$$CH_2O + O_2 =\!=\!= CO_2 + H_2O$$

随着水体中的溶解氧逐步被耗尽，水体变成兼氧状态，水环境的还原性增强。此时，氧化还原反应在一定的条件下仍会继续进行。其反应条件是：①水中有含氧阴离子，如 NO_3^-、SO_4^{2-}，或者包气带及含水层中有高价的铁锰化合物，如 $Fe(OH)_3$、MnO_2，它们代替氧作为氧化剂；②水体或包气带有足够的有机物；③有足够的营养物作为细菌的能源，这类细菌对氧化还原反应起催化作用；④温度变化不至于破坏生物化学过程。这类氧化还原反应使系统内的有机物不断被消耗。水环境系统中消耗有机物的常见的氧化还原反应还有

反硝化作用　　　$5CH_2O + 4NO_3^- =\!=\!= 2N_2 + 5HCO_3^- + H^+ + 2H_2O$

Mn（Ⅳ）的还原作用　$CH_2O+2MnO_2+3H^+ \rightleftharpoons 2Mn^{2+}+HCO_3^-+2H_2O$

Fe（Ⅲ）的还原作用　$CH_2O+4Fe(OH)_3+7H^+ \rightleftharpoons 4Fe^{2+}+HCO_3^-+10H_2O$

S（Ⅵ）的还原作用　$2CH_2O+SO_4^{2-} \rightleftharpoons HS^-+2HCO_3^-+H^+$

甲烷发酵　　　　　$2CH_2O+H_2O \rightleftharpoons CH_4+HCO_3^-+H^+$

这些氧化还原反应主要发生在处于还原状态的水体或饱水带里，反应的结果是水中 Fe^{2+}、Mn^{2+}、HS^- 及 CO_3^{2-} 增加。

氧化与还原反应在水环境中起着重要作用。天然水被有机物污染后，有机物与水中的溶解氧发生氧化还原反应，使溶解氧减少、严重时可使鱼类死亡。一个分层湖泊，由于上、下层的氧化还原环境不同，会造成水体中存在的物质形态有很大不同：上层由于溶解氧含量高，多为氧化态产物，如 SO_4^{2-}、NO_3^-、HCO_3^-、Fe^{3+}、Mn^{4+} 等；而下层由于溶解氧含量较低，多为还原态产物，如 HS^-、NH_4^+、Fe^{2+}、Mn^{2+} 等；在底泥中由于处于厌氧条件下，故还原性很强，可把 C 还原至 -4 价，形成 CH_4。水体中三氮盐（NH_4^+、NO_2^-、NO_3^-）的转化，部分重金属形态的转化都与氧化还原反应有直接的关系。另外，一些微生物在许多重要的氧化还原反应中起着催化作用，特别是对水中营养物质、污染物转化具有重要意义，因此也被用于活性污泥、生物滤池、厌氧消化等污废水处理工艺（将在第六章进行介绍）。

四、吸附作用

吸附作用（Adsorption），是指固体物质从水溶液中吸附溶解离子（或分子）的作用，是水环境中的一种界面化学平衡。具有吸附能力、能吸附液相中溶解离子的固体称为吸附剂，被吸附的物质叫吸附物。当液相与固相接触时，在固、液界面的固体上常发生吸附，吸附主要发生在胶体表面。水体中悬浮物和底泥都含有丰富的胶体物质。由于胶体粒子具有很大的表面积并带有电荷，因而能吸附天然水中各种分子和离子，使一些污染物从液相转到固相中并富集起来。因此，胶体的吸附作用对污染物的迁移能力有很大影响。

（一）水体中的胶体物质

天然水中的胶体物质可分为无机胶体和有机胶体两大类。无机胶体包括各种水合氧化物和黏土矿物微粒；有机胶体包括各种可溶性和不溶性的腐殖质。

1. 水合氧化物胶体

天然水体中的水合氧化物胶体主要有水合氧化铁（$Fe_2O_3 \cdot nH_2O$）、水合氧化铝（$Al_2O_3 \cdot nH_2O$）、水合氧化硅（$SiO_2 \cdot nH_2O$）和水合氧化锰（$MnO_2 \cdot nH_2O$）等。许多土壤中都存在有水合氧化铁、水合氧化铝和水合氧化硅等胶体，特别是在红色土壤地区，水合氧化铁的含量较高。在一些风化壳和沼泽沉积物中存在有水合氧化锰胶体。土壤中的水合氧化物胶体经降水及径流冲刷流入水体，悬浮于水中或沉积于水底。此外，天然水体中的铁、铝、硅和锰的化合物，它们通过水解反应，在适当的条件下也可形成水合氧化物胶体。

2. 黏土矿物微粒胶体

黏土矿物微粒是矿物风化过程中的产物，其主要成分是硅铝酸盐。黏土矿物的晶体结构是由两种原子层构成的层状结构，一层是由硅氧四面体组成的原子层，称为硅氧片；另一层是由铝、氢和氧原子组成的八面体原子层，称为水铝片。根据原子层的组合方式不同，黏土矿物可分为高岭石、蒙脱石、伊利石三大类。高岭石的化学式为 $Al_2(Si_2O_5)(OH)_4$，蒙脱石

的化学式为 $Al_4(Si_4O_{10})_2(OH)_4 \cdot nH_2O$，伊利石的结构与蒙脱石相似，不过伊利石的硅氧四面体中有部分 Si^{4+} 被 Al^{3+} 所取代，由此所缺少的正电荷由处于两层间的 K^+ 来补偿，从而把相邻的两层紧紧地结合起来。因此，伊利石的性质与蒙脱石有所不同。黏土矿物微粒经降水冲洗进入水体，它们在天然水中形成溶胶或悬浮物，粒径一般小于 10nm，能长期分散在水中而不沉积于水底。

3. 有机胶体

有机胶体种类繁多，其中有天然的有机胶体和人工合成的有机胶体（如肥皂、表面活性剂等）。水体中的天然有机胶体主要是腐殖质，还有一种无机和有机化合物的聚集体，主要是黏土矿物微粒与腐殖质的结合体。

（二）吸附种类及吸附机理

胶体的吸附机理可概括为物理吸附和化学吸附两种类型。

1. 物理吸附

物理吸附是一种物理作用，这种吸附作用的发生原因主要是胶体具有巨大的比表面积和表面能所致。例如，新沉淀的水合氧化铁胶体的比表面为 $300m^2/g$，而土壤中水合氧化铁胶体的比表面为 $180m^2/g$。黏土矿物微粒为层状晶体结构，有很大的外表面，同时层与层之间还有内表面，所以比表面很大，如高岭石比表面为 $10\sim50m^2/g$，伊利石为 $30\sim80m^2/g$，蒙脱石为 $50\sim150m^2/g$。腐殖质的比表面最大，为 $350\sim900m^2/g$。因此，水体中的这些无机和有机胶体都具有很大的表面能和很强的吸附能力，能将水中的污染物质（分子或离子）吸附在其表面，沉于水底或随水流而迁移。

物理吸附中的吸附质一般是中性分子，吸附力是范德华引力，吸附热[1]一般小于 40kJ/mol。被吸附分子不是紧贴在吸附剂表面上的某一特定位置，而是悬在靠近吸附质表面的空间中，所以这种吸附作用是非选择性的，且能形成多层重叠的分子吸附层。物理吸附又是可逆的，在温度上升或介质中吸附质浓度下降时会发生解吸。

2. 化学吸附

化学吸附是由胶粒表面与吸附物之间的化学键或氢键以及离子交换等作用而引起的。化学键的形成取决于胶体微粒与吸附物的特性。因此，化学吸附具有选择性，而且吸附热效应很大，可达 $100\sim1000kJ/mol$。温度升高往往能使吸附速度加快。通常在化学吸附中只形成单分子吸附层，且吸附质分子被吸附在固体表面的固定位置上，不能再作左右前后方向的迁移。这种吸附一般是不可逆的，但在超过一定温度时也可能被解吸。

通常，胶体粒子都是带电的，而且在自然界中大多数胶体（如黏粒矿物、有机胶体、水合氧化铝等）都带负电，只有少数胶粒（如水合氧化铁）在酸性条件下才带正电。胶体表面所带电荷根据其稳定性可分为两类：一类是永久电荷，它是矿物晶格内的同晶替代所产生的电荷，这种电荷一旦产生就不会改变，具有永久性质，如蒙脱石和伊利石同晶替代较多，其表面电荷以永久电荷为主；另一类是可变负电荷，它是由颗粒表面产生化学离解而形成的，其表面电荷的性质及数量随介质 pH 值的改变而改变。

---

[1] 是指吸附过程产生的热效应，在吸附过程中液体分子移向固体表面，其分子运动速度会大大降低，因此释放出热量。

水合氧化硅胶体，因其外层分子离解而使胶体带负电：
$$H_2SiO_3 \rightleftharpoons HSiO_3^- + H^+ \rightleftharpoons SiO_3^{2-} + 2H^+$$
水合氧化铁、铝是两性胶体，在酸性条件下离解出 OH^-，使自身带正电荷：
$$Al(OH)_3 + H^+ \rightleftharpoons Al(OH)_2^+ + H_2O$$
在碱性条件下，离解出 H^+，使自身带负电荷：
$$Al(OH)_3 + OH^- \rightleftharpoons Al(OH)_2O^- + H_2O$$

两性胶体的特点是既能解离出 OH^-，又能解离出 H^+，当其解离阴、阳离子的能力相等时，此时胶体溶液的 pH 值称为等电点（又称为零电位点），即在这一 pH 值时胶体不带电荷。由于胶体带有电荷，决定了它具有吸引相反电荷离子的能力。而环境中大部分胶体带负电荷，所以在自然界中易被吸附的主要是各种阳离子。

事实上，在自然界大量存在的是离子交换吸附。离子交换吸附是一种物理化学吸附，是呈离子状态的吸附质与带异号电荷的吸附剂（胶体）表面间发生静电引力而引起的，在吸附过程中，吸附剂（胶体）每吸附一部分阳离子（或阴离子），同时也放出等摩尔的其他阴离子（或阳离子）。

（三）阴、阳离子的吸附亲和力

1. 阳离子吸附亲和力

由于胶体对元素的吸附作用是有选择性的，因此水体中阳离子的吸附亲和力不同。影响阳离子吸附亲和力的因素有：①对于同价离子，其吸附亲和力随离子半径及离子水化[①]程度而有差异，通常吸附亲和力随离子半径增加而增加，随水化程度的增加而降低；②对于不同价离子，在多数情况下高价离子的吸附亲和力要高于低价离子的吸附亲和力。各主要元素的吸附亲和力的排序如下：
$$H^+ > Rb^+ > Ba^{2+} > Sr^{2+} > Ca^{2+} > Mg^{2+} > NH_4^+ > K^+ > Na^+ > Li^+$$

需要说明，上述排序并不是绝对的，因为离子交换吸附是一种可逆反应，服从离子交换平衡定律。所以吸附亲和力很弱的离子，只要浓度足够大，也可交换吸附亲和力很强而浓度较小的离子。

2. 阴离子吸附亲和力

前已述及，自然界中的吸附作用主要针对各种阳离子，但在一些特定情况下（如水体的 pH 值小于等电点时），此时两性胶体颗粒的表面正电荷占优势，可吸附阴离子。例如，PO_4^{3-} 易于被高岭土颗粒吸附，AsO_4^{3-} 易于被硅质胶体吸附；随着土壤中 Fe_2O_3、$Fe(OH)_3$ 等铁的氧化物及氢氧化物的增加，对 F^-、SO_4^{2-}、Cl^- 的吸附增加，等等。

总体来看，阴离子吸附亲和力的排序为
$$F^- > PO_4^{3-} > HPO_4^{2-} > HCO_3^- > H_2BO_3^- > SO_4^{2-} > Cl^- > NO_3^-$$
这个次序说明，Cl^- 和 NO_3^- 最不易被吸附。

胶体的吸附能使水体中的重金属离子或其他污染物从水中转移到胶体悬浮物上来，从而使水中污染物质的浓度大大减少。这些悬浮在水中的胶粒，当其遇到带异电荷的电解质

[①] 水中离子与水分子偶极间相互吸引，水中正、负离子周围为水分子所包围的过程称为离子的水化作用，简称水化。水化减弱了正、负离子之间的吸附力。

离子时，就能将更多的离子吸附到胶体表面，但这一过程也会使胶体的电动电势❶减弱，吸附力降低。如果吸附力降低到不足以排斥胶体微粒相互碰损时分子间的作用力时，胶粒就会聚集变大，形成极大的絮状物，在重力作用下沉入底泥中。必须指出，影响胶粒絮凝沉降的因素很多，除以上原因外还与胶体的浓度、水的温度、pH值等因素有关。

（四）等温吸附方程

由于水体中的离子交换反应受温度变化的影响显著，因此在一定温度下吸附作用会达到一个动态平衡。通常，将在一定的温度下溶质的液相浓度和固相浓度达到吸附（交换）平衡时，两者浓度之间存在的定量关系，称为等温吸附线，其数学表达式称为等温吸附方程。等温吸附线可能是直线，也可能是曲线，因此等温吸附方程可为线性方程或非线性方程。等温吸附线及等温吸附方程，对于描述污染物在水环境中的迁移规律具有重要的意义。

1. 线性等温吸附方程

线性等温吸附方程的数学表达式为

$$S = a + K_d C \tag{3-3}$$

式中：S 为平衡时固相所吸附的溶质的浓度，mg/kg；C 为平衡时液相溶质浓度，mg/L；a 为截距；K_d 为线性吸附系数（或称分配系数），L/kg，表示吸附平衡时溶质在固相和液相中的分配比。

线性吸附系数 K_d 是研究溶质迁移能力的一个重要参数。K_d 值越大，说明溶质在固相中的分配比例大，易被吸附，不易迁移，反之则相反。对于特定溶质及固相物质来说，K_d 值是一个常数，可用实验方法求得。

线性等温吸附方程是最常见最简单的等温吸附方程。线性等温吸附方程在 $S-C$ 直角坐标图中为直线。例如，NH_4^+ 的线性等温吸附线如图 3-1 所示。

2. 非线性等温吸附方程

（1）弗莱特利希（Freundlich）等温吸附方程。其数学表达式为

$$S = KC^n \tag{3-4}$$

式中：K 为常数；n 为等温吸附线线性度的常数，当液相中被吸附组分浓度很低时，$n \to 1$；其他符号意义同前。

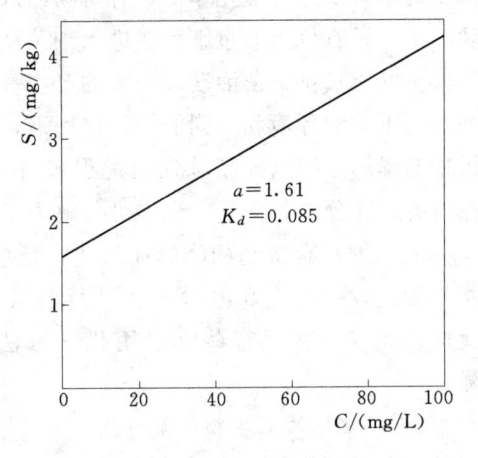

图 3-1 NH_4^+ 的线性等温吸附线（25℃）[4]

（2）兰米尔（Langmuir）等温吸附方程。该方程由兰米尔在 1918 年提出，是以固体表面仅形成单层分子薄膜的假设为其理论依据，主要用来描述土和沉积物对水中各种溶质（特别是污染物）的吸附。它的数学表达式为

$$S = \frac{S_m KC}{1 + KC} \tag{3-5}$$

---

❶ 胶体粒子在外电场的作用下由于位移而表现出来的电势。

式中：S_m 为溶质的最大吸附浓度，即固体对水中离子的最大吸附量，mg/kg；K 为与键能有关的常数；其他符号意义同前。

等温吸附方程是定量研究吸附过程的有效手段，但吸附过程到底遵循哪种方程，一般要通过对实验数据的数学处理后再确定。

五、生物降解作用

降解（Degradation），是指有机化合物由复杂分子转化为简单分子、分子量逐渐降低的过程。天然水体中有机物的种类很多，性质各不相同，但从热力学的观点来看，它们都是不稳定的，当它们与水中溶解氧相接触时，在微生物的作用下能够被降解或氧化。由于有机物中的碳原子都处于还原状态，在降解过程中碳原子可逐步被氧化为高价状态，因此降解过程实际上也是一种氧化过程。各种有机物都可以被氧化，但是被氧化的难易程度却不相同。在一般条件下，有些有机物容易被氧化，有些则不易被氧化或极难氧化。有机物在天然水体中的氧化可以通过生物化学作用进行，在这一过程中，微生物的参与是有机物被氧化的关键。

（一）微生物对有机物的降解作用

能降解有机物的微生物主要是细菌。细菌能分泌出一种称为酶的生物催化剂，通过酶可实现对有机物的降解，这一过程通常分两步进行：第一步，在细菌体外通过水解酶对有机物的水解反应起催化作用，有机物经水解后分解成为较简单的有机分子；第二步，水解后的小分子有机物通过细胞壁进入细菌体内，在体内经呼吸酶的催化作用进一步分解，分解产生的能量供细菌活动。分解的产物一部分供细菌生长繁殖，另一部分作为废物排出体外。在不同的环境和不同的细菌作用下，有机物分解的产物是不同的，这就是微生物对有机物的降解过程（即新陈代谢过程）。在此过程中，复杂的有机物被分解为简单的物质，在溶解氧充分的条件下，最终可分解为 CO_2 和 H_2O。

微生物对有机物的降解或氧化，反应的活化能往往小于化学试剂氧化有机物的活化能。因此，一些在高温时才能进行的氧化反应，而在微生物的作用下，在较低温度时就可以完成。甚至有些难以用化学方法降解的有机物，也可以用生物化学方法进行降解。

（二）常见的微生物降解作用

1. 碳水化合物的降解

碳水化合物是指仅仅由碳、氢、氧三种元素组成的一大类有机化合物。其中氢和氧的比例为 2∶1，与水分子中氢和氧的比例相同，故称为碳水化合物。根据分子结构的特点，碳水化合物又分为单糖、二糖和多糖。单糖有两种：一种是戊糖（$C_5H_{10}O_5$），例如木糖；另一种是己糖（$C_6H_{12}O_6$），例如葡萄糖和果糖。二糖是由二个己糖联结而成的，化学式为 $C_{12}H_{22}O_{11}$，例如蔗糖、麦芽糖和乳糖。多糖是由多个单糖联结而成的，例如淀粉、纤维等。碳水化合物是生物能量的主要来源。

碳水化合物的生物降解过程，首先是在生物体外水解，在水解酶的作用下，多糖水解生成二糖或单糖。例如，淀粉在水解酶的作用下水解成为乳糖（二糖），其水解反应式为

$$(C_6H_{10}O_5)_n + \frac{n}{2}H_2O \longrightarrow \frac{n}{2}C_{12}H_{22}O_{11}$$

乳糖可水解成为葡萄糖（单糖），反应式为

$$C_{12}H_{22}O_{11} + H_2O \longrightarrow 2C_6H_{12}O_6$$

然后，细菌将单糖或二糖吸收到体内再进行分解。单糖在酶的催化作用下首先转化为丙酮酸：

$$C_6H_{12}O_6 \xrightarrow[\text{酶}]{\text{细菌}} 2CH_3COCOOH + 4H$$

此过程称为糖解过程。在有氧条件下，丙酮酸逐步氧化，最终完全氧化为 CO_2 和 H_2O：

$$CH_3COCOOH + \frac{5}{2}O_2 \xrightarrow[\text{酶}]{\text{细菌}} 3CO_2 + 2H_2O$$

在无氧条件下丙酮酸不能完全氧化，只能转化为有机酸和醇，这一过程称为发酵。

2. 蛋白质的降解

蛋白质是由碳、氢、氧和氮组成的复杂有机化合物，有些蛋白质中还含有硫和磷。蛋白质最基本的结构是氨基酸，氨基酸分子中含有氨基（—NH_2）和羧基（—COOH）。蛋白质的分子量很大，通常大于 1 万。

蛋白质的降解首先是在细菌体外，由于水解酶的作用发生水解反应，生成各种简单的氨基酸。细菌吸收氨基酸，在细胞膜内进一步分解生成各种有机酸并脱除氨基。这一过程可在有氧和无氧条件下进行，主要是通过氧化还原反应来脱除氨基。在有氧条件下，氧化脱氨基反应为

$$RCHNH_2COOH + O_2 \xrightarrow[\text{酶}]{\text{细菌}} RCOOH + CO_2 + NH_3$$

在无氧条件下，脱氨基反应为

$$RCHNH_2COOH + H_2O \xrightarrow[\text{酶}]{\text{细菌}} RCHOHCOOH + NH_3$$

氨基酸分解生成的有机酸同碳水化合物一样，在有氧条件下逐步氧化成 CO_2 和 H_2O；在无氧条件下进行发酵过程。氨基酸脱氨基的结果生成氨，这一过程称为氨化作用。氨在水中生成氨水使水的 pH 值增高。

由氨化作用产生的氨在有氧条件下，经硝化细菌的作用，可逐步脱掉氢并与氧作用生成亚硝酸，亚硝酸再进一步被氧化为硝酸，这一过程称为硝化过程。硝化过程分两步进行：

第一步 $\quad\quad\quad\quad 2NH_3 + 3O_2 \longrightarrow 2HNO_2 + 2H_2O$

第二步 $\quad\quad\quad\quad 2HNO_2 + O_2 \longrightarrow 2HNO_3$

在无氧情况下，由于厌氧反硝化细菌的作用，可使 NO_3^- 还原为分子氮，这种作用称为反硝化作用。

蛋白质中含硫的氨基酸，它们在有氧和无氧条件下都会分解产生 H_2S。例如半胱氨酸在有氧条件下发生如下反应：

$$HOOC \cdot CHNH_2CH_2SH + O_2 \longrightarrow NH_3 + H_2S + \text{其他产物}$$

在无氧条件下反应为

$$HOOC \cdot CHNH_2CH_2SH + 2H_2O \longrightarrow CH_3COOH + HCOOH + NH_3 + H_2S$$

蛋白质在降解过程中，需要消耗溶解氧，从而使水体的溶解氧含量降低。其降解产物 NH_3 和 H_2S 都会造成天然水体的污染。

六、富集作用

生物体从周围环境中吸收某些元素或不易分解的化合物，这些污染物在体内积累，使生物体内某些元素或化合物的浓度超过了环境中浓度的现象，称为生物富集作用（Bioenrichment），也称为生物浓缩。生物富集作用的程度可以用富集系数表示，即某种元素或难分解物质在生物体内的浓度与生物体生存环境中该元素或物质浓度之比。富集系数的大小与生物的种类、环境中该元素或物质的种类及浓度等有关。

生物富集作用可以分为水生生物富集作用和陆生生物富集作用，此处仅介绍前者。水生生物富集作用为水生生物从水环境中聚集元素或难分解物质（如重金属、化学农药）的现象，又称水生生物浓缩。富集系数与水环境的温度、光照、pH值、水文条件等因素有关，也与污染物物质的性质、价态、水溶情况以及水生生物的生长率和曝污时间有关。20世纪70年代初，中国曾研究了某些海洋生物对放射性元素 Co 的富集系数，其结果是：虾类为12.1~15.9；蛤仔贝壳为180。海带梢部为30.2。美国在20世纪60年代初调查了某河口地区水生生物体内DDT的富集状况，其浓度随营养级递升而明显增加。

水生生物为了构成自身机体和维持生命活动，需要依靠富集作用从外界获得营养物质，这是普遍的自然现象。当水体遭受污染后，污染物经过水生生物吸收、累积和转移，即使是水中含量甚微的毒物，也会使生物（特别是高营养级生物）受到毒害，严重时甚至会危害人类的健康。水体中绿藻-植食性小鱼-肉食性鱼这样一条食物链，可以成千万倍地富集起来。例如，海水中汞的质量浓度为 0.00001mg/L；同海水相比，生长在海水中的植物体内汞的富集系数为100~200，以水生植物为食物的小鱼体内汞的富集系数为1000~3000，以小鱼为食物的肉食性鱼体内汞的富集系数则高达10000~20000。发生于日本熊本县水俣镇的"水俣病事件"就与重金属污染物汞的富集相关。

七、地表水-地下水交换作用

地表水和地下水是水文循环的两个重要环节，也是可以直接开采利用的重要水资源。地表水和地下水转化形式多样，不仅进行着水量的交换，也驱动着水体污染物和生源物质的迁移转化，影响着水安全和生态安全。

河水补给地下水时，在自然存在的或通过抽水形成的水力梯度作用下，水中溶质通过河流渗滤系统进入地下水或沿岸抽水井。在此过程，河水中的污染物受对流-弥散、吸附-解吸、生物降解、植物吸收等作用浓度得到减少或去除，从而减缓了河流污染物输入对地下水水质的直接影响[5]。污染物在河流渗滤系统中的迁移转化示意见图3-2。

污染物进入河流等地表水体后，对地下水的污染模式随着河流与地下水之间的不同转化关系，存在很大区别。当通过傍河水源地抽水井抽水时，潜水位开始不断下降，河流对地下水的补给量也随之增大。但是，河流对地下水的入渗补给量并不是无限增大的，当补给量增大到一定程度时，就不会再增大，而是维持一个稳定值。此时河流和地下水之间失

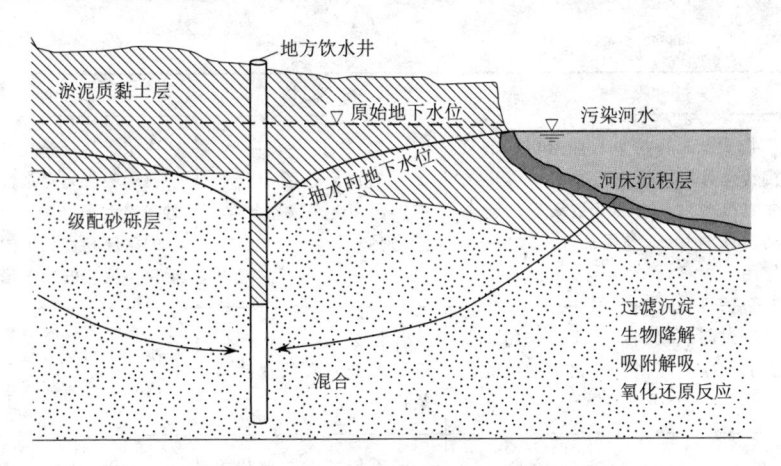

图 3-2 污染物在河流渗滤系统中的迁移转化示意图

去了统一的浸润曲线,地下水流也不再是连续的饱和水流,而是在河床下部出现一个非饱和带,在河床底部周围存在一个悬挂饱水带。河流-地下水系统就变为河流-悬挂饱水带-包气带-饱水带的水流系统。在河流污染物向地下水迁移转化过程中,污染物在河流-地下水系统中的迁移模式分为:①河床下非饱和垂向渗漏式补给;②随着水流运动方向在饱和带中的一维水平运动[6]。污染物从污染的河流中随着河流补给进入到地下水环境中,这个过程受到河流水位、抽水井水位、河床下淤泥层、含水层介质、污染物种类及浓度等的影响,是一个复杂的过程。

第三节 污染物在水中的转化过程

前面介绍了水化学反应的基本原理,对于水体中某一溶质来说,通常会有多种水化学反应同时进行,因此这里将系统介绍主要污染物在水体中的转化过程。

一、概述

污染物在进入水体后会发生一系列的物理、化学及生物反应过程。同时由于这些反应过程也使得水体中污染物含量在不断发生着变化,这种作用可能对于水质改善是正面的(如耗氧有机物的降解过程),但也有可能是负面的(如汞的甲基化过程)。污染物在水体中的主要反应过程及影响因子见表 3-6。

表 3-6 污染物在水体中的主要反应过程及影响因子

反应名称	过 程 描 述	代表性物质	影 响 因 子
挥发	表示物质的挥发损失过程	液氨、盐酸、苯乙烯、丙二醇、甘烷、酚、甲苯、乙苯、二甲苯、甲醛等	决定于物质的蒸汽压、水溶性和环境因素,如风速、水流和温度
吸附	表示吸收(吸附)和分配(溶解)的一般概念	重金属、芳烃类化合物	决定于物质的亲水和疏水性质及吸附剂的成分;其决定因素有溶解性、吸附剂含量等

续表

反应名称	过程描述	代表性物质	影响因子
光解	物质既进行从吸收能量引起的直接转化反应，又进行反应过程中的非直接转化，如由于被激发的化学物质或自由基作用而引起的氧化作用	百菌清、蒽醌类化合物、含氟有机化合物、氰化物	决定于从紫外线到可见光范围内物质的吸收光谱系数，如一天给定时间内太阳光强度的分配、季节、水的深度和臭氧层的厚度，也决定于化学反应的量子场
氧化还原	通过与氧化剂或还原剂作用而发生的化学反应来打开化学物质的化学键	含有铁、氮、硫、锰、砷等多价元素的盐类或氧化物	决定于可能反应位数量和类型，也决定于氧化剂或还原剂的存在
水解	物质与水、氧和氧离子的反应，通常导致基团的产生和其他官能团的消失	弱碱弱酸盐、金属氮化物、金属硫化物、酯类、二糖、多糖、二肽、多肽、亚胺	决定于自然pH值条件下可水解的官能团的存在及其数目，以及不同pH值条件下加入的酸和碱及催化反应
生物富集	水生生物在水体中对化学物质的吸收和累积作用，它往往是通过水和脂肪之间的分配完成的	重金属、有机氯杀虫剂、多氯联苯	决定于物质特性（疏水性）和生物的脂肪含量，代谢和净化过程的速率
生物降解	生物酶对物质的催化转化过程	耗氧有机物、酚类、芳烃化合物、有机磷杀虫剂、除草剂	决定于物质的稳定性和毒性、微生物的存在以及环境因素（包括pH值、温度、溶解氧、可利用的氮等）

污染物在水环境中的自净作用是通过上面的一个或几个反应过程来实现的，涉及不同污染物的具体反应过程下面将进行详细介绍。对于有机污染物来说，生物化学氧化具有十分重要的意义。尽管所有有机物都能够被氧化，但被氧化的难易程度却差别很大。以化学氧化为例，在一般条件下，有些有机物易于氧化，有些不易氧化或极难氧化。不少有机物的氧化反应需要在强氧化剂作用下，或是在较高温度下，或是在强酸或强碱条件下，或是在适当催化剂的参与下才能进行。

二、耗氧有机物在水中的转化过程

耗氧有机物中的碳原子处于还原状态，所以它们在热力学上都是不稳定的，在与大气中氧分子或与溶解氧接触的条件下，死亡有机体中的碳原子被氧化为高价状态，当条件有利时会氧化为最终产物 CO_2。

耗氧有机物在水体中的分解过程分为好氧和厌氧两种情况。如果地表水溶解氧足够供应有机物氧化的需要，则有机物在好氧细菌的作用下进行氧化分解（相关反应见上一节微生物降解作用）。在好氧分解过程中，有机物含有的碳、氮、磷和硫等化合物分解为硫酸盐、磷酸盐、硝酸盐和 CO_2 等无机物。好氧分解过程进行得比较快，最终产物也比较稳定，图3-3给出了在一般情况下水中有机物的好氧分解过程。当溶解于水中的氧耗尽时，好氧细菌便死亡，取而代之的是厌氧细菌，在缺乏溶解氧的条件下有机污染物进行厌氧分解。厌氧分解的最终产物是 NH_3、腐殖质、CO_2、CH_4 和硫化物（如 H_2S），其中 NH_3、

CH_4、H_2S 等气体在水中达到饱和时，就会逸出水面进入大气，这些气体中有些成分（如 H_2S）恶臭难闻、令人感到厌恶。厌氧分解过程比较缓慢，同时其最终产物不是很稳定，当遇到表层水中的溶解氧或大气中的氧气时还能进一步被氧化，生成硝酸盐、硫酸盐或 NO_x、SO_x 等气体产物。在自净过程中促使有机物进行分解的，主要是水栖细菌、真菌、藻类及许多单细胞或多细胞低等生物。

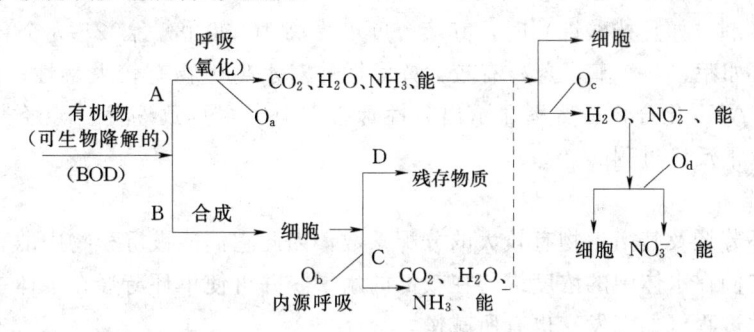

图 3-3 水中有机物的好氧分解示意图
A—将吸收有机物氧化为无机物并释放能量；B—合成微生物新的细胞体；
C—微生物的细胞质通过呼吸而氧化；D—释放残存物质

污水排入河流后，因含丰富的有机物质作为微生物的食料，所以细菌以非常快的速度急剧繁殖。细菌为了生存，不断将有机物质氧化分解，获取它们的能量，在这一过程需要消耗水中的氧气，这是污水排入河流初期溶解氧迅速减少的主要原因。由于污水中有机物被不断地分解，故生化需氧量（BOD）浓度向下游逐渐减少，水体中溶解氧也在大气复氧作用下逐渐增加。在排污口附近，因大量固体物的沉淀，使淤积物的厚度最大，而且在其下游若干千米的河床上，都覆盖有淤积物。这些有机淤积物因细菌、真菌及其他微生物的作用而分解。从排污口向下游一定距离内由于受固体悬浮物的影响，水体的浑浊度很高、透光率很低，不利于藻类的生长，但因含有丰富的有机污染物作食物，细菌和真菌得以大量繁殖。到下游，随着固体悬浮物的逐渐沉淀，河水也逐渐澄清，增加了透光率，同时蛋白质因无机化而生成了硝酸盐氮等，为藻类生长创造了条件。因此愈向下游，水质逐渐恢复到污染前的状态，各种鱼类和水生昆虫等非耐污种类又重新出现。

三、有毒有机物在水中的转化过程

有毒有机物主要包括酸类化合物、有机农药、多氯联苯、多环芳烃类等有机物，其共同特点是：大多为难降解有机物或持久性有机物，它们在水中的含量虽不高，但因在水体中残留时间长，有蓄积性，可产生慢性中毒、致癌、致畸、致突变等生理毒害。

（一）芳烃类化合物

芳烃是芳香族化合物的母体，大多数芳烃含有苯的六碳环结构。根据所含苯环数目和联结方式不同，芳烃可分为单环芳烃（如苯及氯苯、硝基、甲基、乙基等取代衍生物）和多环芳烃（如联苯、萘、蒽等）。

单环芳烃主要来源于含大量单环芳烃的化石燃料加工过程（如煤干馏、石油裂解或芳构化等）中产生的多种单环芳烃，它们在生产、运输、销售、应用等过程中会进入水体。一些单环芳烃化合物仅微溶于水，在天然水体中滞留时间很短。随着苯环上取代氯原子数增多，新化合物在水中的溶解度降低。被氯取代后的苯环有较大化学反应性，但所有氯苯化合物都是热稳定性的。

多环芳烃（简称PAHs）主要来自燃料在燃烧的过程中产生的煤烟随雨水降落，以及煤气发生站、焦化厂、炼油厂等排放含多环芳烃污水进入水体而形成的水污染物。多环芳烃类化合物具有大的分子量和低的极性，所以大多是水溶性很小的物质，但若水中存在有阴离子型洗涤剂（如月桂酸钾）时，其溶解度可提高10000倍。含2～3个环且较低分子量的PAHs（如萘、芴、菲、蒽）有较大挥发性并对水生生物有较大毒性；含4～7个环的高分子量PAHs化合物虽然不显示出急性毒害，但大多具致癌性。芳烃类化合物在水体中会发生以下反应过程。

1. 吸附作用

由于单环芳烃及其衍生物有较大的分配系数，因此它们能被沉积物中的有机组分强烈吸附，致使它们在水体中的浓度维持在较低的水平，并可使单环芳烃在水体中所发生的其他迁移或转化过程（如挥发）也有所减慢。

多环芳烃水溶性和蒸气压都很小，也容易被水中悬浮粒子或沉积物所吸附。在水生生物中的浓度虽然比水中浓度高几个数量级，但与沉积物中浓度相比还是较低的。低分子量PAHs化合物通过沉积、挥发、微生物降解等过程从水相中转化出去。高分子量PAHs化合物主要通过沉积和光化学氧化过程发生迁移和转化。正是由于芳烃化合物具有易被吸附的特点，目前在污水处理中普遍采用混凝、沉降或活性炭吸附等办法来去除芳烃化合物。

2. 挥发作用

对于大多数单环芳烃化合物（如苯、甲苯、二甲苯、乙苯等）来说，决定其环境归宿的另一途径是向大气中进行挥发。此外，对具有两个环的PAHs来说，也具有较大挥发性，但对具4或4个以上苯环的PAHs化合物在任何环境条件下都是不易挥发的。学术界将包括上述芳烃在内的具有易挥发特性的有机物称为挥发性有机化合物类（简称VOCs）。相关研究显示，影响挥发过程的主要因素有水温、流速、风速、水深等。

3. 生物降解作用

在天然水体条件下，大多数芳烃化合物都不容易发生水解、化学分解或光化学分解，但一些土壤和水生微生物能利用某些单环芳烃化合物作为碳源，所以苯、氯苯、1，2-二氯苯、六氯苯等都可能在水中为生物所降解。降解反应按一般芳烃化合物的降解机理进行，即先引入两个羟基，使PAHs化合物转为二酚类化合物后再开环。此后，对低分子量PAHs化合物可彻底降解转化为CO_2和H_2O。对高分子PAHs化合物则能产生各种代谢物（如酚和酸）。

（二）酚类化合物

酚类是指苯环或稠环上带有羟基的化合物，酚及其衍生物组成了有机化合物中的一个大类。最简单的是苯酚C_6H_5OH，它的浓溶液对细菌有高度毒性，广泛用作杀菌剂、消毒剂。在用氯气氧化处理用水时，水中含酚物容易被次氯酸氯化生成氯酚，这种化合物具有强烈的刺激性嗅觉和味觉，对饮用水的水质影响很大。天然水中的腐殖酸也是一种多元酚，其分子能吸收一定波长的光量子，使水呈黄色，并降低水中生物的生产力。单宁和木质素都是植物组织中的成分，同时也是多酚化合物。苯酚在水和非极性溶剂中都有一定的溶解度，其碱金属盐也易溶于水，苯酚的氯代衍生物随环上氯原子数增多，溶点和沸点升高，挥发性下降，其水溶性也是下降的。

酚可从煤焦油中提取回收，但现在大量的酚是用合成方法制造的，它们又大量地用于木材加工和各类有机合成工业，所以天然水体中若含有多量的酚，就可能来自石油、炼焦、木材加工以及塑料、颜料、药物等化学合成（包括酚类自身合成）排放的工业废水。除工业废水外，粪便和含氮有机物在分解过程中也产生酚类化合物，所以城市污水中所含粪便物也是水体中酚污染物的主要来源。

1. 吸附作用

水体中的悬浮颗粒或水底沉积物都能吸附酚类化合物，但不同酚类被悬浮颗粒或沉积物吸附的能力差别较大，如苯酚的被吸附能力较弱，而氯酚的被吸附能力则较强。

2. 挥发作用

通常认为沸点在230℃以下为挥发酚，多为一元酚（如苯酚、甲酚、二甲酚）；沸点在230℃以上为不挥发酚，如二元酚、多元酚。就挥发酚来说，其挥发能力也有较大差别，如2-氯苯酚的挥发能力强，而苯酚的挥发能力就较弱。但由于酚类同时又具有很大水溶性和被溶剂化能力，使其不易从水中逸出。一般地说，除非伴有强烈的曝气作用，酚类从水环境向大气挥发并不是一个影响其迁移的重要因素。

3. 氧化作用

苯酚在水溶液中能被溶解氧氧化，但速度很慢。在高度曝气的水中，可加速这种氧化作用的进程。其氧化主要有两个方向：一个是循序形成一系列的氧化物，最终分解为碳酸、水和脂肪酸；另一个是由于缩合和聚合反应，形成腐殖质或其他更复杂和稳定的有机化合物。在一般的天然水体中酚的化学氧化速度不能与生化降解速度相比拟。

4. 生物降解作用

多数酚类化合物都是易被生物降解的。具有分解酚能力的微生物种类很多，例如细菌中的多个属以及酵母、放线菌等。然而，在厌氧条件和好氧条件下酚类的降解途径、产物是全然不同的。以苯酚为例，在好氧条件下能被完全分解，最终产物为CO_2和H_2O；而在厌氧条件下，苯酚先被还原为环己酮，然后水解为正己酸，最终的降解产物是CH_4。此外，pH值对酚的分解影响很大。pH值越小，酚越不稳定，越易挥发和分解。由于酚易分解的性质，决定了水中酚的浓度随流经距离的增加而逐渐下降。

（三）有机农药和多氯联苯

目前，全世界使用过的有机农药有近千种，我国生产和使用的也有近200种。使用较广泛的农药包含以下类型：①有机氯杀虫剂，如六六六（六氯化苯）、滴滴涕（二氯二苯基三氯乙烷）、艾氏剂（六氯八氢化二甲苯）等；②有机磷杀虫剂，如对硫磷、乐果、敌百虫、敌敌畏（有机磷酸酯类）、马拉硫磷等；③有机汞杀菌剂，如赛力散（乙酸苯汞）、西力生（氯化乙基汞）等；④除草剂，如灭草灵（氨基甲酸酯类）等。水体中农药主要来自农药污水和雨水冲刷大气中飘浮的农药粒子。对环境危害最大的首推有机氯农药，其特点是毒性大，化学性质稳定，残留时间长而积重难返，易溶于脂肪，蓄积性强，在水生生物体内富集可达水中浓度的数十万倍，不但影响水生生物繁衍，而且通过食物链危害人体健康。这类农药在国外早已禁用，我国从 1983 年开始停止生产和限制使用。有机汞农药因汞污染严重而减少了使用量。有机磷杀虫剂和除草剂都属于易降解的化合物，它们的残留时间都较短。

多氯联苯是联苯分子中一部分或全部氢被氯取代后形成的各种异构体混合物的总称。多氯联苯剧毒，易被生物吸收，化学性质十分稳定，强碱、强酸、氧化剂难以破坏它们，且具有高度耐热性、良好的绝缘性、难挥发性等特性。所以常作为绝缘油、润滑油、添加剂被广泛用于塑料、树脂、橡胶等工业，同样也随着排放的工业废水而进入水体。由于多氯联苯在天然水和生物体内都很难溶解，在环境中滞留的时间相当长，因此，被视为一种很稳定的环境污染物。

四、重金属在水中的转化过程

重金属元素很多，通常造成环境污染的重金属主要是指汞、镉、铅、铬以及类金属砷等生物毒性显著的元素，有时候还包括具有一定毒性的一般重金属，如锌、铜、镍、钴、锡等。重金属污染的特点除难被微生物分解、大都沉积在底泥中、易被生物吸收并通过食物链累积等以外，它们在水体中的迁移转化过程相当复杂。重金属在水体中可能进行的反应有沉淀和溶解、氧化与还原、配合与螯合、吸附和解吸等，这些反应往往与水体的酸碱性和氧化还原条件有着密切关系。

重金属在水环境中的迁移，按照物质运动的形式可分为机械迁移、物理化学迁移和生物迁移三种基本类型。机械迁移指重金属离子以溶解态或颗粒态的形式被水流机械搬运，迁移过程服从水力学原理。物理化学迁移指重金属以简单离子、配离子或可溶性分子在水环境中通过一系列物理化学作用所进行的迁移与转化过程，这种迁移转化的结果决定了重金属在水环境中的存在形式、富集状况和潜在危害程度。生物迁移指重金属通过生物体的新陈代谢、生长、死亡等过程所实现的迁移。下面分别对汞、镉、砷在水体中的迁移转化过程进行介绍。

（一）汞

汞在地球各圈层中的储量及在各圈层间迁移数量都较小。汞在天然水中的浓度仅为 $0.03\sim2.8\mu g/L$。水中汞污染物的来源可追溯到含汞矿物的开采、冶炼、各种汞化合物的生产和应用领域。

汞在元素周期表中与锌、镉两元素同处于 ⅡB 族。汞的化学性质、地球化学性质与镉比较相近，但与锌相比却有较大差异，在与同元素比较中，汞的特异性表现在：①氧化还原电位较高，易呈现金属状态；②汞及其化合物具有较大挥发性；③单质汞是金属元素中唯一在常温下呈液态的金属；④能以 Hg_2Cl_2 一价形态存在；⑤与相应的锌化物相比，汞化合物具有较强共价性，且由于上述

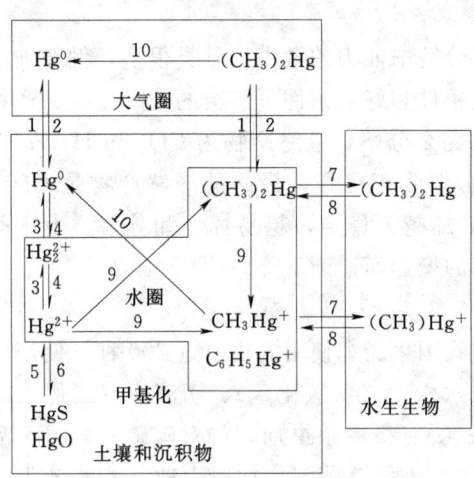

图 3-4 各种化学形态的汞在环境中的存在和迁移

1—蒸发；2—凝聚；3—氧化；4—还原；5—溶解；
6—沉降；7—摄入；8—内源呼吸；
9—甲基化；10—脱汞

较强挥发性和流动性等因素,使它们在自然环境或生物体间有较大的迁移和分配能力。

以化学形态而言,汞的各种形态化合物包括水体在内的各环境要素中进行迁移和转化(图3-4)。进入天然水体的汞的主要形态有Hg^0、Hg^{2+}和$C_6H_5Hg^+(CH_2COO)$(作为杀菌剂使用后散入水中),经过一段时间后,相当一部分的汞被富集于底泥和水生生物体内。一般汞在悬浮颗粒物和水体间的分配系数(f_d)为$1.34\times10^5 \sim 1.88\times10^5$,$Hg^{2+}$的生物浓集因子约为5000,而甲基汞为4000~85000。

随废水进入水体的汞,除金属汞外,常以一价和二价无机汞化合物($HgCl_2$、HgS等)和有机汞化合物(CH_3Hg^+、$C_6H_5Hg^+$等)形态存在,容易被水体中微粒所吸附,并通过吸附和沉降作用而沉淀下来,只有少部分存留于水相中。

1. 溶解作用

汞在水体中的溶解度不大。在25℃温度下,元素汞在纯水中溶解度为60μg/L,在缺氧水体中约为25μg/L。水溶性的汞盐有氯化汞、硫酸汞、硝酸汞和高氯酸汞等。在有机汞化合物中,乙基汞$Hg(Et)_2$和$EtHgCl$不溶于水,乙酸苯基汞$PhHgAc$微溶于水,乙酸汞$HgAc_2$具有最大溶解度(0.97mol/L)。

2. 蒸发作用

各种无机和有机形态的汞化合物均具有挥发性。无机汞化合物挥发性强弱次序为:$Hg>Hg_2Cl_2>HgCl_2>HgS>HgO$。许多有机汞化合物也具有较高的蒸气压,容易从水相蒸发到气相。例如,二甲基汞是易挥发的液体(沸点93~96℃),25℃时在空气和水之间的分配系数为0.31,0℃时为0.15。当水体在一定湍流情况下,通过实验得到的数据来估算二甲基汞的蒸发半衰期大约为12h。因此有机汞的蒸发是影响水环境中汞归宿的重要因素之一。

3. 配合作用

Hg^{2+}易在水体中形成配合物,配位数一般为2和4;Hg_2^{2+}形成配合物的倾向比Hg^{2+}小得多。在一般天然水体中,Hg^{2+}能与Cl^-、Br^-、OH^-、CN^-、S^{2-}等形成稳定的配合物,其反应式为

$$Hg^{2+} + nX^- \rightleftharpoons HgX_n^{2-n}$$

此外,汞还能与各种有机配位体形成稳定的配合物。例如,与含硫配位体的半胱氨酸形成极强的共价配合物;与其他氨基酸及含—OH或—COOH基的配位体也能形成相当稳定的配合物。其反应式为

$$RHg^+ + X^- \rightleftharpoons RHgX$$

式中:X^-为任何可能提供电子对的配位基;R为有机基团,如甲基、苯基等。

4. 吸附作用

水体中的各种胶体对汞都有强烈的吸附作用。吸附剂对氯化汞、甲基汞的吸附顺序大致为:硫醇≥伊利石>蒙脱石>胺类化合物>高岭石>含羟基的化合物>细沙。天然水体中的各种胶体相互结合成絮状物,或悬浮于水体或沉积于底泥,沉积物对汞的束缚力与环境条件和沉积物的成分有一定关系。例如含硫沉积物在厌氧条件下对汞的亲和力较大,但在好氧条件下却比黏土矿物低。当水体中有氯离子存在时,无机胶体对汞的吸附作用显著减弱;而对腐殖酸来说,它对汞的吸附量不随Cl^-浓度的改变而改变,这可能是由于腐殖酸对各种形态的汞都能强烈吸附所致。

由于汞的吸附作用和一般汞化合物的溶解度较小（除汞的高氯酸盐、硝酸盐、硫酸盐外），这就决定了从各污染源排放出的汞，主要沉积在排污口附近的底泥中。

5. 甲基化反应

水体中的 Hg^{2+} 在某些微生物的作用下转化为甲基汞和二甲基汞的反应称为汞的甲基化反应。淡水水体底泥中的厌氧细菌就能使无机汞甲基化。例如，在微生物作用下，甲基汞氨素中的甲基能以 CH_3^- 的形式转移给 Hg^{2+}，反应式为

$$CH_3^- + Hg^{2+} \longrightarrow CH_3Hg^+$$
$$2CH_3^- + Hg^{2+} \longrightarrow CH_3-Hg-CH_3$$

以上反应无论在好氧条件下还是在厌氧条件下，只要有甲基汞氨素存在，在微生物作用下反应就能实现，所以甲基汞氨素是汞甲基化的必要条件。影响无机汞甲基化的因素有无机汞的形态、微生物的数量和种类、温度、pH值以及水体中 Cl^- 和 H_2S 含量等。甲基汞与二甲基汞可以相互转化，主要取决于环境的 pH 值。通常，合成甲基汞的最佳 pH 值是 4.5；而在较高的 pH 值下则易生成二甲基汞，在较低的 pH 值下二甲基汞可转变为甲基汞。

6. 脱汞反应

在有机汞化合物中脱除汞的反应称为脱汞反应。反甲基化反应是脱汞的途径之一，此外还可通过酸解、微生物分解、水解、卤解等反应脱除有机汞中的汞元素。例如，有机汞盐中碳汞键被一元酸解离的反应：

$$R_2Hg + 2HX \Longrightarrow 2RH + HgX_2$$

式中：X 为任何可能提供电子对的配位基，如 Cl^-、Br^-、I^-、CN^-、NO_3^- 等。

（二）镉

镉在元素周期表中处于ⅡB族，具有+1 和+2 价态，其中以 Cd^{2+} 最为稳定。Cd^+ 有 CdCl、CdOH 等少数几种化合物。水体中镉污染物的来源主要是含镉矿物开采冶炼以及各种镉化合物的生产和应用领域。未污染的河水中镉浓度一般小于 0.001mg/L，已污染的河水中镉浓度为 0.002~0.2mg/L，海水中镉浓度为 0.11μg/L，海洋沉积物中一般为 0.12~0.98mg/kg，而锰结核（一种铁、锰化合物的聚合体，分布在海底）中为 5.1~8.4mg/kg。

像大多数重金属一样，镉对生物机体的毒性与抑制酶系统功能有关。人体的镉中毒主要是通过消化道与呼吸道摄取被镉污染的水、食物和空气而引起的。如偏酸性或溶解氧值偏高的供水易腐蚀镀锌管路而溶出镉，通过饮水进入人体。镉在人体内的半衰期长达10~30年，对人体组织和器官的毒害是多方面的，能引起肺气肿、高血压、神经痛、骨质松软、骨折、肾炎和内分泌失调等病症。

镉进入水体以后的迁移转化行为，主要决定于水中胶体、悬浮物等颗粒物对镉的吸附和沉淀过程。

1. 吸附作用

海水中的镉以 $CdCl^+$ 和 $CdCl_2$ 为其主要形态（合计占总量的92%），河水中的主要形态为 Cd^{2+} 和 $CdCO_3$ 及稳定性很小的配合态镉。在 pH 值较高的水体中，镉能以被颗粒物吸附的形态存在，例如水体中所含土壤微粒、氧化物和氢氧化物胶体颗粒物以及腐殖酸等

都对水体中的镉化合物有强烈吸附作用。水体中有机腐殖质对镉的吸附作用随 pH 值增大而加强。镉在水体中的状态分布还受水环境氧化还原电位影响，随着水体氧化性增强，吸附在沉积物表面的镉化合物会逐渐解吸而释放到水体中。相反，水体还原性提高，将有利于沉积物对镉的吸附。

河流底泥与悬浮物（它们主要由黏土矿物和腐殖质等组成）对河水中的镉有很强的吸附作用。实验表明，黏土矿物和腐殖质无论是分别还是共同吸附镉时，吸附量与浓度之间的关系都符合兰米尔吸附等温式。

2. 配合作用

镉及其化合物的化学性质近于锌而异于汞，与邻近的过渡金属元素相比，Cd^{2+} 属于较软的酸，在水溶液中能与 OH^-、Cl^-、NH_4^+、CN^- 及腐殖酸等生成配合离子。镉离子与 OH^- 的配合和 pH 值有关，而与 Cl^- 的配合则与 Cl^- 浓度有关。研究表明，Cl^- 浓度小于 10^{-3} mol/L 时，镉主要以简单离子形态存在；Cl^- 浓度达到 10^{-3} mol/L 时，开始形成 $CdCl^+$ 离子；Cl^- 浓度大于 10^{-3} mol/L 时，主要以 $CdCl^+$、$CdCl_2^0$、$CdCl_3^-$、$CdCl_4^{2-}$ 配合离子形态存在。在河水中 Cl^- 浓度大于 10^{-3} mol/L 或海水中约为 0.5mol/L 时，均不能忽视氯离子与镉的配合作用。此外，镉与腐殖酸的配合能力较大，也不能忽略。

3. 沉淀反应

在一般水体中，镉主要以 Cd^{2+} 离子的形态存在，其含量受水体中 OH^-、CO_3^{2-} 等阴离子含量的控制。硫化镉、氢氧化镉、碳酸镉均是较难溶的物质，当水体中不存在硫离子时，可能形成 $Cd(OH)_2$ 和 $CdCO_3$ 沉淀。当天然水体中有溶解态的无机硫存在时，应考虑 CdS 沉淀的形成。CdS 溶解度很低，是控制水体中溶解镉的重要因素。在 pH 值约为 10 时或在还原性体系中，镉溶解度低于 $10\mu g/L$；而在 pH 值小于 7 时，镉有相当高的溶解度。在还原性较强的区域内，由于硫化物出现，可生成 CdS，这大致相当于缺氧区域。镉的价态变化较少。

（三）砷

砷常见的化合价有 -3、0、+3 和 +5。还原态以 $AsH_3(g)$ 为代表，元素砷在天然水中很少存在，两种氧化态以亚砷酸盐和砷酸盐为代表。

1. 酸碱平衡

砷以亚砷酸和砷酸两种形式进入水体。亚砷酸由 As_2O_3 溶解形成：

$$As_2O_3(s) + H_2O \rightleftharpoons 2HAsO_2 \qquad \lg K = -1.36$$

亚砷酸是两性化合物，在不同 pH 值下有如下反应：

$$HAsO_2 \rightleftharpoons AsO_2^- + H^+ \qquad \lg K = -9.21$$

$$HAsO_2 \rightleftharpoons AsO^+ + OH^-$$

或 $$AsO^+ + H_2O \rightleftharpoons HAsO_2 + H^+ \qquad \lg K = 0.34$$

当 pH 值小于 0.34 时，AsO^+ 占优势；当 pH 值大于 9.21 时，AsO_2^- 占优势；当 pH 值在 0.34~9.21 之间时，$HAsO_2$ 占优势。

As_2O_5 极易溶于水中，由 As_2O_5 溶液形成的砷酸是三元酸，在水中可形成三种阴离子：当 pH 值小于 3.6 时，主要以 H_3AsO_4 为优势；pH 值在 3.6~7.26 之间，以 $H_2AsO_4^-$ 为优势；

pH 值在 7.26~12.47 之间，以 $HAsO_4^{2-}$ 为优势；pH 值大于 12.47 时，以 AsO_4^{3-} 为优势。

由两种砷酸的酸碱平衡可以看出，在水体的 pH 值范围内砷的含氧酸主要以 $HAsO_2$、$H_2AsO_4^-$ 及 $HAsO_4^{2-}$ 三种形态存在。

2. 氧化还原平衡

由于砷有多种价态，因此水体的氧化还原条件（E）会影响到砷的存在形态。一般天然水中，砷最常见的形式可能是 H_3AsO_3、$H_2AsO_3^-$、H_3AsO_4、$H_2AsO_4^-$、$HAsO_4^{2-}$。在氧化性水体中，砷酸是优势形态；在中等还原条件或低 E 的条件下，亚砷酸变得稳定；E 较低的情况下，元素砷变得稳定；但在极低的 E 时，可以形成砷化氢（AsH_3），但它在水中的溶解度极低。

另外，砷与汞一样可以甲基化，砷的化合物可在厌氧细菌的作用下被还原，然后由甲基作用生成非常有毒的易挥发的二甲基砷和三甲基砷。二甲基砷和三甲基砷虽然毒性很强，但在环境中易被氧化为毒性低的二甲基砷酸。

3. 砷的沉淀与吸附

砷的氧化物溶解度较高，但实际水体中砷的含量并不高，大多数砷都集中在底泥中。产生这一现象的原因是砷的吸附与沉降作用。在 E 较高的水体中，砷酸根离子与水体中其他阳离子（如 Fe^{3+}、Fe^{2+}、Ca^+、Mg^{2+} 等）可以形成难溶的砷酸盐，如 $FeAsO_4$ 等。甲基砷酸盐和二甲基砷酸盐离子与 Fe^{3+}、Fe^{2+} 离子也可形成难溶盐而沉淀于底泥。在 E 较低时，无硫的水体可能出现砷的固相；有硫的则可能出现砷的硫化物固相。此外，砷酸根离子还能被带有正电荷的水合氧化铁、水合氧化铝等胶体吸附，并形成共沉淀。这种吸附作用被认为是阴离子与羟基的交换或取代作用。

课 后 习 题

1. 水体中的污染物质有哪些类型？讨论其各自特点。
2. 查阅有关"水俣病"和"骨痛病"方面的知识，讨论水污染对人类健康带来的危害。
3. 某金属离子在水中能与羟基配位体形成多种配合物，问该金属的溶解度是增大，还是减小？
4. 试述腐殖质对天然水体中重金属离子的作用。
5. 举例说明胶体的物理吸附与化学吸附的差别。
6. 水体耗氧有机物在好氧条件和厌氧条件下，它们的降解转化过程有何不同？
7. 简要叙述难降解有毒有机物与重金属在水体中的转化过程。

参 考 文 献

[1] 韦正峥，向月皎，郭云，等. 国内外新污染物环境管理政策分析与建议 [J]. 环境科学研究，2022，35（2）：9.
[2] 李卓然，季民，赵迎新，等. 全球微塑料研究现状及热点可视化剖析 [J/OL]. 环境化学：1-13

[2022-04-11].
- [3] 肖艾兰. 普通化学与水化学 [M]. 北京：高等教育出版社，1993.
- [4] 吴吉春，张景飞，孙媛媛，等. 水环境化学 [M]. 2版. 北京：中国水利水电出版社，2021.
- [5] 李跃鹏. 污染河流对地下水水质影响及保护修复模式研究 [D]. 西安：长安大学，2017.
- [6] 付强. 河流污染对地下水的影响实验与模拟研究 [D]. 西安：长安大学，2012.

第四章 水环境检测分析方法

近年来，随着分析化学的日益成熟，水环境检测分析方法有了长足的进展，特别是计算机技术的广泛应用，有效促进了水环境分析自动检测技术的快速发展。借助水环境分析手段，能对水体中的各种化学成分和特性进行定量评价，进而识别其污染程度和水质变化规律，为水源选择、污染防治和加强监管提供科学依据。本章将对一些常见的水环境检测分析方法的基本原理、操作流程和特点以及近年来新兴的水污染检测分析技术进行介绍。

第一节 水环境分析方法概述

水体中物质成分的分析方法主要包括定性分析和定量分析两个方面，定性分析的任务是鉴定物质所含的组分，定量分析的任务是测定各组分的相对含量。一般来说，首先要进行定性分析，了解物质的组成，然后根据要求再选择适当的定量分析方法。定性分析在本书中不做讨论，主要介绍定量分析方法。

一、定量分析方法分类

定量分析根据测定方法的不同，大致可分为两大类，即化学分析法和仪器分析法。

1. 化学分析法

这是以物质的化学反应为基础的分析方法。化学分析法又分为重量分析法和滴定分析法。

（1）重量分析法：通常是使试样中的被测组分与其他组分分离后，转化为一种纯粹的、化学组成固定的化合物，称其质量，从而计算出被测组分含量的分析方法。

（2）滴定分析法：是用一种已知准确浓度的试剂溶液（即标准溶液）滴加到被测组分的溶液中，使之发生反应，直到反应完全为止，然后根据标准溶液的浓度和所消耗的体积，计算出被测组分含量的分析方法。

2. 仪器分析法

这是以物质的物理或物理化学性质为基础的分析方法。由于这类方法需要借助光电等方面的仪器进行测量，故称为仪器分析法。仪器分析法主要有光学分析法、电化学分析法等。

（1）光学分析法：是利用物质的光学性质测量待测组分含量的方法，例如比色分析法、分光光度法、发射光谱法、原子吸收分光光度法等。

（2）电化学分析法：是利用物质的电学及电化学性质测量待测组分含量的方法，例如电位分析法、极谱分析法等。

此外，还有色谱分析法、质谱分析法和放射化学分析法等。

下面列出一些目前常用的水环境定量分析方法（表4-1）。

表 4-1　　　　　　　　　　　　常用的水环境定量分析方法*

方法名称		检测项目
重量分析法		悬浮物、可滤残渣、矿化度、油类、SO_4^{2-}、Cl^-、Ca^{2+}等
滴定分析法		酸度、碱度、CO_2、溶解氧、总硬度、Ca^{2+}、Mg^{2+}、氨氮、Cl^-、F^-、CN^-、SO_4^{2-}、S^{2-}、Cl_2、COD、BOD_5、挥发酚等
光学分析法	分光光度法	多数金属元素（Ag、Al、Be、Bi、Ba、Cd、Co、Cr、Cu、Mn、Ni等）、氨氮、NO_2^-、NO_3^-、凯氏氮、PO_4^{3-}、F^-、Cl^-、S^{2-}、SO_4^{2-}、SiO_3^{2-}、Cl_2、挥发酚、甲醛、三氯乙醛、苯胺类、硝基苯类、阴离子洗涤剂等
	荧光分光光度法	Se、Be、U、油类等
	原子吸收光谱法	Ag、Al、Ba、Be、Bi、Ca、Cd、Co、Cr、Cu、Fe、Hg、K、Na、Mg、Mn、Ni、Pb、Sb、Se、Sn、Te、Tl、Zn等
	氢化物及冷原子吸收法	As、Sb、Bi、Sn、Pb、Se、Te、Hg等
	原子荧光光谱法	As、Sb、Bi、Se、Hg等
	火焰光度法	Li、Na、K、Sr、Ba等
	电感耦合等离子体原子发射光谱法	K、Na、Ca、Mg、Ba、Be、Pb、Zn、Ni、Cd、Co、Fe、Cr、Mn、V、Al、As等
	气相分子吸收光谱法	NO_2^-、NO_3^-、氨氮、凯氏氮、总氮、S^{2-}等
电位分析法		pH值、DO、F^-、Cl^-、CN^-、S^{2-}、NO_3^-、K^+、Na^+、NH_3等
其他方法	离子色谱法	F^-、Cl^-、Br^-、NO_2^-、NO_3^-、SO_3^{2-}、SO_4^{2-}、$H_2PO_4^-$、K^+、Na^+、NH_4^+等
	气相色谱法	Be、Se、苯系物、挥发性氯代烃、氯苯类、六六六、DDT、有机磷农药类、三氯乙醛、硝基苯类、多氯联苯等
	高效液相色谱法	多环芳烃类、酚类、苯胺类、邻苯二甲酸酯类、阿特拉津等
	气相色谱—质谱法	挥发性及半挥发性有机化合物、苯系物、二氯酚和五氯酚、邻苯二甲酸酯类和己二酸酯、有机氯农药、多环芳烃、二噁英类、多氯联苯、有机锡化合物等
	生物检测法	浮游生物、着生生物、底栖生物、鱼类、细菌总数、总大肠菌群、粪大肠菌群、沙门氏菌属、粪链球菌等

* 参照文献 [1]，有改动。

二、定量分析方法的选取

选择适当的定量分析方法，是获得准确结果的前提和保证。在方法选择方面，应遵循以下原则：灵敏度和准确度能满足定量分析要求；方法成熟；抗干扰能力强；操作简便，易于普及。根据上述原则，为使实验数据具有可比性，国际标准化组织（ISO）和各国在大量实践的基础上，针对不同水质指标均编制了相应的标准化分析方法。在我国，截止到2005年6月底，由国家环保局颁布的水质分析方法标准有141项，占水环境领域国家标准总数的35%左右。

目前，我国的水环境检测分析方法有三个层次：一是国家水质标准分析方法，目前我国已编制近200项水质标准分析方法，这些方法均选自比较经典、准确度较高的方法；二是统一分析方法，虽然未进入国家标准，但经过实验证明，该方法是成熟的方法，可以在进一步使用中不断完善和发展，并有可能上升为国家标准方法；三是等效方法，这类方法多是直接从发达国家引入的新技术、新方法，可与前两类方法进行相互对比。在实际应用时，应以前两类方法为主，第三类方法作为参证方法。

三、定量分析方法的发展趋势

近年来，我国研发了许多新颖的水环境检测分析方法，无论是化学分析手段的多样性、实用性，还是仪器分析的灵敏度、准确度、精密度及快速测定方法的建立，都有了显著提升。

一方面，当前的水环境分析呈现出多、微、快、动的特点。"多"是指能用来分析的水样种类多、分析项目多，除了一般的天然水样外还有各式各样的工业废水、生活污水、沉积物、泥浆、动植物体液等；分析项目也涵盖了无机物中的各种金属、非金属元素，有机物中的各种酚类、烃类、有机卤化物、洗涤剂等，农药中的各种杀虫剂、除草剂，亚硝基化合物、二噁英等致癌物质及放射性物质等。"微"是指对一些痕量或超痕量物质的成分分析，现已成为当前水环境检测分析的一个研究热点。"快"是指分析速度比以往大大加快，快速检测、现场检测成为研究应用的主流，各种快速检测技术不断出现。"动"是指注重对水质的连续监测和动态过程分析。

另一方面，仪器化、自动化和计算机化是当前水环境分析的主要发展趋势。电子计算机和微处理机的使用大大提高了分析的速度和精度。一些先进的实验室实现了从取样到打印的全自动化，如离子选择电极的连续自动化检测技术、光度法的自动检测技术、流动注射分析技术等。另外，近年来还兴起了将各种分离富集手段与监测手段联用的水环境检测分析技术。例如，在水样无机物的测试分析过程中，实现了对有机溶剂萃取、阴阳离子交换等技术同原子吸收光谱法、分光光度法、各种电化学分析法的联用；电位法和滴定法的联用；在有机组分的测定中，气相色谱仪（GC）与质谱仪（MS）的联用等，提高了分析灵敏度，降低了检测限值，加快了分析速度。

第二节 主要检测分析方法介绍

本节将介绍在水环境检测分析工作中常用到的滴定分析法、重量分析法、吸光光度法和电位分析法四种方法。

一、滴定分析法

滴定分析法是水环境检测分析中最常用、最基本的方法，它所需的仪器比较简单，易于掌握和操作，控制适当的条件即可得到比较高的精度，并且方式多种多样。该方法的基本原理是将一种已知准确浓度的标准溶液作为滴定剂，滴加到被测物质的溶液中，直到所加的标准溶液与被测物质按化学式计量反应完全为止，即达到了化学计量点，然后根据标准溶液的浓度和用量计算出被测组分的含量。滴定就是用滴定管将标准溶液滴加到被测物质溶液中的过程（图 4-1）。其化学计量点常借助于指示剂颜色的突变来确定。在滴定过程中，指示剂颜色变化的转变点，称为滴定终点。由于指示剂不一定恰好在计量点时变色，所以滴定终点和化学计量点不一定恰好重合，但它们之间的差别较小，由此而造成的分析误差称为滴定误差，也叫终点误差。为了减少终点误差，必须选择适当的指示剂，使滴定终点尽可能地接近化学计量点。

滴定分析法对化学反应有一定的要求：一是反应必须定量完成，即按一定的反应方程式进行完全反应（通常要求达到 99.9% 左右）；二是反应必须迅速，要求能在很短时间内完成，对于慢的反应可采取适当措施（如加热、加催化剂等）以提高其反应速率；三是要有适当的指示剂，或其他物理化学方法来确定滴定终点。

图 4-1 滴定分析法示意图

根据反应的类型不同，滴定分析法一般可分为 4 类：酸碱滴定法、沉淀滴定法、配位滴定法和氧化还原滴定法。酸碱滴定法（又称中和法）是以质子传递反应为基础的滴定方法，一般的酸碱以及能与酸碱直接或间接发生质子传递反应的物质，几乎都可以采用该方法进行测定；沉淀滴定法是以沉淀反应为基础的滴定分析法，如银量法（利用生成难溶性银盐的沉淀滴定法）；配位滴定法是利用金属离子与某种配位剂生成配合物的反应来测定天然水中某些成分含量的滴定方法，如乙二胺四乙酸（简称 EDTA）配位滴定法；氧化还原滴定法是以溶液中氧化剂与还原剂之间电子转移为基础的一种滴定方法。

氧化还原滴定法是滴定分析中应用最广泛的方法之一，下面介绍几种常见的氧化还原滴定法。

1. 高锰酸钾法

高锰酸钾法是将 $KMnO_4$ 配成标准溶液，在强酸性溶液中进行滴定，滴定时 $KMnO_4$ 与还原剂作用获得 5 个电子并还原为 Mn^{2+}，其半反应为

$$MnO_4^- + 8H^+ + 5e \rightleftharpoons Mn^{2+} + 4H_2O$$

在中性溶液中进行滴定时，$KMnO_4$ 与还原剂作用时获得 3 个电子还原为 MnO_2，其半反应为

$$MnO_4^- + 2H_2O + 3e \rightleftharpoons MnO_2 + 4OH^-$$

由于 $KMnO_4$ 在酸性溶液中有更强的氧化能力，因此，一般在强酸性溶液中进行滴定。

2. 重铬酸钾法

重铬酸钾法是将 $K_2Cr_2O_7$ 配成标准溶液，在强酸性溶液中进行滴定，滴定时 $K_2Cr_2O_7$ 与还原剂作用获得 6 个电子并被还原成 Cr^{3+}，其半反应为

$$Cr_2O_7^{2-} + 14H^+ + 6e \rightleftharpoons 2Cr^{3+} + 7H_2O$$

显然，在酸性溶液中 $K_2Cr_2O_7$ 的氧化能力比 $KMnO_4$ 稍弱，但仍然是一种强氧化剂。在水环境检测分析中常用这两种方法测定水中的化学需氧量（COD）。

3. 碘量法

碘量法是利用 I_2 的氧化性和 I^- 的还原性进行滴定分析的方法，其半反应为

$$I_2 + 2e \Longleftrightarrow 2I^-$$

I_2 是较弱的氧化剂，只能与较强的还原剂作用，因此通常将 I_2 配制成标准溶液直接滴定较强的还原性物质，这种方法称为直接碘量法。

I^- 是中等强度的还原剂，能被一般的氧化性物质定量氧化成游离 I_2，然后再用还原剂 $Na_2S_2O_3$ 标准溶液滴定，这种方法称为间接碘量法，其反应式如下：

$$2S_2O_3^{2-} + I_2 \Longleftrightarrow S_4O_6^{2-} + 2I^-$$

氧化还原滴定法除了以上 3 种常见的方法外，还有铈量法、溴量法、亚硝酸钠法等。

由于氧化还原反应是基于电子转移的反应，反应过程比较复杂，常常是分步进行的，所以反应需要一定的时间才能完成。在进行氧化还原滴定时，必须考虑反应速率是否与滴定速率相适应；另外，在氧化还原反应中除了主反应外，还经常伴有各种副反应，或因条件不同生成不同的产物。因此，在氧化还原滴定中必须创造适当的滴定条件，使之符合滴定分析的要求：①要求反应速率与滴定速率相适应。由于许多氧化还原反应历程比较复杂，反应速率较为缓慢。因此，滴定时必须创造条件，使反应速率能满足滴定分析的要求。影响反应速率的因素有反应物的浓度、溶液的酸度、反应时的温度和催化剂等，怎样选择这些外界条件来控制反应速率、使之符合滴定分析的要求是氧化还原滴定的关键环节。②要求氧化还原反应能定量完成。在氧化还原滴定中，氧化剂和还原剂之间的定量关系，也是以等物质的量的反应规则为基础。即滴定达到化学计量点时，氧化剂物质的量和还原剂物质的量相等。因此与其他的滴定方法一样，要求正确地判断滴定终点。为此，必须了解氧化还原滴定曲线，找出滴定突跃，才能正确地选择指示剂，指示滴定终点的到达，以获得准确的结果。

在氧化还原滴定中常用的指示剂有以下 3 种类型：①氧化还原指示剂。该指示剂的氧化态和还原态有不同的颜色，能因氧化还原作用而发生颜色的变化。例如二苯胺磺酸盐的氧化态呈红紫色，还原态为无色。常用的氧化还原指示剂还有次甲基蓝、二苯胺、邻苯胺基苯甲酸、邻二氮杂菲亚铁、5-硝基邻二氮杂菲等。②"自身"指示剂。利用滴定剂本身的颜色变化来指示滴定终点，称为"自身"指示剂。例如用 $KMnO_4$ 标准溶液滴定还原性物质时，当滴定达到化学计量点时，只要有稍微过量（1 滴）MnO_4^- 存在，就可使溶液呈粉红色，指示滴定终点的到达。③"专属"指示剂。能与标准溶液或被滴定物质产生显色反应的试剂，称为"专属"指示剂。例如，在碘量法中，用淀粉作指示剂，可溶性淀粉能与碘溶液反应生成深蓝色配合物（I_2 的浓度可小至 2×10^{-5} mol/L）。当 I_2 被还原为 I^- 时，蓝色立即消失，以指示滴定终点的到达。

二、重量分析法

重量分析法是通过一定的方法，将试样中的被测组分与其他组分进行分离，然后经过称量得到被测组分的质量，并计算出被测组分质量分数（百分含量）的方法。由于

重量分析法是直接用分析天平称量而获得分析结果的,所以该法不需要用标准试样或基准物质进行比较,因此准确度较高。重量分析法常用于校准其他方法的准确度,此外,在水环境检测分析中某些常量元素(如硫、硅等)的测定也会用到该方法。但由于该法的操作过程繁琐、费时,且不适用于微量组分的测定,故目前已逐渐为其他分析方法所代替。

根据被测组分与试样中其他组分分离的方法不同,重量分析法可分为以下 3 种。

(一) 沉淀法

利用沉淀反应使被测组分生成难溶化合物沉淀,将沉淀过滤、洗涤、烘干或灼烧成为一定的物质,然后称得其质量,并计算出被测组分的百分含量。在水环境检测分析中常用这种方法来测定水中悬浮物质和溶解物质的含量。

(二) 挥发法 (也称气化法)

用加热或其他方法使试样中某种挥发性组分逸出,然后根据试样质量的减少值计算被测组分的含量。例如,固体试样中结晶水的测定。有时也可以当挥发性组分逸出时,选择某种吸收剂将它吸收,然后根据吸收剂质量的增加来计算被测组分的含量。例如,试样中 CO_2 的测定,用碱石灰作吸收剂。此法只适用于测定可挥发性物质。

(三) 电解法

利用电解反应,使被测组分在电极上析出,然后根据电极重量的增加值来计算被测组分的含量。例如,电解法测定铜合金中铜的含量,试样经电解后,由铂(Pt)阴极增加的质量,即可求出铜含量。

在上述三种方法中,沉淀法应用最广,下面以该方法为代表介绍重量分析法的适用条件。在沉淀法中,沉淀物是经过烘干或灼烧后称重的。在烘干或灼烧过程中沉淀物质可能发生化学变化,因而会造成称量物质由原来的沉淀物质转变成为另一种物质,也就是说沉淀形式和称量形式可能是不相同的。例如 Ca^{2+} 的测定,其沉淀形式是 $CaCO_3 \cdot H_2O$,而灼烧后所得的称量形式是 CaO。但在有些情况下,沉淀形式和称量形式是同一种化合物。例如测定 Cl^- 时加入 $AgNO_3$ 沉淀剂,得到 AgCl 沉淀,烘干后仍为 AgCl 沉淀。沉淀法对沉淀形式和称量形式都有一定的要求:

1. 对沉淀形式的要求

(1) 沉淀物质的溶解度必须很小,这样才能保证被测组分沉淀完全。通常要求沉淀物质的溶解损失不超过 0.1mg。

(2) 沉淀物质必须纯净,不应混进沉淀剂或其他杂质。

(3) 沉淀物质应易于过滤和洗涤,以产生粗大的晶形沉淀为最佳。

2. 对称量形式的要求

(1) 称量形式必须有确定的化学组成,并与化学式完全符合,这样才能根据一定的化学式进行分析结果的计算。例如,氢氧化铁沉淀中所含的水分是不定的(即 $Fe_2O_3 \cdot xH_2O$),其组成与化学式不确定,所以不能作为称量形式,必须将它灼烧后成为成分均一的 Fe_2O_3,才能作为称量形式。

(2) 称量形式必须很稳定,不应吸收空气中的水分、CO_2,也不能被空气中的氧所氧化。

(3) 称量形式应具有尽可能大的摩尔质量，摩尔质量越大，被测组分在称量形式沉淀中的含量越小，则称量误差越小。例如测定铝时，称量形式可以是 Al_2O_3（摩尔质量为101.96）或 8-羟基喹啉铝（摩尔质量为 459.44），此时应该选择 8-羟基喹啉铝。

3. 沉淀剂的选择

选择沉淀剂应根据沉淀形式和称量形式对沉淀的要求来考虑，同时还应达到如下要求：

(1) 沉淀剂应具有较好的选择性，即沉淀剂只能和待测组分生成沉淀，而与试液中的其他组分不生成沉淀。

(2) 沉淀剂应尽可能选用易挥发或易灼烧除去的物质。这样，即使未洗尽的沉淀剂也易在烘干或灼烧中除去，比如铵盐和有机沉淀剂。

(3) 沉淀剂纯度应高，而且易于保存。

从对沉淀剂要求来看，许多有机沉淀剂的选择性较好，形成的沉淀组成固定，易于分离和洗涤，分离后得到的沉淀较纯，称量形式的摩尔质量也较大，因此在沉淀分离中有机沉淀剂的研究和应用日益广泛。

三、吸光光度法

吸光光度法是基于物质对光的选择性吸收而建立起来的分析方法，根据光谱性质可分为紫外和可见光吸光光度法、红外光谱法。在紫外和可见光吸光光度法中，通过比较有色物质溶液的颜色深浅以确定物质含量的分析方法，称为比色分析法。随着分析仪器的发展，目前已普遍使用分光光度计进行比色分析。应用分光光度计的比色分析方法称为分光光度法。与滴定分析法、重量分析法相比，吸光光度法具有灵敏度和准确度高、操作简便、测定速度快、应用广泛等特点。

在进行吸光光度分析时，首先要通过化学反应把待测组分转变成有色化合物，这一反应过程叫显色反应。显色反应一般用下式表示：

$$M \ + \ R \rightleftharpoons MR$$
（被测组分）（显色剂）（有色化合物）

该反应在一定程度上是可逆的。在吸光光度分析工作中必须选择合适的显色反应，并严格控制反应条件。显色反应分为两大类，即配位反应和氧化还原反应，其中配位反应是最主要的显色反应。在显色反应中，能与待测组分形成有色化合物的试剂称为显色剂。利用同离子效应，加入过量的显色剂，有利于被测组分尽量全部变为有色化合物。但是显色剂不能过量太多，否则会引起副反应，对测定反而不利。

（一）测量条件

在进行吸光光度法测量时，还要保证如下的测量条件。

1. 选择合适波长的入射光

在一般的光度分析中，应选择溶液最大吸收波长的入射光，使测定结果有较高的灵敏度。如遇干扰时，则可选另一灵敏度较低但能避免干扰的入射光，以提高方法的适用性。

2. 控制适当的吸光度范围

为了确保测量结果的精度，需要控制标准溶液和被测试液显色后的吸光度在 0.2～

0.8范围内，为此可从以下两个方面来进行控制：一是通过改变取样量或稀释体积等方法控制有色化合物的浓度；二是对比色皿进行校正。在吸光光度测量中应注意对比色皿的厚度及透光率进行校正，同时还要对比色皿放置的位置、光电池的灵敏度等进行检查。

3. 选择适当的参比溶液

参比溶液亦称空白溶液，在吸光光度测定中利用参比溶液来调节仪器的零点，即使其透光度为100%（吸光度为零），并假设入射光通过参比溶液时不被吸收（此时透过光的强度为最强），然后再在同一光路中测定标准溶液或待测的有色溶液，则有色溶液将吸收部分光线而使得透过光的强度减弱，由此可测得被测溶液的吸光度或透光度值。正确选择和配制参比溶液，对提高吸光光度分析的精度起着重要的作用。参比溶液的选择可遵循以下原则：①当显色剂及其他试剂都没有颜色而被测溶液中又无其他有色离子时，可用蒸馏水作参比溶液；②如显色剂或试剂有颜色，则应采用显色剂溶液作参比（即试剂空白）；③如显色剂无色而样品中其他离子有颜色时，应采用不加显色剂的样品溶液作参比（即试样空白）；④若共存离子、显色剂均有颜色时，可在一份试样溶液中加入适当的掩蔽剂（通常为配合剂、氧化剂或还原剂），选择性地将被测离子掩蔽起来，使之不再与显色剂作用，然后把显色剂、试剂按操作步骤加入，以此溶液作参比溶液。

（二）工作原理

下面简要介绍目视比色法、光电比色法和分光光度法三种吸光光度法的工作原理。

1. 目视比色法

通过眼睛观察来比较溶液颜色的深浅以测定物质含量的方法称为目视比色法，目前在生产中应用较广的目视比色法是标准系列法。

标准系列法是在一系列的比色管中进行比色测定的。比色管是一套由同种玻璃制成的大小形状完全相同的平底玻璃管，容积有10mL、25mL、50mL等，管上带有刻度，以指示其容量。其操作步骤是：在一系列比色管中依次加入不同量的标准溶液和一定量的显色剂，并用蒸馏水或其他溶剂稀释到同样体积，这样就配成了一套颜色逐渐加深的标准色阶，然后将一定量待测试液在同样条件下显色。从管口垂直向下观察，如果待测溶液与标准色阶中某一标准溶液颜色深度相同，则表明二者浓度相等；如果介于两相邻标准溶液之间，则比较待测试液的颜色与两标准溶液颜色的接近程度，从而估计其含量。

标准系列法使用的器皿简单，适用于大批样品的分析；其缺点是准确度不高，需要配制一系列标准色阶，比较麻烦。

2. 光电比色法

利用光电比色计测量溶液的吸光度❶，从而求出被测物含量的方法称为光电比色法。光电比色法与目视比色法在原理上并不完全一样，光电比色法是比较有色溶液对某一波长光的吸收程度，而目视比色法是比较透过光的强度。例如，测定溶液中$KMnO_4$的含量，

---

❶ 吸光度是指光线通过某一溶液或物质前的入射光强度与通过后的透射光强度比值的以10为底的对数，影响它的因素有溶剂、浓度、温度等。

光电比色法是测量 $KMnO_4$ 溶液对黄绿色光的吸收情况,目视比色法是比较透过 $KMnO_4$ 溶液的紫红色光的强度。

光电比色法是利用光电池代替人的眼睛进行测量,消除了人的主观误差,因而提高了测量的准确度。通过选择适当的单色光和参比溶液还可提高方法的选择性。

3. 分光光度法

分光光度法是采用棱镜或光栅作为分光器,利用狭缝分出很小的一束光来测定物质含量的方法。利用分光器可以获得纯度较高的单色光(半宽度 5~10nm),因此分光光度法的灵敏度、选择性和准确度都比光电比色法高。分光光度法的测量范围不再局限于可见光区域内,可扩展到紫外和红外光区域。故许多无色物质,只要它们在紫外光或红外光区域内有适当的吸收波长,也可以用分光光度计加以测定。

由于分光光度计可以在一定的波长范围内选取某种波长的单色光,因此可以同时测定溶液中两种或两种以上具有不同最大吸收波长的组分含量。一般是利用吸光度的加和性,分别在不同的最大吸收波长下测量吸光度,通过一定的处理而求出各组分含量。

分光光度计的种类很多,表 4-2 中列出各种波长范围的国产分光光度计。

表 4-2　　　　　　　　各种波长范围的国产分光光度计[2]

分类	工作范围 λ /nm	光源	单色器	接收器	国产型号
可见分光光度计	420~700 360~700	钨灯 钨灯	玻璃棱镜 玻璃棱镜	硒光电池 光电管	72 型 721 型
紫外、可见和近红外分光光度计	200~1000	氢灯及钨灯	石英棱镜或光栅	光电管或光电倍增管	751 型 WFD-8 型
红外分光光度计	760~40000	硅碳棒或辉光灯	岩盐或萤石棱镜	热电堆或测辐射热器	WFD-3 型 WFD-7 型

在各类分光光度计中,紫外分光光度计主要用于无机和有机物的含量测定,红外分光光度计主要用于有机物的结构分析。

四、电位分析法

电位分析法是利用电极电位与溶液中某种离子的活度(或浓度)之间的关系来测定被测物质活度(或浓度)的电化学分析法。其基本原理是通过测量电池的电动势来确定被测物质的含量。该化学电池是以待测试液为电解质溶液,在其中插入两支性质不同的电极,一支是电极电位与被测试液的活度(或浓度)有定量关系的指示电极❶,另一支是电极电位稳定不变的参比电极❷。

电位分析法包括直接电位法和电位滴定法两种。直接电位法是通过测量电池电动势来确定指示电极的电位,再根据电极电位值与试液中待测离子活度(或浓度)之间的函数关

---

❶ 指示电极是电极电位随待测组分活度(或浓度)改变而变化,其值大小可以指示待测组分活度(或浓度)的电极。一般而言,作为指示电极应符合下列条件:①电极电位与待测组分活度(或浓度)间符合一定的函数关系;②对所测组分响应快,重现性好;③简单耐用。

❷ 参比电极是指在一定条件下,电极电位基本恒定的电极。参比电极应符合以下要求:①可逆性好;②电极电位稳定;③重现性好,简单耐用。

系计算出被测物质的含量。电位滴定法是通过测量滴定过程中指示电极的电位变化来确定滴定终点,再根据滴定所消耗标准溶液的体积和浓度计算被测物质的含量,该法实质上是一种滴定分析法。

电位分析法具有如下特点:选择性高,在多数情况下,共存离子干扰很小,对组成复杂的试样往往不需经过分离处理即可直接测定,且灵敏度高。直接电位法的相对检出限量一般为 $10^{-8} \sim 10^{-5}$ mol/L,特别适用于微量组分的测定;而电位滴定法则适用于常量分析,仪器设备简单、操作方便,易于实现分析的自动化。因此,电位分析法的应用范围非常广泛,尤其是对各种离子的检测,已成为这方面重要的测试手段。研制各种高灵敏度、高选择性的电极已成为电位分析法最活跃的研究领域之一。下面以直接电位法为例,来介绍其基本工作原理。

直接电位法目前主要用于测量溶液的 pH 值和其他阴、阳离子活度(或浓度)。测定 pH 值的工作电池如图 4-2 所示。在电化学中,常采用能斯特(Nernst)方程

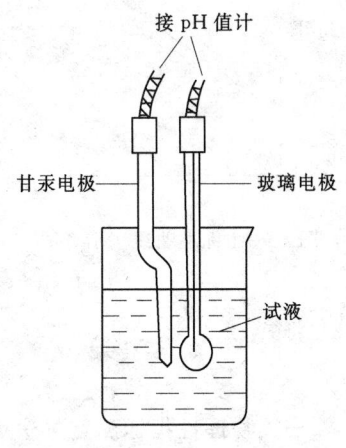

图 4-2 pH 值测定示意图

来计算电极上相对于标准电位(E^0)来说的指定氧化还原对的平衡电压(E),即

$$E = E^0 - \frac{RT}{nF} \ln \frac{a_{还原}}{a_{氧化}} \tag{4-1}$$

式中:E 为氧化态和还原态物质在某一浓度时的电极电位,V;E^0 为标准电极电位,V;$a_{氧化}$、$a_{还原}$ 分别为氧化态和还原态物质的浓度,mol/L;F 为法拉第常数,$F = 96500$ C/mol;R 为摩尔气体常数,$R = 8.3143$ J/(K·mol);T 为绝对温度,K;n 为电极反应中得失的电子数。

一般离子选择性电极的电极电位与试液中待测离子活度(或浓度)的关系符合能斯特方程式,则有

$$E = K \pm \frac{2.303RT}{nF} \lg C \tag{4-2}$$

式中:K 为电极常数;阳离子取"+",阴离子取"-";C 为待测离子的活度(或浓度)。

由式(4-2)可见,在一定条件下,离子选择性电极的电极电位与待测离子活度(或浓度)呈线性关系。

由于能斯特方程式表示的是电极电位与待测离子活度之间的关系,所以测量得到的是离子活度,而不是一般分析中的离子浓度。因此,在测定工作中往往要加入离子强度调节缓冲剂(TISAB),使各溶液的活度因子基本相同后再测定。TISAB 一般具有三个方面的作用:①高浓度电解质溶液保持试液与标准溶液有相同的总离子强度和活度系数;②缓冲剂控制溶液的 pH 值;③配位剂掩蔽共存的干扰离子。

用离子选择性电极测定离子活动有多种方法,这里介绍一种常用的方法——标准曲

线法。测量时，先配制若干个浓度不同的标准溶液（基质应与试液相同），分别测量标准溶液的电池电动势 E_s，并作 E_s 与标准溶液浓度 C_s 的对数（$\lg C_s$）的关系曲线图，可得一条直线，称为标准曲线（或校正曲线）。再在同样条件下测量试液的电池电动势 E_x，由此 E_x 在标准曲线查出相应的值，即可确定试液中待测离子的浓度 C_x（图 4-3）。

标准曲线法要求标准溶液与试液有相近的组成和离子强度，因此适用于较简单的样品体系。其优点是即使电极斜率偏离理论值，也能得到较满意的结果[3]。

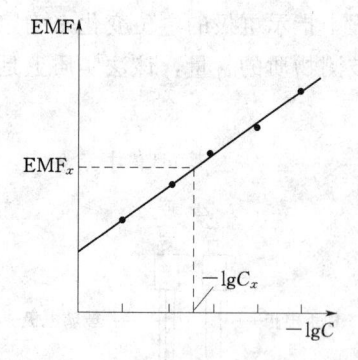

图 4-3 标准曲线法示意图

第三节 常用水环境指标检测方法*

一、物理性指标测定方法

1. 水温

水温测量一般在现场进行，通常采用仪器法来进行测量。测量仪器有水温计、颠倒温度计和热敏电阻温度计等。

2. 色度

水的颜色可采用铂钴标准比色法和稀释倍数法来进行测量，这两种方法都属于光学分析法。铂钴标准比色法（水质 色度的测定，GB 11903—89）是用氯铂酸钾与氯化钴溶于水中配成标准色列，再与水样进行目视比色确定水样的色度。该方法适用于较清洁的、带有黄色色调的天然水和饮用水的测定。稀释倍数法是取一定量经预处理的水样，用蒸馏水稀释到刚好看不到颜色，根据稀释倍数（水质 色度的测定，GB 11903—89）来表示该水样的色度，其单位为倍。该法适用于工业废水及受其污染的地表水的颜色测定。

3. 浊度

浊度的测定方法有分光光度法、目视比浊法、浊度计法等。以分光光度法（水质 浊度的测定，GB 13200—91）为例，该法是将硫酸肼与 6 次甲基四胺聚合，生成白色高分子聚合物，以此作为浊度标准溶液，在 680nm 处利用分光光度计测定其吸光度，并绘制标准曲线。吸取适量水样在相同条件下测出吸光度，利用标准曲线求出水样的浊度。若水样经过稀释，则要乘以稀释倍数方为原水样的浊度。

4. 电导率

电导率主要是应用仪器法（电导仪）来进行测定（电导率水质自动分析仪技术要求，HJ/T 97—2003），根据测量电导的原理不同，电导仪可分为平衡电桥式电导仪、电阻分压式电导仪、电流测量式电导仪等。电导仪由电导池系统和测量仪器组成。电导池是盛放或发送被测溶液的容器，装有电导电极和感温元件等。测量时，根据电极上测出的溶液电阻，即可求出电导率。

5. 矿化度

矿化度的测定方法有重量分析法、电导法、阴阳离子加和法、离子交换法、比重计法等，其中重量分析法是较简单、通用的方法。重量分析法的测定原理是取适量经过滤除去悬浮物及沉降物的水样于已称至恒重的蒸发皿中，水浴蒸干，加过氧化氢除去有机物并蒸干，移至105～110℃烘箱中烘干至恒重，再计算出矿化度大小（mg/L）。

二、金属元素测定方法

水体中金属元素测定通常采用光学分析法，如分光光度法、原子吸收分光光度法、阳极溶出伏安法及色谱法，尤其以前两种方法用得最多。下面介绍代表性金属元素的测定方法。

1. 汞

汞的测定主要有冷原子吸收法、冷原子荧光法和双硫腙分光光度法。下面以冷原子吸收法（水质 总汞的测定 冷原子吸收分光光度法，GB 7468—87）为例进行介绍。

该方法的原理是，汞原子蒸气对253.7nm的紫外光有选择性吸收，且在一定浓度范围内，吸光度与汞浓度成正比。在测量时，先对水样进行消解，并将各种形态的汞都转化为二价汞，再用氯化亚锡将二价汞还原为元素汞，用载气（空气或氮气）将产生的汞蒸气带入测汞仪的吸收池测定吸光度，与汞标准溶液吸光度进行比较定量。

图4-4为一种冷原子吸收测汞仪的工作流程。低压汞灯辐射253.7nm紫外光，经紫外光滤光片射入吸收池，则部分被试样中还原释放出的汞蒸气吸收，剩余紫外光经石英透镜聚焦于光电倍增管上，产生的光电流经电子放大系统放大，送入指示表指示或记录仪记录。当指示表刻度用标准样校准后，可直接读出汞浓度。汞蒸气发生气路是：抽气泵将载气抽入盛有经预处理的水样和氯化亚锡的还原瓶，在此产生汞蒸气并随载气经分子筛瓶去除水蒸气后进入吸收池测其吸光度，然后经流量计、脱汞阱（吸收废气中的汞）排出。

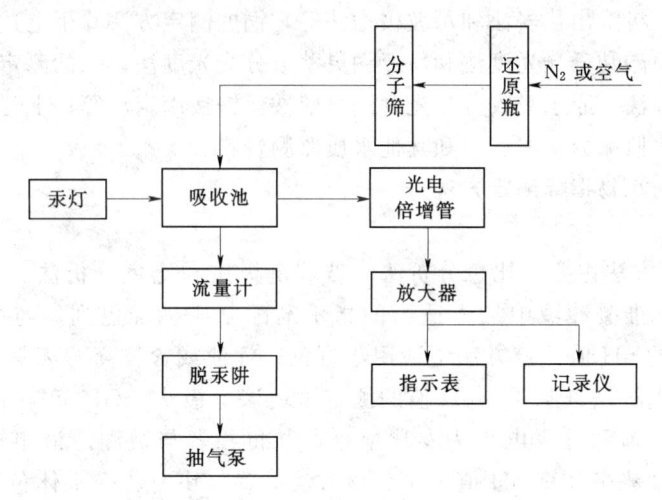

图4-4 冷原子吸收测汞仪工作流程[1]

2. 砷（类金属）

砷的测定方法有新银盐分光光度法、二乙氨基二硫代甲酸银分光光度法和原子吸收分光光度法等。下面以新银盐分光光度法（水质痕量砷的测定，硼氢化钾-硝酸银分光光度法，GB 11900—89）为例进行介绍。

该方法基于用硼氢化钾在酸性溶液中产生新生态氢，将水样中无机砷还原成砷化氢

（AsH₃），以硝酸—硝酸银—聚乙烯醇—乙醇溶液吸收，则砷化氢将吸收液中的银离子还原成单质胶态银，使溶液呈黄色，其颜色强度与生成氢化物的量成正比。该黄色溶液对400nm光有最大吸收，且吸收峰形对称。以空白吸收液为参比测其吸光度，用标准曲线法测定。

图4-5为砷化氢发生与吸收装置示意图。首先，水样中的砷化物在反应管中转变成AsH₃（砷气体）；其次，在U形管中装有二甲基甲酰胺、乙醇胺、三乙醇胺混合溶剂浸渍的脱脂棉，用以消除砷气体中锑、铋、锡等元素的干扰；再次，除去杂质后的砷气体进入脱胺管，管内装有无水硫酸钠和硫酸氢钾混合粉，以除去有机胺的细沫或蒸气；最后，砷气体进入吸收管，通过吸收液中的聚乙烯醇吸收AsH₃并显色。

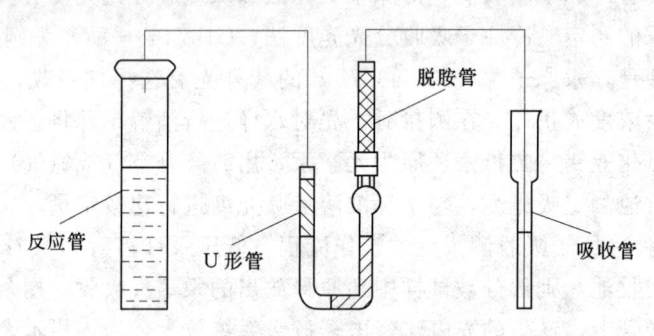

图4-5 砷化氢发生与吸收装置示意图[4]

3. 其他金属元素

在其他金属元素的测定方法中，镉、铅、锌的测定方法有原子吸收分光光度法、双硫腙分光光度法、阳极溶出伏安法和示波极谱法等。铜的测定方法除了上述方法外，还有二乙基二硫代氨基甲酸钠分光光度法和新亚铜灵萃取分光光度法。铬的测定方法主要有二苯碳酰二肼分光光度法、原子吸收分光光度法、硫酸亚铁铵滴定法等。上述方法的测定原理可查阅《水和废水监测分析方法》和其他水质监测资料。

三、非金属无机物指标测定方法

（一）pH值

pH值的测定方法主要有比色分析法、玻璃电极法和比色分析法。比色分析法，是在已知pH值的标准缓冲液中加入适当的指示剂配制成标准色列，与待测溶液进行对比，以确定水样的pH值。该方法不适用于有色、浑浊或含较高游离氯、氧化剂、还原剂的水样。玻璃电极法（水质 pH值的测定 玻璃电极法，GB 6920—86），是以玻璃电极为指示电极，饱和甘汞电极为参比电极，并将二者与被测溶液组成原电池，再根据电池两极的电动势来计算pH值大小。该方法准确、快速、受水体色度、浊度、肢体物质、氧化剂、还原剂及盐度等因素的干扰程度小。

（二）溶解氧（DO）

溶解氧的测定方法有碘量法及其修正法和氧电极法。清洁水可用碘量法（水质 溶解氧的测定 碘量法，GB 7489—87）；受污染的地表水和工业废水应采用修正的碘量法或氧电极法（水质溶解氧的测定 电化学探头法，GB 11913—89）。此外，为了实现溶解氧的自动监测，环境保护部门还专门制订了溶解氧水质自动分析仪技术要求（溶解氧水质自动分析仪技术要求，HJ/T 99—2003）。

碘量法是测定水中溶解氧的基本方法，其工作原理为：首先，在水样中加入硫酸锰和碱性碘化钾，水中的溶解氧将二价锰氧化成四价锰，并生成氢氧化物沉淀。反应式如下：

$$MnSO_4 + 2NaOH =\!=\!= Na_2SO_4 + Mn(OH)_2 \downarrow （白色沉淀）$$
$$2Mn(OH)_2 + O_2 =\!=\!= 2MnO(OH)_2 \downarrow （棕色沉淀）$$

其次，加酸使沉淀溶解，四价锰又可氧化碘离子而释放出与溶解氧量相当的游离碘。反应式如下：

$$MnO(OH)_2 + 2H_2SO_4 =\!=\!= Mn(SO_4)_2 + 3H_2O$$
$$Mn(SO_4)_2 + 2KI =\!=\!= MnSO_4 + K_2SO_4 + I_2$$

最后，以淀粉为指示剂，用硫代硫酸钠标准溶液滴定释放出的碘，可计算出溶解氧含量。反应式如下：

$$2Na_2S_2O_3 + I_2 =\!=\!= Na_2S_4O_6 + 2NaI$$

（三）含氮化合物

水体中含氮化合物有多种形态，目前关注较多的指标有：氨氮、亚硝酸盐氮、硝酸盐氮、有机氮和总氮。在这些指标中，前四种在生物化学作用下可以相互转化，如有机氮分解转化为氨氮，再氧化为亚硝酸盐氮和硝酸盐氮，被生物吸收后又变为有机氮；后者是前四者的总和。下面介绍几种主要含氮化合物的测定方法。

1. 氨氮

氨氮的测定方法有纳氏试剂分光光度法（水质 铵的测定纳氏试剂比色法，GB 7479—87）、水杨酸-次氯酸盐分光光度法（水质 铵的测定水杨酸分光光度法，GB 7481—87）、蒸馏滴定法（GB 7481—87）、电极法、气相分子吸收光谱法等。两种分光光度法都具有灵敏、稳定等特点，但水样有色度、浊度以及含有钙、镁、铁等金属离子和硫化物、醛、酮类等都会干扰测定，需要进行相应的预处理。电极法一般无须对水样进行预处理，但存在再现性不太好和电极寿命过短等问题。气相分子吸收光谱法比较简单，使用专用仪器或原子吸收光谱测定均可，测定效果也较好。下面以纳氏试剂分光光度法为例，简介氨氮的测定原理。

纳氏试剂分光光度法是在经絮凝沉淀或蒸馏法预处理的水样中加入纳氏试剂（碘化汞和碘化钾的强碱溶液 $K_2HgI_4 + KOH$），与氨反应生成黄棕色胶态化合物 NH_2Hg_2IO，其反应式如下：

$$2K_2HgI_4 + 3KOH + NH_3 \longrightarrow 7KI + 2H_2O + NH_2Hg_2IO$$

此黄棕色在较宽的波长范围内具有强烈吸收效果，通常使用波长在 410～425nm 范围的光来比色定量。

2. 硝酸盐氮

硝酸盐氮的测定方法有酚二磺酸分光光度法（水质 硝酸盐氮的测定 酚二磺酸分光光度法，GB 7480—87）、镉柱还原法（海洋环境监测规范水质分析，HY 003.4—91）、戴氏合金还原法、离子色谱法、紫外分光光度法、离子选择电极法以及气相分子吸收光谱法等。酚二磺酸分光光度法显色稳定，测定范围较广；紫外分光光度法和离子选择电极法适用于在线监测和快速测定；镉柱还原法和戴氏合金还原法操作较复杂，应用较少。酚二磺酸分光光度法的测定原理为：硝酸盐在无水存在情况下与酚二磺酸反应生成硝基二磺酸酚，硝基二磺酸酚再与碱性溶液中生成黄色化合物（即硝基酚二碳酸三钾盐），其反应式为

$$\text{HO}_3\text{S}\!-\!\!\!\bigcirc\!\!\!-\!\text{OH}(\text{SO}_3\text{H}) + \text{HNO}_3 \longrightarrow \text{HO}_3\text{S}\!-\!\!\!\bigcirc\!\!\!-\!\text{OH}(\text{NO}_2)(\text{SO}_3\text{H}) + \text{H}_2\text{O}$$

$$\text{HO}_3\text{S}\!-\!\!\!\bigcirc\!\!\!-\!\text{OH}(\text{NO}_2)(\text{SO}_3\text{H}) + 3\text{KOH} \longrightarrow \text{KO}_3\text{S}\!-\!\!\!\bigcirc\!\!\!=\!\text{N}\!-\!\text{OK}(\text{SO}_3\text{K}) + 3\text{H}_2\text{O}$$

根据生成黄色的深浅，可用分光光度计于 410nm 处测其吸光度，并与标准溶液比色定量测定硝酸盐氮浓度。

3. 有机氮

常用的有机氮测定方法是基耶达（Kjeldahl）法。其测定方法如下：①取适量水样于凯氏烧瓶中，调节 pH 值至 7，用蒸馏法（利用水样中各种污染成分具有不同的沸点而使其彼此分离的方法）除去水样中原有的氨氮；②加入浓硫酸和催化剂（K_2SO_4），加热煮沸，使有机氮转变成氨氮，水色由黑变清时，为保证完全氨化，继续煮沸 20min；③加入 $NaOH-Na_2S_2O_3$ 溶液，在碱性介质中蒸馏出氨，用硼酸溶液吸收，以分光光度法或滴定法测定氨氮含量，该结果就是水样中的有机氮。

（四）含磷化合物

水中的含磷化合物可分为正磷酸盐、缩合磷酸盐和有机磷三大类；按水中的存在形式可分为溶解性磷和悬浮性磷两种；此外，许多学者还把水体中的磷分为无机态和有机态。水中各种形态含磷化合物的磷元素含量之和为总磷。

对于含磷化合物，可分别测定总磷、溶解性正磷酸盐、溶解性总磷和有机磷的含量。在测定总磷、溶解性正磷酸和溶解性总磷时，需按图 4-6 所示进行预处理转化为正磷酸盐，再测定不同状态的磷。正磷酸盐的测定方法有《水质 总磷的测定 钼酸铵分光光度法》（GB 11893—89）、孔雀绿-磷钼杂多酸分光光度法、离子色谱法、气相色谱法等。有机磷的测定方法有多种，多用气相、液相气谱法。

```
          水样  ──消解──→  总磷
           │
     经0.45μm滤膜过滤的滤液
           │
    ┌──────┴──────┐
 溶解性正磷酸盐      溶解性总磷
```

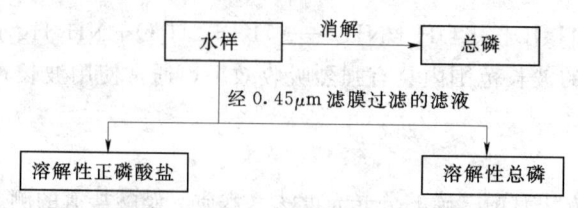

图 4-6 测定磷预处理方法示意图

水体中总磷的测定常采用钼酸铵分光光度法。该法的原理为：在中性条件下用过硫酸钾使水样消解，将所含磷全部氧化成正磷酸盐。在酸性介质中，正磷酸盐与钼酸铵反应，

在锑盐存在下生成磷钼杂多酸后,立即被抗坏血酸还原,生成蓝色的络合物(磷钼蓝)。此蓝色络合物在700nm处有特征吸收波长,以水作参比测定吸光度,扣除空白试验的吸光度后,从工作曲线上查得磷的含量,即总磷浓度。

四、有机物指标测定方法

有机物指标包括生化需氧量(BOD)、化学需氧量(COD)、总需氧量(TOD)等常规无毒有机物指标,以及酚类、石油类、苯系物、有机磷农药等有毒有机物指标,特别是许多痕量有机物尽管含量很小,但危害或潜在危害却非常大,近年来也发展了许多测量有毒有机物的监测方法和技术。在美国1998年出版的《水和废水标准检验方法》中测定的有机污染物达175项,其中重点是有毒有机物。我国2002年出版的《水和废水标准检验方法》与1998年版本比较,有毒有机物的监测项目也有大幅度增加。

(一)化学需氧量

水体中化学需氧量的测定方法有重铬酸钾法(水质 化学需氧量的测定 重铬酸钾法,GB 11914—89)、高锰酸钾法(水质 高锰酸盐指数的测量,GB 11892—89)、库仑滴定法、快速密闭催化消解法、氯气校正法等,下面主要介绍前两种方法。

1. 重铬酸钾法(COD_{Cr})

其测定原理为:在水样中加入一定量的重铬酸钾,在强酸性溶液中加热回流2h的情况下,氧化水样中的还原性物质(主要为有机物),剩余的重铬酸钾以试铁灵作指示剂,用硫酸亚铁铵标准溶液滴定,当溶液颜色由黄到绿转灰蓝,最后变至棕红色时即为滴定终点。根据消耗的硫酸亚铁铵的量可计算出水样中有机物质被氧化所消耗的重铬酸钾量,并换算出水样的溶解氧浓度。重铬酸钾氧化时的反应式本章第二节已有介绍。

重铬酸钾法适用于COD浓度值大于30mg/L的水样,对未经稀释的水样的测定上限为700mg/L。用0.25mol/L的重铬酸钾溶液可测定大于50mg/L的COD值;用0.025mol/L的重铬酸钾溶液可测定5~50mg/L的COD值,但准确度较差。

2. 高锰酸钾法(COD_{Mn})

按测定溶液的介质不同,分为酸性高锰酸钾法和碱性高锰酸钾法。由于碱性条件下,高锰酸钾的氧化能力比酸性条件下稍弱,此时不能氧化水样中的氯离子,故碱性高锰酸钾法常用于测定含氯离子浓度较高的水样。

当水体中氯的含量大于1000mg/L时,可采用碘化钾碱性高锰酸钾法(高氯废水 化学需氧量的测定 碘化钾碱性高锰酸钾法,HJ/T 132—2003)来测量COD浓度值。其基本原理为:在碱性条件下,加一定量高锰酸钾溶液于水样中,并在沸水浴上加热反应一定时间,以氧化水中的还原性物质。加入过量的碘化钾还原剩余的高锰酸钾,以淀粉做指示剂,用硫代硫酸钠滴定释放出的碘,并换算出溶解氧浓度。高锰酸钾氧化时的反应式本章第二节已有介绍。

该方法适用于油气田和炼化企业氯离子含量高达几万至十几万毫克每升高氯废水中COD的测定。方法的最低检出限为0.20mg/L,测定上限为62.5mg/L。

(二)生化需氧量

BOD是反映水体被有机物污染程度的综合指标,也是研究废水的可生化降解性以及生化处理废水工艺设计的重要参数。BOD的主要测定方法有:五日培养法[水质五日生化需氧量（BOD$_5$）的测定　稀释与接种法，GB 7488—87]、压力传感器法、减压式库仑法、微生物电极法［水质　生化需氧量（BOD）的测定　微生物传感器快速测定法，HJ/T 86—2002]等。

五日培养法是测定水中溶解氧的基本方法，其工作原理如下：①如果水样的BOD$_5$不超过7.0mg/L，可直接用来测定，如果已远远超过7.0mg/L，应将水样稀释后再测定。稀释水一般用蒸馏水配制，先用经活性炭吸附及水洗处理的空气曝气2～8h，使之接近饱和，然后在20℃下放置数小时。临用前加入少量的氯化钙、氯化铁、硫酸镁等营养盐溶液及磷酸盐缓冲液，混匀备用。用稀释水按照适当的稀释倍数对水样进行稀释，稀释后的水样称稀释水样；②将原水样或稀释水样的水温调至20℃左右，通过曝气使溶解氧近于饱和；③取生化需氧量培养瓶数个，分别用调好的水样充满，立即测出水样起始的溶解氧浓度，再将培养瓶密封，以免空气中的氧气进入瓶内；④将密封的培养瓶置入培养箱，在恒温20℃下培养5天，然后测定此时的溶解氧浓度；⑤求出初始浓度与5天培养后浓度之差，即为五日生化需氧量BOD$_5$。稀释后的水样应该考虑稀释比，由下式计算出BOD$_5$浓度：

$$BOD_5 = (c_1 - c_2) - (B_1 - B_2) f_1/f_2 \tag{4-3}$$

式中：c_1、c_2分别为稀释水样在培养前和经5天培养后的溶解氧浓度，mg/L；B_1、B_2分别为稀释用水在培养前和经5天培养后的溶解氧浓度，mg/L；f_1为稀释水用量在稀释水样中所占比例；f_2为水样用量在稀释水样中所占比例。

（三）挥发酚

酚的主要分析方法有溴化滴定法（水质　挥发酚的测定　蒸馏后溴化容量法，GB 7491—87）、4-氨基安替比林分光光度法（水质　挥发酚的测定　蒸馏后4-氨基安替比林分光光度法，GB 7490—87）、色谱法等。无论选取溴化滴定法还是分光光度法，当水样中存在氧化剂、还原剂、油类及某些金属离子时，均应设法消除并进行预蒸馏。蒸馏的作用有两点：一是分离出挥发酚；二是消除颜色、浑浊和金属离子等的干扰。

下面介绍溴化滴定法的工作原理：首先，在含过量溴（由溴酸钾和溴化钾产生）的溶液中，酚与溴反应生成三溴酚，并进一步生成溴代三溴酚。反应式如下：

$$C_6H_5OH + 3Br_2 \longrightarrow C_6H_2Br_3OH + 3HBr$$
$$C_6H_2Br_3OH + Br_2 \longrightarrow C_6H_2Br_3OBr + HBr$$

其次，剩余的溴与碘化钾作用释放出游离碘。与此同时，溴代三溴酚也与碘化钾反应置换出游离碘。反应式如下：

$$Br_2 + 2KI \longrightarrow 2KBr + I_2$$
$$C_6H_2Br_3OBr + 2KI + 2HCl \longrightarrow C_6H_2Br_3OH + 2KCl + HBr + I_2$$

最后，用硫代硫酸钠标准溶液滴定释出的游离碘，并根据其消耗量，计算出以苯酚计的挥发酚含量。反应式如下：

$$2Na_2S_2O_3 + I_2 \longrightarrow 2NaI + Na_2S_4O_6$$

挥发酚的浓度按下式计算：

$$挥发酚（以苯酚计） = \frac{(V_1 - V_2) \times c \times 15.68 \times 1000}{V} \tag{4-4}$$

式中：V_1为空白（以蒸馏水代替水样，加同体积溴酸钾-溴化钾溶液）试验滴定时硫代硫酸钠标准溶液用量，mL；V_2 为水样滴定时硫代硫酸钠标准溶液用量，mL；c 为硫代硫酸钠标准溶液的浓度，mol/L；V 为水样体积，mL；15.68 为苯酚（$1/6\ C_6H_5OH$）的摩尔质量，g/mol。

五、水生生物指标测定方法

水中常常生活着大量的水生生物群落，它们与赖以生存的水环境之间存在着互相依存又互相制约的关系。故而，对水生生物监测也是水环境监测的重要组成部分。表征水环境质量的水生生物指标很多，如细菌总数、总大肠菌群、藻类浓度、叶绿素-a 浓度、生物多样性指数等。以下就几个常见指标的测定方法进行介绍。

（一）细菌总数

细菌总数是指 1mL 水样在营养琼脂培养基中，经特定条件培养后所生长的细菌菌落总数。其测定方法如下：①将蛋白质、琼脂、氯化钠、蒸馏水等一起混匀加热溶解，调 pH 值至 7.4~7.6，灭菌并制成营养琼脂培养基；②以无菌操作法用灭菌吸管吸取混合均匀的水样 1mL 注入灭菌平皿中，再取 1mL 注入另一灭菌平皿中作平行接种；③将 15mL 融化并冷却至 46℃左右的营养琼脂培养基倾入上述已有水样的灭菌平皿中，旋摇使其混合均匀，并将营养琼脂培养基倾入灭菌的空平皿内做对照；④待琼脂培养基冷凝后，翻转平皿并将其置于恒温箱内保持 37℃培养约 24h，取出计数每个平皿内的菌落数目；⑤求出同一水样两平皿的平均菌落数，若对照样确无菌落，该菌落数即为测定的 1mL 水样细菌总数。

（二）总大肠菌群

总大肠菌群是水样中大肠菌群细菌（主要是革兰氏阴性无芽孢杆菌）的数量。其测定方法有多管发酵法和滤膜法。多管发酵法是根据大肠菌群细菌能发酵乳糖、产酸产气以及革兰氏阴性、无芽孢、呈杆状等特性，将不同量的水样接种到含乳糖的培养基中，经培养后根据阳性结果测算水样中总大肠菌落数。滤膜法是采用一种微孔薄膜（孔径为 $0.45\mu m$）对水样进行过滤，将水中的细菌截留在薄膜上并贴于培养基上培养，直到大肠菌群细菌在滤膜上长出具有特征性的菌落，并由此测算水样中总大肠菌落数。多管发酵法可用于各种水样，但操作比较繁琐、费时；滤膜法操作简便、快速，但不适合浑浊水样。

下面简介滤膜法的操作步骤：①按照相关方法，配置品红亚硫酸钠培养基、乳糖蛋白胨培养液和革兰氏染色试剂；②将滤膜放入烧杯中，加蒸馏水洗净和煮沸灭菌；③把灭菌滤膜取出，粗面向上，贴放在灭菌的滤床上固定好，加水样 100mL，在负压 0.5 大气压下抽滤；④水样滤完后，将滤膜移放到品红亚硫酸钠培养基上，截留细菌面向上，与培养基完全贴紧，然后将平皿倒置，放入培养箱保持 37℃培养 24h；⑤在品红亚硫酸钠培养基上培养后的大肠菌群具有不同的颜色特征（紫红色，具有金属光泽的菌落；深红色，不带或略带金属光泽的菌落；淡粉色，中心较深的菌落）。对于可疑菌落应进一步作革兰氏染色检验，若为革兰氏阴性无芽孢杆菌，再接种乳糖蛋白胨培养液，37℃下培养 24h，产酸产气者即为大肠菌群阳性；⑥计数滤膜上的总大肠菌群菌落数，由此计算出水样中的大肠菌群数[1]。

第四节　水环境检测分析新技术

近年来，各种污染物检测能力因现代分析手段的改进和发展而提高，一些物质如微塑料、抗生素、纳米材料、全氟化合物等通过多种途径进入环境并被检出,在世界范围内成为广受关注的新型污染物。此外,伴随着水污染事件频发,野外现场的应急监测越来越受重视,便携式水质分析仪现场监测已成为人工采样实验室分析以外的另一重要应急监测手段。本节将主要介绍目前水环境领域中关注较高的两种新污染物(即微塑料和抗生素)的检测分析技术和应急监测中使用较多的多参数便携式水质分析设备。

一、新兴污染检测技术

新污染物在环境中通常难以降解并易于生物富集,在全球范围内普遍存在。目前,国际上尚未就新污染物的分类达成共识,但通常可以分为内分泌干扰物(EDCs)、药品与个人护理用品(PPCPs)、全氟化合物(PFCs)、溴代阻燃剂(BRPs)、饮用水消毒副产物(DBPs)、纳米材料、微塑料等。这里仅对微塑料和抗生素的检测分析技术做简单介绍。

(一)微塑料

目前,地表水环境中微塑料的检测分析尚未形成标准化方法。一般对水环境中的微塑料检测分析可分为样品采集、分离和预处理、定性定量分析等3个步骤。

1. 样品采集

地表水环境中样品采集主要包括水面、不同深度水层、沉积物中取样。目前应用较多的采集方法有直接挑选法、大样本法、浓缩样本法、提取泵采样法、Neuston网或浮游生物网采样法等。

(1)直接挑选法:通常指通过肉眼识别微塑料碎片,并从环境中直接拾取。该方法适用球形和尺寸相对较大(可达1~6mm)的微塑料,通常在河流、湖泊岸边等环境调查中使用,当微塑料与其他垃圾混杂或形状不规则时,会降低微塑料的识别度,因此不适用纳米微塑料的采集。

(2)大样本法:是指样品不在现场分离组分而保留全部样品的采样方法。该方法适用于底泥沉积物中微塑料的采样。当无法通过肉眼直接识别和挑选,且微塑料颗粒与底泥沉积物混合时,无法在取样点进行过滤处理,推荐采用大样本法。

(3)浓缩样本法:在现场取样后立即进行过滤、筛选等提取,初始样品的体积减小,只有一小部分含有微塑料的样品会保留下来进行后续处理,该方法更适用于水体中取样。

(4)提取泵取样法:使用提取泵将水样直接送到筛子上进行筛选,流速在2~22L/min之间变化,取样时间从2~24h不等。由于流速和采样时间不同,采样体积在120~18000L之间,可根据水样性质进行调整。该方法可以准确提取表层和不同深度水样,且能准确地代表取样区域的污染水平。

(5)Neuston网或浮游生物网采样法:是由一个矩形框架的网组成,由绳子牵引,收集水体上部10cm处的颗粒物。常用的网目尺寸在150~330μm之间,将微塑料的检测限制在不小于网目尺寸的颗粒。其中,Neuston网常用于采集表层水样,浮游生物网主要用于采集下层水样。

2. 分离和预处理

由于采集的水样中杂质较多,微塑料表面往往附着各种微生物或有机化合物,不能直接用于分析,需要采用物理、化学等适当的技术手段对水样进行预处理,消除可能干扰后续分析的因素,同时保留塑料颗粒关键信息。常见的水样预处理方法有密度浮选法、过滤筛分法、目视分类法、消解法等。

（1）密度浮选法：通过向含有微塑料的水样中加入重液以提升微塑料与混合液的密度差，使微塑料悬浮于混合液的表面并从水样中提取出来。该方法广泛应用于从泥沙沉积物中分离微塑料。一般来说，沉积物中的泥沙（约 $2.0g/cm^3$）比微塑料（$0.9\sim1.4g/cm^3$）密度大，常选用密度介于微塑料和泥沙之间的重液使微塑料悬浮以达到分离的目的。常用的重液有 NaCl（$1.2g/cm^3$）、$ZnCl_2$（$1.6\sim1.7g/cm^3$）、NaI（$1.6g/cm^3$）等。

（2）过滤筛分法：将水样通过合适孔径的筛网，去除粒径较大的颗粒和其他杂质，再通过不同孔径的筛网实现对微塑料粒径的分级。

（3）目视分类法：在肉眼直接观察或者在借助显微镜的情况下，根据颗粒的形态特征（如种类、形状、颜色和降解程度等）对微塑料进行挑取。

（4）消解法：通过酸性消解、碱性消解、氧化消解和酶消解四种方法对干扰微塑料鉴定的有机物进行去除，溶解颗粒物，减少样品基底干扰，之后用抽滤分离微塑料。该方法常用于对分离出来的微塑料进行纯化以满足后续仪器定性检测的要求。

在样品中杂质较多的情况下，尤其是处理污泥样品，单一的前处理方法已不能满足对分析检测的需要，往往需要采取多种方法的联用以取得较好的前处理效果。

3. 定性定量分析

针对微塑料的定性定量分析，最常用的方法是首先通过视觉识别塑料颗粒，再结合光学和光谱技术确认其化学组成。定量分析方法主要分为物理表征和化学表征。物理表征主要是通过显微镜检法表征其尺寸、形状、颜色等物理参数；化学表征则主要是借助光谱分析、热解-气相色谱/质谱（Py-GC-MS）联用技术、差示扫描量热法（DSC）等鉴定微塑料的组成。

a. 显微镜检法：借助显微镜观察微塑料的表面形态，对样品塑性或非塑性进行初步鉴别。当样品中微塑料在显微镜下难以分辨时，可采用荧光标记的方法来进行，如聚丙烯、聚乙烯、聚苯乙烯等经尼罗红染色后呈绿色荧光，可以直接在显微镜下进行分类。微塑料颗粒尺度大小会影响显微镜检的准确度，普通光学显微镜很难识别尺寸小于 $100\mu m$ 的塑料颗粒。扫描电镜（SEM）技术，可以识别更小粒径（小于 $100\mu m$）塑料微粒并能获取到塑料微粒的表面形态。若要实现对微塑料元素特征的分析，可利用扫描电镜-能量色散 X 射线联用（SEM-EDS）技术获取微塑料的表面形态及元素组成。

b. 光谱分析：主要用于鉴别尺寸 $1\sim100\mu m$ 的塑料颗粒，是目前应用较为广泛的微塑料分析鉴定方法之一。光谱分析主要分为傅里叶变换红外光谱法（FTIR）与 Raman 光谱法。FTIR 法主要是提供微塑料成分的化学键信息，不同的键结构会产生不同的峰型，形成特定的图谱，通过与标准谱库对比，可以将微塑料和其他有机物、无机物区分开。Raman 光谱是一种基于光的非弹性散射的振动光谱技术，通过分析与入射光频率不同的散射光谱得到分子振动、转动方面信息，以获取物质的分子结构。使用 Raman 光谱分析检测微塑料时，样品中的微生物、有机（如腐殖质）或无机（如黏土矿物）物质均会引起荧光障碍，样品应该首先经过预处理以降低有机和无机物质的含量，以避免分析偏差。

c. 热解-气相色谱/质谱联用技术：是将热裂解技术和气相色谱-质谱（GC-MS）技术相结合的分析方法，通过高温裂解的办法使聚合物裂解为可挥发的小分子，然后导入到

GC-MS 系统进行分析，利用反映单体特征的裂解谱图鉴别裂解产物来达到对聚合物的结构进行鉴定的目的。该方法对微塑料分析时要求的样品质量较小（约 0.5mg）。

d. 差示扫描量热法：是在程序控温下测量试样和参比物的热流随温度变化的技术，该方法可以实现对微塑料聚合物类型的快速鉴定。

随着测试分析仪器的改进，用于检测微塑料的方法越来越多，各种技术之间的联用往往比单一方法更具优势。为了建立可靠、标准化的检测方法，可以考虑几种不同方法的组合。

（二）抗生素

自 20 世纪抗生素被发现以来，其在医学临床及动物、水产养殖等领域发挥了重要作用。由于人体或动物体无法完全将抗生素吸收代谢，抗生素在使用后有 30%～90%将以母体或代谢产物的形式进入环境中，此外养殖业废水、制药企业污水、污水处理厂再排放也是水环境中抗生素的重要来源。抗生素可随着水体进行迁移富集，通过食物链严重影响人体的健康，在日积月累的情况下甚至会产生耐药性基因、畸形和基因突变等不利的影响。

抗生素在水环境中的残留浓度一般属于微量或痕量级别，加上水体中大量干扰物的存在，因此，在检测分析前需要对样品进行预处理，以对抗生素进行提取和纯化，使其最终浓度满足仪器检测要求。固相萃取是目前检测水环境中痕量抗生素残留最为常用的预处理方法。它是利用被萃取物质在液固两相间的分配作用进行样品预处理的一种分离技术，以固体填料条充裕塑料小柱中作为固定相，样品溶液中被测物或干扰物吸附到固定相中，使被测物与样品机体或干扰组分得以分离。固相萃取技术克服了萃取过程中容易乳化等缺点，不需要大量互不相溶的溶剂，且可同时完成样品的富集与净化，大大提高了检测灵敏度，并具有快速、可自动化批量处理以及重现性好等优点。

下面介绍水样中抗生素的几种代表性测定方法。

1. 高效液相色谱法

高效液相色谱法是以液体为流动相，采用高压输液系统，将具有不同极性的单一溶剂或不同比例的混合溶剂、缓冲液等流动相泵入装有固定相的色谱柱，在柱内各成分被分离后，进入检测器进行检测，从而实现对试样的分析。高效液相色谱法具有高压、高速、高效、高灵敏度，进样量少，容易回收等优点。

2. 高效液相色谱-质谱联用法

色谱的优势在于分离，为混合物的分离提供了最有效的选择，但其难以得到物质的结构信息，而质谱能够提供物质的结构信息，但其分析的样品需要进行纯化。液质联用技术则体现了色谱和质谱优势的互补，将色谱对复杂样品的高分离能力，与质谱具有高选择性、高灵敏度及能够提供相对分子质量与结构信息的优点结合起来。

3. 超高效液相色谱-质谱联用法

与高效液相色谱相比，超高效液相色谱技术以小颗粒填料为基础，具有超高分离度、超高分析速度、超高灵敏度等优势。伴随着超高效液相色谱的迅速发展，超高效液相色谱与质谱联用进一步充分发挥了超高效液相色谱的超高效分离能力及质谱强大的定性、定量分析能力。

4. 毛细管电泳法

毛细管电泳法亦称高效毛细管电泳法，是经典电泳技术和现代微柱分离技术相结合的产物。毛细管电泳法是以弹性石英毛细管为分离通道，以高压直流电场为驱动力对样品进行分离分析的方法。

5. 生物传感器法

生物传感器是一种利用生物功能物质作识别器件而成的传感器。即利用酶、抗体、微生物等作为敏感元件的探测器，并将探测器上所产生的物理量、化学量的变化转换成电信号的一种传感器。生物传感器对被测物具有极好的选择性，噪声低，操作简单，信息以电信号的方式直接输出。

二、多参数便携式水质分析设备

常规的水质参数检测方法一般是现场取样后在实验室内进行化学分析。对一些难以直接测量的水质参数，需要复杂的处理步骤和反应过程，效率低下，耗时耗力。便携式多参数水质分析仪具有操作灵活简便、快速测定、便于携带等特点，同时兼顾高灵敏度和高准确度，适合于现场快速检测多种水中污染物，在水环境监测工作中发挥着越来越重要的作用。以下对便携式多参数水质分析仪的工作原理、仪器特点、操作方法进行简单介绍[8]。

（一）比色与光度测量

该方法包括目测比色法、光电比色与分光光度法、色度测量法、荧光分析法与透视散射法，以上方法都是便携式多参数水质分析仪最常用的分析方法。

1. 目测比色法

目测比色法是测量离子浓度的常用方法，它是在被测溶液中加入检测试剂，生成有色物质，再借助环境光线目视观察，并与标准色列（比色卡、比色盘等）比较颜色深浅，以确定溶液中被测物质的浓度。该方法操作简单、方便，无需测量仪器，但受环境光线影响较大，尤其是夜晚或阴雨天不能正常使用，一般用于定性或半定量检测。国内仪器如GDYS-201M多参数水质分析仪、GW-2000型多参数水质测定仪，国外仪器如Potatech9型农村饮水安全水质检测箱、SPH06CN卫蓝泳池水质分析仪、Wagtech-Potalab RW农村饮水安全综合水质分析实验室等都采用此方法测量色度。

2. 光电比色与分光光度法

光电比色法是借助光电比色计的滤光片测量溶液的透光强度，而分光光度法是通过不同波长的光连续地照射被测溶液，得到与不同波长相对应的吸收强度，再由标准曲线计算被测物质含量，两者工作原理相同，操作简单，灵敏度较高，显色体系多且成熟。目前，绝大多数多参数水质分析仪都是利用此原理进行水质指标测量，如国内仪器 XT18-GDYS-201M多参数水质分析仪、5B-2H型（V8）野外便携式多参数水质测定仪、ZYD-HFAK水质快速检测仪，国外仪器MD600与MD610多参数光度计、Spectroquant NOVA60/60A多参数水质分析仪。

3. 色度测量法

该方法是借助于颜色传感器，测量在LED光源照射下的被测物体的反射或透射颜色参数，然后确定反射和透射的色调以及颜色明度以定量比较，从而实现测量目的，其灵敏度与分光光度法相近，但操作更为简单、方便，适用范围更广，既可用于溶液透射测量，也可用于固体表面反射测量。

4. 荧光分析法

荧光分析法是指利用某些物质被紫外光照射后处于激发态，激发态分子经历一个碰撞及发射的去激发过程所发生的能反映出该物质特性的荧光，进行定性或定量分析，灵敏度高，但操作复杂、价格昂贵。国外仪器利用此测量原理的较多，多用于野外检测生物和毒理学指标，包括测量霉菌毒素的免疫荧光法、维生素的溶液荧光法等。由于有些物质本身不发射荧光（或荧光很弱），这就需要把不发射荧光的物质转化成能发射荧光的物质。例如用某些试剂（如荧光染料），使其与不发射荧光的物质生成络合物，再进行测定。

5. 透视散射法

透视散射法是测量浊度的通用方法，包括散射光式、透射光式和透射散射光式，即仪器发出一束平行光线，使之穿过样品，遇到颗粒物会改变光的传播方向，形成散射，从与入射光呈 90°的方向检测水中颗粒物的散射光，散射程度与悬浮物颗粒数量成正比。市面上便携式多参数水质分析仪可测量浊度的国内仪器有 GDYS-201M 多参数水质分析仪、GW-2000 型多参数水质测定仪等，国外仪器有 W-20XD 多参数水质分析/离子检测仪、U-50 系列多参数水质分析仪等。

（二）电学测量

该方法包括离子电极法、玻璃电极法、隔膜原电池法、交流电极法和铂电极法，主要用于水中各种金属离子、硬度、pH 值、溶解氧、电导率以及氧化还原电位的测定。

1. 离子电极法

离子电极法又称离子选择性电极法，是指采用带有敏感膜的、能对离子态物质有选择性响应的电极对物质浓度进行测量的方法，多应用于水中各种金属离子、硬度的测定。使用该方法的国内仪器有 DZS-708L 型便携式多参数分析仪，国外仪器有 W-20XD 多参数水质分析/离子检测仪、D-70 系列与 D-71 系列多参数水质分析仪、B-700 系列便携式笔式小型水质分析仪、MyronL Ultrameter Ⅲ 9P 手持式多参数水质测试仪等。

2. 玻璃电极法

玻璃电极法是以 pH 玻璃电极为指示电极，饱和甘汞电极为参比电极，并将两者与被测溶液组成原电池测出 pH 值，这是测量 pH 值的国家标准方法。市面上具备测定 pH 值功能的便携式水质分析仪都是采用此方法。

3. 隔膜原电池法

隔膜原电池法是测量水中溶解氧的一种方法，是氧透过隔膜被工作电极还原，产生与氧浓度成正比的扩散电流，通过测量电流，即得水中溶解氧度。水质分析仪大都用此方法测量溶解氧，测量仪器有 GE O+型便携式水质检测仪、DZS-708L 多参数水质分析仪等。

4. 交流电极法

交流电极法将相互平行且距离是固定值的两块极板（或圆柱电极）放到被测溶液中，在极板的两端加上一定的电势，然后通过电导仪测量极板间电导，从而测得溶液电导率。总溶解固体（TDS）、盐度、海水比重都可由电导率换算而来。测量仪器有 DZS-708L 多参数水质分析仪、W-20XD 多参数水质分析/离子检测仪、D-70 系列与 D-71 系列多参数水质分析仪、B-700系列便携式笔式小型水质分析仪等。

5. 铂电极法

长期以来，氧化还原电位是采用铂电极直接测定法，即将铂电极和参比电极直接插入介质中进行测定，测量仪器包括U-50系列多参数水质分析仪、Manta多参数水质监测仪、ProDss手持式水质多参数仪等。

（三）水温、水深测量

水温、水深测量主要依赖于物理测量装置，例如温度传感器、压力传感器、超声波传感器等。XT18-601S六合一多功能水质分析仪、U-50系列多参数水质分析仪、Quanta多参数水质分析仪、SL1000便携式多参数水质分析仪、Hydrolab多参数水质分析仪等都具有此功能。

（四）便携式水样前处理装置

一般情况下，检测水样污染物种类较多，成分复杂，样品中存在大量干扰物质，并且多种待测组分浓度低，常常低于分析方法的检出下限，而且待测组分存在形态各异，必须转化为统一物质进行测量。因此，水样测定前需要进行适当的预处理，对待测组分进行分离与富集，使待测组分的浓度、形态适合于分析方法要求的形态和浓度，并与干扰性物质最大限度地分离。可以说，样品预处理是环境分析中不可或缺的重要步骤。目前市面上便携式水质检测仪大多用于直接水样检测，配备野外水样预处理装置比较少，较为复杂的预处理如蒸馏、消解、气提、萃取等过程需要消耗大量能源，多数情况还必须在室内执行，为野外全程环境检测带来很多不便。

国内仪器如CSY-SCX便携式样品前处理一体箱集样品浓缩仪、捣碎机、混匀器、离心机四种功能于一体，能实现实验现场快速检测；GE STD02型便携式多功能样品处理仪和GE PIH04型便携式加热消解仪，自带大容量锂电池，可以随时随地在野外使用，前者巧妙地将气、热、电轻便化集成，可用作液体样品的气提、萃取、加热等预处理装置，用于硫化物、总氰、砷、汞、碘、挥发酚、阴离子洗涤剂等物质的快速提取，以及总氮、总磷、重金属总量检测样品的加热消解；而后者则配有插拔式四联加热器，可同时加热处理4个水样，既可用于氨氮、尿素、高锰酸盐指数、TOC、COD等物质的野外检测，配合专门消解剂粉，又可同时满足总氮、总磷、金属总量检测样品的消解处理要求。加热过程仅20min，可连续工作2~3h，处理100个水样耗电不足1kW·h。

课 后 习 题

1. 学习和了解常规的水环境定量分析方法。
2. 举例说明滴定分析法的变色原理。
3. 沉淀法对沉淀的形式和称量形式有什么要求？为什么提出这些要求？
4. 简述采用重铬酸钾法和高锰酸钾法测定化学需氧量的基本原理。
5. 以元素砷为例，介绍分光光度法的基本原理。
6. 介绍五日培养法的操作流程。

参 考 文 献

[1] 雒文生,李怀恩. 水环境保护 [M]. 北京：中国水利水电出版社,2009.
[2] 赵凤英,胡堪东. 分析化学（上册）[M]. 北京：中国科学技术出版社,2005.
[3] 王淑美. 分析化学 [M]. 郑州：郑州大学出版社,2007.
[4] 冯启言. 环境监测 [M]. 徐州：中国矿业大学出版社,2007.
[5] 岳浩伟,王珊,张克峰,等. 地表水环境中微塑料检测技术及污染水平研究进展 [J]. 供水技术,2021,15（6）：8.
[6] 郝双玲,刘海成,薛婷婷,等. 水环境中微塑料的样品采集与分析进展 [J]. 化学通报,2020,83（5）：7.
[7] 安静. 水环境中痕量抗生素检测方法的研究进展 [J]. 环境与发展,2019,31（10）：3.
[8] 蔡芦子彧,邰洪文. 便携式多参数水质分析仪现状分析 [J]. 分析仪器,2018（4）：8.

第五章 水环境数学模型

水环境数学模型，是用来模拟污染物在水体中的时空变化过程，分析排污负荷对水质影响的一种数学手段和工具。对污染物在水中的迁移转化过程认识愈深刻，建立的模型将愈合理，预测的精度和可靠程度也将愈高。同时，计算机技术的快速发展为水环境数学模型的发展提供了广阔的空间，使得一批功能全面的数学模型得以推广应用。本章将重点介绍水环境数学模型的建模机理、主要的数学模型及其求解方法。

第一节 水环境数学模型的建模机理

一、污染物在水体中迁移转化过程的描述

由第三章的介绍可知，污染物在水体中的迁移转化是综合了物理、化学、生物等多种反应的复杂过程，完全识别这些规律目前尚有难度，但可以通过水质分析和数学建模来对这些过程进行概化。通常，根据污染物转化的作用机制，可将其分为污染物随水流的迁移与扩散，受泥沙颗粒和底质的吸附与解吸，沉淀与再悬浮，生物化学降解等过程。

（一）迁移与扩散

一般情况下，进入江河湖泊的污染物主要以溶解状态或胶体状态，随水流一起迁移和扩散混合。在这一作用下，污水从排污口进入水体后，污染物在随水流向下游迁移的同时，还不断地与周围的水体相互混合，很快得到稀释，使污染物浓度降低，水质得以改善。因此，迁移扩散是水体自净的一个重要因素。

1. 迁移作用

迁移作用是指以时均流速为代表的水体质点的迁移运动，习惯上也被称为移流运动。对于某点污染物沿流向 x 的迁移通量[1]为

$$F_x = u'C \tag{5-1}$$

式中：F_x 为过水断面上某点沿 x 方向的污染物输移通量，$mg/(m^2 \cdot s)$；u' 为某点沿 x 方向的时均流速，m/s；C 为某点污染物的时均浓度，mg/m^3。

对于整个过水断面，污染物的输移率则为

$$F_A = \overline{u}\,\overline{C}A = Q\overline{C} \tag{5-2}$$

式中：F_A 为污染物输移率，mg/s；$\overline{u}$、$\overline{C}$ 分别为断面平均流速和平均浓度；A 为过水断面面积，m^2；Q 为流量，m^3/s。

2. 扩散作用

扩散是由于物理量在空间上存在梯度使之逐渐趋于均化的物质迁移现象。通常，扩散

---

[1] 是单位时间、单位面积上的物质流通量。

作用包括以下三个方面：①分子扩散作用，即水中污染物由于分子的无规则运动，从高浓度区向低浓度区的运动过程。②紊动扩散作用，即由紊流❶中涡旋的不规则运动而引起的物质从高浓度区向低浓度区的迁移过程。③离散作用，也称为弥散，即由于断面非均匀流速作用而引起的污染物离散现象。由于在实际流场中，流速在断面上的分布往往是不均匀的，岸边和底部较小，表面和中心较大，由此流速在横断面上具有一定的梯度，即所谓的剪切流。在这种情况下，即使瞬时（$\Delta t \to 0$）污染物在断面 A 上均匀排入，这些污染物将随断面上不同的质点以不同的流速向下游运移，经过一段时间（$t=t'$）后，多数以平均流速移到了断面 B，流得快的则超前、流得慢的则滞后，这就导致污染物在纵向有显著的离散（图 5-1）。

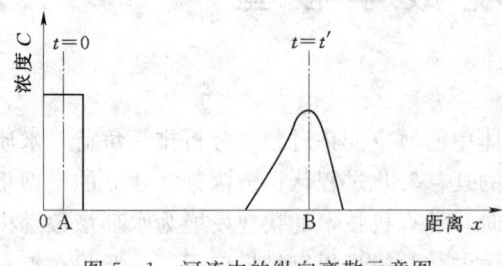

图 5-1 河流中的纵向离散示意图

（1）扩散作用的数学表达式。分子扩散过程服从费克（Fick）第一定律，即单位时间内通过单位面积溶解物质的质量与溶解物质浓度在该面积法线方向的梯度成正比。紊动扩散过程和离散过程也可采用类似表达分子扩散通量的费克定律来表达。由此，水体中污染物扩散作用的数学表达式为

$$M_x = -(E_{mx} + E_{tx} + E_d)\frac{\partial C}{\partial x} \tag{5-3}$$

式中：M_x 为扩散通量，即单位时间单位面积内在 x 方向由于扩散作用通过的污染物质量，mg/(m²·s)；E_{mx} 为分子扩散系数，m²/s；E_{tx} 为 x 方向的紊动扩散系数，m²/s；E_d 为纵向离散系数，m²/s；C 为水体污染物浓度，mg/m³；$\dfrac{\partial C}{\partial x}$ 为沿 x 方向的浓度梯度。

（2）扩散系数的计算。

1) 分子扩散系数 E_m。分子扩散运动主要受温度、溶质、压力的影响，与水流特性无关，其数值在 $10^{-9} \sim 10^{-8}$ m²/s。

2) 紊动扩散系数 E_t。紊动扩散系数主要与水流的紊动特性有关，由于紊流作用发生在纵向、横向和垂向不同方向上，因此紊动扩散系数的计算是不同的。

垂向紊动扩散系数 E_{tz}。根据雷诺比拟方法，推导得出明渠垂向紊动扩散系数的计算公式，即

$$E_{tz} = 0.068 H u^* \tag{5-4a}$$

式中：H 为水深，m；u^* 为摩阻流速，m/s，$u^* = \sqrt{gHJ}$，其中 g 为重力加速度，m/s²；J 为水力坡降。

横向紊动扩散系数 E_{ty}。采用类似描述 E_{tz} 的形式来表达横向紊动扩散系数，即

$$E_{ty} = \alpha H u^* \tag{5-4b}$$

---

❶ 是水流中各要素（如流速、压力、浓度等）随时间和空间作随机变化，质点轨迹曲折杂乱、互相混掺的运动形式。

式中：α 为经验系数，对于顺直明渠，$\alpha=0.1\sim 0.2$，对于弯曲性河流，$\alpha=0.4\sim 0.8$；其他符号意义同前。

纵向紊动扩散系数 E_{tx}。通常将 E_{tx} 并入纵向离散系数中一起考虑，如单独考虑大约为 E_{ty} 的3倍。

3）纵向离散系数 E_d。在条件允许的情况下，可在河道中选择适当的位置瞬时以点源方式投放示踪剂，在下游观测示踪剂浓度的时间过程线来推求纵向离散系数；在条件缺乏时，可选用如下经验公式：

费希尔公式（1975） $$E_d=0.011\frac{u^2 B^2}{Hu^*} \tag{5-5}$$

刘亨利公式（1980） $$E_d=\gamma\frac{u^* A^2}{H^3} \tag{5-6}$$

式中：u 为断面平均流速；B 为河段平均水面宽；γ 为经验系数；其他符号意义同前。

由于迁移扩散作用的存在，使污染物进入河流后，通常出现三种不同的混合状态区段：①垂向混合河段，从排污口到下游污染物沿垂直方向达到混合均匀的断面所经历的区段。在该河段，污染物离开排污口后，以射流或浮射流的方式与周围水体掺混，水体的污染物浓度沿垂向、横向和纵向都有明显变化，需要建立三维水质模型进行计算。②横向混合河段，从垂直均匀混合断面到下游污染物在整个过水断面上均匀混合的区段。在该河段，水的污染物浓度沿横向和纵向有明显变化，水深方向则基本均匀，需要建立平面二维水质模型。③纵向混合河段，横向混合河段之后的河段，在该河段中水质浓度主要在纵向产生比较明显的变化，故常简化为纵向一维水质模型。

（二）吸附与解吸

水中溶解的污染物或胶状物，当与悬浮于水中的泥沙等固相物质接触时，将被吸附在泥沙表面，并在适宜的条件下随泥沙一起沉入水底，使水的污染物浓度降低，起到净化作用；相反，被吸附的污染物，当水环境条件（如流速、浓度、pH值、温度等）改变时，也可能又溶于水中，使水体的污染物浓度增加。前者称为吸附，后者称为解吸。研究表明，吸附能力远远大于解吸能力，因此，吸附—解吸作用的总体趋势是使水体污染物浓度减少。

吸附—解吸过程是一种复杂的物理化学过程。可根据弗莱特利希等温吸附式（见第三章）的形式来近似推导泥沙对水中污染物的吸附速率方程：

$$\frac{dS}{dt}=k_1\zeta^{-b}\frac{C}{W}-k_2\zeta^b S \tag{5-7}$$

式中：S 为 t 时的泥沙吸附浓度，$\mu g/g$；ζ 为无量纲化的 S 值；C 为水体污染物浓度，$\mu g/L$；W 为水体的含沙量，g/L；b 为与活化能有关的指数；k_1、k_2 分别为吸附速率系数和解吸速率系数，s^{-1}。

（三）沉淀与再悬浮

一定意义上讲，水中悬浮的泥沙本身就是一种污染物，含量过多，将使水体浑浊，透光度减少，妨碍水生生物的光合作用和生长发育，此外，泥沙颗粒还是重金属等污染物的载体。因此，泥沙的沉淀与再悬浮，也是水质模型中的一项重要影响因素。

在水环境数学模型中，关于污染物沉淀与再悬浮的计算，可采用两种方式进行：一是按照河流动力学和泥沙工程学原理，先计算河段含沙量变化过程和冲淤过程，然后考虑泥沙对污染物的吸附—解吸作用，进一步算出污染物的沉淀与再悬浮量（详情可参阅文献[8]）。这种方法考虑因素全面，计算精度较高，但需要资料多，计算工作量大，因此应用尚不广泛。二是采用一个系数直接对污染成分的减少或增加进行估算，其公式形式一般为

$$\frac{dC}{dt} = -K_s C \tag{5-8}$$

式中：K_s 为沉淀与再悬浮系数，沉淀时取正号，表示水中污染物减少；再悬浮时取负号，表示该项作用使水体污染物浓度增加。K_s 与水流速度、泥沙组成、温度等因素有关，可通过实际模拟计算优选得到。

（四）降解与转化

大多数污染物在随水流迁移扩散的同时，还在微生物的生物化学作用下降解或转化为其他物质，从而使水体中污染物浓度降低。以耗氧有机物来说，会在微生物的好氧作用或厌氧作用下逐步降解转化为无机物，为比较高级的动植物利用，或生成甲烷、二氧化碳等气体逸出水体，使水中有机污染物浓度降低。水体中微生物对污染物质降解转化速度的快慢，对污染预测与控制具有重要意义。而微生物数量的变化过程则涉及生化反应动力学的相关理论。生化反应动力学主要涉及两个方面的问题：①水中微生物（主要是细菌、藻类）增长规律，它将直接影响污染物的降解。②水中有机污染物的降解规律，这与有机污染物自身特征有关。

自 20 世纪 50 年代以来，国内外一些学者在生化反应动力学方面做过不少工作，这些试验研究大多是在好氧条件下进行的。不过后来的实践表明，好氧情况下得到的反应动力学成果也适用于厌氧情况。这些成果中最具代表性的是埃肯菲尔德模式（W. W. Eckenfelder, Jr, 1955）和劳伦斯-麦卡蒂模式（A. W. Lawrence - P. L. McCarty, 1920）。埃肯菲尔德模式以间歇性微生物增长试验曲线（图 5-2）为依据，将微生物在基质（微生物生存增长所利用的营养体，即有机废水）中的生长过程概括为三个阶段：①生长率上升阶段。②生长率下降阶段。③内源呼吸阶段，并按经验提出各阶段的微生物增长模式。

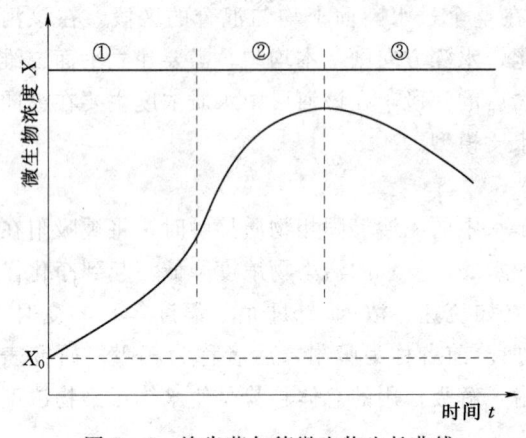

图 5-2 埃肯菲尔德微生物生长曲线
①—生长率上升阶段（对数增长阶段）；②—生长率下降阶段（减速增长阶段）；③—内源呼吸阶段

劳伦斯-麦卡蒂模式以微生物生理学为基础，将莫诺特（J. Monod）方程引入污水控制领域，更深入地说明了微生物生长与有机物降解之间的关系，较好地发展概括了前者的成果。莫诺特方程是 20 世纪 40 年代初莫诺特在根据单纯基质培养纯菌种的大量试验基础上提出的，根据试验结果，构建了微生物比增长速度 μ 与基质浓度 C 之间的关系曲线

(图 5-3)。莫诺特方程的数学表达形式类似于米氏酶促反应方程，具体表达式如下：

$$\mu = \frac{\mu_{max} C}{K_s + C} \tag{5-9}$$

式中：μ 为微生物比增长速度，d^{-1}，即微生物浓度增长速度与当时的微生物浓度之比 $(dX/dt)/X$，X 为微生物浓度，mg/L；μ_{max} 为基质浓度较大情况时的最大比增长速度，d^{-1}；K_s 为半速常数，即 $\mu = \mu_{max}/2$ 时的基质浓度，mg/L；C 为基质浓度，mg/L。

根据实验，微生物增长与其消耗基质之间存在如下关系：

$$dX = -y_0 dS \tag{5-10}$$

式中：X 为微生物浓度；S 为基质浓度；y_0 为产量常数，消耗单位浓度的基质而增长的微生物浓度。

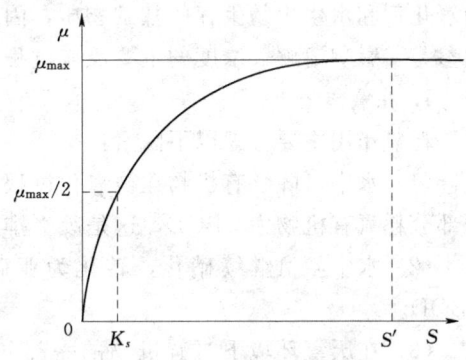

图 5-3 莫诺特关系曲线

于是有

$$\mu = \frac{dX/dt}{X} = -y_0 \frac{dS/dt}{X} \tag{5-11}$$

将式 (5-9) 与式 (5-11) 联立，得到

$$\frac{dS}{dt} = -\frac{\mu X}{y_0} = -\frac{\mu_m}{y_0} \frac{SX}{K_s + S} \tag{5-12}$$

上式表明：当基质浓度很高（$S \gg K_s$）时，K_s 相对 S 甚小，可忽略不计，则式 (5-12) 转变为

$$\frac{dS}{dt} = -\frac{\mu_m}{y_0} X \tag{5-13}$$

这表明高基质浓度时，有机物降解速度与基质浓度无关，仅与微生物浓度成比例。

当基质浓度较低（$S \ll K_s$）时，S 相对 K_s 甚小，也可忽略不计，则式 (5-12) 转变为

$$\frac{dS}{dt} = -\frac{\mu_m X}{y_0 K_s} S \tag{5-14}$$

式 (5-14) 表明低基质浓度时，基质降解速度与微生物浓度和基质浓度的乘积成比例，严格意义上这属于二级反应动力学问题。但这种情况下微生物浓度相对已经比较高，其增长速率显著减少，X 变化不大，可近似看作是一级反应动力学问题，即

$$\frac{dS}{dt} = -K_1 S \tag{5-15}$$

其中

$$K_1 = \frac{\mu_m X}{y_0 K_s}$$

式中：K_1 为基质比降解系数，d^{-1} 为常数。

研究表明，以 BOD_5 作为基质且其浓度小于 300mg/L 时，式 (5-15) 基本成立，因

此该式在水质模拟中得到广泛应用。

二、耗氧过程和复氧过程的描述

(一) 水体的氧平衡

水体中溶解氧 DO 的数量是评价水环境质量优劣的一个重要指标。由于溶解氧是重要的氧化剂和水生生物生存的基础物质，因此水体中的多数生物化学反应过程都需要溶解氧的参与。影响溶解氧浓度的主要反应过程可分为耗氧作用和复氧作用两大类。

1. 耗氧作用

耗氧作用主要考虑以下因素：

(1) 水中可降解有机物在被氧化过程中变为无机物（其中包括含氮有机物氨化），称这部分耗氧有机物为 CBOD，这是废水排入水体初期的主要耗氧过程。

(2) 水中氨氮继续硝化，转化为亚硝酸盐、硝酸盐过程中的耗氧，这一部分称为 NBOD。

(3) 在厌氧环境下，有机物的一部分发酵分解产物（如有机酸、甲烷、氨、硫化氢等）具有较强的还原性，当其进入水体表层好氧环境时，能进一步被氧化（如氨的硝化和硫化氢氧化为 SO_4^{2-} 等），从而消耗水中的溶解氧。另外，底泥有机物在流速较大时发生再悬浮，也能像水中的有机物一样耗氧。

(4) 鱼类、藻类、细菌、底栖动物等水生生物由于呼吸作用而耗氧。

(5) 水中其他还原性物质（如 Cr^{3+}、亚砷酸等）引起的耗氧。

(6) 流出本水体的水流，将挟带一定的溶解氧到下游。

2. 复氧作用

复氧作用则主要考虑以下因素：

(1) 水体与大气接触过程中，大气中的氧会源源不断地向水体扩散和溶解，称大气对水体的复氧，这是水体溶解氧补充的主要来源。

(2) 水中繁殖的光合型水生生物（主要是藻类），白天通过光合作用吸收 CO_2，在合成含碳化合物的过程中释放出氧，并溶于水中。

(3) 从上游流入的水流中挟带的溶解氧。

在以上耗氧作用和复氧作用共同影响下，水体中溶解氧浓度的变化是一个不断消耗又不断补充的动态平衡过程。当补给量大于消耗量时，水体的溶解氧将增加；反之，则减少。水体中溶解氧浓度的变化过程如图 5-4 所示。该图表明：污水自排污口（$x=0$）进入水体后，在随水流向下游迁移扩散的同时，由于各种耗氧作用使水中的溶解氧不断消耗；另一方面，又在大气复氧、光合作用等综合作用下，使水体中的溶解氧不断得到补充。二者的共同作用，使水中的溶解氧在距排污口下游的一段距离内，因耗氧大于复氧

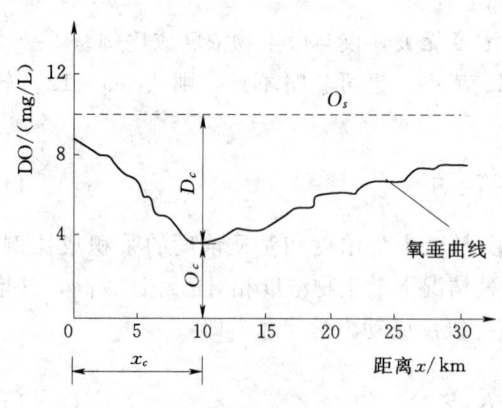

图 5-4 水体溶解氧浓度变化过程示意图

而呈下降趋势，直至最低点；尔后，随着复氧大于耗氧，溶解氧随距离增长而增大，呈上升趋势，并逐渐趋于溶解氧的饱和浓度 O_s。图中溶解氧 DO 随流程 x 表现出从下降到上升的变化过程，即常说的氧垂曲线，它是耗氧与复氧动态平衡的综合结果。氧垂曲线的最低点称临界点，这时的溶解氧浓度 O 达到最小，称为临界溶解氧浓度 O_c；氧亏 D（即 O_s-O）达到最大，称临界氧亏 D_c；起始断面到这里的距离，称为临界距离 x_c。

（二）耗氧过程描述

从上面有关耗氧作用的描述可见，耗氧发生在水体、底泥、水生生物等各个环节，针对这些过程可构建相应的表达式来描述其对水体中有机物浓度的影响。

1. 水体中有机物耗氧

水体中的有机物在好氧菌和兼性菌的作用下会逐步分解，并消耗一定的溶解氧，这一过程通常分为两个阶段：第一阶段是碳化阶段，即 CBOD 氧化分解的耗氧过程；第二阶段是硝化阶段，即 NBOD 氧化分解的耗氧过程，该过程一般较第一阶段滞后 10 天左右。图 5-5 中纵坐标 BOD 表示从开始到某时刻 t 的生化需氧量（即耗氧量），L_{C0}、L_C 分别表示 $t=0$ 和 t 时水中的剩余 CBOD 浓度，L_{N0}、L_N 分别表示 $t=t_C$ 和 t_C 以后的剩余 NBOD 浓度。对于含氮有机物较多的污水，应分别计算它们的降解耗氧过程。

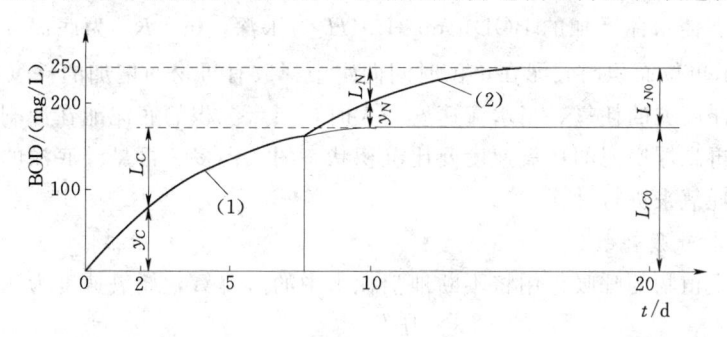

图 5-5 水体中 BOD 的氧化降解曲线
(1)—含碳化合物降解曲线；(2)—硝化曲线

（1）CBOD 的耗氧计算。根据式 (5-15)，在碳化阶段中 CBOD 的降解可按照一级反应动力学来进行描述，即

$$\frac{dL_C}{dt}=-K_1 L_C \qquad (5-16)$$

式中：L_C 为 t 时水中实际存在的有机物浓度，mg/L，它等于起始的有机物浓度 L_{C0} 减去已氧化降解的有机物 y_C 后剩余的 CBOD；K_1 为降解系数或耗氧系数，d^{-1}，表示单位时间内 L_C 的相对衰减速率。由于 K_1 的大小体现了水中微生物对有机物降解转化的速度，因此，影响微生物活性的各种因素都会直接或间接地影响该值，例如作为微生物食料的污水水质特征（包括污染物成分、组成比例、浓度大小等），以及微生物的生存环境特性（包括水温、pH 值、流速、水深、糙率、悬浮物等）。

（2）NBOD 的耗氧计算。硝化阶段 NBOD 的降解，也可按一级反应动力学计算，即

$$\frac{dL_N}{dt}=-K_N L_N \qquad (5-17)$$

式中：L_N 为 $t-t_C$ 时水中实际存在的 NBOD 浓度，mg/L；K_N 为 L_N 的降解系数或耗氧系数，d^{-1}。

需要指出的是：当水体的 NBOD 的作用不是很突出时，为简化计算，常将它合并在 CBOD 中一起考虑，此时采用式（5-16）来描述 BOD 的降解反应动力学方程即可。

2. 底泥的耗氧

底泥的耗氧作用一般有两个方面：一方面处于沉积状态的底泥，会通过生物降解消耗一小部分溶解氧；另一方面底泥被水流冲刷上浮时，会在表层水被进一步降解，引起溶解氧大量的消耗。

（1）沉积底泥的耗氧。河水中的溶解氧在底泥中不会浸透太深，这是因为浸入底泥的溶解氧会因有机物分解而很快被耗掉，所以只有底泥的表层处于好氧分解状态，稍深的地方则为厌氧分解。弗尔指出：河床底泥有机物的分解速度与可分解物的数量成正比，易被微生物分解的物质会很快被分解，难分解的则被残留下来。底泥使水体增加的 BOD 耗氧速度可表达为

$$\frac{dL'}{dt} = K_a H^{-1} \qquad (5-18)$$

式中：L' 为底泥使水体增加的 BOD，mg/L；H 为水深，m；K_a 为底泥耗氧系数，mg/(m²·d)，表示单位面积内底泥在单位时间向水中释放有机物而增加的耗氧量。

（2）再悬浮底泥的耗氧。当水流速度增大时，河床沉积的底泥能在冲刷作用下再悬浮于水中，这时再悬浮底泥的耗氧速度要比沉积状态的大得多。再悬浮底泥的耗氧，可按照水体中有机物耗氧来进行计算。

3. 水生植物呼吸耗氧

藻类等水生植物的呼吸作用将不断地消耗水中的溶解氧，耗氧速度为

$$\frac{dL''}{dt} = -R \qquad (5-19)$$

式中：R 为藻类呼吸耗氧系数，与藻类浓度、温度等因素有关，mg/(L·d)。

（三）复氧过程描述

复氧作用主要包括大气复氧、上游来水供氧和藻类光合作用等，其中大气复氧是水中溶解氧最重要、最普遍的补给来源。

1. 大气对水体的复氧作用

水体的大气复氧是一个极为复杂的过程，至今虽有许多研究，并提出各式各样的复氧理论，如分子扩散理论、双膜理论、薄膜更新理论等，但它们都是基于气体向水中转移的不同设想而推求，尚缺乏实验方面的严格论证。

（1）分子扩散理论。分子扩散理论是将大气向水体的复氧现象，看作是一种气相和液相之间的分子扩散过程，并采用费克定律来推导大气复氧造成的溶解氧增量如下：

$$\frac{\partial O}{\partial t} = E_m \frac{\partial^2 O}{\partial x^2} \qquad (5-20)$$

式中：O 为溶解氧浓度，mg/L。

（2）双膜理论。双膜理论（Whitman-Lweis，1924）假定在气液两相界面上，存在气

体和液体两层薄膜，气膜、液膜处于停滞状态，属层流区，气体通过分子扩散从气膜进入液膜。膜外为紊流区，属紊流扩散混合，移入液膜的溶解氧能很快在水体中混合均匀。在紧贴大气的液膜表面总能得到充足的氧气供给，因此可认为水表面的溶解氧处于饱和状态，基本上为饱和溶解氧浓度 O_s，而在液膜的下层界面上的浓度，则为水体的溶解氧浓度 O，于是由分子扩散定律可推导得出目前广泛采用的大气复氧方程如下：

$$\frac{\mathrm{d}O}{\mathrm{d}t}=K_2(O_s-O) \tag{5-21}$$

式中：K_2 为复氧系数，d^{-1}，主要受污水水质特性以及各种环境因素（如水温、风浪、二次环流等）的影响。

饱和溶解氧浓度 O_s，是一定大气压和水温下溶解氧达到的平衡浓度，可按照下式计算：

$$O_s=\frac{468}{31.6+T} \tag{5-22}$$

式中：T 为水温，℃。

2. 藻类光合作用对水体的增氧

借助光能，藻类等水生植物可以利用二氧化碳、水以及氮、磷等无机营养物合成有机物，并释放出溶解氧。藻类光合作用产氧的速率可用下式表达：

$$\frac{\mathrm{d}O}{\mathrm{d}t}=P \tag{5-23}$$

式中：P 为产氧速率，mg/(L·d)，与水中藻类的浓度、光照强度、水温、水深等因素有关（其中光强、水温又具有日周期性变化特点，从而使 P 值呈现出明显的日周期波动，白天中午时分达到最大、晚间则等于零）。

（四）耗氧、复氧参数的估算

在耗氧、复氧计算中有许多参数要确定，如降解系数 K_1、底泥耗氧系数 K_a、大气复氧系数 K_2、藻类呼吸耗氧系数 R、藻类产氧速率 P 等，尤其是 K_1、K_2 是水体有机污染物模拟中经常用到的两个参数。确定这些耗氧、复氧参数的方法很多，大体上可分为三类：

（1）按照参数的物理含义，通过专门试验确定，如取样化验分析或野外现场示踪剂试验。前者比较经济，但由于实验室条件与天然水域相差甚远，因此在成果应用时需作必要的修正。后者往往人力、物力投入太大，并会污染天然环境，除专门研究外，一般很少应用。

（2）根据水质综合监测资料（如流量、流速、水温、BOD、N、P 等），通过参数优选方法对水质模型中的参数进行率定。该方法的优点是能充分考虑研究水域的综合情况，但参数的物理概念已比较模糊，如在河流 BOD-DO 模型中只考虑了一个降解系数 K_1，该值实际上是将 CBOD 降解耗氧、NBOD 硝化耗氧、底泥耗氧等都归并到一起，这使得耗氧机理的研究更为困难。

（3）采用经验公式和理论公式估算。耗氧参数和复氧参数都与一定的环境条件（如水温、流速、水深等）相联系，通常根据大量资料统计分析或理论推导的经验公式则成为力图反映它们相互联系的方程，水质模拟时可按设计条件来计算参数值。

以上三类方法都有其长处和不足，在实际应用时最好相互配合使用。

三、水质迁移转化基本方程

水体中水质指标迁移转化的基本方程是根据微元水体中水流连续性原理、能量守恒原理、物质转化与平衡原理而建立的、模拟水质运动和变化过程的最基本方程。在此基础上，结合不同污染物的各自特点，便可进一步建立更复杂的水质数学模型。

任何水体的污染问题，严格来说都是三维结构的。但实际上，可以根据混合情况将其简化为二维、一维乃至零维来处理。例如，对于混合基本均匀的小型湖泊、水库，可视为零维结构来处理；对于中小型河流，可简化为一维结构来处理。下面将简单介绍一下，不同空间维数的水质迁移转化基本方程。

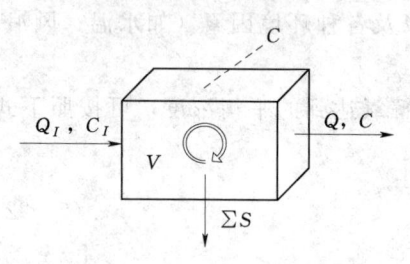

图 5-6 完全混合的单元水体

(一) 零维水质迁移转化基本方程

如果将一个水库、湖泊或河段看作完全混合的、水质浓度均一的单元水体，在微时段 dt 内，当流量为 Q_I、污染物浓度为 C_I 的污水进入该单元后，由于水体的搅拌混合作用，污染物瞬间即均匀分散至整个单元内，混合后的污染物浓度为 C，同时在 dt 时段内又有流量为 Q 水体流出（图 5-6），此时，可依据水量平衡和质量平衡原理建立稳态、非稳态情况的基本方程。

1. 非稳态情况

非稳态是指流量、污染物浓度不稳定，均随时间而变化的情况。此时零维水质基本方程为

$$\frac{dVC}{dt}=Q_I C_I - QC + V\sum S_i \tag{5-24}$$

式中：C 为单元水体内的污染物浓度，mg/L；C_I 为流入该单元的水流污染物浓度，mg/L；Q_I、Q 分别为流入、流出该单元的流量，L/d；V 为该单元的水体体积，L；$\sum S_i$ 为该单元的源漏项，表示各种作用（如生物降解作用、沉降作用等）使单位水体的某类污染物在单位时间内的变化量，mg/(L·d)，增加时取正号，称源项，减少时取负号，称漏项。

源漏项可能是单元内由于点源、非点源汇入或内源释放造成的污染负荷增量，也有可能是污染物在单元内由于各种生物、化学、物理作用引起的污染负荷减量。当源漏项 $\sum S_i$ 仅为衰减项 $-K_1 C$ 时，且水体体积 V 近似为常数时，则式 (5-24) 转变为

$$\frac{dC}{dt}=\frac{Q_I}{V}C_I - \frac{Q}{V}C - K_1 C \tag{5-25}$$

2. 稳态情况

稳态是指流量、浓度不随时间而变化的情况，稳态实际上是非稳态的一种特例。不过，非稳态情况常常可以通过一定的简化使之近似为稳态，例如枯水期，当计算时段不长时，可由时段的平均值代表该时段的变化，从而使计算简化。

稳态时，$\frac{dC}{dt}=0$，$Q=Q_I$，V 为常数，则式 (5-24) 就转变为

$$C = C_I + \frac{V}{Q}\sum S_i \tag{5-26}$$

(二) 一维水质迁移转化基本方程

对于河流来说，其深度和宽度相对于它的长度是非常小的，排入河流的污水在经过一段距排污口很短的距离后，便可在断面上混合均匀。因此，绝大多数的河流水质计算常常简化为一维水质问题，即假定污染物浓度在断面上均匀一致，只随流程方向变化。

假定某一微分河段（图 5-7），dx 为该河段长度，Q、$Q(x+dx)$ 分别为通过上、下断面 A 及 $A(x+dx)$ 的流量，q 为 dx 间的单位长度入流流量，C、$C(x+dx)$ 分别为上、下断面水流的污染物浓度，M_1、$M_1(x+dx)$ 分别为上、下断面的污染物分子扩散通量，M_2、$M_2(x+dx)$ 分别为上、下断面的污染物紊动扩散通量，M_3、$M_3(x+dx)$ 分别为上、下断面的污染物纵向离散通量，$\sum S_i$ 为河段内部各种作用引起的单位水体在单位时间内的污染物变化量。

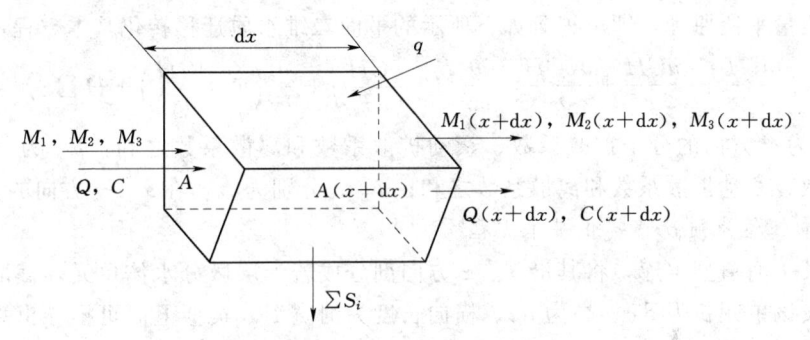

图 5-7 一维微分河段水量、水质平衡示意图

根据图 5-7 所表达的某河段单元污染物质量平衡关系，再结合上面分析的污染物在水体中的各种物理化学过程，由质量守恒原理可建立如下平衡方程式：

$$\frac{\partial CA}{\partial t}dxdt = -\frac{\partial QC}{\partial x}dxdt + \frac{\partial}{\partial x}\left[(E_m+E_t+E_d)\frac{\partial CA}{\partial x}\right]dxdt + \sum S_i A dxdt \tag{5-27}$$

单元内污染物增量　　移流作用的增量　　扩散作用的增量　　其他作用的增量

式中：C 为河段内某种污染物的浓度，mg/L；t 为时间；x 为河水流动距离；Q 为水体流量；A 为过水断面面积；E_m 为沿 x 方向的分子扩散系数；E_t 为沿 x 方向的紊动扩散系数；E_d 为纵向离散系数；$\sum S_i$ 为河段水体污染物的源漏项。

式 (5-27) 整理后，即得一维水质迁移转化基本方程：

$$\frac{\partial CA}{\partial t} + \frac{\partial CQ}{\partial x} = \frac{\partial}{\partial x}\left[(E_m+E_t+E_d)\frac{\partial CA}{\partial x}\right] + \sum S_i A \tag{5-28}$$

对于均匀河段，断面 A 为常量，则上式可写为

$$\frac{\partial C}{\partial t} + u\frac{\partial C}{\partial x} = \frac{\partial}{\partial x}\left[(E_m+E_t+E_d)\frac{\partial C}{\partial x}\right] + \sum S_i \tag{5-29}$$

式中：u 为流速。

因为河流的纵向离散系数 E_d 一般要比分子扩散系数 E_m、紊动扩散系数 E_t 大得多，后者与前者相比，常常可以忽略，则有 $E = E_m + E_t + E_d \approx E_d$。于是，得到最常见的河流

一维水质迁移转化基本方程形式：

$$\frac{\partial C}{\partial t}+u\frac{\partial C}{\partial x}=E\frac{\partial^2 C}{\partial x^2}+\sum S_i \qquad (5-30)$$

（三）二维水质迁移转化基本方程

二维水质问题可分为平面二维和垂向二维两种情况。平面二维是指水体的流速和污染物浓度仅在水平面的纵向、横向变化，在垂向（水深方向）混合均匀，如浅水湖泊的水质问题可简化为平面二维来处理；垂向二维是指水体的流速和污染物浓度仅在纵向和垂向变化，在横向（宽度方向）保持不变，如河道型水库可简化为垂向二维问题来处理。下面介绍两种二维水质迁移转化基本方程的表达形式。

1. 平面二维水质迁移转化基本方程

假定某一浅水湖泊，将其沿 x、y 方向剖分成若干个微分水体单元，截取其中某一水体单元，设该单元长为 dx、宽为 dy、高为水深 H，类似推导一维水质迁移转化方程那样，根据质量平衡原理，即可得到如下所示的平面二维水质迁移转化基本方程：

$$\frac{\partial CH}{\partial t}+\frac{\partial uCH}{\partial x}+\frac{\partial vCH}{\partial y}=\frac{\partial}{\partial x}\left(E_x\frac{\partial CH}{\partial x}\right)+\frac{\partial}{\partial y}\left(E_y\frac{\partial CH}{\partial y}\right)+H\sum S_i \qquad (5-31)$$

式中：E_x 为 x 方向的分子扩散系数、紊动扩散系数和离散系数之和；E_y 为 y 方向的分子扩散系数、紊动扩散系数和离散系数之和；u、v 分别为流速在 x、y 方向的分量。

2. 垂向二维水质迁移转化基本方程

假定某一河道型水库，将其沿 x、z 方向剖分成若干层微分水体单元，截取其中某一层单元，设该单元长为 dx、高为 dz、横向长度为河宽 B，类似上面可推导出垂向二维水质迁移转化基本方程：

$$\frac{\partial CB}{\partial t}+\frac{\partial uCB}{\partial x}+\frac{\partial wCB}{\partial z}=\frac{\partial}{\partial x}\left(E_x\frac{\partial CB}{\partial x}\right)+\frac{\partial}{\partial z}\left(E_z\frac{\partial CB}{\partial z}\right)+B\sum S_i \qquad (5-32)$$

式中：E_z 为 z 方向的分子扩散系数、紊动扩散系数和离散系数之和；w 为流速在 z 方向的分量。

（四）三维水质迁移转化基本方程

将水域沿空间三维方向划分为若干个微小单元，最终可得到一个具有 x、y、z 坐标的某种污染物浓度随时间的变化率与该处污染物的迁移输送、分子扩散和紊动扩散输移及源漏项的关系，其表达式为

$$\frac{\partial C}{\partial t}+\frac{\partial uC}{\partial x}+\frac{\partial vC}{\partial y}+\frac{\partial wC}{\partial z}=\frac{\partial}{\partial x}\left(E_x\frac{\partial C}{\partial x}\right)+\frac{\partial}{\partial y}\left(E_y\frac{\partial C}{\partial y}\right)+\frac{\partial}{\partial z}\left(E_z\frac{\partial C}{\partial z}\right)+\sum S_i \qquad (5-33)$$

上式建立的三维水质扩散迁移方程适合于垂向、横向、纵向都没有均匀混合的水域，是描述污染物浓度随时间、空间变化理论上最完整的水质方程。但要求解和应用它，需要分别知道某时刻空间位置上的污染物浓度，以及 x、y、z 三个方向流速、扩散系数、源漏项等，而这些值又涉及物理、化学、生物学等多方面的要素，因此是极难求解的。实际应用上，常需要针对研究区水体中污染物的特点进行各种简化，如简化为二维、一维或零维。

第二节 主要水环境数学模型介绍

水环境数学模型是在水质迁移转化基本方程基础上,针对模拟的水环境要素在时间和空间的变化规律而建立的一整套数学计算方法。从不同的研究视角,可将水环境数学模型分为不同的类型:

(1) 按照水质变量的空间分布特性,可分为零维、一维、二维、三维模型。

(2) 按照水质变量随时间变化的特性,可分为稳态模型和非稳态模型。

(3) 按照模拟的水质组分个数,可分为单一组分模型和多重组分模型。单一组分模型描述单一水质变量的变化过程,例如重金属模型、水温模型等;多重组分模型描述两个以上水质变量的变化过程,例如 BOD-DO 模型、富营养化模型等。

(4) 按照反应动力学的性质划分,可分为纯迁移模型、纯反应模型、迁移和反应模型以及生态模型。针对流动水体中的保守物质(即不随时间而衰减的物质),其浓度只受水流迁移作用影响而变化,此时建立的水环境模型称为纯迁移模型。针对静止水体中的非保守物质,其浓度只受生物化学反应的影响而变化,此时建立的水环境模型称为纯反应模型。针对流动水体中的非保守物质,其浓度变化既受迁移作用影响,又受生物化学反应的影响,此时建立的水环境模型称为迁移和反应模型。生态模型则是考虑了生物生长过程动力学机制的水环境模型。

一个功能全面的水环境数学模型,应该是一维以上的、非稳态的、多重组分的、既能描述水质迁移过程又能描述水质化学和生物反应过程的综合性模型,当然由于研究的侧重点不同,数学模型的构建形式也有所差别。下面将重点介绍三类水环境模型,即 BOD-DO 模型、富营养化模拟模型和水质多相转化模型。

一、BOD-DO 模型

在众多水质模型中,以综合反映耗氧有机物浓度变化过程的 BOD-DO 模型最具普遍意义,是目前研究较为成熟的水质模型。BOD-DO 模型是最早发展起来的水质模型,它主要以水体中 BOD 和 DO 两种水质指标为研究对象,模拟它们在水体中的变化过程。经过多年来的研究拓展,BOD-DO 模型由最初形式又演化出一系列的改进型,现介绍如下:

1. 斯崔特-菲尔普斯(Streeter-Phelps) BOD-DO 方程

描述河流水质的第一个模型是由斯崔特(H. Streeter)和菲尔普斯(E. Phelps)在1925年提出的,简称 S-P 模型。S-P 模型迄今仍得到广泛的应用,它也是各种修正和复杂模型的先导和基础。S-P 模型用于描述一维稳态河流中 BOD 和 DO 浓度的变化规律。

在稳态条件下,一维河流水质模型的基本方程为

$$u\frac{\partial C}{\partial x}=E\frac{\partial^2 C}{\partial x^2}+\sum S_i \tag{5-34}$$

S-P 模型有以下假定:①方程中的源漏项 $\sum S_i$,只考虑好氧微生物参与的 BOD 衰减反应,并认为该反应是符合一级反应动力学的,即 $\sum S_i = -K_1 L$;②引起水体中 DO 减

少的原因，只是由于 BOD 降解所引起的，其减少速率与 BOD 降解速率相同；水体中的复氧速率与氧亏（即实际 DO 浓度与饱和 DO 浓度的差值）成正比。基于以上两个假设，再根据式（5-34）可得到稳态的一维 BOD-DO 模型：

$$u\frac{dL}{dx} = E\frac{d^2L}{dx^2} - K_1 L \quad (5-35a)$$

$$u\frac{dO}{dx} = E\frac{d^2O}{dx^2} - K_1 L + K_2(O_s - O) \quad (5-35b)$$

式中：L 为水体中 BOD 浓度，mg/L；O 为水体中溶解氧的浓度，mg/L；O_s 为水体在某温度时的饱和溶解氧浓度，mg/L；u 为平均流速，m/s；K_1 为 BOD 的衰减系数，d^{-1}；K_2 为水体复氧系数，d^{-1}；E 为水体的离散系数，m^2/s。

2. 托马斯（Thomas）BOD-DO 模型

对于一维稳态河流，由于悬浮物的沉淀与上浮也会引起水中 BOD 浓度的变化。因此，托马斯在 S-P 模型的基础上，进一步考虑了因悬浮物沉淀与上浮对 BOD 浓度变化的影响，并增加了一个沉浮系数 K_3。其基本方程式为

$$u\frac{dL}{dx} = E\frac{d^2L}{dx^2} - (K_1 + K_3)L \quad (5-36a)$$

$$u\frac{dO}{dx} = E\frac{d^2O}{dx^2} - K_1 L + K_2(O_s - O) \quad (5-36b)$$

式中：K_3 为 BOD 沉浮系数，d^{-1}；其他符号意义同前。

从上式可以看到，沉淀与上浮作用导致 BOD 浓度的减少与降解作用无关，因不会造成溶解氧浓度的降低。

3. 多宾斯-坎普（Dobbins-Camp）BOD-DO 模型

针对一维稳态河流水质方程，在托马斯模型的基础上，进一步考虑了以下两方面的因素：①由于底泥释放和地表径流所引起的 BOD 浓度的变化，其变化以速率 R 表示；②由于藻类光合作用增氧和呼吸作用耗氧以及地表径流引起的 DO 浓度的变化，其变化速率以 P 表示。多宾斯-坎普 BOD-DO 模型采用以下的基本方程组：

$$u\frac{dL}{dx} = E\frac{d^2L}{dx^2} - (K_1 + K_3)L + R \quad (5-37a)$$

$$u\frac{dO}{dx} = E\frac{d^2O}{dx^2} - K_1 L + K_2(O_s - O) - P \quad (5-37b)$$

式中：R 为底泥释放和地表径流引起的 BOD 浓度变化率，mg/(L·d)；P 为藻类光合、呼吸作用和地表径流所引起的 DO 浓度变化率，mg/(L·d)；其他符号意义同前。

在多宾斯-坎普模型中，当参数 R、P 为零时，该模型即为托马斯模型。当参数 K_3 也为零时，该模型即变为 S-P 模型。

4. 奥康纳（O'Connon）BOD-DO 模型

对一维稳态河流，在托马斯模型的基础上，奥康纳将总的 BOD 分解为碳化耗氧量（L_C）和硝化耗氧量（L_N）两部分，其方程组为

$$u\frac{dL_C}{dx} = E\frac{d^2L_C}{dx^2} - (K_1 + K_3)L_C \quad (5-38a)$$

$$u\frac{dL_N}{dx}=E\frac{d^2L_N}{dx^2}-K_NL_N \tag{5-38b}$$

$$u\frac{dO}{dx}=E\frac{d^2O}{dx^2}-K_1L_C-K_NL_N+K_2(O_s-O) \tag{5-38c}$$

式中：L_C 为水体中的 CBOD 浓度，mg/L；L_N 为水体中的 NBOD 浓度，mg/L；K_1 为 CBOD 的衰减系数，d^{-1}；K_2 为水体的复氧系数，d^{-1}；K_3 为 CBOD 的沉浮系数，d^{-1}；K_N 为 NBOD 的衰减系数，d^{-1}；其他符号意义同前。

二、富营养化模拟模型

水体富营养化是一种常见的水环境恶化现象。造成富营养化的因素很多，其中最主要的是水体中磷元素和氮元素的含量，瓦伦韦德（Vollenweider）曾指出：80%的水库湖泊富营养化问题是受磷元素制约的，大约10%的富营养化问题与氮和磷元素直接相关，余下的10%与氮和其他因素有关。目前，国内外已研制了许多富营养化模型，按照研究对象通常可以分为两类：一类是研究水体中氮、磷浓度的变化规律，以此来反映水体富营养化水平；另一类将藻类等水生生物考虑进去，构建了综合性的水生态模型。下面将介绍几种常见的模型。

（一）总磷质量平衡模型

总磷是反映富营养化程度的一个重要指标。为了描述总磷含量对水体富营养化的影响，国外提出了两个重要的指标，即"允许磷负荷"和"危险磷负荷"[1]。允许磷负荷是指水库湖泊贫营养与中营养状态的临界负荷；危险磷负荷是指导致水库湖泊转向富营养状态的临界负荷。在总磷质量平衡模型中，对这两个重要的概念进行了描述和模拟。

对于水库、湖泊等水体，可根据质量守恒原理构建零维水体的总磷浓度变化方程，即

$$V\frac{dP}{dt}=Q_IP_I-QP-K_PVP \tag{5-39}$$

式中：Q_I、Q 分别为水库的输入和输出流量，m^3/s；P_I、P 分别为输入和水体的总磷浓度，mg/L；K_P 为总磷沉降率，d^{-1}；V 为水体体积，m^3。

对这个方程进行求解，可得到如下两种关于任意时刻总磷浓度的数学表达式。

1. 瓦伦韦德总磷浓度表达式

当水体处于稳定状态时，瓦伦韦德由式（5-39）推导出总磷浓度的表达式，即

$$P(t)=\frac{L}{H(K_P+q)} \tag{5-40}$$

其中 $\qquad L=Q_IP_I/A; \quad q=Q/V$

式中：L 为水体单位面积的总磷负荷浓度，$g/(m^2 \cdot a)$；q 为水力冲刷速率，d^{-1}；H 为平均水深，m。

2. 迪隆总磷浓度表达式

瓦伦韦德表达式中的总磷沉降率 K_P 在实际应用时很难直接测定，由此导致该计算式

---

[1] 此处的磷负荷是指水库、湖泊等水体在一定时间内（通常以年为单位）单位面积所接纳的总磷量。

的实际应用性不强。迪隆（Dillon）在经过统计分析和大量研究后发现，磷滞留系数 R 与总磷沉降率 K_P 具有较好的相关性，而且前者更容易获取，因此，他以磷滞留系数 R 代替总磷沉降率 K_P，并推导出迪隆总磷浓度表达式：

$$P(t) = \frac{L(1-R)}{Hq} \tag{5-41}$$

其中

$$R = 1 - \frac{\sum QP}{\sum Q_I P_I}$$

式中：R 为磷滞留系数。

利用以上建立的模型可预测出水体总磷浓度，并进一步求得水库湖泊的允许磷负荷量和危险磷负荷量，从而预测或评价出水体的富营养化程度（图5-8）。总磷质量平衡模型适用于完全混合型的水体，如湖泊、水库，在不考虑水流的迁移扩散及水体与底泥的相互作用时。瓦伦韦德模式是确定磷负荷限制时最保守的一个模型，它适用于缺乏数据的初期研究；在拥有确定的磷滞留系数时，迪隆模式可以广泛使用。

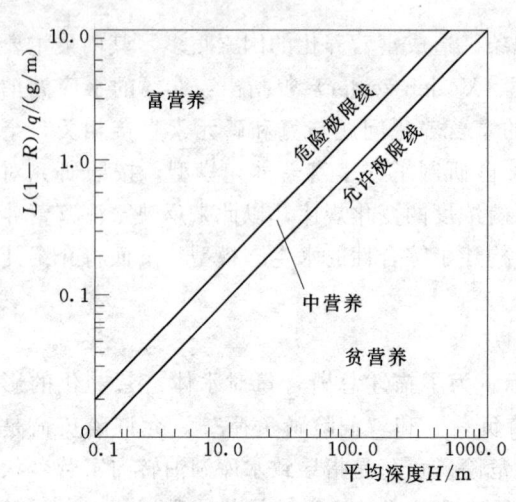

图5-8 由迪隆模式绘成的总磷负荷图

（二）罗伦珍模型

罗伦珍（Lorenzen）在对以上磷模型系统分析的基础上，进一步推导了包括磷输入、磷输出、底泥磷沉积和磷释放在内的混合系统模型。该模型假定，沉积到底泥中的磷只有一部分释放"反馈"回到水中。罗伦珍模型详细描述了水体内部磷系统的交换过程，特别适用于考虑底泥磷释放的分层型水库湖泊。其模型表达式为

$$V\frac{dP}{dt} = M + K_2 A P_s - K_1 A P - QP \tag{5-42}$$

$$V_s \frac{dP_s}{dt} = K_1 A P - K_2 A P_s - K_1 K_3 A P \tag{5-43}$$

式中：P 为水体年度平均总磷浓度，g/m^3；P_s 为底泥中可交换的总磷浓度，g/m^3；M 为年度总磷负荷，g/a；V、V_s 分别为水库湖泊容积和底泥体积，m^3；A 为水库湖泊表面积（等于底泥表面积），m^2；Q 为水库年度输出水量，m^3/a；K_1 为总磷转入底泥的特定速率，m/a；K_2 为底泥总磷释放的特定速率，m/a；K_3 为转入底泥后不参与交换的总磷系数。

（三）浮游植物质量平衡模型

浮游植物质量平衡模型实际上是一种水生态模型，它主要通过浮游植物生物量的变化来间接反映水体富营养化程度。对于一个充分混合的水体，可构建如下有关浮游植物浓度变化基本方程式：

$$V\frac{\mathrm{d}Y}{\mathrm{d}t}=V(G_P-D_P)Y-Au_PY+Q_IY_I-QY \qquad (5-44)$$

浓度变化量　净增长量　沉降量　输入量　输出量

式中：Y 为浮游植物叶绿素含量，mg/L；Y_I 为浮游植物叶绿素入流含量，mg/L；G_P、D_P 为浮游植物叶绿素生长率和死亡率，d^{-1}；u_P 为浮游植物沉降率，m/d；A 为浮游植物沉降面积，m^2。

通常，浮游植物质量平衡模型既可以单独用于完全混合型水体，也可以根据浮游植物与氮、磷等营养物质之间的相互作用关系，作为其他水环境数学模型的浮游植物计算子模块。

三、水质多相转化模型

溶质在水环境系统中会以多种形态存在，以重金属为例，其存在形态可分为溶解相和颗粒相。溶解相重金属包括不经酸化而直接测得的游离态、络合态和有机态；颗粒相重金属包括离子交换态、碳酸盐结合态、铁锰水合氧化物结合态、有机-硫化物结合态、残渣态。因此，很难用数学方程来描述水质所有相态的转化过程，目前学者多从水质的赋存介质方面来对其进行区分，即首先分为溶解相和颗粒相，颗粒相又包括悬浮相和底泥相。溶解相是指溶解于水中的水质成分；悬浮相是被悬浮物吸附的水质成分；底泥相是被河床推移质吸附的水质成分。

针对物质分相问题，Mackay（2007）曾把自然环境视为一系列相互关联的相或区间的组合体，这些相包括大气、水体、底泥、悬浮微粒、土壤或生物等不同介质，由于各相之间是相互接触的，因此就产生了物质在各相之间的迁移转化。就一个水环境系统而言，其水质多相转化过程可概化为图 5-9 所示的关系示意图。一般水质成分主要来自水流经过土壤、岩石等环境介质的溶滤作用以及人为排放的污染物，通过直接或间接途径进入水体。而进入水环境的溶解相水质，会以两种形式进行转化：一种是通过生物的吸收和摄入作用，沿着浮游植物→浮游动物→大型水生动物→人类的食物链进行传递，最后通过死亡过程回归到自然界，这一过程主要是溶解相与生物相之间的转化；另一种是参与其他水环境介质的转化过程，完成在溶质→悬浮颗粒→底泥→溶质之间的循环转化，这一过程则包含了溶解相、悬浮相、底泥相水质之间的转化。现实中，这些过程是交叉进行的，由此便构成了水质多相转化规律的识别问题。

特别像闸坝等水利工程，随着工程调度对河道水流、悬浮物、底泥等环境要素具有强烈的扰动作用，水质转化过程呈现出多介质、多相态、反应机理复杂的特点。当闸门关闭或开度变小时，水流拥堵造成闸前流速减小，水流对水质的输移作用减弱，此时溶解相水质大量吸附在悬浮颗粒上，并随之沉降到底泥，在河底被降解或固结成岩；而水流变缓还引起水体曝气作用和自净能力减弱，藻类等浮游生物大量繁殖，生物累积作用增强。当闸门开度变大时，水流对河床的冲刷作用加强，附着在底泥表层的水质成分再悬浮进入水体，并在水流剪切力或构筑物的阻挡作用下使悬浮相水质分解破碎或解吸到水体中，闸下悬浮相和溶解相水质浓度增加，同时流速变快还造成水体自净能力提高，浮游生物的聚集环境受到干扰，生物累积作用减弱。在此期间，水质成分先后经历了迁移/扩散、沉降/再悬浮、吸附/解吸、机械破碎、生物摄入、生化降解等一系列物理、化学、生物反应过程，其相态也在水体、悬浮物、底泥、生物体等不同载体间不断转换。

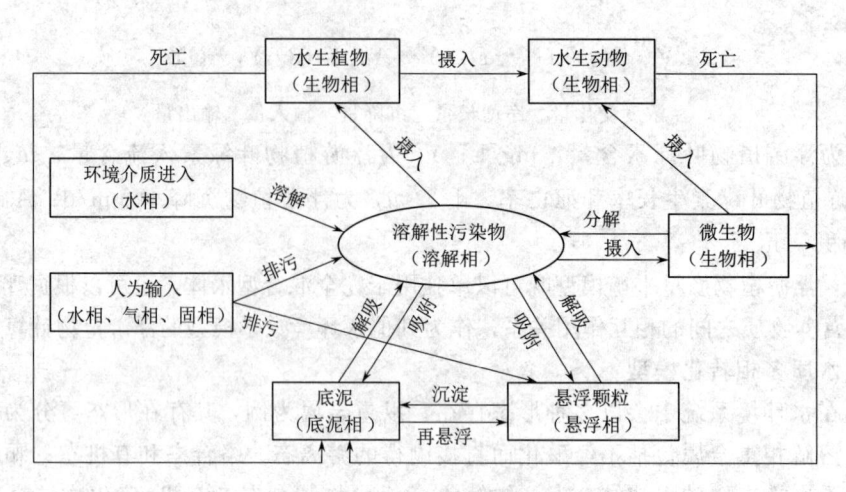

图 5-9 水质多相转化示意图

水质多相转化基本方程主要由描述水质迁移扩散作用的基本项和描述不同相态之间传质过程的转化项组成，各相水质的基本方程如下：

1. 溶解相方程

$$\frac{\partial C_d}{\partial t} + \vec{u} \nabla C_d - \vec{E} \cdot \nabla^2 C_d = N'_{bd} - N_{dw} - N_{db} - N_{de} - N_1 \tag{5-45}$$

其中
$$\vec{E} = (E_x, E_y, E_z)$$

$$\nabla^2 = \left(\frac{\partial^2}{\partial x^2}, \frac{\partial^2}{\partial y^2}, \frac{\partial^2}{\partial z^2}\right)^T$$

式中：C_d 为溶解相水质浓度，mg/L；$\vec{E}$ 为 x、y、z 三个坐标方向水体的扩散系数，m²/s；N'_{bd} 为解吸作用下底泥相向溶解相的转化量，mg/(L·s)；N_{dw} 为吸附作用下溶解相向悬浮相的转化量，mg/(L·s)；N_{db} 为吸附作用下溶解相向底泥相的转化量，mg/(L·s)；N_{de} 为生物摄入作用下溶解相向生物相的转化量，mg/(L·s)；N_1 为由于各种化学反应引起的物质损失量，$N_1 = K_1 C_d$，K_1 为溶解相水质的降解系数，d⁻¹。

尽管实际情况下悬浮相和底泥相水质也会发生降解作用，但由于受数量限制和环境条件的影响，其降解量较溶解相相差很多，故不再考虑。

2. 悬浮相方程

$$\frac{\partial C_w}{\partial t} + \vec{u} \nabla C_w - \vec{E} \cdot \nabla^2 C_w = N_{dw} + N_{bw} - N'_{wb} \tag{5-46}$$

式中：C_w 为悬浮相水质浓度，mg/L；N_{bw} 为再悬浮作用下底泥相向悬浮相的转化量，mg/(L·s)；N'_{wb} 为沉降作用下悬浮相向底泥相的转化量，mg/(L·s)。

3. 底泥相方程

$$\frac{\partial C_b}{\partial t} + \vec{u}_b \nabla C_b = N'_{wb} + N_{eb} + N_{db} - N_{bw} - N'_{bd} \tag{5-47}$$

其中
$$\vec{u}_b = (u_{bx}, u_{by}, u_{bz})$$

式中：C_b 为底泥相水质浓度，一般该浓度值的单位（mg/kg）与溶解相水质浓度的单位（mg/L）不相同，为了统一，将 C_b 乘上容重 ρ（单位为 kg/L）进行转换；N_{eb} 为生物死亡与沉降作用下生物相向底泥相的转化量，mg/（L·s）；$\vec{u}_b$ 为底泥在 x、y、z 三个坐标方向迁移运动的流速矢量，一般底泥迁移速度远小于水体流速，故该值可忽略不计，m/s。

4. 生物相方程

$$\frac{\partial C_e}{\partial t} + \vec{u} \nabla C_e = N_{de} - N_{eb} \tag{5-48}$$

式中：C_e 为生物相水质浓度，mg/L。

四、固体颗粒污染物迁移模型

水环境中还存在许多像微塑料这样既难溶解又难降解的固体颗粒物质，这些固体颗粒在水体中的迁移以物理过程为主，包括在水体的输移、沉降、再悬浮，以及水体-底泥界面的推移等，水体输移又可按照微塑料在水体分布的深度不同划分为表层漂浮迁移和水体悬浮迁移。其迁移过程机理概念如图 5-10 所示。

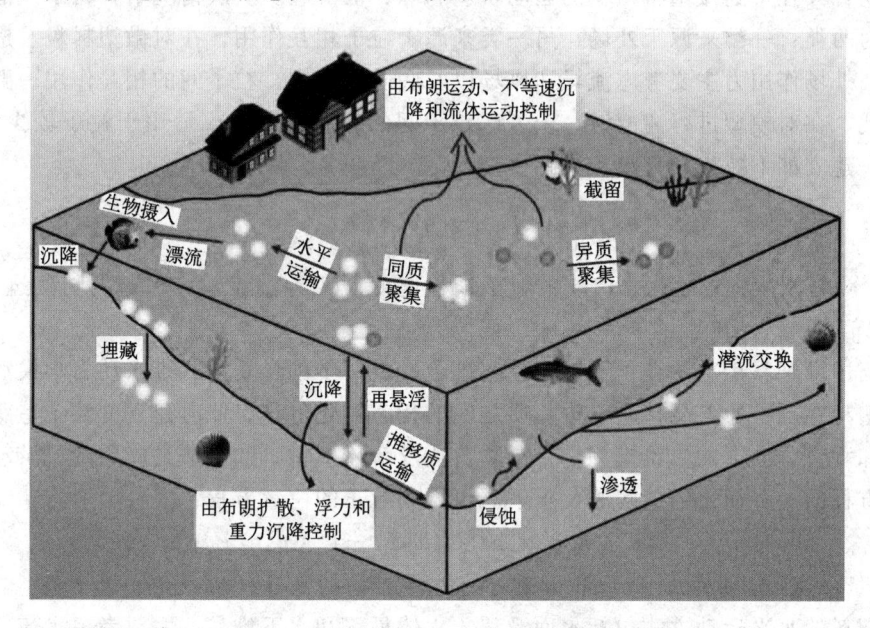

图 5-10 微塑料水体迁移过程机理概念图[11]

微塑料在水平方向上的运动主要考虑水流拖曳力、风应力和河道阻力的共同作用。由于不同微塑料在水体垂向上的位置不同，其在不同界面运动时的受力机制也不一样，并呈现出水面漂移、水体悬移和水下推移等不同水平迁移方式。浅表层浮在水面或被水流稍淹没的微塑料，主要考虑风应力和水流的影响。因此，表面风场对微塑料漂移的影响和表面流场求解是浅表层微塑料漂移数值模拟研究的关键。通常以权系数法对表层微塑料漂移运动进行模拟，以水流拖曳力和风漂移系数确定水流和风速对微塑料水平迁移的贡献，结合水流流向和风向，确定水面漂移微塑料的漂移速度，从而对迁移过程进行定量分析；悬浮在水体进行迁移的微塑料，主要考虑水流的拖曳作用，以拖曳力系数结合水流流速确定悬移微塑料的迁移速率；底部推移微塑料则主要受水流拖曳力和河道阻力共同作用，可以呈现出滚动、滑动、跳跃等推移方式，推移方式多样，推移形态多变，相比表层漂移和水体悬移而言较为复杂。同时，微塑料的水平运动并不以始终如一的方式进行迁移，在外界因素的影响下可能在三种迁移形态中进行相互转换。

微塑料在垂直方向上的运动主要考虑重力、浮力以及紊动上举力的作用，迁移方式主要考虑沉降和再悬浮。若沉降速度很大，微塑料颗粒会在释放点迅速沉降，如果沉降速度很小，颗粒会随水流迁移到较远的浅滩等水流稳定的地点沉降。由于自然水体水流不稳定，沉降在底部静止不动的颗粒可能会随着波、流扰动而重新起动进入水体。颗粒的密度和大小一定程度上决定了沉降速度和再悬浮条件，高密度大颗粒的沉降速度更大，因而再悬浮重新进入水体需要的动力条件更强，条件更高。

微塑料在水体中的运动轨迹，可采用粒子追踪法来描述其过程。粒子追踪法的基本原理是用漂移机制来模拟粒子的平流运输过程，用随机运动项来模拟扩散过程。在模拟水环境中微塑料颗粒迁移时，将流体中的固体颗粒运动看成力作用下的拉格朗日移动，通过求解拉格朗日方程得到微塑料颗粒的运动轨迹和源、汇区域。一般情况下，粒子上的作用力可以分为两类：一类来源于外场；另一类来源于粒子相互作用。在对微塑料粒子进行迁移追踪时，外场作用力主要考虑流场和风场以及底质的作用，粒子间的相互作用一般较为复杂，因此，在对模型进行离散时，未考虑粒子间的相互作用，仅适用于粒子较少的情况。基于此，建立如下拉格朗日粒子追踪模型：

$$\frac{\mathrm{d}x}{\mathrm{d}t} = U(x,y) + U'(x,t) \tag{5-49}$$

式中：x 为粒子坐标；U 为水流中的粒子迁移速度；U' 为湍流效应引起的随机运动速度；t 为时间信息。

在描述微塑料运动的粒子追踪模型基础上，进一步耦合垂向二维水动力学模型，则可模拟微塑料在漂移质、悬移质、推移质之间的相态转化过程。此时建立的粒子追踪模型为沿水平和垂直方向上的二维模型，采用欧拉法求解该模型。欧拉法是应用随机游动法对拉格朗日方程的一种简单数值解法，求解后可得到粒子的位置方程：

$$x^{t+1} = x^t + \Delta t [U(x,t) + U'(x,t)] \tag{5-50}$$

式中：x^{t+1}、x^t 分别为 $t+1$、t 时刻粒子在水平方向的坐标；Δt 为时间步长。

微塑料的水平运动方式包括水面漂移、水体悬移和水下推移，主要考虑水流、风速和紊动的影响。按照密度的不同将微塑料划分为低密度漂移质粒子、中密度悬移质粒子和高密度推移质粒子，分别对应水面漂移、水体悬移和水下推移三种水平迁移方式。由式（5-50），将不同类型单个微塑料在时间步长内水平运动导致的位置变化表示为

$$\begin{cases} \text{漂移质水平位移方程：} X^{t+1} = X^t + V_f \Delta t + R_x \sqrt{2D_H \Delta t} \\ \text{悬移质水平位移方程：} X^{t+1} = X^t + V_m \Delta t + R_x \sqrt{2D_H \Delta t} \\ \text{推移质水平位移方程：} X^{t+1} = X^t + V_p \Delta t + R_x \sqrt{2D_H \Delta t} \end{cases} \tag{5-51}$$

式中：V_f、V_m、V_p 分别为漂移质、悬移质、推移质粒子的水平速度矢量，m/s；R 为由独立且具有零均值和单位方差的随机分量所构成的矢量，代表随机运动（R_x 为沿 x 方向

的分量，$\in [-1, 1]$）。

微塑料的随机运动速度 U' 与水平紊动强度有关，可用水平紊动扩散系数 D_H 来表示，该指标可通过式（5-52）得到[12]：

$$D_H = 0.6(h-z)u^* \qquad (5-52)$$

式中：h 为水深；z 为水面至微塑料所在位置的距离；u^* 为摩阻流速。

微塑料颗粒的垂向紊动采用随机位移法计算，根据式（5-50），将单个微塑料颗粒在时间步长内的垂向位置变化表示为

$$\begin{cases} 漂移质垂直位移方程：Z^{t+1} = Z^t + R_z\sqrt{2D_v\Delta t} \\ 悬移质垂直位移方程：Z^{t+1} = Z^t + A_1 v_s \Delta t + R_z\sqrt{2D_v\Delta t} \\ 推移质垂直位移方程：Z^{t+1} = Z^t + (A_1 v_s - A_2 v_r)\Delta t + R_z\sqrt{2D_v\Delta t} \end{cases} \qquad (5-53)$$

$$A_1 = \begin{cases} 1, & t < t_s \\ 0, & t \geqslant t_s \end{cases}, \quad A_2 = \begin{cases} 1, & u \geqslant u_r \\ 0, & u < u_r \end{cases}$$

式中：Z^{t+1}、Z^t 分别为 $t+1$、t 时刻粒子垂向坐标；v_s 为微塑料的沉降速率，由动水沉降试验拟合的沉降公式计算得到；v_r 为微塑料的再悬浮速率，对同一微塑料颗粒，其再悬浮速率等于沉降速率；t_s 为沉降时间，该值是沉降距离与沉降速度的比值；R_z 为沿 z 方向的随机数分量；u_r 为临界再悬浮流速；D_v 为垂向紊动扩散系数。

五、综合水质-生态模型

水体中的污染物不仅只有有机污染物，通常还包括其他水质组分、微生物、水生生物等成分，为了给出更详尽的水质模型以描述它们浓度的变化过程，目前发展了许多综合性、多参数水质-生态模型，其中比较有代表性的包括美国国家环境保护局研发的 QUAL-Ⅱ模型和 WASP 模型，美国陆军工程师团水文工程中心研制的 LAKECO 水质-生态模型、丹麦 DHI 公司研发的 MIKE ECOLab 水质-水生态模块等，这类模型已被国内外学者广泛用来进行水环境规划和管理。

（一）QUAL-Ⅱ水质模型

QUAL-Ⅱ模型是一个具有多种用途的河流水质模型，1973 年由美国环保局提出，1976 年又进行修正。该模型能按照使用者的要求，以各种组合方式描述以下 13 个水质变量：①溶解氧；②生化需氧量；③水温；④叶绿素-a 或藻类生物量；⑤氨氮；⑥亚硝酸盐氮；⑦硝酸盐氮；⑧可溶性磷；⑨大肠杆菌；⑩任选的一种可降解物质；⑪三种任选的不可降解物质。各个水质变量之间的相互影响关系如图 5-11 所示。

QUAL-Ⅱ模型假定在河流中物质的主要迁移方式是平移和弥散，而且认为这种迁移只发生在河流或水道的纵轴方向上，因此是个一维模型。该模型可以描述同时有多个排污口并有支流流入和取水流出的河流系统，并可应用于既有主流又有支流的均匀河段。此外，模型还能够研究由于藻类生长和呼吸过程引起的溶解氧日变化量，以及用于研究污染物的瞬时排放对水质的影响，如有关污染源的事故性排放、季节性排放或周期性排放对水质的影响。

QUAL-Ⅱ的基本方程是一个平移-弥散质量迁移方程，它能描述任一水质变量的时间与空间变化情况。在方程里除平移项和弥散项外还包括由化学、物理和生物作用引起的源漏项（包括支流和排污口的影响）。对于任意的水质变量 C，其基本方程形式

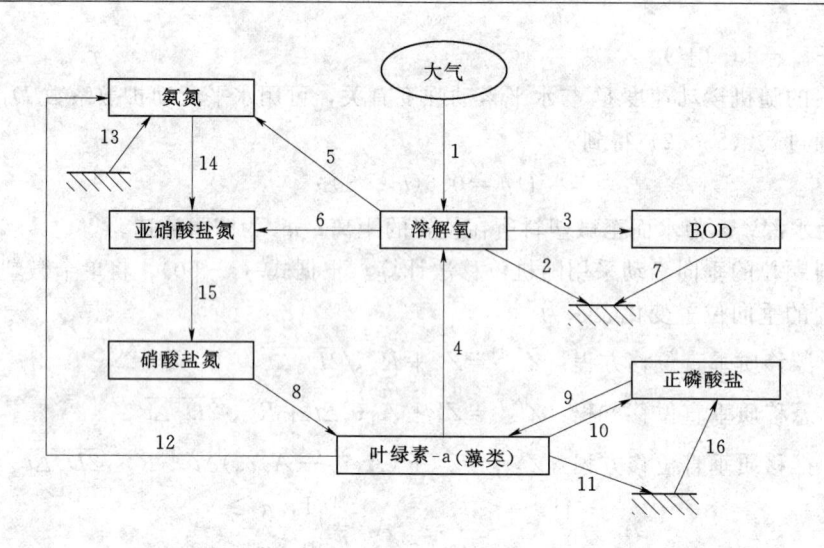

图 5-11 QUAL-Ⅱ模型水质变量之间相互影响关系

1—复氧作用；2—底泥耗氧作用；3—BOD 耗氧作用；4—光合作用产氧；5—氨氮氧化耗氧；6—亚硝酸盐氮氧化耗氧；7—BOD 的沉淀；8—浮游植物对硝酸盐氮的吸收；9—浮游植物对磷的吸收；10—浮游植物呼吸产生磷；11—浮游植物的死亡和沉淀；12—浮游植物呼吸产生氨氮；13—底泥释放氨氮；14—氨氮转化为亚硝酸盐氮；15—亚硝酸盐氮转化为硝酸盐氮；16—底泥释放磷

如下：

$$\frac{\partial(AC)}{\partial t}=\frac{\partial\left(EA\frac{\partial C}{\partial x}\right)}{\partial x}-\frac{\partial(QC)}{\partial x}+A(S_{\text{int}}+S_{\text{ext}}) \qquad (5-54)$$

式中：E 为河流纵向弥散系数，m^2/s；S_{int} 为水质变量 C 的内部源和漏（如化学反应等），$kg/(s \cdot m^3)$；S_{ext} 为外部的源和漏（如支流的影响等），$kg/(s \cdot m^3)$。

QUAL-Ⅱ模型里各水质变量迁移方程具有相同的形式，只是源漏项不同，下面逐一给出每个水质变量的源漏项。

1. 叶绿素-a（浮游植物或藻类）

叶绿素-a 的浓度与藻类生物量的浓度成正比，通常可用简单的正比例关系将藻类生物量转换为叶绿素-a 的量，如下式：

$$C_{ca}=a_0 C_A \qquad (5-55)$$

式中：C_{ca} 为叶绿素-a 的浓度；a_0 为转换系数；C_A 为藻类生物量的浓度。

描述藻类（叶绿素-a）生长与死亡的微分方程，可由下面的关系得到：

$$S_A=\mu C_A-\rho_A C_A-\frac{\sigma_1}{H}C_A \qquad (5-56)$$

式中：S_A 为藻类的源漏项；μ 为藻类比生长率，随温度变化，下面将给出具体的计算公式；ρ_A 为藻类呼吸速率常数，随温度变化；σ_1 为藻类沉淀速率常数；H 为平均水深；其他符号意义同前。

藻类的比生长率与水体的营养物质浓度和光照有关，可写成如下形式：

$$\mu=\mu_{\max}(T)\gamma(I_S,I,\eta)\prod_{i=1}^{n}\left(\frac{N_i}{K_{Ni}+N_i}\right) \qquad (5-57)$$

式中：μ_{max} 为最大比生长率，它与温度有关；γ 为光照的减弱系数，它表示实际的入射光强度 I、藻类生长最佳的饱和光照强度 I_s 和消光系数 η 综合作用下，使 μ_{max} 减少的比例；N_i 为供藻类生长的第 i 种营养物浓度；K_{Ni} 相当于描述细菌生长的莫诺特方程 [式（5-9）] 里的半速常数。

2. 氮循环

在 QUAL-II 模型里考虑了 3 种形态的氮：氨氮（C_{N1}）、亚硝酸盐氮（C_{N2}）和硝酸盐氮（C_{N3}）。C_{N1}、C_{N2} 和 C_{N3} 都以氮的量计，关于它们的反应项分述如下：

氨氮
$$S_{N1} = a_1 \rho_A C_A - K_{N1} C_{N1} + \frac{\sigma_3}{A} \tag{5-58}$$

式中：S_{N1} 为氨氮的源漏项；a_1 为藻类生物量中氨氮的比例；σ_3 为水底生物的氨氮释放速率；A 为平均横截面积；K_{N1} 为氨氮氧化速率常数；其他符号意义同前。

亚硝酸盐氮
$$S_{N2} = K_{N1} C_{N1} - K_{N2} C_{N2} \tag{5-59}$$

式中：S_{N2} 为亚硝酸盐氮的源漏项；K_{N2} 为亚硝酸盐氮氧化的速率常数；其他符号意义同前。

硝酸盐氮
$$S_{N3} = K_{N2} C_{N2} - a_1 \mu C_A \tag{5-60}$$

式中：S_{N3} 为硝酸盐氮的源漏项；其他符号意义同前。

3. 磷循环

在 QUAL-II 模型里关于磷循环的计算不像氮循环过程那样复杂，模型中只考虑了溶解性磷和藻类的相互关系，以及底泥释放磷的项，计算方程如下：

$$S_p = a_2 \rho_A C_A - a_2 \mu C_A - \frac{\sigma_2}{A} \tag{5-61}$$

式中：S_p 为磷酸盐的源漏项；a_2 为在藻类生物量中磷所占的比例；σ_2 为底泥释放磷的速率；其他符号意义同前。

4. BOD

BOD 的变化速率按一级反应来考虑，可得到如下微分方程：

$$S_L = -K_1 L - K_3 L \tag{5-62}$$

式中：S_L 为 BOD 的源漏项；K_1 为 BOD 的降解速率常数，与温度有关；K_3 为由于沉淀作用引起的 BOD 消耗速率常数；其他符号意义同前。

5. 溶解氧

在 QUAL-II 模型中描述溶解氧变化速度的微分方程形式如下：

$$S_O = K_2(C_s - C) + (a_3 \mu - a_4 \rho_A) C_A - K_1 L - \frac{K_4}{A} - a_5 K_{N1} C_{N1} - a_6 K_{N2} C_{N2} \tag{5-63}$$

式中：S_O 为溶解氧的源漏项；C 为溶解氧浓度；C_s 为饱和溶解氧浓度；a_3 为单位藻类的光合作用产氧率；a_4 为单位藻类的呼吸作用耗氧率；a_5 为单位氨氮氧化时的耗氧率；a_6 为单位亚硝酸盐氮氧化时的耗氧率；K_2 为复氧系数；K_4 为水底耗氧常数；其他符号意义同前。

6. 大肠杆菌

大肠杆菌在水体内的死亡速率，可用如下方程表示：

$$S_E = -K_5 C_E \tag{5-64}$$

式中：S_E 为大肠杆菌的源漏项；C_E 为大肠杆菌浓度；K_5 为大肠杆菌死亡速率。

7. 任意可降解物质

$$S_R = -K_6 C_R \tag{5-65}$$

式中：S_R 为任意可降解物质的源漏项；C_R 为可降解物质的浓度；K_6 为该物质的降解速率常数。

当 $K_6 = 0$ 时，就得到有关不可降解物质的方程。

8. 对与温度有关的参数的修正

凡随温度而变化的各参数均按下式修正：

$$X_T = X_T(20)\theta^{T-20} \tag{5-66}$$

式中：X_T 为在实际温度 T 下的参数值；$X_T(20)$ 为 20℃时该参数的值；θ 为经验常数，对于不同的参数取不同的值，如对于 K_2 取 $\theta = 1.0159$，对于其他参数取 $\theta = 1.047$。

（二）LAKECO 水质-生态模型

LAKECO 水质-生态模型是美国陆军工程师团水文工程中心研制的水库系统中心模型 WQRRS 中的一个子程序，即水库湖泊水质-生态模型。该模型共有 15 个水质变量：①溶解氧（DO）；②BOD；③碎屑（DET）；④藻类（P）；⑤氨氮（NH$_3$）；⑥亚硝酸盐氮（NO$_2$-N）；⑦硝酸盐氮（NO$_3$-N）；⑧可溶性磷（PO$_4$）；⑨大肠杆菌（CB）；⑩浮游生物；⑪自游生物（F）；⑫底栖动物；⑬碳（C）；⑭有机泥沙（OS）；⑮难降解物质。图 5-12 给出了 LAKECO 水质-生态模型各种水质变量之间相互作用关系。

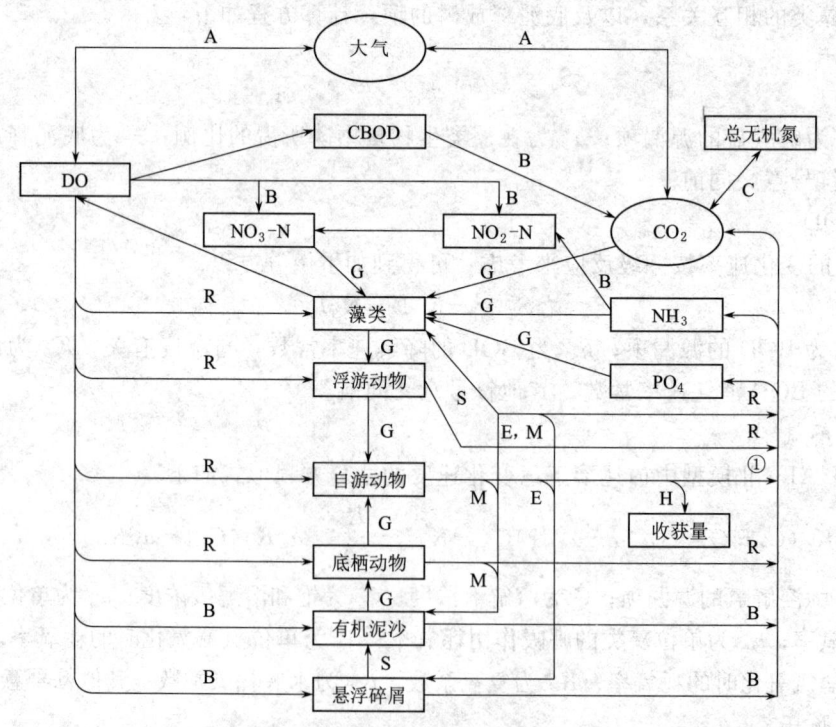

图 5-12 LAKECO 水质-生态模型各种水质变量之间相互作用关系
A-复氧作用；B-细菌衰减作用；C-化学平衡；E-排泄物；G-生长吸收；
H-收获；M-死亡降解；P-光合作用；R-呼吸作用；S-沉淀

LAKECO 模型的基本方程是一维质量守恒方程，对给定的体积单元 V_j，有

$$\frac{\partial(V_j C_j)}{\partial t} = (Q_i C_i - Q_0 C_0)_j - (Q_z C)_j + (Q_z C)_{j+1} + \left(EA \frac{\partial A}{\partial Z}\right)_j - \left(EA \frac{\partial A}{\partial Z}\right)_{j+1}$$
$$+ C_j \frac{\partial V_j}{\partial t} + V_j \frac{dC}{dt} \pm S \tag{5-67}$$

式中：C_j 代表任一水质变量的浓度，包括有生命或无生命的因子，这些因子随着水流或扩散（与浓度梯度成比例），dC/dt 代表除了对流、扩散、体积变化外的所有过程。

下面以溶解氧为例，写出溶解氧的质量平衡方程：

$$\frac{\partial(VO)}{\partial t} = \underset{\text{对流}}{-A} + \underset{\text{扩散}}{D} - \underset{\text{体积变化}}{O\frac{\partial V}{\partial t}} + \underset{\text{复氧}}{a_s K_2(O_s - O)} - \underset{\text{BOD}}{K_1 LV} - \underset{\text{底栖动物好氧}}{K_4 a_b (OS)^*} - \underset{\text{氨氮氧化}}{\beta_1 \alpha_1 (NH_3) V}$$

$$\underset{\text{亚硝酸氮氧化}}{-\beta_2 \alpha_2 (NO_2) V} \underset{\text{碎屑氧化}}{-\beta_3 \alpha_3 (DET) V} \underset{\text{浮游生物呼吸}}{-K_b (r_P P) V} \underset{\text{光合作用}}{+K_b \gamma(\mu_P P) V} \underset{\text{源漏项}}{\pm S_0}$$

$$\tag{5-68}$$

式中：A 为对流率，mg/d；D 为扩散率，mg/d；K_4 为底泥耗氧率，1/d；a_s 为体积元顶部表面积，m^2；a_b 为体积元底部表面积，m^2；$(OS)^*$ 为单位底面积有机泥沙累计量，mg/m^2；NH_3 为氨氮浓度，mg/L；NO_2 为亚硝酸氮浓度，mg/L；DET 为碎屑浓度，mg/L；α_1、α_2、α_3 为与氧等化学计量的氨氮、亚硝酸氮、碎屑，mg/mg；β_1、β_2、β_3 为氨氮、亚硝酸氮、碎屑物质的衰减系数，1/d；P 为浮游生物浓度，mg/L；r_P 为浮游生物呼吸率，1/d；μ_P 为浮游生物生长率，1/d；K_b 为藻类活动系数；γ 为藻类生长的化学计量氧化因子，mg/mg；S_0 为源和漏，mg/d。

上式中前三项（对流、扩散、水面高程变化）代表影响水体输送的基本方程，接着三项代表经典的斯崔特-菲尔普斯方程中的溶解氧变化过程。硝化反应耗氧量用氨氮和亚硝酸氮的氧化来反映；有机碎屑的氧化，生物的呼吸也需耗氧；光合作用会增加水中的氧气，并与生长的新藻类细胞数量成正比。最后再加上外生的源漏项，使方程更加完善。类似地，可得到其他 14 个变量的质量平衡方程式。

第三节 水环境数学模型的解析解

以上构建的水环境数学模型大都是偏微分方程，无法直接给出计算结果，必须通过一定的求解方法来进行求解。数学模型的求解方法主要有两种：一种是解析法；另一种是数值法。解析法是通过高等数学上的微分和积分变换等方法来建立水质模型的数学表达式，进而实现对数学模型求解的方法。数值法是随着计算机的出现而迅速发展起来的一种近似计算方法，是用离散方法对数学模型进行离散、进而求出其数值解的方法。对于简单的水环境数学模型（如零维和一维模型），可以直接用解析法来进行求解；对于一些复杂的水环境数学模型，也可经过简化后用解析法来求解。

一、零维模型的解析解

零维模型的求解可分为稳态条件与非稳态条件两种情况。稳态条件下的零维模型 [见

式（5-26）]本身就是解析解的形式，可以直接使用；非稳态条件下的零维模型[见式（5-25）]则必须通过变换，来求得简便的解析解。

首先，令 $R = \dfrac{Q_I}{Q}$，$T = \dfrac{V}{Q}$，代入式（5-25）后，得

$$\frac{dC}{dt} = \frac{R}{T}C_I - \left(\frac{1}{T} + K_1\right)C \tag{5-69}$$

式中：K_1 为流入单元水体的污染物一级反应动力学系数，d^{-1}；R 为水体的入流量与出流量之比；T 为入流水量在单元水体容积中的滞留时间；其他符号意义同前。

求解该微分方程，即得混合均匀水体中污染物浓度随时间变化的数学表达式：

$$C = \frac{RC_I}{1 + K_1 T}\left\{1 - \exp\left[-\left(\frac{1}{T} + K_1\right)t\right]\right\} + C_0 \exp\left[-\left(\frac{1}{T} + K_1\right)t\right] \tag{5-70}$$

式中：C_0、C 分别为时间 $t = 0$ 和 $t = t$ 时水体污染物的浓度，mg/L。

二、一维模型的解析解

一维水质情况的解析解要比零维水质情况复杂得多。但在某些情况下，例如对于河流中的一个均匀河段（即过水断面、流速、离散系数均为常数），当具有足够简单的源漏项和边界条件时，可以用解析法来求解。下面介绍两种特殊情况下的一维模型解析解。

1. 稳态解

为了简化计算仅介绍稳态条件下的解析解。假设对于一个均匀河段，如果污染物在河流中只进行一级降解反应（即 $\sum S_i = -K_1 C$），则式（5-30）变为

$$\frac{d^2 C}{dx^2} - \frac{u}{E_x}\frac{dC}{dx} - \frac{K_1}{E_x}C = 0 \tag{5-71}$$

这是一个典型的二阶常微分方程，如果在 $x = 0$ 处污染物浓度为 C_0，对其求解可得

$$C = \begin{cases} C_0 \exp\left[\dfrac{ux}{2E_x}\left(1 + \sqrt{1 + 4K_1 \dfrac{E_x}{u^2}}\right)\right], & x < 0 \\ C_0 \exp\left[\dfrac{ux}{2E_x}\left(1 - \sqrt{1 + 4K_1 \dfrac{E_x}{u^2}}\right)\right], & x \geqslant 0 \end{cases} \tag{5-72}$$

式中：u 为河段平均流速，m/s；其他符号意义同前。

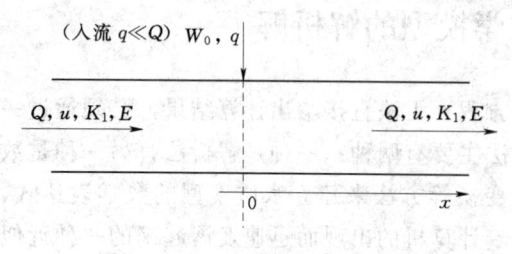

图 5-13 $x = 0$ 处的质量平衡图

需要说明的是，式（5-72）仅适用于在一个均匀河段的上游存在污染源 C_0 的情况。如果河段是不均匀的、具有多个排污口时，则必须把它分成多个在上游断面只有一个排污口或支流的均匀河段。

为了考虑河段起始浓度 C_0 与排放强度 W_0 间的关系，首先来分析 $x = 0$ 断面周围的质量平衡（图 5-13）。把 $x < 0$ 和 $x \geqslant 0$ 的解分别记为 C' 和 C''，则

$$C' = C_0 \exp\left[\frac{ux}{2E_x}\left(1 + \sqrt{1 + 4K_1 \frac{E_x}{u^2}}\right)\right], \quad x < 0$$

$$C'' = C_0 \exp\left[\frac{ux}{2E_x}\left(1 - \sqrt{1 + 4K_1 \frac{E_x}{u^2}}\right)\right], x \geq 0 \tag{5-73}$$

在 $x=0$ 处质量守恒，故有

$$QC'(0) - EA \frac{dC'}{dx}\bigg|_{x=0} + W_0 = QC''(0) - EA \frac{dC''}{dx}\bigg|_{x=0} \tag{5-74}$$

设 $m = \sqrt{1 + 4K_1 \frac{E_x}{u^2}}$，将式（5-73）代入整理后，得

$$C_0 = \frac{W_0}{Qm} \tag{5-75}$$

将 C_0 代入式（5-72），得下面形式的稳态解：

$$C = \begin{cases} \frac{W_0}{Qm} \exp\left[\frac{ux}{2E_x}(1+m)\right], x < 0 \\ \frac{W_0}{Qm} \exp\left[\frac{ux}{2E_x}(1-m)\right], x \geq 0 \end{cases} \tag{5-76}$$

对于一般不受潮汐影响的内陆河流，扩散、离散作用相对迁移作用很小，设定 $E \approx 0$，则由高等数学得到 $\lim\limits_{E_x \to 0}\left[\frac{ux}{2E_x}(1-m)\right] = -\frac{K_1 x}{u}$，$C_0 = \frac{W_0}{Q}$，由此，得到上断面排污对下断面浓度变化过程为

$$C = C_0 \exp\left(\frac{-K_1 x}{u}\right) = \frac{W_0}{Q} \exp\left(\frac{-K_1 x}{u}\right) \tag{5-77}$$

该式是河流水质模拟预测中常用的表达式。

【例 5-1】 某均匀河段自上断面 A 至下断面 C 长 60km，枯水期间流量和排污量稳定，在 A 和 A 下游 10km 的 B 处各有一个排污口，排含 COD 废水的强度分别为 30t/d 和 50t/d，该河段流量 $Q = 80\text{m}^3/\text{s}$，流速 $u = 40\text{km/d}$，离散系数 $E = 2\text{km}^2/\text{d}$，COD 的降解系数 $K_1 = 0.2\text{d}^{-1}$，自上游流入上断面 A 的 COD 浓度为零，求 A、B、C 处的 COD 浓度各为多少？

解： 分步计算如下。

（1）计算 m 值：

$$m = \sqrt{1 + 4K_1 \frac{E}{u^2}} = \sqrt{1 + \frac{4 \times 0.2 \times 2}{40^2}} = 1.0005$$

（2）计算 A 处的浓度 C_A，有

$$C_A = \frac{W_A}{Qm} = \frac{30 \times 1000 \times 1000^2}{80 \times 24 \times 3600 \times 1000 \times 1.0005} = 4.34(\text{mg/L})$$

（3）计算 B 处的浓度 C_B，该浓度由上游来水浓度和 B 处的排污浓度两部分组成，即 A 处排污的影响：

$$C'_B = C_A \exp\left[\frac{ux_{AB}}{2E}(1-m)\right] = 4.34 \times \exp\left[\frac{40 \times 10}{2 \times 2}(1 - 1.0005)\right] = 4.13(\text{mg/L})$$

B 处排污的影响：
$$C''_B = \frac{W_B}{Qm} = \frac{50 \times 1000 \times 1000^2}{80 \times 24 \times 3600 \times 1000 \times 1.0005} = 7.23(\text{mg/L})$$
$$C_B = C'_B + C''_B = 4.13 + 7.23 = 11.36(\text{mg/L})$$

(4) 计算 C 处的浓度 C_C，有
$$C_C = C_B \exp\left[\frac{ux_{BC}}{2E}(1-m)\right] = 11.36 \times \exp\left[\frac{40 \times 50}{2 \times 2}(1-1.0005)\right] = 8.85 \ (\text{mg/L})$$

2. 瞬时排污情况的动态解

瞬时突发性向河流排污，是指由于特殊原因，在河段初始断面（$x=0$）上，把一质量为 M 的污染物瞬间（$t \to 0$）排放于河流，且污染物即可与水体完全混合。其初始、边界条件如下：
$$C(x,0) = 0, \quad C(0,t) = \frac{M}{Q}\delta(t), \quad C(\infty,t) = 0$$

采用拉普拉斯（Laplace）积分变换法求解非稳态的水质方程[3]，得
$$C(x,t) = \frac{M}{A\sqrt{4\pi Et}} \exp\left[-\frac{(x-ut)^2}{4Et} - K_1 t\right] \tag{5-78}$$

式中：M 为瞬时排放的污染物质量；其他符号意义同前。

对于难降解污染物，$K_1 = 0$，则
$$C(x,t) = \frac{M}{A\sqrt{4\pi Et}} \exp\left[-\frac{(x-ut)^2}{4Et}\right] \tag{5-79}$$

该式表示瞬时排放难降解污染物，在不同位置 x 处所形成的污染物浓度随时间的变化过程。

【例 5-2】 某均匀河段始端瞬时投放 $M=5\text{kg}$ 的示踪剂，该河段流速 $u=0.5\text{m/s}$，离散系数 $E=50\text{m}^2/\text{s}$，河流的过水断面面积 $A=20\text{m}^2$。试求该河段始端下游 1000m 处河水中示踪剂的浓度随时间的变化过程 $C(1000,t)$。

解：按式（5-79）计算，可得
$$C(1000,t) = \frac{M}{A\sqrt{4\pi Et}} \exp\left[-\frac{(x-ut)^2}{4Et}\right]$$
$$= \frac{5 \times 1000^2}{(20 \times 10^2)\sqrt{4\pi(50 \times 10^2)t}} \exp\left[-\frac{(1000-0.5t)^2}{4 \times 50 \times t}\right]$$
$$= \frac{19.947}{\sqrt{t}} \exp\left[-\frac{(1000-0.5t)^2}{200t}\right]$$

取不同的时间 t，可计算得到以下结果，如表 5-1 所列。由表 5-1 可见，在 $t=30\text{min}$ 时河水的示踪剂浓度最高。

表 5-1　　　　　　　　　　浓度随时间变化过程表

t/min	10	20	30	40	50	60	70	80	90
C/(mg/L)	0.0069	0.1478	0.2286	0.1873	0.1200	0.0683	0.0364	0.0187	0.0093

三、平面二维模型的解析解

在一个均匀河段的起始断面,从排污口连续稳定地向河流排放污水,由于河流水深相对较浅,近似假定污水排入后即刻在水深方向均匀混合(此时,$\frac{\partial C}{\partial t}=0$ 和 $\frac{\partial C}{\partial z}=0$),横向流速 $v=0$,纵向扩、离散输移相对移流输移甚小;E 的作用可以忽略,并取 $\sum S_i = -K_1C$,则式(5-31)变为如下的平面二维稳态水质方程:

$$u\frac{\partial C}{\partial x}=E_y\frac{\partial^2 C}{\partial y^2}-K_1C \qquad (5-80)$$

式中:E_y 为河流横向扩散系数;u 为河流纵向的断面平均流速;K_1 为降解系数。

求解该方程,按水体的边界条件分无边界限制和岸边反射两种情况讨论。

1. 无岸边限制

假定河面很宽,近似于无限,排污口离岸边很远并连续稳定地向江中排污,且排入后立刻达到深度上完全混合。流速 u 沿横向均匀分布,故 x 轴两侧的浓度等值线呈对称情况,仅对上部讨论即可(图 5-14)。

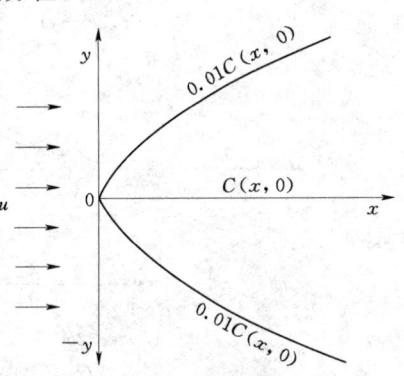

图 5-14 无岸边限制的点源扩散示意图

设坐标原点处的排污源强度为 W,水域的水深为 H,x 向的流速为 u,其他定解条件为

$$C(x,\infty)=0,$$
$$C(0,y)=0,$$
$$\int_0^\infty uHC(x,y)\mathrm{d}y = \frac{W}{2}\mathrm{e}^{-\frac{K_1 x}{u}}$$

在对式(5-80)进行拉普拉斯变换后,可推导得出其解析解:

$$C(x,y)=\frac{W}{H\sqrt{4\pi E_y u x}}\exp\left(-\frac{K_1 x}{u}\right)\exp\left(-\frac{uy^2}{4E_y x}\right) \qquad (5-81)$$

对于难降解物质,$K_1=0$,上式变为

$$C(x,y)=\frac{W}{H\sqrt{4\pi E_y u x}}\exp\left(-\frac{uy^2}{4E_y x}\right) \qquad (5-82)$$

2. 有岸边反射

实际河流并非无限水域,而是具有两岸和河底。污染物在水流中的扩散将受到边界的限制。污染物扩散到边界后会出现三种可能:第一种是被边界全部吸收而黏结在边界上,称全吸收;第二种是遇到固体边界后全部反射回来,称全反射;第三种是处于前两种之间的状态,即部分被吸收、部分反射。反射情况与边界性质、污染物性质有关。从不利因素考虑,一般取完全反射进行计算。

假定河岸两边都会发生反射现象,且污染源位于河流的中心(图 5-15)。释放的污染物在向下游输移过程中同时向两边扩散,假如无边界限制,可以按照式(5-81)计算,如图中的实线 $C(x,y)$。但实际上向两岸扩散的污染物,当遇到岸边后会被反射,由于是全反射，反射到河中的部分就是以岸边为界面将实线 23 和 45 向河中反褶，即图中的虚线 23′ 和 45′。这两条虚线可引用镜中映射原理来进行计算，其方法是：在岸边陆域一侧 $y=2b'$ 处虚设一个源强与真源相同的排污源，称像源，它在无边界限制下于 x 断面处形成的污染物浓度分布为 $C(x,2b'-y)$ 或 $C(x,2b'+y)$，如图中的虚线，该线在岸边陆域一侧的部分即虚线 23′ 或 45′。因此，真源在水域中形成的污染物浓度分布 $C(x,y)$，就等于真源和像源在水域中形成的浓度分布相叠加（即最上面的那条实线）。

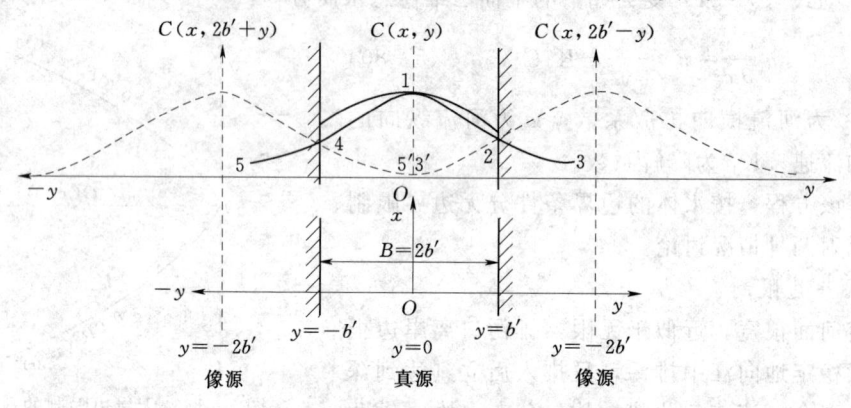

图 5-15　岸边反射的点源扩散示意图[3]

由于一个岸边（如右岸）第一次反射的污染物浓度遇到对岸（左岸）又产生反射，形成第二次反射，这样逐次反射以至无穷，因而会有无数的像源点。但在实际问题中，因为河流很宽，一般只要考虑一、两次反射已足够。考虑双边一次反射时的二维稳态河流中心点源排污的水质基本方程的解为

$$C(x,y)=\frac{W}{H\sqrt{4\pi E_y u x}}\exp\left(-\frac{K_1 x}{u}\right)\left[\exp\left(-\frac{u y^2}{4 E_y x}\right)+\exp\left[-\frac{u(B-y)^2}{4 E_y x}\right]+\exp\left[-\frac{u(B+y)^2}{4 E_y x}\right]\right]$$

(5-83)

【例 5-3】 在某均匀河段起始断面的中心有一排污口，连续稳定排放含有难降解物质的废水，排污流量 $q=0.50\text{m}^3/\text{s}$，污水浓度 $C_q=600\text{mg/L}$。河水较浅，排放的废水可以认为即刻达到垂向均匀混合。该河河宽 $B=70\text{m}$，水深 $H=3\text{m}$，流速 $u=0.833\text{m/s}$，流量 $Q=175\text{m}^3/\text{s}$，横向扩散系数 $E_y=0.097\text{m}^2/\text{s}$，试求：①沿河流的污染带宽度（$B_x=2y$）随流程 x 的变化。带宽定义为 $C(x,y)=0.05C(x,0)$ 间的宽度，如图 5-16 所示；②当污水扩展到全河宽 B 时，求该处离开排放源的距离及中心最大浓度 $C(L_B,0)$。

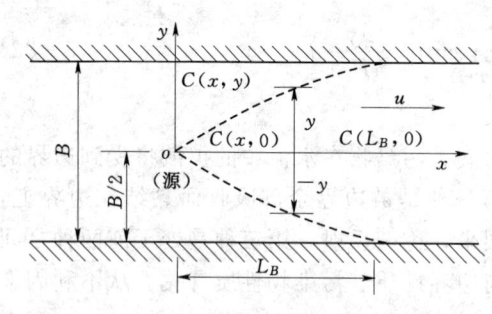

图 5-16　中心源的污染带示意图

解：（1）计算河流中心排污的污染带宽 B_x。采用河流中心稳定排污但污染物尚未到达岸边（即无边界限制的情况）时的二维水质基本方程的解析解[式（5-82）]计算，由 $C(x,b)=0.05C(x,0)$ 和 $B_x=2y$，得

$$\frac{C\left(x,\frac{B_x}{2}\right)}{C(x,0)}=\exp\left[-\frac{u\left(\frac{B_x}{2}\right)^2}{4E_y x}\right]=0.05$$

于是，解得河流中心排污情况下计算污染带宽 B_x 的另一公式为

$$B_x=6.92\left(\frac{E_y x}{u}\right)^{1/2}$$

(2) 计算 L_B。当污水扩散到全河宽时，即岸边污染物浓度为该处断面浓度的 5%，此时河岸产生反射作用，按式（5-83）计算河水浓度，令 $b=B/2$，由 $C(x,b)=0.05C(x,0)$，得

$$C(x,y)=2\exp\left(-\frac{ub^2}{4E_y x}\right)+\exp\left(-\frac{9ub^2}{4E_y x}\right)=0.05\left[1+2\exp\left(-\frac{4ub^2}{4E_y x}\right)\right]$$

将 $u=0.833\text{m/s}$，$b=35\text{m}$，$E_y=0.097\text{m}^2/\text{s}$ 代入上式，可解得

$$L_B=x=713\text{m}$$

(3) 计算 $C(L_B,0)$。污染物扩散至对岸时，该断面的最大浓度为

$$C(L_B,0)=\frac{W}{H\sqrt{4\pi E_y u L_B}}\left|\exp(0)+\exp\left[-\frac{u(2b-0)^2}{4E_y x}\right]+\exp\left[-\frac{u(2b+0)^2}{4E_y x}\right]\right|$$

$$=\frac{0.5\times 600}{3\times\sqrt{4\pi\times 0.097\times 0.833\times 713}}\left|\exp(0)+2\exp\left[-\frac{0.833\times(2\times 35)^2}{4\times 0.097\times 713}\right]\right|=3.72(\text{mg/L})$$

第四节 水环境数学模型的数值解

数值解是先采用离散方法对数学模型进行离散，然后通过相应的数值法求解后得到的结果。常用的数值法有有限差分法、有限元法、有限体积法等。有限差分法，是将求解区域划分为差分网格，用有限个网格节点代替连续的求解域、用差商代替微商，推导出含有离散点上有限个未知数的差分方程组，再求出方程组的解，以此作为微分方程近似解的方法。有限元法，是把计算域划分为有限个互不重叠的单元，在每个单元内选择一些合适的节点作为求解函数的插值点，将微分方程中的变量改写成由各变量或其导数的节点值与所选用的插值函数组成的线性表达式，再对微分方程进行离散求解的方法。有限体积法，是把计算区域离散为若干点，以这些点为中心把整个计算区域划分为若干互相连接但不重叠的控制容积，将控制方程对每一个控制容积积分，得出一组以计算节点上的物理量为未知数的代数方程组，再进行求解的方法。

以上不同算法在应用时各有其优缺点。有限差分法的原理比较简单，若边界不复杂，其数学推理和程序编制都比较简单，并且计算速度快，在非恒定性突出的问题中应用比较多。但该方法在处理复杂边界时灵活性较差、计算精度不高，有时甚至会出现质量不守恒的现象。有限元法和有限体积法虽易于处理复杂边界条件问题，但在数学推理和程序编制方面要求更高，并且需要在数据结构方面定义计算单元之间的对应关系，计算速度也相对较慢。总体来看，模型计算结果是否合理，除了与模型的物理结构有一定关系外，还与其

所采用的数值求解方法有关。通常在选取数值方法时，一方面要考虑方法的稳定性、收敛性及计算精确度；另一方面要考虑计算结果是否合理、准确地描述所研究的物理现象。

下面重点介绍有限差分法的求解机理。有限差分法在实际应用上比较多，而其求解的关键就是选择适当的差分体系，并对时间和空间坐标进行离散化。在进行离散时，既可采用相同步长，也可采用不同步长。为了讨论方便，将时间和空间坐标按等步长进行离散（图 5-17），则时间、距离坐标分别为 $t_j=j\Delta t$，$x_i=i\Delta x$。设网格点处的水质浓度为 $C(x_i,t_j)=C_i^j$，于是可以用不同的差分表达式来替代偏导数项。如对于时间，可采用如下形式来近似替代浓度对时间的偏导数项：

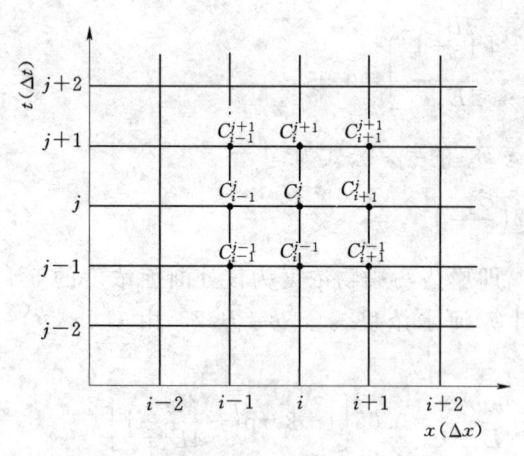

图 5-17 时间、空间坐标离散化示意图

$$\frac{\partial C}{\partial t}=\frac{C_i^{j+1}-C_i^j}{\Delta t} \quad 或 \quad \frac{\partial C}{\partial t}=\frac{C_i^{j+1}-C_i^{j-1}}{2\Delta t} \tag{5-84}$$

在对空间导数进行差分时，可取时间 t_j 或 t_{j+1} 时的浓度，也可以用这两个时刻浓度的加权平均值。假如只取时间 t_j 时的值，就构成显式差分体系，这是因为在这种情况下，C_i^{j+1} 能直接被表达为时间 t_j 前的浓度值的函数。与之对应的是隐式差分体系，即 C_i^{j+1} 不只是 t_j 前的浓度的函数，还与 t_{j+1} 时的浓度有关。

一、显式差分法

根据差分形式的不同，显式差分可有两种表达形式：

（1）中心差分：以 x_i 为中心进行差分，其形式为

$$\frac{\partial C}{\partial x}=\frac{C_{i+1}^j-C_{i-1}^j}{2\Delta x},\quad \frac{\partial^2 C}{\partial x^2}=\frac{1}{\Delta x}\left(\frac{C_{i+1}^j-C_i^j}{\Delta x}-\frac{C_i^j-C_{i-1}^j}{\Delta x}\right)=\frac{C_{i+1}^j-2C_i^j+C_{i-1}^j}{\Delta x^2} \tag{5-85a}$$

（2）后向差分：以 x_i 为标准向后差分，其形式为

$$\frac{\partial C}{\partial x}=\frac{C_i^j-C_{i-1}^j}{\Delta x},\quad \frac{\partial^2 C}{\partial x^2}=\frac{1}{\Delta x}\left(\frac{C_i^j-C_{i-1}^j}{\Delta x}-\frac{C_{i-1}^j-C_{i-2}^j}{\Delta x}\right)=\frac{C_i^j-2C_{i-1}^j+C_{i-2}^j}{\Delta x^2} \tag{5-85b}$$

以后向差分为例，将式（5-85b）代入一维水质迁移转化基本方程如下：

$$\frac{\partial C}{\partial t}+u\frac{\partial C}{\partial x}=E\frac{\partial^2 C}{\partial x^2}-K_1 C \tag{5-86}$$

得如下差分形式：

$$\frac{C_i^{j+1}-C_i^j}{\Delta t}+u\frac{C_i^j-C_{i-1}^j}{\Delta x}=E\frac{C_i^j-2C_{i-1}^j+C_{i-2}^j}{\Delta x^2}-K_1 C_{i-1}^j \tag{5-87}$$

当所选择的 Δx 和 Δt 满足 $\Delta x=u\Delta t$ 时，这个差分表达式描述一个体积元的污染物在时间 t_j、位置 x_i 先发生离散和降解，再平移到下游的一个相邻格点上的迁移转化过程。求解上式，得到 C_i^{j+1} 为

第四节 水环境数学模型的数值解

$$C_i^{j+1} = C_{i-2}^j \left(\frac{E\Delta t}{\Delta x^2}\right) + C_{i-1}^j \left(\frac{u\Delta t}{\Delta x} - 2\frac{E\Delta t}{\Delta x^2} - K_1\Delta t\right) + C_i^j \left(1 - \frac{u\Delta t}{\Delta x} + \frac{E\Delta t}{\Delta x^2}\right)$$
$$= \alpha C_{i-2}^j + \beta C_{i-1}^j + \gamma C_i^j \tag{5-88}$$

其中 $\alpha = \dfrac{E\Delta t}{\Delta x^2}$，$\beta = \dfrac{u\Delta t}{\Delta x} - 2\dfrac{E\Delta t}{\Delta x^2} - K_1\Delta t$，$\gamma = 1 - \dfrac{u\Delta t}{\Delta x} + \dfrac{E\Delta t}{\Delta x^2}$

运用式（5-88）计算时，对于第一个格点（$i=1$），方程中将有 $C_{i-2}^j = C_{-1}^j$ 存在，这时可取 $C_{-1}^j = C_0^j$ 来处理，以后各格点则无这种问题。

运用上式，可以很容易地由初始、边界条件求得第一个时段末（$t=\Delta t$ 时刻）各格点的污染物浓度值：$C_0^1, C_1^1, C_2^1, \cdots, C_n^1$，然后将这些数值作为下一时段的初始条件，又可求得 $C_0^2, C_1^2, C_2^2, \cdots, C_n^2$，如此连续计算，求得整个河段不同时刻的污染物浓度变化过程。

需要注意的是，在显式差分时，如果步长 Δt、Δx 选取不当，会使计算中误差不断积累，不仅使计算浓度值正负波动，违背实际情况，且随着累积误差的增长而难以计算下去，这种现象被称为算法不稳定。显然这是数值计算方法不能允许的。为了保证计算成果的稳定性，必须使 Δt 和 Δx 的选取满足一定的要求。很明显，稳定性与上式中系数 α、β、γ 的符号有关，所选的 Δt、Δx 必须使求得的这些系数大于或等于零，才能保证稳定性。这时有如下两个准则成立：① Courant 准则，即 $\dfrac{u\Delta t}{\Delta x} \leqslant 1$；② Von Neumann 准则，即 $\dfrac{E\Delta t}{\Delta x^2} \leqslant \dfrac{1}{2}$。但在一些特殊情况下，会出现无法选取合适的 Δt 和 Δx 值能使上述关于稳定性准则得以满足，这时则需要采用隐式差分体系。隐式差分体系是无条件稳定的。

【例 5-4】 某均匀河段长 10.0km，流速 $u=5$km/h，纵向离散系数 $E=2$km^2/h，COD 的降解系数 $K_1=0.15$h^{-1}，上游断面有一混合均匀的平面污染源，连续均匀排放 COD 废水 1.0h，排污期间废水的 COD 浓度始终保持在 30mg/L，其后停止排污，试用显式差分法计算该河段各断面的 COD 变化过程。

解：取 $\Delta x=2.0$km，$\Delta t=0.2$h，满足算法稳定的步长要求。由上面求得 $\alpha=0.1$、$\beta=0.37$、$\gamma=0.5$，代入式（5-88），计算各时刻 COD 浓度的沿程变化，结果见表 5-2。

表 5-2　　　　　显式差分法计算结果（$\Delta x=2.0$km，$\Delta t=0.2$h）

t/h ＼ x/km	0	2	4	6	8	10
0.0	30.0	0.0	0.0	0.0	0.0	0.0
0.2	30.0	12.00	0.0	0.0	0.0	0.0
0.4	30.0	19.71	4.80	0.0	0.0	0.0
0.6	30.0	23.95	11.31	1.92	0.0	0.0
0.8	30.0	26.12	16.91	6.04	0.77	0.0
1.0	30.0	27.17	20.84	10.92	3.07	0.31
1.2	0.0	27.66	23.30	15.34	6.61	1.52
1.4	0.0	15.89	24.72	18.75	10.56	3.81
1.6	0.0	8.29	20.71	21.12	14.19	6.87
1.8	0.0	4.09	14.62	20.72	17.15	10.17
2.0	0.0	1.94	9.24	17.54	18.56	13.24

二、隐式差分法

一般情况下，河流中污染物的移流作用远大于扩散、离散作用，此时可采用隐式差分的形式来进行求解。在隐式差分时，对式（5-86）中右边的各项用 t_{j+1} 时刻的水质浓度 C_{i-1}^{j+1}、C_i^{j+1}、C_{i+1}^{j+1} 来进行空间上的离散，则有

$$\frac{C_i^{j+1}-C_i^j}{\Delta t}+u\frac{C_i^j-C_{i-1}^j}{\Delta x}=E\frac{C_{i+1}^{j+1}-2C_i^{j+1}+C_{i-1}^{j+1}}{\Delta x^2}-\frac{1}{2}K_1(C_i^{j+1}+C_{i-1}^{j+1}) \quad (5-89)$$

整理后，上式变为如下形式：

$$\alpha_i C_{i-1}^{j+1}+\beta_i C_i^{j+1}+\gamma_i C_{i+1}^{j+1}=\delta_i \quad (i=1,2,\cdots,n) \quad (5-90)$$

其中：$\alpha_i=-\dfrac{E}{\Delta x^2}$，$\beta_i=\dfrac{1}{\Delta t}+\dfrac{2E}{\Delta x^2}+\dfrac{K_1}{2}$，$\gamma_i=-\dfrac{E}{\Delta x^2}$，$\delta_i=C_i^j\left(\dfrac{1}{\Delta t}-\dfrac{u}{\Delta x}\right)+C_{i-1}^j\left(\dfrac{u}{\Delta x}-\dfrac{K_1}{2}\right)$。

要对式（5-90）进行求解，还需要再插入边界条件。为此，给出当 $i=1$ 时的上游边界条件 C_0^{j+1}，将其代入式（5-90），则方程左面的第一项就成为常数，将该项移到方程右边与 δ_1 合并，则得

$$\beta_1 C_1^{j+1}+\gamma_1 C_2^{j+1}=\delta_1' \quad (5-91)$$

其中：$\delta_1'=\delta_1-\alpha_1 C_0^{j+1}$。

当 $i=2,3,\cdots,n-1$ 时，方程为

$$\alpha_i C_{i-1}^{j+1}+\beta_i C_i^{j+1}+\gamma_i C_{i+1}^{j+1}=\delta_i \quad (5-92)$$

当 $i=n$ 时，用传递边界作为下游的边界条件 C_{n+1}^{j+1}，则

$$C_{n+1}^{j+1}=2C_n^{j+1}-C_{n-1}^{j+1} \quad (5-93)$$

代入式（5-90），得第 n 个方程为

$$\alpha_n' C_{n-1}^{j+1}+\beta_n' C_n^{j+1}=\delta_n \quad (5-94)$$

其中：$\alpha_n'=\alpha_n-\gamma_n$；$\beta_n'=\beta_n+2\gamma_n$。

插入边界条件后，上述差分方程就形成如下的"三对角线"矩阵方程

$$\begin{bmatrix} \beta_1 & \gamma_1 & 0 & \cdots & & & & 0 \\ \alpha_2 & \beta_2 & \gamma_2 & 0 & & & & \vdots \\ 0 & \alpha_3 & \beta_3 & \gamma_3 & & & & \vdots \\ \vdots & \ddots & \ddots & \ddots & \ddots & & & \vdots \\ \vdots & & & \ddots & \ddots & \ddots & & \vdots \\ & & & & \alpha_{n-2} & \beta_{n-2} & \gamma_{n-2} & 0 \\ \vdots & & & & 0 & \alpha_{n-1} & \beta_{n-1} & \gamma_{n-1} \\ 0 & \cdots & \cdots & & & 0 & \alpha_n' & \beta_n' \end{bmatrix} \begin{bmatrix} C_1^{j+1} \\ C_2^{j+1} \\ C_3^{j+1} \\ \vdots \\ \vdots \\ C_{n-2}^{j+1} \\ C_{n-1}^{j+1} \\ C_n^{j+1} \end{bmatrix} = \begin{bmatrix} \delta_1' \\ \delta_2 \\ \delta_3 \\ \vdots \\ \vdots \\ \delta_{n-2} \\ \delta_{n-1} \\ \delta_n \end{bmatrix} \quad (5-95)$$

其中的系数矩阵和右边的常数中包含时间 t_j 时的已知浓度和有关参数，它们将随时间而变化，常采用托马斯法（也称为追赶法）来求解该方程组，其原理与方法如下：

对于 $i=1$，由式（5-91）得

$$C_1^{j+1}=\frac{\delta_1'}{\beta_1}-\frac{\gamma_1}{\beta_1}C_2^{j+1}=g_1-w_1 C_2^{j+1} \quad (5-96a)$$

其中
$$g_1 = \frac{\delta'_1}{\beta_1}, \quad w_1 = \frac{\gamma_1}{\beta_1}$$

对于 $i=2, \cdots, n-1$，由式（5-92）得

$$C_i^{j+1} = \frac{\delta_i - \alpha_i g_{i-1}}{\beta_i - \alpha_i w_{i-1}} - \frac{\gamma_i}{\beta_i - \alpha_i w_{i-1}} C_{i+1}^{j+1} = g_i - w_i C_{i+1}^{j+1} \tag{5-96b}$$

其中
$$g_i = \frac{\delta_i - \alpha_i g_{i-1}}{\beta_i - \alpha_i w_{i-1}}, \quad w_i = \frac{\gamma_i}{\beta_i - \alpha_i w_{i-1}}$$

对于 $i=n$，由式（5-93）得

$$C_n^{j+1} = \frac{\delta_n - \alpha'_n g_{n-1}}{\beta'_n - \alpha'_n w_{n-1}} = g_n \tag{5-96c}$$

通过以上方程容易看出，对于 t_{j+1} 时层，因 α_i、β_i、γ_i 已知，可由 g_i、w_i 计算公式自 $i=1$ 至 n 顺序算出 g_1、w_1，g_2、w_2，$\cdots$，g_n；然后再反过来，应用式（5-96）自 $i=n$ 至 1 逆序求得 C_n^{j+1}（$=g_n$）、C_{n-1}^{j+1}、$\cdots$、C_1^{j+1}。顺序计算 g_i、w_i 的过程称为"追"，逆序推求 C_n^{j+1}、C_{n-1}^{j+1}、$\cdots$的过程称为"赶"，这也就是被称为"追赶法"的由来。

隐式差分体系虽然是无条件稳定的，但若 Δt 和 Δx 取值不协调，在实际应用中也会出现一些问题，如数值弥散、伪振荡等（这在应用显式差分体系时也存在）。例如 $\frac{u\Delta t}{\Delta x} > 1$ 时，可能会引起计算结果不合实际的波动，称伪振荡；当 $\frac{u\Delta t}{\Delta x} < 1$ 时，可能会引起数值弥散，它是在对水质基本方程离散化时引入的，它的表现形式相当于一种弥散作用，不过这种作用是由人为的数值处理不当引起的，因此称其为数值弥散。当 $\frac{u\Delta t}{\Delta x} = 1$ 时，正好反映迁移的真实过程，将不会引起伪振荡和数值弥散。因此，在实际计算中，尽可能使 $\frac{u\Delta t}{\Delta x}$ 小于和接近于 1。

【例 5-5】 已知数据与 [例 5-4] 相同，取 $\Delta x = 1.0\text{km}$，$\Delta t = 0.2\text{h}$，按隐式差分法计算各节点 COD 浓度的变化过程。

解： 取 $\Delta x = 1.0\text{km}$，$\Delta t = 0.2\text{h}$，根据题中所给资料，按式（5-90）计算各节点水质迁移转化方程中的系数 α_i、β_i、γ_i、δ_i，代入式（5-96）自 $i=1$ 至 n 顺序算出 g_i、w_i；然后逆序从 n 至 1 由式（5-96）求得各节点的 COD 浓度变化过程，结果见表 5-3。

表 5-3　　　　隐式差分法计算结果（$\Delta x = 1.0\text{km}$，$\Delta t = 0.2\text{h}$）

t/h \ x/km	0	2	4	6	8	10
0.0	30.0	0.0	0.0	0.0	0.0	0.0
0.2	30.0	5.60	0.30	0.02	0.0	0.0
0.4	30.0	20.98	2.71	0.23	0.02	0.0
0.6	30.0	25.42	9.55	1.40	0.15	0.0
0.8	30.0	27.04	17.82	4.78	0.74	0.04

续表

t/h \ x/km	0	2	4	6	8	10
1.0	30.0	27.71	22.23	10.43	2.49	0.25
1.2	0.0	26.39	24.34	16.09	5.90	0.98
1.4	0.0	18.10	24.52	19.84	10.45	2.79
1.6	0.0	5.94	21.38	21.64	14.76	5.94
1.8	0.0	2.35	14.41	21.13	17.79	9.93
2.0	0.0	1.02	7.39	17.81	19.06	13.70

对比表 5-2 的显式差分法计算结果（$\Delta x=2.0\text{km}$，$\Delta t=0.2\text{h}$）发现，两种方法的计算结果有一定的差别，但随着时间的增加这种差别将有所减小。因此，在不发散的情况下选取这两种方法都是可行的。

课 后 习 题

1. 水体中引起污染物迁移转化的作用有哪几种？各举例说明，并写出描述这些作用的数学表达式。
2. 写出反映有机污水中微生物增长的莫诺特方程，并依此推导出微生物增长方程。
3. 从水体氧平衡方面分析，其耗氧过程和复氧过程都表现在哪些方面？试就某一河段写出其氧平衡方程。
4. 写出一维、二维、三维水质迁移转化基本方程的表达式。
5. 水质迁移转化方程中的源漏项是什么意思？举出三个实例说明。
6. 在 BOD-DO 模型中，托马斯模型、多宾斯-坎普模型、奥康纳模型与斯崔特-菲尔普斯模型有何差别和联系？
7. QUAL-Ⅱ综合水质模型可同时模拟预测哪些水质变量？这些变量之间存在什么转化关系？试描述各水质变量的转化方程。
8. 某水库水质近似均匀混合，10月1日初蓄水量为 $1000\times10^4\text{m}^3$，其 BOD 浓度为 10mg/L，1—10 日入库、出库的平均流量分别为 $20\text{m}^3/\text{s}$ 和 $30\text{m}^3/\text{s}$，入库流量的 BOD 浓度为 50mg/L，降解系数为 $K_1=0.5\text{d}^{-1}$，求 10 月 10 日末的 BOD 浓度为多少？
9. 某均匀河段自上断面 A 至下断面 C 长 60km，枯水期间流量和排污量稳定，在 A 和 A 下游 10km 的 B 处各有一个排污口，排含酚废水的强度分别为 50t/d 和 80t/d，该河段流量 $Q=80\text{m}^3/\text{s}$，流速 $u=40\text{km/d}$，离散系数 $E=2\text{km}^2/\text{d}$，酚的降解系数 $K_1=1.0\text{d}^{-1}$，自上游流入上断面 A 的含酚浓度为零，求 A、B、C 处的含酚浓度各为多少？
10. 某均匀河段过水断面面积 $A=20\text{m}^2$，流速 $u=1.0\text{m/s}$，纵向离散系数 $E=50\text{m}^2/\text{s}$，由于突发事故在河段上端泄入易溶性的污染物酚 1000kg，酚的降解系数 $K_1=1.2\text{d}^{-1}$，试求下游 1000m 处酚浓度变化过程。
11. 在某均匀河段起始断面的中心有一排污口，连续稳定排放含 COD 的废水，排污

流量 $q=1.00\text{m}^3/\text{s}$，污水浓度 $C_q=500\text{mg/L}$，排放的废水可认为即刻达到垂向均匀混合。该河河宽 $B=100\text{m}$，水深 $H=3\text{m}$，流速 $u=0.5\text{m/s}$，流量 $Q=120\text{m}^3/\text{s}$，横向扩散系数 $E_y=0.097\text{m}^2/\text{s}$，COD 的降解系数 $K_1=0.2\text{d}^{-1}$。试求当污水扩展到全河宽 B 时，该处离开排放源的距离及中心最大浓度 $C(L_B,0)$。

12. 水环境数学模型的数值解法都有哪些？各自有什么优缺点？

13. 何为显式差分法和隐式差分法？各有何特点？

14. 采用显式差分法进行水质计算时，为保证计算的稳定性，在取时间和空间步长时，应遵循哪些原则？

15. 某均匀河段长 20.0km，流速 $u=10\text{km/h}$，纵向离散系数 $E=2\text{km}^2/\text{h}$，COD 的降解系数 $K_1=0.15\text{h}^{-1}$，上游断面有一混合均匀的平面污染源，连续均匀排放 COD 废水 1.0h，排污期间废水的 COD 浓度始终保持在 50mg/L，其后停止排污，试用显式差分法计算该河段各断面的 COD 浓度变化过程。

16. 有一均匀河段资料同上题，试用隐式差分法计算本河段各断面的 COD 浓度变化过程。

参 考 文 献

[1] Kinelbach W. 水环境数学模型［M］. 北京：中国建筑工业出版社，1987.
[2] 雒文生，李怀恩. 水环境保护［M］. 北京：中国水利水电出版社，2009.
[3] 雒文生，宋星原. 水环境分析及预测［M］. 武汉：武汉大学出版社，2000.
[4] 叶守泽，夏军，郭生练，等. 水库水环境模拟预测与评价［M］. 北京：中国水利水电出版社，1998.
[5] 张艳军，李怀恩. 水环境保护［M］. 北京：中国水利水电出版社，2019.
[6] 李一平，唐春燕，龚然. 水环境数学模型原理及应用［M］. 北京：科学出版社，2021.
[7] 窦明，左其亭. 水环境学［M］. 北京：中国水利水电出版社，2014.
[8] 窦明，马军霞，谢平，等. 河流重金属污染物迁移转化的数值模拟［J］. 水电能源科学，2007，25（3）：22-25.
[9] Zhen Wang, Ming Dou, Pengju Ren, Bin Sun, Ruipeng Jia, Yuze Zhou. Settling velocity of irregularly shaped microplastics under steady and dynamic flow conditions［J］. Environmental science and pollution research, 2021, 28（44）：62116-62132.
[10] Mackay Donald. 环境多介质模型·逸度方法［M］. 2版. 黄国兰，等译. 北京：化学工业出版社，2007.
[11] 王薪杰，王一宁，赵俭，等. 河流水沙运动对微塑料运移过程影响的研究进展［J］. 中国环境科学，2022：863-877.
[12] Svoboda J, Fischer F D, Fratzl P, Gamsjager E, Simha N K. Kinetics of interfaces during diffusional transformations［J］. Acta Materialia, 2001, 49（7）：1249-1259.

第六章 水污染控制技术

水是人类环境重要的组成部分,保护水资源、防治水污染是全人类义不容辞的责任,对于水资源紧张的中国来说更应重视和珍惜水资源。水污染控制技术,是采取合理的技术手段和工程措施,预防和解决水污染问题,最终实现水环境保护和维持经济社会可持续发展目标的一门应用技术。本章主要介绍了水污染控制技术的发展沿革,以及城市污水处理系统、非点源污染控制技术和流域综合治理技术的基本原理和主要工艺。

第一节 水污染控制技术发展沿革及主要内容

一、水污染控制技术发展沿革

水污染控制技术是由城市给水与排水工程特别是水处理技术发展而来的。早在人类文明之初,人们对生活和生产中使用过的水是未经任何处理、随意排放到庭院、街道等公共场所的,造成污水横流、污渍蔓延,并直接影响到人们的正常生活。为改善人居环境,保障生活质量,人们开始寻求更好的污水排放方式,由此出现了渗坑、渗井。这种排放方式把污水在地面的随意排放转变为向地下的固定排放,避免了地表污水的蔓延,但也造成对地下水的污染。在公元前3700多年,印度的尼普尔(Nippur)就修建了拱形下水道;公元前26世纪在巴格达附近的阿斯马尔(Asmar)城的一条大街上便建有下水道,以及用陶土管连接的浴室和厕所;公元前6世纪在罗马市建造了巨大的地下排水管道,用于排除广场和街道的雨水和污物以及公共厕所的粪便,这一古老的工程仍存留至今。我国早在公元前2000多年在潍阳就敷设有给水管,秦朝(公元前3世纪)规模巨大的阿房宫内更是建有发达的下水道管网,用以收集和排泄生活污水,于是遂有"渭流涨腻,弃脂水也"的景况。

但在此后的数千年里,世界各地的下水道工程几乎没有什么进展。同时,随着工商业的发展和城市人口不断增加,导致排放的污水、废物也随之增多,并再次造成城市人居环境的恶化,霍乱、痢疾等传染病盛行,甚至引发了数十次人口大量死亡的灾害性事件。例如,伦敦在1832—1833年期间因爆发霍乱而使6729人死亡;1848—1849年又连续发生霍乱,仅1849年就死亡大约14600人;1852—1854年期间又连续出现霍乱,仅1854年下半年就死亡10675人。上述事件均与缺乏必要的下水道系统、地下饮用水源受到污染有直接关系。这些惨痛的经历使人们逐渐重视起对排水系统的建设。自19世纪初以来,在欧美一些大城市陆续建造了下水道工程,伦敦在19世纪初开始建造下水道;柏林于1860年开始建造下水道系统;巴黎于1833年开始修建新的下水道系统;1856年美国芝加哥设计了第一个完善的下水道系统,而在此之前下水道是以随意的方式并且没有明确规划来修建的。

然而,下水道系统只是将污染物搬离人类聚集区,并没有达到消除污染物的效果。通

第一节 水污染控制技术发展沿革及主要内容

常生活污水沿下水道排于附近水体,又会使排放口下游的水域受到污染,因此需要在排放前对污水进行处理。最古老的处理方法是用污水灌溉农田,这种方式在人类文明早期由于污染物质成分比较简单,通过生化降解消除的背景下是有效的。早在古希腊的雅典就实行了污水灌溉;德国的本劳兹大约在300年前就开始利用污水灌溉农田;19世纪欧美一些大城市,如伦敦、巴黎、柏林、莫斯科、芝加哥,以及南美洲的墨西哥市和澳大利亚的墨尔本市等,在城市建设初期即将下水道系统排出的污水大部分用于农田灌溉,并修建了大规模的农田污灌工程。氧化塘是过去的另一种处理方法,主要利用自然界的藻类和自养细菌对污水进行天然生物处理。我国在2000多年前就利用城镇和农村附近的水塘处理污水和人类粪便,并通过繁殖藻类、水草等用于养鱼、养鸭、养鹅。

进入近代社会,由于人口激增、人类活动加剧,仅靠自然界的净化作用来降解污染物的效率已不能满足需求。特别是像欧洲、亚洲的一些国家,人口密集、土地短缺,用于污水净化的农田和水域空间有限,为此一些国家研发了强化的人工处理方法。其最初采用的是格栅截留、自然沉淀或化学沉淀处理等方式,又称预处理或一级处理,以去除漂浮、悬浮和沉淀物质。从20世纪初开始,随着水污染的进一步加剧,客观上要求采用更有效的处理方法从排放污水中去除更多的污染物,于是先后开发和应用了生物滤池、活性污泥法等生物处理法(或称二级处理)。特别是1913年英国首先研究成功了活性污泥法,该方法以去除BOD效率高和单位体积处理负荷大等优点获得迅速推广。到20世纪80年代,美国已拥有城市污水处理厂约22600座,英国约7800座,联邦德国约7100座,法国约6000座,瑞典1540座。自90年代以来,东欧、亚洲、南美等一些国家也认识到环境保护的重要性,并加强了对城市下水道系统和污水二级处理设施的普及应用。

但是,二级处理后的污水仍剩有原生污水中含有的大部分氮、磷等营养物质而会使受纳水体发生富营养化现象。此外,二级处理出水仍含有较多的难降解有机化合物,其中有些甚至是致畸、致癌、致突变的物质。为了进一步减轻污水对受纳水体的污染,以及出于污水循环回用的客观需要,自20世纪70年代初以来一些国家着手研发城市污水三级处理或称高级处理技术。三级处理的工艺远比一级和二级处理复杂,它包含了除氮除磷工艺,用活性炭吸附法或臭氧氧化-活性炭吸附法去除难降解有机污染物,用反渗法去除盐类物质,用臭氧或氯消毒等工序。然而,完善的三级处理厂因基建和运转费用昂贵(约为相同规模二级处理厂的2~3倍)而使其发展受到限制,到20世纪90年代美国只有十几座示范性三级处理厂,南非因水源严重缺乏而建有几座污水回用型的三级处理厂。但总体来看,对于污水的深度处理和循环回用是未来发展的趋势。近年来,在一些国家(如美国、加拿大、澳大利亚等)正积极研发和应用一些经济、节能和有效的水污染处理革新与替代方法,其中多级稳定塘系统和土地处理系统发展的最为迅速。

同时,随着工业的发展,产生的工业废水数量越来越大,所含污染物的种类和数量也越来越多,包括重金属、放射性核素、有机毒物等,其中有许多成分是难降解和有毒有害物质,造成的污染后果远比城市污水严重。因此,长期以来对工业废水处理技术的研究要比城市污水处理更受重视,在研究和实践过程中提出了许多种有效的单元处理方法❶(或

---

❶ 是指按照有关的基本原理能够明确相互区别的、单一的物理、化学或生物学水处理过程。

称单元过程），如化学沉淀、离子交换、吸附、气提、溶剂萃取、蒸发浓缩、电解、膜分离、氧化还原、高梯度磁分离、电泳等，以及重金属和放射性废水处理后形成的浓缩产物的水泥固化、沥青固化或烧结固化等不溶性固化处理方法。由于工业废水的成分和性质差别较大，因此在应用时通常根据其特点采取多个单元过程组合而形成一个处理工艺流程。例如，焦化厂产生的含焦油和酚废水可采用如下工艺流程：自然沉淀（去除重焦油和悬浮沉淀杂质）→溶气上浮（去除轻焦油和乳化焦油）→溶剂萃取（回收酚）→生物处理（去除剩余的酚、氰等）。

总体来看，污水处理技术发展至今已有数千年的历史。在这一历程中，通过技术的创新与进步，从简单的排水系统收集、到农田污灌发展、再到当前多种技术并用的污水处理工艺流程，在水污染控制的理念和技术方面都有了显著的飞跃。在新技术方面，既有以物理分离为核心的膜分离技术，又有以生物化学反应为主的新一代生物处理工艺，它们能高效去除各类污染物质，提高了出水水质，有效地保护了水环境，此外还有高级氧化技术，可将一些难降解的有机污染物进行分解，消除其毒性。与此同时，水污染控制的变革已经不再是简单的技术创新，而进一步提出了理念的革新。沿用了几个世纪的污水终端处理概念，遇到了新的挑战，提出了全新的分散优化处理新理念。分散优化处理不仅是技术的问题，涉及更多的是对传统规划与管理理念的革新，以及以此为基础的所有规范和标准的变革。在这一理念指导下的水污染控制技术创新与发展，将更强调生态的概念，返璞归真使人们顿悟到，人类必须与自然界和谐相处，必须维持好赖以生存的生态系统。由此，污水的治理必须与生态系统的保持与改善相结合。这一理念不同于之前利用农田污灌等不得已而为之的方式，而是在认识到污水中有机物质循环、营养物循环和水循环的机理后，将生态治理与污水处理新技术重新进行结合，从而使水污染控制又有了全新的意义。这种结合体现在：流域的综合治理，污水和雨水的综合利用，生物固体（污泥）的处理、利用与减量，以及污水从过度集中处理转变为适当的分散处理与回用等方面。可预见，以生态为核心的新技术将伴随着水污染控制理念的革新而不断进步和发展。

二、水污染控制的主要内容

要有效控制水体污染，必须通过各种途径来削减污染物入河量。按照污染物来源和污染控制方式，水污染控制的主要内容包括以下几个方面。

1. 城市生活污水处理

城市生活污水是点源污染控制的一个重点。由于城市生活污水排放量大、排放集中，因此在排放前要经过污水处理厂净化处理、满足一定排放标准后才能排入受纳水体。同时，在城市污水排放之前，还应根据受纳水体的纳污能力来确定适宜的处理等级和程度，以保证排入水体后不致造成严重的污染，降低或丧失其原有使用功能。一般情况下，当本地排污量较小且受纳水体纳污能力很大（如大的江河和海）时，有时采用一级处理即可满足要求；在经济发达地区，由于人口密集、城镇多，往附近水体排放的污水量大，必须对城市污水进行二级处理才能使受纳水体保持正常状态；对于一些严重缺水城市，有时还采用了能保证污水回用的三级处理系统，将水质良好的三级出水供给中水管道，用于冲洗厕所、喷洒街道、浇灌绿化带、扑救火灾等。一般来说，城市污水集中处理厂的规模越大，其基建和运行费用单价越便宜，而且水量和水质越稳定，因而越容易保持良好的处理效能。

2. 工业废水处理

工业废水也是点源污染控制的一个重点。由于工业废水的成分和性质相当复杂，因此针对不同类型的工业废水，应分别采取相应的处理措施。例如，一些工业废水处理难度大而且费用昂贵，因此宜采用综合性治理，特别应重视厂内的治理措施：一方面可考虑改革生产工艺，以无毒原料取代有毒原料（例如以无汞工艺取代用汞工艺），以杜绝有毒废水的产生；另一方面在使用有毒原料的生产过程中，采用先进、合理的工艺流程和设备，严格地运行和维护，消除跑、冒、滴、漏，尽量减少有毒原料的耗用量和流失量。对于重金属废水、放射性废水等有毒有害废水，原则上不宜与其他废水混合，而应在产生地点就地处理，并且尽量采用闭路循环系统或资源回收系统，以杜绝或尽量减少向水体的污染物排放量。对于那些无毒无害但排放量大的废水（如冷却废水），也不宜排入城市下水道，因为这会增加城市下水道和污水处理厂的规模以及相应的基建和运行费用；最好是在厂内进行适当的处理后循环使用。成分与性质近似于生活污水的工业废水可排入城市下水道并进入城市污水处理厂与生活污水混合一并处理。一些能生物降解的乃至难生物降解的贫营养型废水，如纺织印染废水、制浆造纸废水、石油化工废水等，可按一定的排放标准排入城市下水道后与其他污废水进行集中处理，这比对它们单独进行生物处理更加经济。高浓度有机废水（如食品加工、生物制药、酿造、制糖等废水），其 BOD 浓度可达数千至数万毫克每升，应首先在厂内进行厌氧生物处理，使出水 BOD 浓度适当降低再排入城市下水道，由污水处理厂进行集中处理。

3. 非点源污染防治及饮用水源保护

天然水体不仅受到城市污水和工业废水等点源的污染，而且还受到农田径流、大气粉尘、降水等多种非点源的污染。前者是较易控制的，而后者则很难控制，因此即使城市污水和工业废水处理率很高的发达国家或地区，仍有许多饮用水源在非点源污染下日益恶化。在非点源污染防治方面，以往曾采用设置卫生防护带等方式来截断污染物的迁移途径，如设置水泥隔离带、防渗墙等，但实践证明这种方法不能很有效地控制水源免受污染，这与非点源分布广泛、迁移形式多样有关。为了保持水源的水质清洁，在某些情况下还采取对进入水源的水进行净化处理以去除或减少其中污染物成分的方式。例如，一些作为水源的水库和湖泊，由于农田灌溉退水的汇入造成磷等营养物增加并引发水体富营养化现象，为了消除这种不良现象，在其地表径流入口处拦截水流并进行化学沉淀除磷处理，再将脱除磷和其他污染物的处理水引入水库中。另外，一些地下水源更易受到污染，因此国外也有将污染的地下水抽出、经活性炭滤罐过滤后再回注到地下水源的处理方式。

4. 水系污染防治

目前，我国许多江河湖泊已受到严重污染。为了加强水环境治理与改善，自 20 世纪 80 年代便开展了水系（或水体）污染防治的工程建设。水系污染防治的主要内容包括：根据水体的纳污能力来控制污染物入河量；在水质超标河段采用一些工程技术措施来提高其自净能力和改善水质状况，如通过人工曝气以增加水体中的溶解氧含量，修建调节水库增加枯水期流量，或从其他水系引入清洁水体进行混合稀释等。对于重金属、多氯联苯、有机氯农药、焦油、石油类化合物等难降解污染物质，平时大都沉积于水底，但在一些特殊情况下会重新返回水中，如沉积的汞会通过甲基化过程向水体释放剧毒的甲基汞，并通过水生食物链逐级富集，因此近年来还加强了对水系污染底质的治理（例如底泥清淤）。

5. 流域或区域水污染综合治理

长期以来，分散式污废水处理措施存在建设费用昂贵、运行不够稳定和处理效率低下等缺点，尤其在如何有效利用受纳水体纳污能力方面存在很大的盲目性和片面性，进而造成其处理能力、级别、效率与实际需求不相匹配。为了更有效、经济地防治水体污染，就需要改变这种互不联系的、分散的单项治理，实行区域性综合治理，亦即以一个水系的全流域或部分流域（即区域）为总的防治对象，对其水质水量情况进行系统调查评价，进而编制水环境保护规划，按水域的水功能区定位，核算水环境容量，并依此设定水体的最大容许负荷量；然后对相应陆域的污染源进行调查和统计，确定其排放的污、废水量和排放污染物的种类和数量，并基于此对各污染源的允许排污量进行分配和调控管理，给出合理可行的水污染负荷削减方案，以及污水处理厂建设规模、数目、处理方法和布局，工业废水的不同治理方法以及非点源控制工程等具体措施。

一般情况下，区域水污染防治的工程技术难度很大。国内外的实践证明，任何一种单一的治理措施，或修建城市污水处理厂，或采用革新处理技术（如氧化塘、土地处理系统等）都不能完全解决水污染问题。因此，在进行流域或区域水污染防治时，应采取综合的、系统的工程技术来进行治理。

第二节 城市污水处理系统

城市是污染物产生的主要源头，特别是排放的城市生活污水和工业废水中包含了大量的悬浮颗粒、耗氧有机物、氮磷营养物质、重金属以及各种无机盐矿物质，因此，长期以来城市污水处理一直是水污染控制的重点。城市污水处理主要靠污水处理厂来完成，根据污水处理厂所采用的处理技术和处理工艺，对其进行了分类和分级，本节将具体介绍这方面的内容。

一、污水处理方法分类

针对不同污染物质的性质和特点，发展了各种不同的污水处理方法，这些处理方法按其作用原理可为四大类，即物理处理法、化学处理法、物理化学法和生物处理法。

1. 物理处理法

通过物理作用分离、回收污水中不溶解的、呈悬浮状态的污染物质（包括油膜和油珠）的污水处理法。根据物理作用的不同，又可分为重力分离法、离心分离法和筛滤截流法等。属于重力分离法的处理单元有沉淀、上浮（气浮、浮选）等，相应的处理设备包括沉砂池、沉淀池、除油池、气浮池及其附属装置等。离心分离法本身就是一种处理单元，使用的处理装置有离心分离机和水旋分离器等。筛滤截流法包括截留和过滤两种处理单元，前者使用的处理设备是隔栅、筛网，而后者使用的是砂滤池和微孔滤池等。

2. 化学处理法

通过化学反应和传质作用来分离、去除废水中呈溶解、胶体状态的污染物质或将其转化为无害物质的污水处理法。在化学处理中，以投加药剂产生化学反应为基础的处理单元有混凝、中和、氧化还原等；而以传质作用为基础的处理单元则有萃取、汽提、吹脱、吸附、离子交换以及电渗析和反渗透等。后两种处理单元又统称为膜处理技术。其中运用传质作用的处理单元既运用到化学作用，又同时运用到与之相关的物理作用，所以也可以从化学处理法中分离出来，成为另一种处理方法，称为物理化学法，即运用物理和化学的综合作用使污水得到净化的方法。

化学处理法各处理单元所使用的处理设备，除相应的池、罐、塔外，还有一些附属装置。化学处理法主要用于处理各种工业废水。

3. 物理化学法

利用物理化学作用去除污水中污染物质的污水处理法，主要有吸附法、离子交换法、膜分离法、萃取法、气提法和吹脱法等。

4. 生物处理法

通过微生物的代谢作用，使废水中呈溶液、胶体以及微细悬浮状态的有机污染物转化为稳定、无害物质的污水处理方法。根据起作用的微生物不同，生物处理法又分为好氧生物处理法和厌氧生物处理法。

好氧生物处理法是好氧微生物在有氧条件下将复杂的有机物分解，并以释放出的能量来完成其机体的功能，如繁殖、生长和运动等。产生能量的部分有机物则转变成 CO_2、H_2O 和 NH_3 等，其余的转变成新细胞（微生物的新肌体，如活性污泥或生物膜）。污水处理广泛使用的是好氧生物处理法。该方法又可进一步分为活性污泥法和生物膜法两大类。活性污泥法本身就是一种处理单元，它有多种运行方式。属于生物膜法的处理设备有生物滤池、生物转盘、生物接触氧化池以及最近发展起来的悬浮载体流化床等。

厌氧生物处理法是厌氧微生物在无氧条件下将高浓度有机废水或污泥中的有机物分解，最后产生甲烷和 CO_2 等气体。

通常，污水中的污染物质是多种多样的，因此不可能仅靠一种处理方法或处理单元就把所有的污染物质去除干净。一般一种污水往往需要通过由几种方法和几个处理单元所组成的处理系统处理后，才能够达到排放要求。采用哪些方法或哪几种方法联合使用，需根据污水的水质和水量、排放标准、处理方法的特点、处理成本和回收经济价值等，通过调查、分析、比较后确定，必要时要进行小试、中试等试验研究。

二、污水处理的分级

根据污水处理的工艺，可将其分为一级处理、二级处理和三级处理。污水经一级处理后，一般达不到排放标准，此时多数溶解的污染物质和胶体仍存留在污水中。所以一级处理一般为预处理，以二级处理为主体，必要时再进行三级处理，即深度处理，使污水达到排放标准后排放或能成为再次循环使用的中水。下面将对各级处理方式进行介绍。

1. 污水一级处理

一级处理，是去除废水中的漂浮物和部分悬浮状态的污染物质，调节废水 pH 值、减轻废水的腐化程度和后续处理工艺负荷的处理方法。一级处理的常用方法有以下几种。

（1）筛滤法。筛滤法是分离污水中呈悬浮状态污染物的方法。常用设备是格栅和筛网。格栅主要用于截留污水中大于栅条间隙的漂浮物，一般布置在污水处理厂或泵站的进口处，以防止管道、机械设备以及其他装置的堵塞。栅格的清渣，常用人工或机械方法，有的是用磨碎机将栅渣磨碎后，再投入格栅下游，以解决栅渣的处置问题。筛网的网孔较小，主要用以滤除废水中的纤维、纸浆等细小悬浮物，以保证后续处理单元的正常运行和处理效果。

（2）沉淀法。沉淀法是通过重力沉降分离废水中呈悬浮状态污染物质的方法。沉淀法的主要构筑物有沉砂池和沉淀池。用于一级处理的沉淀池，通称初级沉淀池。其作用一方面是去除污水中大部分可沉的悬浮固体；另一方面作为化学或生物化学处理的预处理，以减轻后续处理工艺的负荷和提高处理效果。

（3）上浮法。上浮法用于去除污水中相对密度小于1的污染物，或通过投加药剂、加压溶气等措施去除相对密度稍大于1的污染物质。在一级处理工艺中，主要是用于去除污水中的油类及悬浮物质。

（4）预曝气法。预曝气法是在污水进入处理构筑物前，先进行短时间（10～20min）的曝气。其作用为：①可产生自然絮凝或生物絮凝作用，使污水中的微小颗粒变大，以便沉淀分离；②氧化废水中的还原性物质；③吹脱污水中溶解的挥发物；④增加污水中的溶解氧，减轻污水的腐化，提高污水的稳定度。

2. 污水二级处理

通常，污水在经过一级处理后可去除大部分悬浮物和25%～40%的生化需氧量，但不能去除污水中呈溶解状态和胶体状态的有机物、氧化物、硫化物等有毒物质，不能达到污水排放标准，因此需要进行二级处理。二级处理，是通过对污水的第二阶段处理，以除去其中大量有机污染物，使污水进一步净化的工艺过程。在相当长的时间内，把生物化学处理作为污水二级处理的主体工艺，但在近年来，化学处理法或物理化学法逐渐成为其主体工艺，随着化学药剂品种的不断增加，处理设备和工艺的不断改进而得到推广。二级处理的主要方法有如下两大类。

（1）活性污泥法。这是废水生物化学处理中的主要方法。以污水中有机污染物作为底物，在有氧的条件下，对各种微生物群体进行混合连续培养，形成活性污泥。利用这种活性污泥在废水中的凝聚、吸附、氧化、分解和沉淀等作用过程，去除废水中的有机污染物，从而得到净化。活性污泥法从首创至今已有一百多年的历史，目前成为有机工业废水和城市污水最有效的处理方法，应用非常普遍。该方法运行方式多种多样，如传统活性污泥法、阶段曝气法、生物吸附法、混合式曝气法、纯氧曝气法、深井曝气法，以及近年来应用较多的氧化沟（延时曝气活性污泥法）。

（2）生物膜法。生物膜法是使废水通过生长在固定支承物表面上的生物膜，利用生物氧化作用和各相之间的物质交换，降解废水中有机污染物的方法。用这种方法处理废水的构筑物有生物滤池、生物转盘、生物接触氧化池和悬浮载体流化床，目前采用生物接触氧化池较多。

二级处理可以去除污水中大量耗氧有机物和悬浮物，在较大程度上净化了污水，对保护环境起到了一定作用。但随着污水量的不断增加、水资源日益紧缺，需要获取更高质量的处理水，以供重复使用或补充水源。为此，有时需要在二级处理基础上，再进行污水三级处理。

3. 污水三级处理

污水三级处理又称污水深度处理或高级处理，是为进一步去除二级处理中未能去除的污染物质（包括微生物未能降解的有机物或磷、氮等可溶性无机物）而进行深度处理的方法。三级处理耗资较大，管理也较复杂，但能消除大部分污染物质，有利于水资源的重复利用。

完善的三级处理由除磷、除氮、除有机物（主要是难以被生物降解的有机物）、除病毒和病原菌、除悬浮物和除矿物质等单元过程组成。根据三级处理出水的具体去向和用途，其处理流程和组成单元是不同的。如果为防止受纳水体富营养化，则应采用除磷和除氮的三级处理；如果为保护下游饮用水源不受污染，则应采用除磷、除氮、除毒物、除病菌和病原菌等三级处理。如直接作为城市饮用水以外的生活用水（即循环回用的中水），则要进行更深度的处理，使其出水水质达到或接近于饮用水标准，此时应包含以下具体处理单元：

（1）除磷单元。最有效和实用的除磷方法是化学沉淀法，即投加石灰或铝盐、铁盐形成难溶性的磷酸盐沉淀。例如，石灰可与磷化物发生如下反应：

$$3HPO_4^{2-} + 5Ca^{2+} + 4OH^- = Ca_5(OH)(PO_4)_3\downarrow + 3H_2O$$

为了保证投加石灰的沉淀效果，需要通过加酸或加碱来改变污水的 pH 值，如磷酸铝在 pH 值为 6 时沉淀最好，磷酸铁在 pH 值为 4 时沉淀最好。

（2）除氮单元。除氮可采用生物处理法和物理化学法两种处理方法。

1）生物处理法：该方法是利用不同形态氮元素之间的硝化-反硝化反应来达到除氮的效果，它是好氧生物处理过程和厌氧生物处理过程串联工作的系统。污水中含氮有机物首先经好氧生物过程转化为硝酸盐，随后再经厌氧生物过程将硝酸盐还原为氮气析出而去氮。例如，在三级串联的活性污泥法处理系统中，第一级用于氧化含碳有机物，第二级用于氧化含氮有机物，而第三级是使第二级产生的硝酸盐在厌氧条件下还原析出氮气。在整个处理流程中，为了使反应朝除氮的方向驱动，通常向厌氧系统投加一些补充的需氧源（如甲醇），以便缩短硝化所需的反应时间并保障反应方向正确。

2）物理化学法：有三种除氮的方法，即气提法、折点氯化法和选择性离子交换法。

气提法：是使污水中的铵离子在高 pH 值条件下大部分转变成氨气的处理方法。

$$NH_4^+ + OH^- = NH_3\uparrow + H_2O$$

折点氯化法：通过投加不同量的氯，使污水中的氨转化为氯化铵的化合物，再被氧化成氨气或各种含氮的无氯产物。

选择性离子交换法：是根据沸石对铵离子比对钙、镁和钠等离子有着优先交换吸附的性能，从而通过离子交换作用去除氨氮的方法。

（3）除有机污染物单元。对于二级处理未能完全降解的有机污染物，可进一步采用臭氧氧化和活性炭吸附相结合的方式来去除剩余的有机污染物。一些三级处理厂的粉末活性炭接触吸附装置（或粒状活性炭过滤吸附装置）能去除水体中 70%～80% 的 COD 和总有机碳（TOC）。理论上每千克活性炭的吸附容量为 0.2～0.87kg，但在使用时其实际吸附容量要比理论值大得多，这与活性炭上还同时进行着生物吸附和氧化作用有关。而臭氧能将有机物氧化降解，减轻活性炭的负荷，还能将一些难以生物降解的大分子有机物分解为易于生物降解的小分子有机物，从而有利于被活性炭进一步吸附和降解。臭氧氧化的废水流经活性炭滤池时因含有较多的氧气而会增强活性炭的生物活性，提高它的生物氧化能力，同时还有利于延长活性炭的使用寿命。

(4) 除溶解性无机物单元。对于水体中大量的溶解性无机盐,可采用离子交换法、电渗析法或反渗透法来进行处理。在目前的三级处理中,多采用反渗透法来去除矿物质和有机污染物。根据对使用高效除盐反渗透膜装置的研究结果表明,总溶解性固体可去除 90%～95%,磷酸盐可去除 95%～99%,氨氮可去除 80%～90%,硝酸盐氮可去除 50%～85%,悬浮物可去除 99%～100%,TOC 可去除 90%～95%,可见,反渗透法能有效地去除多种污染物。但是,该方法的缺点是设备造价和运行费用高昂,并且反渗透膜容易被污染物质堵塞,需要定期采取相应的清洗措施。另外,有些三级处理系统是由超过滤和反渗透串联组成的,前者主要用于去除有机污染物,而后者用于去除溶解性无机物。

(5) 除病毒单元。采用铝盐和铁盐组成的混凝沉淀单元,可去除约 90%的致病菌和病毒,再经滤池过滤能进一步提高去除率。但是,致病微生物并未被消灭,仍在污泥中存活,此时可采用石灰混凝或臭氧杀菌的方式来消灭污泥中的病毒。

常用的污水处理方法及其去除的污染物类型可参考表 6-1。

表 6-1　　　　　　　　常用的污水处理方法及其去除的污染物类型

类　　别	处 理 方 法	主要去除污染物
一级处理	①格栅分离	粗粒悬浮物
	②沉砂	固体沉淀物
	③均衡	不同的水质冲击
	④中和（pH 值调节）	酸、碱
	⑤油水分离	浮油、粗分散油
	⑥气浮或聚结	细分散油及微细的悬浮物
二级处理	①活性污泥法	微生物可降解的有机物
	②生物膜法	
	③氧化沟	
	④氧化塘	
后处理	①氨气提法	气体 H_2S、CO_2、NH_3
	②凝聚沉淀法	不能沉降的悬浮粒子、胶体粒子、细分散油
	③过滤或微絮凝过滤	悬浮固体物、细分散油
	④气浮	悬浮固体物、细分散油
	⑤活性炭过滤（生物碳过滤）	悬浮固体物、细分散油
三级处理	①活性炭吸附	臭味、颜色、COD、细分散油、溶解油
	②灭菌	细菌、病毒
	③电渗析	盐类、重金属
	④离子交换	盐类、重金属
	⑤反渗透	盐类、有机物、细菌
	⑥蒸发	
	⑦臭氧氧化	难降解的有机物、溶解油

三、不同级别污水处理厂流程

根据以上污水处理工艺的分级，污水处理厂也相应地分为一级、二级和三级污水处理厂，各级污水处理厂的处理流程如下。

1. 一级处理厂流程

目前城市及郊区很少建有一级污水处理厂，主要是处理效果不理想、对水体的污染较为严重的缘故。但在一些偏远的农村，由于排放的主要以生活污水为主，可在村落附近修建一些一级处理厂以满足对生活污水的初步净化需求。污水一级处理厂工艺流程如图6-1所示。原生污水首先流经格栅以截留除去大块污物，在沉砂池中除去无机杂粒，以保护其后的处理构筑物单元的正常运行。沉砂池出水流入沉淀池进一步去除悬浮颗粒（主要是有机悬浮物），这一步可使30%~40%的BOD_5去除掉。沉淀池出水可直接排入受纳水体或经投氯灭菌排入水体。在沉淀池中沉淀的污泥，排于污泥消化池中进行厌氧或好氧消化使之稳定。消化污泥再进入污泥干化场或机械脱水车间进行脱水。脱水污泥可送往农田用作有机肥料或土壤改良剂。

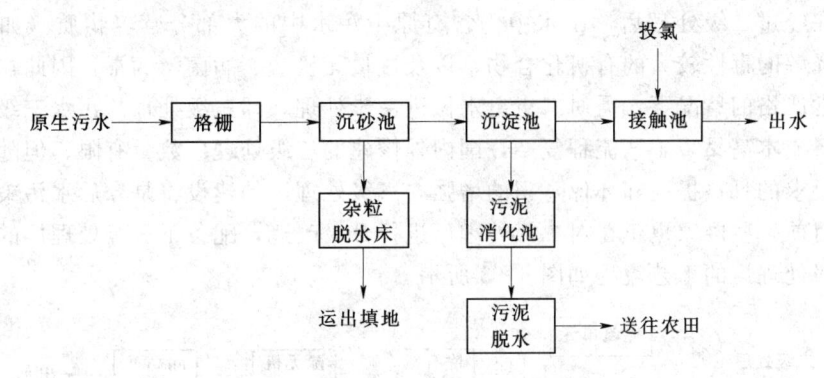

图6-1 污水一级处理厂工艺流程图

2. 二级处理厂流程（以活性污泥法为例）

在国内外修建较多的是二级处理厂。二级处理厂能去除大部分有机污染物，对于城市生活污水和食品、纺织、造纸、制革等工业废水有较好的处理效果，同时其修建和运行成本适中，适合中小城镇和主要居民聚集区的污水处理需求。二级处理厂的工艺流程如图6-2所示。原生污水在经过一级处理后，从初次沉淀池出水进入曝气池，在空气搅拌和供氧的条件下，与活性污泥混合接触，其中的好氧微生物对污水中溶解和胶体状态的有机物进行好氧生物降解，将其中的碳水化合物最终降解为CO_2和H_2O，将含氮有机物转化为氨氮。曝气池混合出水进入二次沉淀池后进行沉淀分离。上部澄清水流入接触池进行投氯灭菌后排入受纳水体。二次沉淀池中大部分活性污泥循环回流至曝气池中进行好氧生物氧化；剩余的活性污泥经污泥浓缩池浓缩后，与初次沉淀池的污泥混合在污泥消化池中进行消化。

由于一级和二级出水仍含有一些有机物，在投氯消毒过程中，不仅不能有效地杀灭病菌，反而会产生大量的有机氯化物，其中有些是致癌、致畸、致突变物质，如三卤甲烷类，进入受纳水体会污染水源和水生态系统，威胁人的健康。因此，近年来对一级、二级出水的投氯消毒做法越来越多地持怀疑和否定态度。

第六章 水污染控制技术

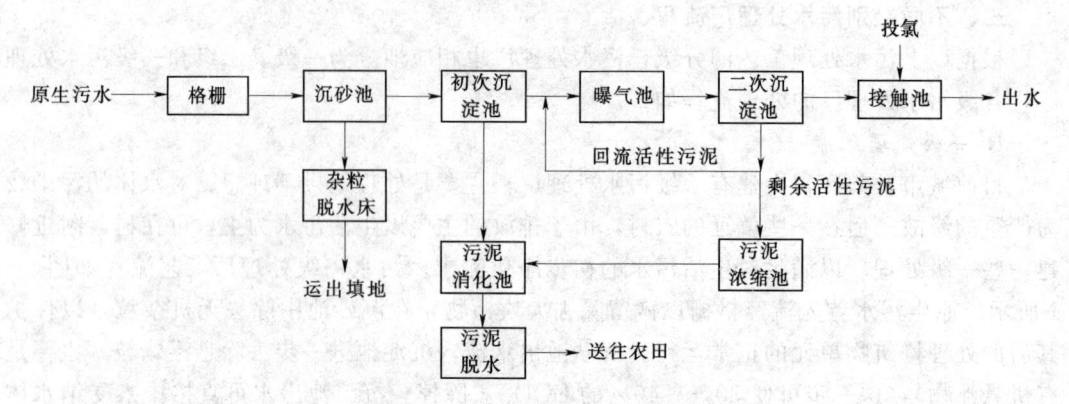

图 6-2 二级处理厂工艺流程图

3. 三级处理厂流程

对于一些大城市的生活污水和冶金、石油、化工、电镀、农药、颜料等行业排放的工业废水，在经过二级处理后，出水中仍含有原生污水中的大部分营养物质（如氮、磷）、一部分难降解的毒性较大的有机化合物，以及过量无机盐、病菌、病毒，因此在对出水水质要求非常严格的情况下，需对二级出水做进一步处理，即三级处理。污水三级处理厂的建设和运行成本高昂，工艺流程复杂，国内外修建的三级处理厂数量有限。但随着人类对环境质量要求的日益提高和环保意识的增强，三级处理厂的建设将是今后水污染防治工作的重点，目前一些国家也正在对二级处理厂进行升级改造，配备了三级处理厂的一些处理单元。三级处理厂的工艺流程如图 6-3 所示。

图 6-3 三级处理厂工艺流程图

第三节 非点源污染控制技术

随着点源污染的进一步治理，非点源污染成为目前大部分地区水环境污染的主要原因。非点源污染控制技术可分为源头控制技术和迁移路径控制技术两个方面。源头控制技术是从源头上减少污染物的种类和数量，进而达到有效控制污染物入河量的水污染控制技术。该技术包括保护性耕作、街道地表清除污染物、条状种植、保护性作物轮作、营养物和有害物质管理、肥料储存放置、植被草路修建等。迁移路径控制技术是通过控制或切断污染物的迁移转化路径，从而达到削减污染物入河量效果的水污染控制技术。该技术包括生态塘、人工湿地、河边缓冲带、过滤条带等。在进行非点源污染防治时，最好能结合当地的一些特殊的地形条件（如池塘、湿地、土壤层等）构建一些非点源污染治理工程，一方面通过自然净化作用来降解污染物；另一方面可构建各种人工生态系统，有利于维护自然界的生态平衡。下面将介绍两种重要的非点源污染控制技术。

第三节 非点源污染控制技术

一、塘处理系统

污水处理塘,是利用一些适宜的自然池塘、经人工改造的自然池塘,或者是人工修建的池塘,通过不同的工作原理和净化机理(诸如厌氧、好氧、兼性生物处理、水生植物净化、水生态系统净化、封闭式储留、调储控制排放等),对流经的污水或地表径流进行净化,以保证其出水水质能满足一定水质保护目标的处理方式。塘处理技术,可用于非点源污染治理,也可用于点源污染治理。

按照塘处理的工作原理,可将污水处理塘分为厌氧塘、兼性塘、好氧塘(主要为熟化塘或最后净化塘)、水生植物塘、生态塘(如养鱼塘、养鸭塘或养鹅塘)、完全容纳塘(封闭式储存塘)和控制排放塘。这些不同形式的塘在污水处理中具有不同的作用和效能,并有其各自的适用范围和局限性。对于不同成分、不同性质的生活污水和工业废水,以及在具有不同气候条件的地区,应在调查研究的基础上,选择一种最适宜的塘处理形式或由几种塘处理形式组成的最适宜的塘处理系统,由此对污水或废水进行有效处理。本书以生态塘为例介绍塘处理系统的基本原理和流程。

1. 生态塘系统的运行原理

生态塘是以太阳能(日光辐射提供能量)为初始能源,通过在塘中种植水生植物,进行水产和水禽养殖,形成人工生态系统,同时通过生态塘中多条食物链的物质迁移、转化和能量的逐级传递、转化,将流经生态塘的水体中的有机污染物进行降解和转化,最后不仅去除污染物、净化了水体,而且以水生植物和水产、水禽的形式作为资源回收,使污水处理与利用结合起来,实现污水处理资源化。其工作原理如图 6-4 所示。

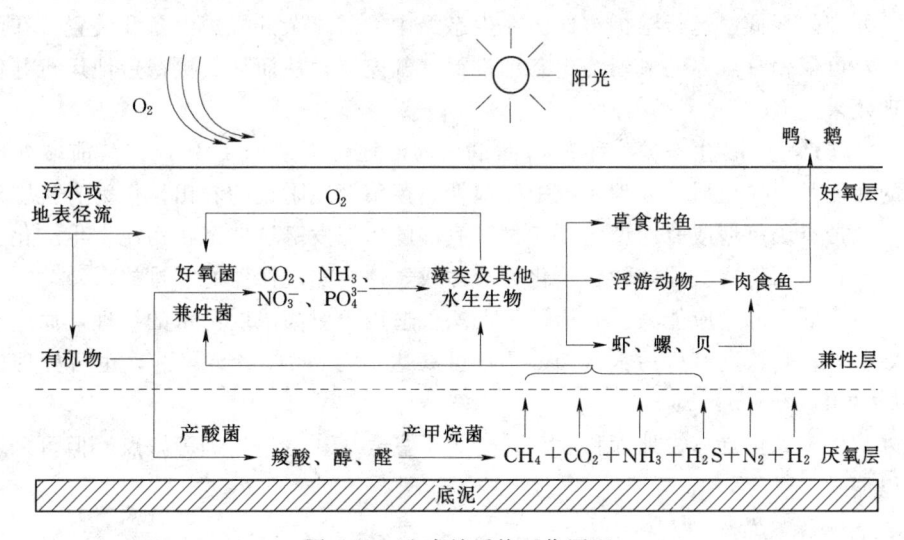

图 6-4 生态塘系统工作原理

在生态塘中,利用种植水生植物,养鱼、鸭、鹅等人工培育形成了多条食物链。其中,不仅有分解者生物(即细菌和真菌)、生产者生物(即藻类和其他水生植物),还有消费者生物(如鱼、虾、贝、螺、鸭、鹅、野生水禽等),三者分工协作,对水体中的污染物进行更有效地处理与利用:细菌和真菌在厌氧、好氧和兼性环境中将有机物降解为二氧化碳、氨氮和磷酸盐等;藻类和其他水生植物通过光合作用将这些无机产物作为营养物吸收，同时释放出氧供好氧菌继续氧化降解有机物；微型藻类和细菌、真菌成为浮游动物（如轮虫和水蚤等）的饵料而使其繁殖，浮游动物又作为鱼的饵料而使鱼繁殖；小型鱼类又作为鸭、鹅等水禽的精饲料使其生长，也利于大型经济鱼类的生长和繁殖；小型藻类还会被螺、蚌、虾等捕食；大型藻类（如金鱼藻、茨藻、黑藻等）和其他水生植物为草食性鱼类和鸭、鹅等所消耗。由此可形成许多条食物链，并构成纵横交错的食物网生态系统。如果在各营养级之间保持适宜的数量比和能量比，就可建立良好的生态平衡系统。污水进入这种生态塘后，其有机污染物不仅被细菌和真菌降解净化，而且降解生成的各种无机产物还可作为碳源、氮源和磷源进一步参与到食物网的新陈代谢过程中，并从低营养级到高营养级逐级转化，最后转变成水生作物、鱼、虾、蚌、鹅、鸭等水产品，从而获得可观的经济效益。

2. 生态塘系统特点

作为一种接近自然的水质净化处理系统，生态塘具有以下特点。

（1）充分利用地形条件，建设费用低。可充分利用当地的废弃河道、水库、沼泽、峡谷等地段来建设生态塘。同时，生态塘结构简单，多以土石结构为主，在建设上也具有施工周期短、易于施工和基建费低等优点。

（2）可实现污水资源化，既节省了水资源，又获得了经济收益。生态塘处理后的污水，可用于农业灌溉，也可用于水生植物和水产养殖供水，如藕塘、芦苇塘、养鱼塘、养鸭塘等，这样可将水体中的有机物转化为水生动植物的养分，再由获取的水产品提供给人们食用或其他用途。

（3）处理能耗低，运行维护方便。在生态塘中无需复杂的机械设备和装置，在经过适当设计后，可依赖自然界的风能为生态塘进行曝气充氧，从而使其更稳定地运行并保持良好的处理效果。

（4）污泥产量少。生态塘产生的污泥量仅为活性污泥法的1/10，在其前端处理系统中产生的污泥可以送至后端处理系统中的藕塘、芦苇塘或附近的农田，作为有机肥加以使用。如前端带有厌氧塘或兼性塘，则通过其底部的污泥发酵坑使沉积污泥发生酸化、水解和甲烷发酵，从而使有机固体颗粒转化为液体或气体，实现污泥的零排放。

（5）污水处理的适应能力强。活性污泥法仅适用于对高浓度污水的处理，而生态塘不仅能有效地处理高浓度有机污水（如 BOD_5 可高达 1000~10000mg/L），也可处理低浓度污水（如 $BOD_5<60mg/L$）。

此外，生态塘也具有占地面积大、易产生不良气味和滋生蚊蝇等缺点，但可采取适当措施予以消除。

3. 生态塘系统的组成

一个完整的生态塘系统由若干个功能和作用不同的塘所组成，如厌氧塘、兼性塘、好氧塘、曝气塘、生物塘、水生植物塘、养鱼塘、控制排放塘和储留塘，通过这些塘的不同组合从而形成了多种多样的塘系统。下面将对不同类型的塘进行介绍。

（1）厌氧塘。厌氧塘是在无氧条件下净化污水的塘。一般在污水 $BOD_5>300mg/L$ 时设置，通常置于塘系统首端，其功能旨在充分利用厌氧反应高效低耗的特点去除有机负荷，改善原污水的可生化降解性，保障后续塘的有效运行。因此，该塘的设计应以采用尽可能少的占地面积，以达到尽可能高的有机物去除率为宗旨。厌氧塘最合理的构造形式，应能保证其水力停留时间跟污泥停留时间的不同，为此应在塘底设置污泥发酵坑，并且将预处理污水经管道送入污泥发酵坑的底部，然后自下而上地流经污泥发酵坑，以厌氧反应的工作原理处理污水，再流经厌氧塘主体，这样可大大提高 COD 和 BOD 的去除效率。

（2）兼性塘。兼性塘是指在其上层藻类光合作用比较旺盛，溶解氧较为充足，呈好氧状态，其中层呈缺氧（兼性）状态，而塘底层为沉淀污泥，处于厌氧状态的净化污水的塘。它是目前世界上应用最为广泛的一类塘，适宜处理 BOD_5 在 100~300mg/L 之间的污水。由于厌氧、兼性和好氧反应功能在兼性塘同时存在，所以它既可与其他类型的塘串联构成组合塘系统，也可以自成系统来处理净化水体。

（3）好氧塘。整个塘均呈好氧状态，由好氧微生物来降解有机污染物与净化污水。好氧塘适用于处理 BOD_5<100mg/L 的污水，通常与其他塘（兼性塘或曝气塘）串联组成塘系统。

（4）曝气塘。曝气塘是设有曝气充氧设备的好氧塘和兼性塘，其对有机物和营养物的处理效率要比普通兼性塘或好氧塘高得多。曝气塘适用于土地面积有限、不足以靠风力自然复氧的塘系统。曝气塘通常与后置的最后净化塘（或称熟化塘）串联，曝气塘—多级净化塘系统，能达到较高的出水质量。

（5）生物塘。生物塘是具有菌藻共生系统、人工种植水生植物或养殖水生动物（水产）的塘，在生物塘中菌类、藻类、水生植物以及水生动物形成许多条食物链，并由此构成食物网，使污水中的有机污染物和营养物质被生物塘中的生物摄取，在食物链中逐级传递和转化，最终达到污染物被去除和污水资源化的效果。

（6）水生植物塘。水生植物塘是种植了水生维管束植物和高等水生植物的塘。塘中的水生植物主要起以下作用：在通过光合作用吸收氮、磷等营养物质以维持其自身生长发育的同时，提高塘中有机物和氮磷的去除效率；水生植物根部具有富集金属的功能，可提高金属的去除效率。此外，根据相关研究显示，拥有较大表面生长区的大型水生植物物种对于那些不被溶解的金属氢氧化物沉淀的截留效果也十分显著。

（7）养鱼塘。养鱼塘是利用养殖鱼类来摄食水体中藻类和各类水生植物，由此达到净化水体、资源回用以及获得一定经济效益的塘。通常，在养鱼塘中适宜于放养的鱼类有杂食性鱼类（如鲤鱼、鲫鱼），它们可捕食水中的食物残屑和浮游动物；鲢鱼、鳙鱼等滤食性鱼类；草鱼、鳊鱼等草食性鱼类。这些鱼类的存在能够有效控制藻类和水草的过度增殖。

（8）控制排放塘。控制排放塘是为了避免由于污水过度排放造成受纳水体水质超标而暂时存储污水，以待水体有多余纳污能力时再进行排放的调节塘。控制排放塘适用于下列地区：①结冰期较长的寒冷地区；②干旱缺水需要季节性利用塘水的地区；③塘出水效果达不到排放标准或只能在丰水期接纳塘出水的地区。

4. 生态塘系统的典型处理流程

一个完整的生态塘系统是以上各种塘处理单元所构成的串联系统，其典型的处理流程如图 6-5 所示。

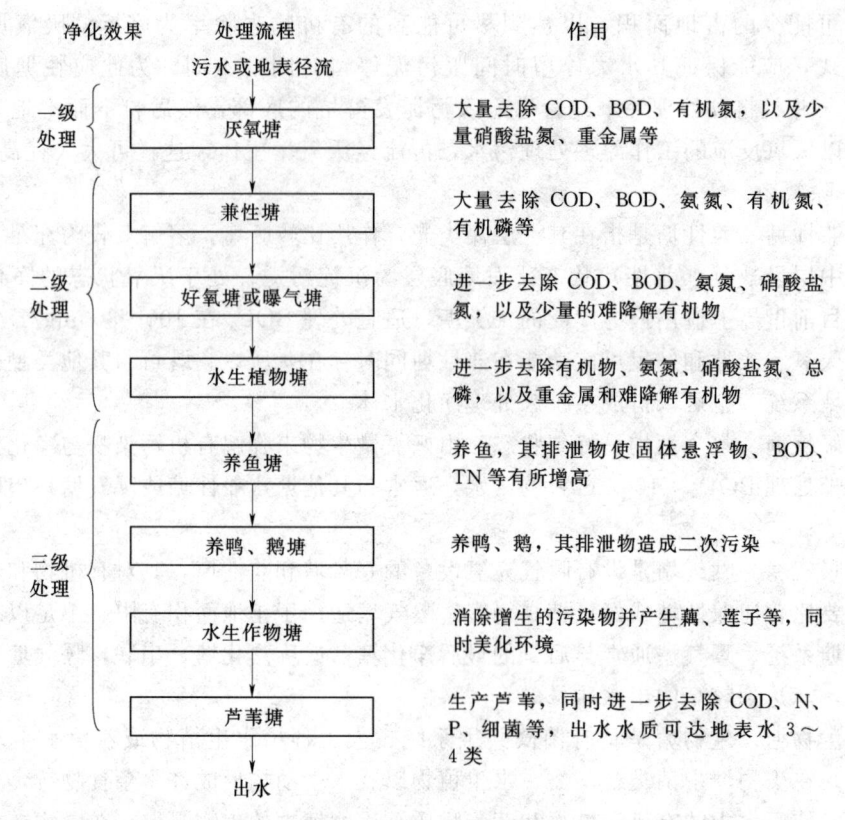

净化效果	处理流程	作用
	污水或地表径流 ↓	
一级处理	厌氧塘	大量去除 COD、BOD、有机氮，以及少量硝酸盐氮、重金属等
二级处理	兼性塘	大量去除 COD、BOD、氨氮、有机氮、有机磷等
	好氧塘或曝气塘	进一步去除 COD、BOD、氨氮、硝酸盐氮，以及少量的难降解有机物
	水生植物塘	进一步去除有机物、氨氮、硝酸盐氮、总磷，以及重金属和难降解有机物
三级处理	养鱼塘	养鱼，其排泄物使固体悬浮物、BOD、TN 等有所增高
	养鸭、鹅塘	养鸭、鹅，其排泄物造成二次污染
	水生作物塘	消除增生的污染物并产生藕、莲子等，同时美化环境
	芦苇塘	生产芦苇，同时进一步去除 COD、N、P、细菌等，出水水质可达地表水 3~4 类
	↓ 出水	

图 6-5 生态塘系统处理流程图

需要说明的是，当生态塘系统用于点源污水处理时，为了保证其产品的品质，生态塘系统必须实现处理与利用相结合，先处理后利用，即污水首先经预处理单元和处理塘的处理，使出水不含有毒、有害污染物后再进行利用。

二、人工湿地处理技术

人工湿地是人工建造的、可控制的和工程化的湿地系统，它是通过对湿地自然生态系统中的物理、化学和生物作用的优化组合来达到污水处理的效果。人工湿地污水处理技术是 20 世纪七八十年代发展起来的一种生态处理技术。由于它能有效处理多种废水，如城市污废水、农田退水、地表径流、垃圾渗滤液等，且能高效去除有机污染物、氮磷营养物、重金属、盐类和病原微生物等多种污染物；具有出水水质好，氮、磷去除效率高，运行维护管理方便，投资及运行费用低等特点，近年来获得迅速的发展和推广应用。据调查统计显示，在 21 世纪初欧洲共有 6000 多座人工湿地，北美也有 1000 多座人工湿地系统。目前，用于污水处理的人工湿地正在世界范围内迅速增加。

1. 人工湿地的基本构成

人工湿地一般由以下的结构单元构成（图 6-6）：底部的防渗层；由填料、土壤和植物根系组成的基质层；湿地植物的落叶及微生物尸体等组成的腐质层；水体层和湿地植物（主要是根生挺水植物）。潜流型湿地在正常运行情况下不存在明显的水体层，但是在水力坡度设计不合理或基质层发生堵塞时，也会出现自由水面型湿地的某些特征，如部分地区形成位于基质层以上的水体层。

(1) 防渗层。人工湿地的防渗层主要作用是阻止污水向地下水体渗漏，这对于某些可能造成地下水污染的高浓度、难降解污废水来说是十分必要的。通常采用黏土层来防渗，也有采用低密度聚乙烯做衬里的。需要说明的是，湿地底部的沉积污泥层，在厌氧状态下由微生物代谢作用产生的黏稠分泌物和多糖可形成天然防渗层。另外，对于处理雨水的湿地也可不采用防渗层，使雨水经处理后直接补充地下水。

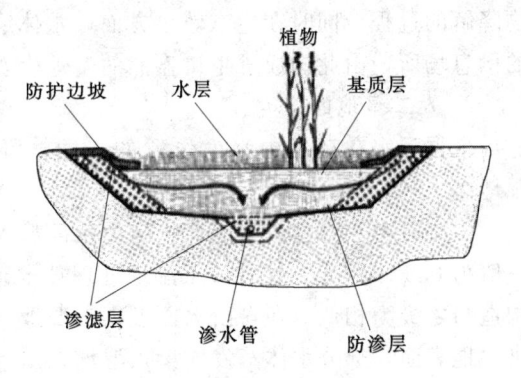

图 6-6 人工湿地的组成部分

(2) 基质层。基质层是人工湿地处理污水的核心部分，它主要用来提供水生植物生长所需的基质，为污水在其中的渗流提供良好的水力条件，以及为微生物提供良好的生长载体。在自由水面型人工湿地中，一般直接采用土壤和植物根系构成基质层；在地下潜流型人工湿地中，一般采用砾石填料和土壤或砂构成基质层。由于基质层中含有大量植物的根，而这些植物根系区域又有利于微生物的生长繁殖，因此湿地基质层的微生物数量是极为丰富的，这对于污染物，尤其是对于难降解有机污染物的分解是十分有利的，这也是人工湿地处理污水的优势所在。

(3) 腐殖层。腐殖层中主要物质就是湿地植物的落叶、枯枝、微生物及其他小动物的尸体。成熟的人工湿地可以形成很致密的腐殖层。腐殖层和植物的茎形成了一个过滤带，它不但提供了微生物生长的载体，而且可以很好地去除进入水中的悬浮物，这一点在自由水面型湿地中体现得最明显，悬浮物在湿地进口 5m 之内就可以得到很好地去除。当然，腐殖层的存在也会影响出水水质。

(4) 水生植物。人工湿地中通常栽种一些耐污能力强、根系发达、茎叶茂密、抗病虫害能力强且有一定经济价值的植物，例如芦苇、灯芯草、蒲草、水葱等。水生植物的存在可以显著提高湿地的处理效率：对于自由水面型湿地，种植高密度芦苇可有效地消除短流现象❶，而没有植物的湿地运行效能很差，尤其是在高负荷时；同时，植物的根系和被水层淹没的茎、叶还能起到微生物的载体作用，可在其表面形成生物膜，能有效地去除污水中有机污染物和营养物质。对于地下潜流型湿地，由于水生植物能够将氧输送到根系，这样就使得根系附近的土壤中生长着大量的好氧细菌，而离根系远的土壤中则有许多种厌氧菌和兼性菌生存，由此使得芦苇床成为一个好氧/缺氧/厌氧反应器，它能够降解去除多种有机污染物，实现生物脱氮；同时，植物的根系还可维持湿地中良好的水力输导性，延长湿地的运行寿命。湿地植物生态群落的稳定在很大程度上取决于湿地的水文状况，如水深等。一般选用本土水生植物，这样能够较好地适应当地的气候、土壤条件。

(5) 水体层。在自由水面型人工湿地中，水体在表面流动的过程也就是污染物进行生

---

❶ 水流在湿地中停留的时间不相同，一部分水的停留时间会小于设计停留时间，另一部分则大于设计停留时间，这种停留时间不同步的现象叫短流。

物降解的过程,同时在生态效果方面,水体层的存在提供了鱼、虾、蟹等水生动物和水禽的栖息场所,由此构成了生机盎然的湿地生态系统。

2. 人工湿地的分类

根据污水在湿地中水面位置的不同,可以分为自由水面型人工湿地和潜流型人工湿地。

(1) 自由水面型人工湿地。自由水面型人工湿地的水面位于湿地基质层以上,其水深一般为 0.3~0.5m,这种人工湿地处理技术起源于天然湿地对废水的处理,其水文条件、构造与之极为相似。在自由水面型人工湿地中,地表径流或污水从进口以一定深度缓慢流过湿地表面,部分水体蒸发或渗入湿地,出水经溢流堰流出。自由水面型人工湿地接近水面的部分为好氧层,较深部分及底部通常为厌氧层,因此具有某些与兼性塘相似的性质。但是,由于湿地植物(尤其是挺水植物)对阳光的遮挡,一般不会存在像兼性塘中藻类大量繁殖的情况。

自由水面型人工湿地的污染物去除机理主要有植株及基质层对悬浮物的截流作用、在缓流状态下悬浮物的沉降作用、表面水层中有机物的好氧分解、底层有机物的厌氧分解和基质层对污染物的吸附、吸收及化学反应等。淹没于水中的植物茎、叶,其表面上形成的生物膜,均对污水的净化(尤其是有机物和营养物的净化)起到一定的作用。

自由水面型湿地处理系统的优点是投资及运行费用低,建造、运行和维护简单;缺点是在达到同等处理效果的条件下,其占地面积大于潜流型湿地,在寒冷季节表面会结冰,夏季会繁殖蚊子,还会有臭味,污水直接暴露于空气中有传播病菌的可能。

(2) 潜流型人工湿地。潜流型人工湿地是水面位于基质层以下的湿地处理系统,它是目前广泛研究及应用的湿地处理系统,主要形式为采用各种填料的芦苇床系统。芦苇床由上下两层组成,上层为土壤层,种植芦苇等耐水植物;下层是由易于使水流通的介质组成的根系层,如粒径较大的砾石、炉渣或砂层等。床底铺设防渗层或防渗膜,以防止废水流出该处理系统,并具有一定的坡度。

潜流型湿地的优点在于其充分利用了湿地的空间,发挥了系统各要素间(植物、微生物和基质)的协同作用,因此在相同面积情况下其处理能力比自由水面型湿地有大幅度提高。污水基本上在地下流动,保温效果好,卫生条件较好,这也是其近几年被大量应用的原因;其缺点是与自由水面型湿地相比造价费用高。

3. 人工湿地的去污机理

(1) 悬浮物的去除。污水和地表径流中悬浮物的去除,通常在湿地的进口处 5~10m 内完成,这主要是基质层填料、植物的根系和茎、腐殖层的过滤和阻截作用,所以悬浮物去除率的高低,取决于污水与植物及填料的接触程度。

(2) 有机物的去除。由于湿地中往往溶解氧不足,有机物的去除以兼性细菌和厌氧细菌的分解为主,因此其去除原理具有低浓度废水厌氧处理的工艺特征。相对而言,自由水面型湿地中表层水体由于大气的复氧作用,也发生有机物的好氧降解。在潜流型湿地中,进水所携带的溶解氧以及植物根系对氧的传递使湿地中存在着局部的好氧状态。污水在基质层中流动,与其中的微生物进行接触,有机污染物被微生物同化利用以及分解成 CO_2、水或有机酸、甲烷等。此外,与传统处理技术相比,人工湿地能更有效地去除难降解有机化合物（如苯、酚、萘酸、杀虫剂、除草剂、氯化物和芳香族的碳氢化合物）。湿地中存在种类繁多、数量巨大的微生物群落和多种沼生植物群落，通过它们的共同作用，能够降解复杂有机化合物，甚至是一些难降解的有机化合物也能被降解掉。

（3）氮的去除。湿地进水中的氮主要以有机氮和氨氮的形式存在，其最终的转化途径有以下几方面：氨氮被湿地植物和微生物同化吸收，转变为有机体的一部分，可通过定期对植物的收割使氮得到部分去除；氨氮在较高的 pH 值大于 8 条件下向大气中挥发；有机氮经氨化作用矿化为氨氮，在好氧条件下，氨氮经亚硝化、硝化作用分别转变为 $NO_2^- - N$ 和 $NO_3^- - N$，然后它们在缺氧和有机碳源的条件下，经反硝化作用被还原为 N_2，释放到大气中，达到最终脱氮的目的。在这三种氮的去除形式中，湿地植物、微生物的同化吸收和氨氮挥发去除的氮量占很小一部分，绝大多数氮是通过第一种途径得到最终去除的。同时，在根系周围存在着大量的好氧区、缺氧区和厌氧区，以及不同微生物种群的生物氧化还原作用，为氮的去除提供了良好的条件，这是一般除氮工艺所无法达到的。

（4）磷的去除。人工湿地对磷的去除是由植物吸收、微生物去除及物理化学作用而完成的。如同无机氮一样，废水中的无机磷在植物吸收及同化作用下，可变成植物的有机成分，通过植物的收割而得以去除。物理化学作用对无机磷的去除，主要是可溶性的无机磷酸盐容易与土壤中的 Al^{3+}、Fe^{3+}、Ca^{2+} 等发生化学沉淀反应。其中，与土壤中 Ca^{2+} 易于在碱性条件下发生化学反应，形成羟基磷灰石，而与 Al^{3+}、Fe^{3+} 主要是在中性或酸性环境条件下发生反应，分别形成磷酸铝或磷酸铁沉淀。但是，上述磷的转变只是改变了磷在湿地中的存在形式，并没有真正地去除磷，即使对植物定期收割，它对磷的同化吸收也是有限的。因此，磷会在湿地系统内逐渐地积累，直到饱和状态，此时会出现湿地对磷的去除因其运行时间长短而有很大差别的情况。

（5）金属离子的去除。金属离子的去除机理主要有：植物的吸收和生物富集作用，土壤胶体颗粒的吸附（离子交换），S^{2-} 形成硫化物沉淀。许多种湿地植物（如芦苇、香蒲、水葫芦）都能够在很高的金属离子浓度中生存，并且具有一定的生物吸收和富集金属的能力。湿地土壤的化学特性使它有很强吸附和螯合金属离子的能力，由此使得一部分金属离子进入土壤。此外，由于蛋白质厌氧分解和硫酸盐还原所产生的 S^{2-}，还能与金属离子形成硫化物沉淀，使其得到去除。在金属离子浓度较高时，植物同化对它的去除不到 1%，主要还是依靠土壤的吸附和金属硫化物沉淀的形式来去除。需要说明的是，金属离子的去除和磷相似，都是未能真正从系统中除去，而是在系统中逐渐积累，过量的重金属离子将会抑制反硝化等微生物代谢过程，削弱人工湿地生物脱氮、除磷和有机物等主要功能。

第四节 流 域 综 合 治 理 技 术[*]

目前，世界上水污染防治的发展趋势是实施流域综合治理，这种管理模式能发挥流域系统的整体效益，提高单个工程的运行效率，能更经济和有效地实现水资源管理的总体目标。实践证明，流域综合治理是水污染控制的最佳途径。

一、水污染综合治理内涵

流域水污染综合治理，是以一个流域作为污染治理对象，综合采用管理、法制、经济与工程技术等措施,有效防治水污染、恢复良好的水环境质量、维持水资源正常使用价值的水资源保护模式。随着世界水危机的日益加剧,1992年在巴西里约热内卢召开的高峰会议上,国际社会深刻地认识到必须制定区域性战略来共同管理跨国界的淡水资源,进而提出了水资源综合管理的理念。在实际应用中一般落实到了流域管理层面,即流域综合治理。流域综合治理强调对整个流域进行系统规划,将各种污染防治途径及措施加以优化组合使用,以经济和有效地解决流域内水环境污染问题,实现水资源可持续开发利用。

目前,流域综合治理已发展成为国际层面与国家层面两级。在国家级流域综合治理中政府制定政策,建立流域管理机构,设法解决污染物排放总量分配中的矛盾;在国际级流域综合治理中,相关国家政府在国际合作伙伴的帮助下,建立强化流域综合治理的机制,缔结跨国界的水合约,公平使用和共享水源。在世界很多地方,存在着两级水平的流域综合治理实例,其中最具特色的是欧盟的流域综合治理模式。欧盟一共有27个成员国,其中许多河流(如多瑙河、莱茵河等)跨越多个国家,为了协调国家之间的水危机,2000年12月欧洲议会和欧盟理事会颁布了《欧盟水框架指令》,该指令要求河流的综合开发和管理要达到流域整体生态状况良好的目标,为此到2015年欧盟所有成员国都要普遍实施水资源综合管理政策,目前运行比较成功的国家有英国、德国、法国、比利时、荷兰等。

总体来看,一个完整的流域水污染综合治理措施体系应包括以下内容:①完善的水污染防治法规和治理技术规范;②流域层面的水污染综合治理规划;③水污染治理工程和设施建设与运行;④水污染治理效果后评估及措施改进。

二、流域综合治理的优点

由于流域综合治理是以流域或水系作为治理对象,并由具备一定水污染治理行政执法权的管理机构或部门来统领全局工作,因此能够从流域整体来统筹工程布局、挖掘治理工程的最大潜力,同时行政管理部门的参与也使得工程措施具有较强的执行率,能确保措施的有效落实。其与单独处理工程相比的优势见表6-2。

表6-2　　　　　　　　污废水单独处理与流域综合治理的对比

评价指标	单独处理	流域综合治理
影响范围	上游排污企业多从自身利益出发,很少考虑废水排放对下游用水的影响	下游用水也是流域水污染防治的组成部分,管理部门会统筹考虑,采取有效措施,防治污染
运行成本	只按照企业自己的废水排放量来设计处理设备规模,通常规模小、基建费和运行费单价昂贵,且难以有效地维护和正常运行	可将附近的一些城镇和工矿区的废水汇集在一起,修建联合的大型污水处理厂,基建费和运行费单位成本都明显降低,且容易维护
排污口设置	通常在最近点处将处理废水排入受纳水体	要将处理废水输送到适宜河段排放
调控管理	因缺少处理废水临时蓄存设施,即使在水体流量极低时也要排放,在枯水期易导致突发性水污染事故	通过修建一些水利工程,以增加枯水期的河水流量,或修建污水库以控制在枯水期的污水排放量
对待视角	主要聚焦在污染处理的某一方面	将污染处理与中水回用、水资源保护、合理开发利用结合起来
方案选择	受场地和资金限制,其处理方案的选择性极为有限	因对多个防治措施进行综合考虑,故在处理方案和选址方面有较好的选择性

三、水污染综合治理技术体系简介

一个科学、高效的水污染综合治理技术体系，应包括软件支持系统和硬件支持系统，以及在这两个系统下的政策支持、经济支持、管理支持、信息支持、污染控制工程、污染监测系统6个子系统，详见图6-7。

由于各地区的地理环境、经济技术条件、污染源及环境污染状况、管理水平等存在着一定的差异，因此应结合地方实际情况，采取适宜的保护政策、管理措施和治理技术。有关管理、法制等方面的措施在后面的章节将会介绍，单从工程技术方面来看，也应采取不同的工程技术来构成功能互补的治理工程体系（图6-8），通过各类工程的相互配合和补充，共同达到水污染治理的预期效果。通常，综合治理工程技术应包括以下方面。

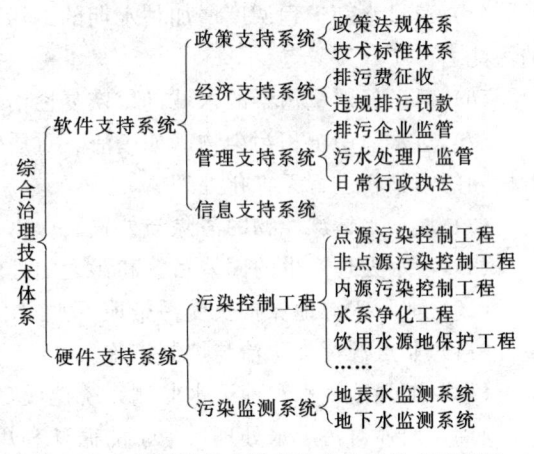

图6-7 水污染综合治理技术体系构成示意图

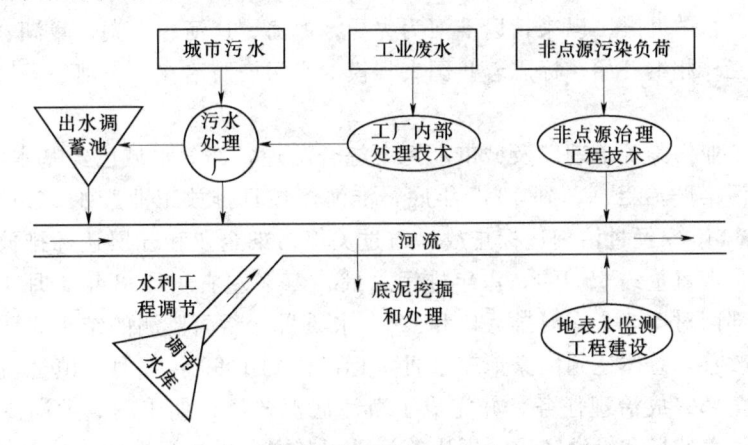

图6-8 流域水污染综合治理技术示意图

（1）通过工艺改革、技术革新和设备更新以及加强管理等措施，最大限度地减少工业废水排放量。

（2）修建城市污废水排放与收集管网和污水处理厂。对于城市污水及与其成分、性质相近的工业废水，应尽量汇集在一起，并修建大型集中污水处理厂。这样污水处理的基建费和运行费比建造分散的小型处理厂更划算，而且也因水质、水量比较稳定而易于维持正常运转。

（3）对于有毒有害的工业废水，应在厂内，甚至车间内就地单独处理，特别是那些不能降解的污染物（如重金属、放射性核素）应尽可能采用闭路循环系统，杜绝其向环境的排放。

（4）对于处理后污染物浓度依然较高的出水，可建造出水调蓄池或存蓄湖，实行丰、平水期排放和枯水期储存。

(5) 通过水利工程调度增加枯水期的纳污流量，或设置相应的人工曝气装置以增加其纳污能力。

(6) 对已经严重污染的水域进行恢复性治理，如对污染的原水进行深度净化等。

(7) 对水体中沉积污染物（如废渣、重质焦油、汞、镉、铅等）进行疏浚或挖除，并对挖除的污染物进行无害化处理。

(8) 地表水体漂浮物的清除与处置。

(9) 污水处理产生的固体污物和污泥的处理、处置和利用。

(10) 地下水源地保护及受污染地下水的治理与修复。

(11) 非点源污染防治与控制措施。

(12) 加强地表水和地下水监测系统建设，及时发现污染事故并迅速采取应急措施。

(13) 加强对污废水处理后中水的循环利用，减少供水量和排污量，进而减轻受纳水体的污染和保护水资源。

四、我国流域综合治理进展

我国首先从淮河流域入手，开始了流域综合治理工作。1995 年 8 月 8 日，国务院颁发了我国第一部流域污染综合防治行政法规《淮河流域水污染防治暂行条例》，进一步明确了治淮目标。自"九五"以来，以淮河为先导，海河、辽河、太湖、巢湖、滇池等流域的水污染防治工作相继开始，标志着我国大规模的水污染防治在"三河三湖"等重点流域全面展开。

通过开展工业污染源治理以及城市水污染综合治理，部分水域已经基本实现"九五"确定的阶段性污染防治目标。到 1997 年底，淮河流域日排放工业废水 100t 以上的 1562 家企业中，有 1140 家经过治理达标排放；通过关停污染企业和开展达标排放，全流域共减少入河的化学需氧量约 60 万 t，占年排污总量的 40% 左右。1998 年 1 月 1 日零时，国家和地方环保部门对 593 个入河排污口和 82 个水质目标断面监测的结果表明：淮河干流水质有较明显改善，总体达到国家地表水 Ⅲ 类标准。到 1999 年 5 月，滇池流域内 253 家重点污染企业全部完成治理任务，并完成了草海底泥疏浚一期工程。太湖流域工业污染源、集约化禽畜养殖场和沿湖宾馆、饭店等污染源基本实现达标排放。巢湖流域内 109 家污染源实现达标排放并基本得到巩固，加上 2000 年通过长江引水，湖区水质明显好转。海河、辽河两个流域的水污染防治规划，自 1999 年初国务院批准实施以来，工业污染源治理取得明显进展，城市污水处理厂的建设步伐不断加快。

"九五"期间水污染防治作为我国历史上第一次大规模的流域水污染防治工作，在"三河三湖"流域内设计开工 190 个项目，总投资 330 多亿元，"三河三湖"的 5148 家重点污染企业中有 4848 家已经实现达标排放或关停。2001—2007 年，中央和地方各级政府投入 910 亿元财政性资金及国内银行贷款，用于"三河三湖"流域城镇环保基础设施、生态建设及综合整治等 7 大类共 8201 个水污染防治项目建设；2007 年以来，水体污染控制与治理科技重大专项正式启动，这是新中国成立以来投资最大的水污染治理科技项目，总经费概算 300 多亿元，设置了"湖泊富营养化控制与治理技术研究与示范""河流水环境综合整治技术研究与示范""城市水污染控制与水环境综合整治技术研究与示范""饮用水安全保障技术研究与示范""流域水污染防治监控预警与管理技术研究与示范""水体污染控制与治理战略与政策研究"六大主题。尽管我国在流域综合治理方面取得了很大进展，但由于全国范围内水污染问题仍然突出，"三河三湖"的治理仅仅拉开了我国水污染综合治理的序幕，后续的治理工作仍然任重道远。

(一) 城镇污水综合治理

随着我国工业化、城镇化进程的加快和人口总量的增加，在一定时期内城市用水的需求量还将增加，相较而言，城乡生活污水的产生量必然随之增加。针对目前城镇污水处理存在的问题，如收集管网建设与污水处理规模不匹配、雨污分流不彻底、污水处理厂处理能力不足等问题。对此开展城镇污水综合治理研究对于改善城镇环境、保障城镇居民身体健康和城镇经济健康可持续发展有着积极的意义。涉及污水综合治理，必然会有城镇污水处理设施。城镇污水处理设施是提升基本环境公共服务、改善水环境质量的重大环保民生工程，加大污水处理设施建设又是城镇污染减排的重要举措。对此，应以城镇生态环境建设和环境保护为基础，以城镇生活废水污染治理为重点，坚持人与自然和谐共处的可持续发展原则。加强城镇集中饮用水水源地保护，对于城镇污水处理设施应加大投入，新建或改造城镇垃圾填埋场和污水处理厂，实现城镇污水达标排放。完善并落实流域内城镇生活污水和生活垃圾处理方案，加快受水区城镇生活污水处理厂和垃圾处理场工程开工建设并投入运行，完成规划目标的阶段任务。

城镇生活污染源的削减主要依靠城镇污水处理设施的建设和运行管理，受水区城镇生活污染源的削减主要包括：①设计城镇污水处理厂时，科学确定处理工艺、处理规范和排放目标，并符合集中和分散相结合的原则，合理布局；②完善污水处理厂配套设施的建设，建设污水收集管网，管网建设应优先考虑，加强配套管网的完善，并尽可能采用雨污分流的管网系统，提高城镇污水处理厂的处理效率，改善流域环境质量；③对于污水处理厂排放的污泥要进行合理处置，遵循资源化、减量化和无害化处理原则，因地制宜采取土地利用、污泥还田、填埋、焚烧及综合利用等方式；④做好城镇污水处理厂的建设和运营工作，充分引入市场运作模式，推动污水处理产业的更快发展。

(二) 农业农村污染防治

我国是实际上最大的农业国，农业生产活动历史悠久。农业是国民经济的基础，农业及农村的可持续发展，直接关系到改革开放和建设社会主义新农村事业的成效。农村环境保护是农业赖以生存与发展的必要条件，也是关系国计民生的一件大事。但是，目前农业农村环境保护工作相对滞后，在农业农村污染综合防治和科学管理等方面存在诸多薄弱环节和亟待解决的问题。特别是我国农业的水环境状况十分严峻，灌溉水污染严重，地下水超采、污染严重，地表水呈现不断恶化的趋势，逐渐丧失其生态环境功能。同时，农村污染种类繁多、产生量大、分布面广、治理难度较大。农村环境污染综合整治是一项系统工程，其中包括农村垃圾、人畜粪便、作物秸秆等固体废弃物及生活污水、生产废水的处理，化肥的减量合理使用，农药和有机物的控制，水土流失的有效治理等方面。农村环境污染，各种有害物质残留进入食物链，既影响农产品质量，又危害人体健康，尤其容易滋生各种有害病毒，引发各种流行疾病，给人们生活带来诸多安全隐患。

农业农村水污染治理应采用全过程控制措施，严格控制源头污染，减少污染发生量，采用适合农村特点、经济适用的污水处理技术，走污水处理与污水资源化相结合的道路。

结合生态农业建设，根据不同区域农村气候地理特征，建设不同的生态农业模式，确保农业水环境的良性循环和农村经济的可持续发展。

1. 发展污水无害化资源化技术

该技术是有效将污水处理和利用相结合，开发适合我国国情的污水处理技术，在干旱和半干旱地区显得更加重要。污水生态处理技术是利用生态学原理和工程学方法形成的生态工程技术，其生态学原理具体体现为对现代生态学的三项基本原则，即整体优化、循环和区域分异的充分运用。污水生态处理技术包括污水土地处理技术和污水稳定塘系统等。污水生态处理技术是农村乡镇污水治理的有效手段，美国及苏联等都鼓励采用以自然生态处理为代表的革新代用技术。我国古代劳动人民早就懂得利用塘、泊水体的自净能力，桑基鱼塘就是典型代表。经过长期研究与实践，污水生态处理系统已发展成为一种建设与运行费用低、适用范围广、生态环境影响小、再生水质优良的新型处理技术。

2. 改革农业运作方式

改革农业运作方式，如灌溉、施肥、水产、畜禽养殖技术改进，可以减轻污染负荷。合理的农业运作方式可以减少农田径流带走氮、磷，控制农业面源污染。国内外研究表明，合理的农业运作方式可以减少农田径流带走的氮、磷营养盐达60%以上。因此，积极推广新型施肥方式，改进灌溉制度，合理种植，推广新型复合肥料，防止水土流失等是减少农业面源污染的有效途径。

3. 人工和自然生物处理技术

研究小型化适合农村污水治理的设备与技术，尤其是农村厕所污水治理技术。如日本某些农村地区，家中都装有小型的生活污水净化槽。

研究生态处理技术的预处理措施及其有效的组合流程。在自然生物处理中研究和发展太阳能水生植物、活性藻、新型综合"菌藻系统"等新型氧化塘技术以及各种土地处理系统，进一步研究生物工程技术在农村水污染治理方面的推广和应用，如新型微生物、新型生物种及新型作物品种等在系统中的应用，使得处理系统更加经济有效。

4. 农业面源污染防治技术

（1）精细耕作与平衡施肥。精细耕作是将大片田地划分成众多小块区域，并为不同区域制定相应的生产投入计划，通过该技术可以降低在种子、水和化学物质上的费用，提高农作物的总产量，并使农业投入与特定的农产品需求相匹配，减少农业对环境的影响。

氮肥超量施用以及氮、磷、钾比例失衡会降低作物对化肥的利用率，增大淋溶和径流引起的氮磷损失。应根据土壤条件、作物种类将氮肥分次施用并将施氮量控制在合理的施用范围，推广应用"平衡施肥技术"，提倡施用复合肥、专用配方肥，这样既能满足各种作物对养分的需求又能起到改良土壤、培肥地力的效果；同时，应增施有机肥，提倡秸秆还田。

（2）大力发展生态农业。生态农业系统是以生态学理论为依据，在一定的区域范围内建立起来的农业生产系统，不仅包括生物组成和生境条件组成，还包括人类生产活动和社会经济条件，争取实现农业清洁生产。目前，我国农业生态建设主要分为两类：面上生态农业，包括农田改造、滩涂开发、土地合理利用、增施有机肥、生物防治、合理安排植物布局、立体种植等；点上生态农业，如北京市留民居生态村、珠江三角洲桑基鱼塘、沼气太阳能综合利用、农牧林结合的生态农业等。推进生态农业能够有效减少农药、化肥的使用量，进而控制农业农村面源污染量，已经成为世界农业发展的总趋势，对减少农业污染有极其重要的作用。

（3）农业面源流失的生态拦截技术。采用生态沟渠、生态湿地、生态隔离带等以控制地表径流为主的污染物生态拦截技术。

生态田埂技术。在现有田埂高度的基础上，增加田埂的高度，减少农田地表径流，同时，在田埂两侧栽种植物，形成隔离带，在发生地表径流时可有效阻截养分流失。

生态沟渠技术。将现有的硬质化沟渠改为生态型渠道，即在硬质板上留适当地孔，使作物或草能够生长，既能吸收渗漏水中的养分，也能吸收利用径流中的养分，对农田流失的养分进行有效拦截，达到控制养分流失和利用养分的目的。同时，在沟渠的中央可布置一定的植物带，减缓水流速度，增加滞留时间，提高植物对养分的利用效率。

生态型人工湿地技术。人工湿地是20世纪70年代发展起来的一种污水处理技术，与传统的二级生化处理相比，人工湿地具有氮、磷去除能力强、投资低、处理效果好、操作简单、维护和运行费用低等优点。湿地系统作为一种投资少、工艺简单、能耗低、维护管理方便的农业面源污染控制系统。它不仅可以有效地去除氮、磷污染物，还为各种生物提供良好的栖息地，湿地内的植物收获后还可获得一定的经济效益，在我国尤其是广大城镇和农村地区具有良好的应用前景。

5. 农村面源污染控制技术

目前农村面源污染主要来源为农村生活垃圾、畜禽养殖业、农村污水、农业秸秆、农膜等。针对农村面源污染来源及其危害，主要的控制技术为沼气技术、堆肥技术、污水简易处理技术等。这里重点介绍污水简易处理技术。

（1）接触水解酸化—生物接触氧化工艺。该工艺是在水解酸化—好氧接触氧化工艺的基础上，在水解酸化池中增设填料，采用接触式反应器的形式，提高水解酸化的效果。适合于5000m³/d规模以下的污水处理。当处理规模小于3000m³/d时，上述流程中增设调节池，污泥浓缩后，采用干化渗滤床脱水。

（2）水解酸化—潜流型人工湿地工艺。潜流型人工湿地工艺具有处理效果好，运行稳定可靠等优点。处理规模根据需要可大可小，污水水源可就地收集、就地处理和就地利用；取材方便，便于施工，处理构筑物、处理设备少；运行管理方便，只需少量人工进行简单的操作和维护管理；处理效果好，处理后的水可用作饮用水水源或排入景观用水的水库或河流中。适合于规模3000m³/d以下的污水处理。

（3）地埋式无动力污水处理工艺。特点是无动力，无需专人管理，不需运转及维修费用，利用自然落差维持正常运行，除清掏外，不需人工管理。工艺分为三个阶段：第一阶段，污水依据重力流，自流进入厌氧消化池，在此阶段，有机物进行沉淀和不完全分解，在无氧条件下，经厌氧微生物对有机物进行厌氧分解；第二阶段，厌氧生物过滤，其采用的是上流式生物滤池，即经厌氧消化池的污水自底部进入厌氧生物滤池后，通过配水系统后，进入滤料层，依靠滤料表面生长的厌氧生物膜，对有机物进行吸附和分解；第三阶段，生物接触氧化，依靠工艺中的气路系统，无动力供氧，实现生物接触氧化，并在好氧沟后增设了吸附池，吸附池内加入吸附性能良好的活性炭和焦煤，其目的是吸附处理水中悬浮物、脱色、去臭。

（4）厌氧—兼氧无能耗污水生物净化处理系统。该系统是无能耗解决农村污水的最有效办法，以厌氧消化工艺为主体，利用生物膜、生物滤池等手段进行兼氧、好氧分解，辅以生物氧化塘做深度处理，通过多级自流、分段处理、逐级降解的形式处理村内汇集的农村污水，整个处理过程利用重力自然推流，不耗用动力。由于采用厌氧消化工艺，污泥减量明显，一般3～5年清掏1次，运行费用低、维护管理简便。

6．农村规模化畜禽养殖业污染防治技术

畜禽养殖业的污染主要是由于对产生的固体废弃物和废水未进行合理的处理处置造成的，其主要污染物是有机物、氮、磷和病原微生物，其主要影响是对地表水体的耗氧和水体的富营养化，以及硝酸盐带来的地下水饮用水源的污染。目前，畜禽养殖业污染防治技术主要包括畜禽固体粪污的处理技术、畜禽废水自然生物处理法、厌氧—好氧联合处理法等。这里只介绍畜禽废水自然生物处理法。

利用天然的水体和土壤中的微生物来净化废水的方法称为自然生物处理法，主要分为水体净化法和土壤净化法两类。水体净化法分为氧化塘和养殖塘；土壤净化法有土地处理（慢速渗滤、快速渗滤和地面漫流）和人工湿地等。自然生物处理法投资小，动力消耗少，对难生化降解的有机物、氮磷等营养物和细菌的去除率都高于常规二级处理，达到部分三级处理的效果，而其基建费用和处理成本比二级处理厂低得多。

（1）氧化塘。氧化塘是一种天然的或经过一定人工修整的有机废水处理池塘，其处理污水的过程，实质上是一个水体自净的过程。污水进入塘内，首先受到塘水的稀释，污染物扩散到塘水中，从而降低了污水中污染物的浓度，污染物中的部分悬浮物逐渐沉淀至塘底，成为污泥，这也使污水污染物浓度降低。随后，污水中溶解的和胶体性的有机物质在塘内大量繁殖的菌类、藻类、水生动物、水生植物的作用下逐渐分解。氧化塘可分为好氧塘、兼性塘、曝气塘和厌氧塘四种类型。

（2）土地处理系统。该系统是利用土壤—微生物—植物组成的生态系统对废水中的污染物进行一系列物理的、化学的和生物净化过程，使废水的水质得到净化，并通过系统的营养物质和水分的循环利用，使绿色植物生长繁殖，从而实现废水的资源化、无害化和稳定化的生态系统工程。可以分为：

1）慢速渗滤系统。该系统相当于灌溉，适用于渗水性能良好的土壤和蒸发量小的地区，土地上种植农作物，污水的布洒量应考虑农作物的需要。这种系统可以同时实现污水的处理和利用，在污水从土壤缓慢向下渗滤的过程中，农作物吸收其所需的水和养分，污水则得到净化。

2）快速渗滤系统。该系统是以补给地下水，使污水再生回用为目的的系统，适用于渗透性能良好的土壤，其上一般不能种植作物，污水在地表均匀散布，很快渗入地下，但灌水应间歇进行。

3）地表漫流系统。适用于地面具有2%～8%坡度的透水性较差的黏土和重黏土地块，地面上种植牧草或其他作物，污水在地块高端散布开后，沿地面均匀漫流，在下段设集水渠，该系统净化污水的效果较差，但对地下水的污染较小。

(3) 人工湿地处理系统。人工湿度是一种全方位生态净化系统，由碎石（或卵石）构成碎石床，并在碎石床上栽种耐有机物污水的高等植物，植物本身能够吸收人工湿地碎石床上的营养物质，这在一定程度上使污水得以净化，并能给生物滤床增氧，根际微生物区系及酶能降解矿化有机物。当污水渗流碎石床后，在一定时间内，碎石床会生长出生物膜，在近根区有氧情况下生物膜上的大量微生物以污水中的有机物为营养，把有机物氧化分解成二氧化碳和水，把另一部分有机物合成新的微生物；含氮有机物则通过氨化、硝化作用转化为含氮有机物，在缺氧区通过反硝化作用而脱氮。

（三）流域水生态系统修复

水生态修复技术主要指在水质改善的基础上，采用物理、化学、生物等手段，对受污染和生态受到破坏的水体及其周边区域的生态系统进行修复的技术，主要包括植物修复、动物修复、微生物修复等。常见的水生态修复技术有湿地工程技术、生态浮岛技术、岸带生态修复技术、水体生物修复技术、深水曝气技术等。

湿地工程技术主要通过构建人工湿地生态系统，利用湿地系统中的生物降解污染物，净化水质，增强水体的自我净化能力，又可以分为表面流人工湿地、垂直潜流人工湿地和水平潜流人工湿地。其中，表面流人工湿地是在污水通过人工湿地时，利用湿地中的植物、微生物等的综合利用，消解污染物，净化水质；垂直潜流人工湿地采用间歇进水方式，从而带入大量氧气，通过充分硝化作用，有效处理氨氮含量高的污水；水平潜流人工湿地的污染物去除效率依靠氧化还原环境和系统内氧化还原梯度。

生态浮岛技术是植物净水工程的一种，是绿化技术与漂浮技术的结合体。植物生长的浮体一般采用质轻耐用的材料。岛上植物可供鸟类休息，下部植物根系形成鱼类和水生昆虫栖息环境。同时，能吸收引起富营养化的氮和磷。与人工湿地技术相比生态浮岛技术最大优点在于不另外占地，较适合我国大多数河流无滩涂空间利用的特点。综上所述，植物修复技术主要有以下优点：低投资、低能耗；处理过程与自然生态系统有着更大的相融性；无二次污染；能实现水体营养平衡，改善水体的自净能力；对水体的各种主要污染物均有良好的处理效果。局限性在于运作条件高、处理时间长、占地面积大及受气候影响严重。

岸带生态修复技术主要针对水体周边生态环境的修复，通过水体周边生态系统的恢复，增强对入水污染物的降解和拦截，缓和入水污染物负荷，同时兼具生态景观作用，常见的岸带生态修复技术有生态护岸技术、人工浮岛技术、岸带修复技术等。其中，生态护岸技术采用从坡脚至坡顶依次种植沉水植物、浮叶植物、挺水植物、湿生植物等一系列护岸植物，既有效控制土壤侵蚀，又美化河岸景观；岸带修复技术通过对硬化河岸的改造，恢复岸线生态功能和自净能力，常用的有植草沟、生态护岸、透水砖等。

水体生物修复技术主要针对受污染水体及其周边生物的修复，通过向水体中投加营养物质、活性剂等促进水体微生物的生长，种植污染物吸收能力强的植物，调整水体食物链等方式，改善水体生态系统，提高其自净能力，保持治理效果稳定。常见的生物修复技术主要有微生物修复、植物修复和动物修复等。其中，微生物修复技术是向受纳水体中添加营养物质及活性剂等，刺激本土微生物的生长，激活其对污泥的降解特性，恢复水体自净能力；水生植物修复技术是利用水生植物生态系统中各类水生生物间功能的协同作用来净化水质；水生动物修复技术是通过调整水体生态系统的食物链，保护草食动物，进而控制藻类生长。

深水曝气技术是通过机械方式将深层水抽取出来曝气延后回灌深层，或注入纯氧和空气全部提升至水面再释放等方式，使水体中溶解氧浓度升高，进而改善冷水鱼类的生长环境和增加食物供给，又可以通过改善底泥界面厌氧环境为好氧条件来降低内源性氮、磷的负荷。

（四）案例介绍——西溪国家湿地水生态修复案例

1. 基本概况

西溪国家湿地位于杭州西湖流域，面积达 $12km^2$，属于河流湿地。湿地内部河流充盈，水网密布，占湿地总面积的 70%，植被覆盖率达到 80%。当地居民以鱼虾养殖为生计，因此湿地内鱼塘星罗棋布，保持了传统的生活方式，以村落的形式聚集，线状分布在河岸周围；鱼塘周边建有渔民居住的小屋，渔民通过渔船穿梭于村庄与鱼塘之间。相连的河流不仅为鱼虾养殖提供了水源及营养物质的输送，也为栖息在湿地中的其他物种创造了赖以生存的条件。

2. 面临的问题

由于工业化的发展和城市的建设，西溪湿地面临着面积急速萎缩的困境。起初，湿地周边部分地块被企业厂房占据，随之大量的工业污水肆意进入湿地水系。另外，随着居民对生活水平要求的提高，单一的鱼虾已不能满足当地的生产需求，一方面家畜养殖业逐渐扩大，另一方面当地自发的旅游业迎合现代社会城市居民对自然的向往，两者都带来了不同程度的新型污染源，这些污染源的产生大大超出了湿地本身的自净能力，特别是对湿地水源的污染，直接影响到湿地内所有生物的安危。除此之外，为了便于运输，大量公路的修建直接破坏了湿地形态，阻断了野生动物的迁徙路线。旅游业的蓬勃发展带来了房地产业的进驻，原本良好的生态环境成了住宅的重要卖点，不受限制的人类活动开始渗入湿地深处，使得原生的生态环境受到不同程度的干扰。

3. 修复策略

西溪湿地的修复重建分为三个层次进行：

（1）设立以桑基鱼塘、柿基鱼塘为基底的"湿地核心保护区"，以保持原生态群落。

（2）保持部分原生湿地为主，限制住宅开发的"低密度开发区"，多以当地居民的传统村落的线型形态布置，保持江南水乡居民固有的乡土风貌。

（3）紧贴城市边缘的"高密度开发区"作为湿地与城区的交界处，同时包含湿地地貌与城市地貌的区域。

此外，水系的处理是重建湿地生态群落的重要步骤。西溪湿地在重建过程中以原有水体为基础，住宅区域则以组团的形式相互串联，在各个组团内设置各类人工湿地与原有水系相互串联，构成整个湿地大环境，形成整体的水循环，并配备原生湿地植物，以增强湿地的自净作用。

课后习题

1. 查阅文献，讨论水污染控制技术的发展历程。
2. 水污染控制的主要内容包括哪些方面？介绍各方面的特点。

3. 介绍城市污水处理方法的分类。

4. 与一级、二级处理工艺相比，污水三级处理工艺有什么特点？

5. 试述生态塘系统的运行原理。

6. 在一个完整的生态塘系统中，各类型塘的功能作用有何区别？

7. 自由水面型人工湿地和地下潜流型人工湿地在处理工艺上有什么差别？

8. 试述人工湿地处理技术的去污机理。

9. 相对于污废水单独处理技术，流域综合治理有何优势？

10. 介绍流域水污染综合治理技术体系应包含的主要内容。

11. 查阅有关"三河三湖"流域综合治理方面的资料，调研其工作进展和治理成效，讨论开展流域综合治理的重要意义。

参 考 文 献

[1] 王宝贞. 水污染控制工程 [M]. 北京：高等教育出版社，1990.

[2] 王宝贞，王琳. 水污染治理新技术——新概念、新理论、新工艺 [M]. 北京：科学出版社，2003.

[3] 王燕飞. 水污染控制技术 [M]. 北京：化学工业出版社，2001.

[4] 钱汉卿，左宝昌. 化工水污染防治技术 [M]. 北京：中国石化出版社，2004.

[5] 张宝君. 水污染控制技术 [M]. 北京：中国环境科学出版社，2007.

[6] 彭党聪. 水污染控制工程 [M]. 3 版. 北京：冶金工业出版社，2010.

[7] 胡亨魁，肖文胜. 水污染控制工程 [M]. 武汉：武汉理工大学出版社，2003.

[8] 缪应祺. 水污染控制工程 [M]. 南京：东南大学出版社，2002.

[9] 席北斗，魏自民，夏训峰. 农村生态环境保护与综合治理 [M]. 北京：新时代出版社，2008.

第七章 污染源调查

开展污染源调查主要是掌握各类污染源的数量、行业和地区分布情况，了解主要污染物的产生、排放和处理情况，建立健全重点污染源档案、污染源信息数据库和环境信息统计平台，为制定经济社会发展和环境保护政策、规划提供依据。污染源调查不仅是传统意义上的一项环保基础工作，更是关系到国家经济社会健康发展的安全保障工作，该工作对研究制定经济社会发展战略、调整优化经济结构、转变经济增长方式，都具有十分重要的意义。本章将介绍污染源调查的基础内容，包括污染源的分类及特征、污染源调查的内容、污染源调查方法、污染源评价及污染负荷预测等内容。

第一节 污染源调查概述

一、污染源分类及特征

（一）污染源分类

污染源是指向水体排放或释放污染物的发生源或场所。根据污染物的来源、特性、结构形态和调查研究目的不同，对其类型划分的方式也不同。

根据污染物的来源，可将其分为自然污染源和人为污染源两类。自然污染源是由于特殊的地质构造或其他自然条件，造成一个地区的水体中某些化学元素富集（如存在铀矿、砷矿、汞矿等），或天然植物在腐烂过程中产生某些有毒物质，由此而形成的污染源，自然污染源可分为生物污染源和非生物污染源两种。人为污染源是由于各种人类活动，如大量的工业废水不加处理而直接排放，农药、化肥随降雨径流进入水体等而形成的污染源，人为污染源可分为生产性污染源和生活性污染源两种。

根据污染源的作用空间或形态，可将其分为点源（如污水排放口、渗水井等）、线源（如污水河渠、漏水的污水与石油管道等）、面源（如农田大面积施用化肥、农药、污水灌溉等）。

根据污染源的稳定性，可将其分为固定污染源（如污水排放口）和移动污染源（如轮船等）。

根据污染源的排放时间或作用时间长短，可将其分为连续性污染源（如污水河渠的渗漏等）、间歇性污染源（如固体废物淋溶液等）和瞬时污染源（如排污管的短时渗漏等）。

根据排放污染物的种类，可将其分为有机、无机、热、放射性、重金属、病原体等污染源，以及同时排放多种污染物的混合污染源。

（二）污染源特征

由人类活动而造成的水污染事件是水环境保护工作的重点，因此下文主要对几种人为污染源进行介绍。

第一节 污染源调查概述

1. 工业污染源

工业污染源是指工业生产过程中对环境造成有害影响的生产设备或生产场所。一般情况下，工业污染源通过排放废水、污水、废液等进入水体，进而引发严重的水环境污染问题。受产品、原料、药剂、工艺过程、设备构造、操作条件等多种因素的综合影响，不同工矿企业产生的废水所含的成分相差很大；同时工业污染源具有量大、面广、成分复杂、毒性大、不易净化、处理难等特点，是重点治理的污染源。

2. 生活污染源

生活污染源是指人类生活产生的污染物发生源，通常城市和人口密集的居住区是主要的生活污染源。人们在日常生活中产生了各种污水混合物，例如各种洗涤剂和人畜粪便等，这些生活污水中包含了各种氯化物、硫酸盐、磷酸盐和 Na^+、K^+、Ca^{2+}、Mg^{2+} 的重碳酸盐等无机物以及纤维素、淀粉、糖类、脂肪、蛋白质和尿素等有机物，此外还有少量的重金属、洗涤剂以及病原微生物。在生活污水中，99％以上是水，固体物质不到1％，多为无毒的无机盐类、耗氧有机物类、病原微生物类及洗涤剂。生活污水的特点是氮、硫、磷的含量较高，在厌氧微生物的作用下易产生硫化氢、硫醇、粪臭素等具有恶臭气味的物质；从外表看，水体浑浊呈黄绿色以至黑色。生活污水一般呈弱碱性，pH 值约为 7.2～7.8，污水中的成分随各地区人们日常生活习惯的不同而不同。

3. 农业污染源

农业污染源是指在农业生产过程中形成的污染源，主要包括农业生产中喷洒的农药、施用的化肥及污水灌溉（包括城市污水、工业废水等）和农村地面径流等。随着现代农业的发展，使用的农药和化肥数量日益增多，在喷洒农药和除草剂以及施用化肥的过程中只有少量附着于农作物上，大部分残留在土壤中，通过降雨和地面径流的冲刷进入地表水和地下水中，造成污染。此外，牧场、养殖场、农副产品加工厂的有机废物排入水体，它们都可使水体水质恶化，造成河流、水库、湖泊等水体污染甚至富营养化。农业污染源具有面广、分散、难于收集、难于治理等特点，另外从化学成分来看，还具有以下两个显著特性：一是含有机质、植物营养素及病原微生物浓度高；二是含化肥、农药浓度也较高。

4. 交通污染源

铁路、公路、航空、航海等交通运输部门，除了直接排放各种作业污水（如货车、货船清洗废水），还有船舶的油类漏泄、汽车尾气中的铅通过大气降水而进入水环境等。例如，船舶在水域中航行时排放的污水，会对水体造成污染，其主要污染物是石油类。

5. 城市污染源

城市雨水和地表径流往往含有较多的悬浮固体，而且病毒和细菌的含量也较高，如注入地表水体或渗入地下水，会造成地表水和地下水的污染。

二、污染源调查的概念

污染源调查是指根据控制污染、改善环境质量的要求，对某一地区（如一个城市、一个流域，甚至全国）造成污染的原因进行调查，建立各类污染源档案，在综合分析的基础上选定评价标准，估量并比较各污染源对环境的危害程度及其潜在危险，确定该地区的重点控制对象（主要污染源和主要污染物）和控制方法的过程。

污染源调查是环境评价工作的基础。通过调查，掌握污染源的类型、数量及其分布，掌握各类污染源排放污染物的种类、数量及其随时间变化状况。通过评价，确定一定区域内的主要污染物和主要污染源，然后提出切合实际的污染控制和治理方案。

三、污染源调查的内容

污染源排放的污染物质种类、数量、排放方式、途径以及污染源的类型和位置，直接关系到其影响对象、范围和程度。污染源调查就是要了解、掌握上述情况及其他相关的问题。下面将从工业污染源调查、生活污染源调查和农业污染源调查三个方面对污染源调查的相关内容进行介绍。

（一）工业污染源调查

1. 企业基本情况

（1）企业概况：企业名称、厂址、主管机关名称、企业性质、规模、厂区占地面积、职工构成、固定资产、投产年代、产品、产量、产值、利润、生产水平、企业环境保护机构名称。

（2）工艺情况：工艺原理、工艺流程、工艺水平、设备水平，以及生产过程中的污染源和污染物。

（3）能源、水源、原辅材料情况：能源构成、产地、成分、单耗、总耗、水源类型、供水方式、供水量、循环水量、循环利用率、水平衡、原辅材料种类、产地、成分及含量、消耗定额、总消耗量。

（4）生产布局情况：原料、燃料堆放场、车间、办公室、堆渣场等污染源的位置，绘制企业生产布局图。

（5）管理情况：管理体制、人员编制、生产调度、管理水平及经济指标，环保机构对污染源的统计情况等。

2. 污染物排放及治理情况

（1）污染物排放情况：污染物种类、数量、成分、性质，排放方式、规律、途径、排放浓度、排放量（每年）、排放口位置、类型、数量、控制方法、历史情况、事故排放情况。

（2）污染物治理情况：工艺改革、综合利用、治理方法、治理工艺、投资、效果、运行费用、副产品的成本及销路，存在问题、改进措施、今后治理规划或设想。

3. 污染危害情况

排污造成的人体健康危害、经济社会损失，以及对生态系统造成的危害。

4. 生产发展情况

生产发展方向、规模、指标、"三同时"[1] 措施、预期效果及存在问题。

（二）生活污染源调查

1. 城市居民人口

人口调查包括总人口数、总户数、流动人口、人口构成、人口分布、人口密度、居住环境、年龄构成等。

---

[1] 根据我国《环境保护法》规定，建设项目中防治污染的措施，必须与主体工程同时设计、同时施工、同时投产使用，这一规定在我国环境立法中通称为"三同时"制度。

2. 城市居民用水和排水状况

居民用水类型（城市集中供水、自备水源）、不同居住环境人均用水量、办公楼、旅馆、商店、医院及其他单位的用水量、排水量，下水道设置情况（有无下水道、下水去向），机关、学校、商店、医院有无化粪池及小型污水处理设施。

3. 城市垃圾及处置方法

城市污水处理总量，污水处理率，污水处理厂的个数、分布、处理方法、运行维护费用，处理后的水质；城市垃圾总量、处置方式、处置点分布、管理人员、管理水平、投资和运行费用等。

（三）农业污染源调查

1. 农药使用情况

施用的农药品种、数量、有效成分含量、滞留时间、农作物品种、面积、使用时间和使用方法。

2. 化肥使用情况

施用的化肥品种、数量、方式、时间。

3. 农业废弃物处理情况

农作物茎、秆、牲畜粪便的产量及其处理处置方式与综合利用情况。

4. 水土流失情况

水土流失的面积以及水土流失引发的污染负荷增量。

除了以上几项调查工作外，有时还要考虑交通污染源调查等其他形式的调查。一般情况下，在进行一个地区的污染源调查时，还应同时进行自然背景调查和社会背景调查。自然背景调查主要包括地质、地貌、气象、水文、土壤、生物等。社会背景调查主要包括居民区、水源区、风景区、名胜古迹、工业区、农业区和林业区等。

第二节 污染源调查方法

一、污染源调查的原则

（1）目的要求要明确。污染源调查的目的要求不同，其方法步骤也就不同。例如，针对一个城市电镀车间开展的调查工作，重点是摸清污染源的分布、规模、排放量以及评价其对环境的影响，从环境保护和生产发展的要求来看，如何更合理地调整电镀车间的场地位置、解决电镀污水的处理与排放问题是关键。如果要制定一个水系或区域的综合防治方案，污染源调查的目的则是要摸清该水系或区域的主要污染物和主要污染源，其调查方法和步骤与前者是不同的。

（2）要把污染源、环境和人体健康作为一个系统来考虑。在污染源调查过程中，不仅要重视污染源的自身特性（如数量、类型和排污量），同时还要重视所排放污染物的物理、化学性质，进入环境的途径以及对人体健康的影响等因素。

（3）要重视污染源所处的位置及周围环境。在开展污染源调查时，应对污染源所在的位置和周围环境的背景进行调查，包括污染源距离河道远近、地貌、水质、水文、气象、生物和社会经济状况等。

(4) 注重污染源调查工作程序。从污染源调查的开始就要设计出一个好的工作程序，调查、评价、控制管理是紧密相连的三个环节，在调查过程中一定要紧紧抓住这些环节。

二、污染源调查程序

污染源调查工作，需要按照科学合理的调查工作程序或步骤来进行。一般可将污染源调查工作分为准备阶段、调查阶段和总结阶段三个阶段。准备阶段主要是成立相关的调查机构，落实经费，开展宣传，进行组织动员；制订调查方案和查找技术规范，编制调查表格，开发相应的软件和数据库；同时组织调查试点，开展调查业务培训等工作。调查阶段主要是通过全面调查，掌握污染物排放情况、污染危害及治理情况；同时结合样品采集等实地监测措施，了解污染源的污染物排放浓度和排放数量。总结阶段主要是对调查资料的数据进行处理，建立污染源档案，进行污染源评价，编写污染源调查报告等。污染源调查程序如图 7-1 所示。

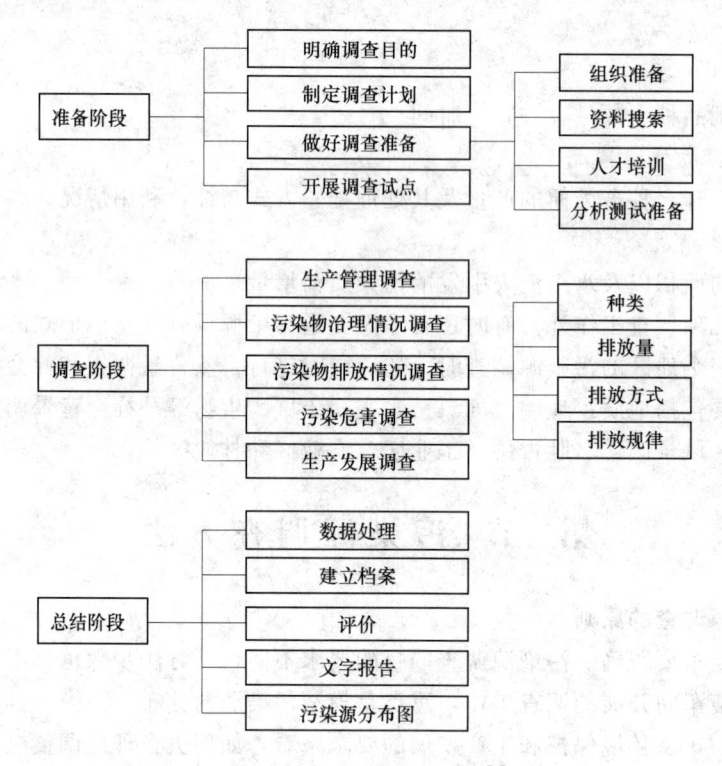

图 7-1 污染源调查程序[3]

三、污染源调查方式

社会调查是进行污染源调查的基本方法，也是必备方法。社会调查法通常是深入工厂、企业、机关、学校进行访问，召开各种类型座谈会的调查方法。它可以使调查者获得许多关于污染源的资料，对于认识和分析污染源的特点、动态和评价污染源都具有重要作用。为了搞好社会调查工作，往往将社会调查方式分为普查和详查。

(1) 普查就是对污染源进行全面调查。普查工作应在统一的领导、统一的普查时间、项目和标准下，做好普查人员的培训，以统一的调查方法、步骤和进度开展调查工作。普查工作一般多由主管部门发放调查表，以被调查对象填表的方式进行。通过普查要查清区域或流域内的工矿、交通运输等企、事业单位名单，各单位的规模、性质和排污情况；对于农业污染源和生活污染源也可到主管部门收集农业、渔业和禽畜饲养业的基础资料、人口统计资料、供排水和生活垃圾排放等方面的资料，通过分析和推算得出本区域和流域内污染物排放的基本情况。

（2）详查是在普查的基础上，针对重点污染源开展的调查活动，在对区域环境整体分析的基础上，在同类污染源中选择排放量大、影响范围广泛、危害严重的重点污染源进行详查。重点污染源的调查应从基础状况调查做起直到最后建立一整套污染源档案，其工作内容无论从调查内容、调查广度和调查深度上，都应超过普查。详查时污染源调查人员要深入现场，核实被调查对象填报的数据是否准确，同时进行必要的监测。详查又可以分为重点调查和典型调查。重点调查是选择一些对环境影响较大的污染源进行细致调查，它为解决实际问题提供重要资料，尤其适用于对排污量占全区排污总量较大比重的少数大型污染源调查；典型调查是根据所研究问题的目的和要求，在总体分析的基础上有意识地对地区内一些具有代表性污染源进行细致调查和剖析的调查方法。

四、污染物排放量估算

确定污染物排放量的方法主要有统计报表法、现场调查法、物料衡算法、排污系数法等。

（一）统计报表法

统计报表法是指排污单位按照统一表格形式所规定的填报内容和指标要求等，经实际统计后向上级提交报表，并由相关部门进行汇总统计的方法。按照汇总后的统计报表，可以根据行业、部门、区域、污染物类型分别开列清单，得到按不同分类要求统计的污染物排污量。这种方法适用于普查。

（二）现场调查法

现场调查法是通过对某个污染源进行现场测定，得到污染物排放浓度和流量数据，然后计算出污染物排放量。如针对某工厂或车间的排污口，可选定合适的采样点和采样测流频率，由实测废水的流量、污染物浓度等计算得出污染物的排放量。其计算公式为

$$G_j = K\rho_j QT \tag{7-1}$$

式中：G_j 为废水中第 j 种污染物的排放量，t；Q 为单位时间废水的排放量，m^3/h；ρ_j 为第 j 种污染物实测浓度，mg/L 或 mg/m^3；T 为污染物排放时间，h；K 为单位换算系数，对于废水 K 为 10^{-6}。

如果污染源有几个排污口，且每个排污口所排放的废水中污染物不止一种，则污染源中每种污染物的排放量计算公式为

$$G_j = \sum_{i=1}^{n} K\rho_{ij} Q_i T \tag{7-2}$$

式中：G_j 为第 j 种污染物排放总量，t；ρ_{ij} 为第 i 个排污口、第 j 种污染物的实测浓度，mg/L 或 mg/m^3；Q_i 为第 i 个排污口的单位时间废水排放量，m^3/h；其他符号意义同前。

在式（7-1）和式（7-2）中，ρ_j 和 ρ_{ij} 都是污染物的实测浓度，因而比其他方法更接近实际，比较准确，这也是现场调查法的主要优点。但该方法要求所测的数据必须要有代表性，因此，在实际应用时不能只测定一个浓度值，而需要进行多次测量，获得多个浓

度值。那么，对于污染物实测浓度 ρ 的最终取值通常有两种情况：如果废水流量只有一个测定值，而污染物的浓度反复测定多次，ρ 可取算术平均值；如果废水流量是动态变化的，则在对废水流量与污染物浓度多次同时测定后，对废水流量取算术平均值，而对污染物浓度取加权算术平均值。计算公式如下：

$$\overline{Q} = \frac{1}{m}(Q_1 + Q_2 + \cdots + Q_m) = \frac{1}{m}\sum_{k=1}^{m} Q_k \tag{7-3}$$

$$\overline{\rho} = \frac{Q_1\rho_1 + Q_2\rho_2 + \cdots + Q_m\rho_m}{Q_1 + Q_2 + \cdots + Q_m} = \frac{\sum_{k=1}^{m} Q_k\rho_k}{\sum_{k=1}^{m} Q_k} \tag{7-4}$$

式中：$\overline{Q}$ 为废水的平均流量，m^3/h；ρ 为污染物的实测浓度，mg/L 或 mg/m^3；m 为测定次数；k 为测定次数的下标变量；$\overline{\rho}$ 为污染物加权算术平均浓度，mg/L 或 mg/m^3；其他符号意义同前。

（三）物料衡算法

物料衡算法主要依据物质守恒定律，即产品在生产过程中投入一种物料 i 的总量 M_i，等于经过工艺过程进入产品中的量 P_i、回收的量 R_i、转化为副产品的量 B_i 和进入废水、废气、废渣中成为污染物的量 W_i 之和（即 $M_i = P_i + R_i + B_i + W_i$）。

通过对工艺过程中物料衡算或对生产过程实测，可以确定每一项的量，如果该产品的产量为 G，则可求出单位产量的投料量：$m_i = M_i/G$；单位产品的排污量：$w_i = W_i/G$；单位产品的总排污量是由进入废水（W_{iw}）、废气（W_{ia}）和废渣（W_{is}）中的该物料组成的，即：$W_i = W_{iw} + W_{ia} + W_{is}$。如果废水、废气和废渣经过一定的处理后排放，处理过程的去除率分别为 η_w、η_a 和 η_s，则在生产单位产品的过程中排入环境中的污染物数量为

$$d_{iw} = \sum_{i=1}^{3} W_i(1-\eta_i) = W_{iw}(1-\eta_w) + W_{ia}(1-\eta_a) + W_{is}(1-\eta_s) \tag{7-5}$$

（四）排污系数法

排污系数法也称经验估算法，它是根据生产过程中单位产品的经验排污系数和产品产量，来计算污染物排放量。其计算公式为

$$Q = KW \tag{7-6}$$

式中：Q 为污染物排放量；K 为单位产品的经验排放系数；W 为某种产品的单位时间产量。

各种污染物的排放系数 K 与原材料、生产工艺、生产设备及操作水平有关。各地区、各单位由于生产技术条件的不同，污染物排放系数与实际排放系数可能有很大差别，因此，若选用有关文献给出的排放系数，应根据实际情况予以修正。

五、污染物入河量估算

污染物入河量，指由入河排污口进入水功能区的污废水量和污染物量。由于污废水自陆域上的污染源排放后，在输送过程中总是存在着各种损失（如渗漏、蒸发或污染物降解等）。因此进入水体的污废水和污染物总量必然小于污染源排放的污废水和污染物总量。进入河流的污染物量占污染物排放总量的比例通常用污染物入河系数来表示，其计算公式如下：

$$k_r = \frac{W_河}{W_排} \tag{7-7}$$

式中：k_r 为入河系数；$W_河$ 为污染物入河量；$W_排$ 为陆域各污染源的污染物排放量。

一般情况下，污染物进入水域的数量受众多因素的影响，情况复杂且区域差异很大，因此可采用典型调查法来推求各污染源的入河系数。典型调查法的原理是，首先选取设置有独立入河通道或入河排污口的污染源，分别在污染源排放口和入河排污口监测污染物排放量和入河量，可求得污染物的入河系数；再选取各类典型水域和河段，监测其所对应的陆域范围内所有污染源的污染物排放量和水域内所有排污口的污染物入河量，可求得典型水域所对应的陆域范围的污染物入河系数。因排水区域环境状况的不同和污水性质的差异，污染物入河系数变化较大，一般在 0.5~0.9 之间。

对有水质水量资料的入河排污口，根据污废水排放量和水质监测资料，按下式估算主要污染物入河量：

$$W_河 = Q_河 \times C_河 \tag{7-8}$$

式中：$W_河$ 为污染物入河量；$Q_河$ 为污废水入河量；$C_河$ 为污染物的入河浓度。

对于有污染源排污资料而无入河排污口资料的排污口，其污染物入河量可先用典型调查法计算出入河系数 k_r，再通过式（7-9）计算污染物入河量：

$$W_河 = k_r \times W_排 \tag{7-9}$$

六、全国污染源普查简介

为了加强对环境的监督管理，了解各类企事业单位与环境有关的基本信息，建立健全各类重点污染源档案和各级污染源信息数据库，2010 年 2 月由环境保护部、国家统计局和农业部三部委联合开展了第一次全国污染源普查，普查的标准时点为 2007 年 12 月 31 日；2016 年 10 月 26 日印发了《国务院关于开展第二次全国污染源普查的通知》（国发〔2016〕59 号），决定开展第二次全国污染源普查，普查的标准时点为 2017 年 12 月 31 日。

污染源普查对象为我国境内排放污染物的工业污染源、农业污染源、生活污染源和集中式污染治理设施；普查内容包括各类污染源的基本情况、主要污染物的产生和排放数量、污染治理情况等。本书中仅列举出全国总体情况，具体情况可参见《第二次全国污染源普查公报》。

1. 全国各类普查对象数量

2017 年末，全国普查对象数量 358.32 万个（不含移动源），包括：工业源 247.74 万个，畜禽规模养殖场 37.88 万个，生活源 63.95 万个，集中式污染治理设施 8.40 万个。

2. 全国主要污染物排放总量

2017 年，全国水污染物排放量：化学需氧量 2143.98 万 t，氨氮 96.34 万 t，总氮 304.14 万 t，总磷 31.54 万 t，动植物油 30.97 万 t，石油类 0.77 万 t，挥发酚 244.10t，氰化物 54.73t，重金属（铅、汞、镉、铬和类金属砷，下同）182.54t。

2017 年，全国大气污染物排放量：二氧化硫 696.32 万 t，氮氧化物 1785.22 万 t，颗粒物 1684.05 万 t。

第三节 污 染 源 评 价

污染源评价是在查明污染物排放地点、方式、数量和规律的基础上，综合考虑污染物的毒性、危害和环境功能等因素，以潜在污染能力来表达区域内主要环境污染问题的方法。其目的是通过对区域内不同污染源的相互比较，确定各污染源对水环境影响的大小顺序，识别当地主要的污染源和污染物，并归纳制约水环境质量的主要因素。该项工作是环境影响评价和污染综合防治的基础性工作。

一、评价原则及类型

由于一个区域内污染源和污染物的种类众多、数量庞大，一般要求将当地污染源所排放的大多数种类污染物都纳入评价范围内（至少不低于本区域内所有污染物的80%）。另外，在不同污染物之间会因其毒性和计量单位的不统一而使得评价结果缺乏可比性，因此对评价标准的选择就成为衡量污染源评价结果是否合理的关键问题之一。通常，在选择相应的标准进行水质指标标准化处理时，既要考虑到标准能否准确反映出污染源所造成的主要危害，又要使所选的标准涵盖本区域的大多数污染物类型。因此，在评价标准选取时一般采用相关的国家技术规范，如《污水综合排放标准》(GB 8978—1996)。

污染源评价可分为以潜在污染能力为指标的评价体系和以经济技术指标为评价依据的评价体系两大类。前者又进一步分为类别评价和综合评价。类别评价主要是采用超标率、超标倍数、检出率等指标来评价单项污染物对环境的潜在污染能力；综合评价则是考虑多种污染源、多种污染物和多种污染类型对环境总的潜在污染能力。后者主要采用各种污染系数对污染源进行评价：如污染系数高，则说明企业的技术水平低，经济效益差，对环境的污染能力大；反之亦然。

二、评价方法

与评价类型相对应，污染源评价方法主要有污染源单一评价方法、综合评价方法和经济技术评价法。污染源单一评价方法所选用的指标包括浓度指标、排放强度指标和统计指标等；综合评价方法则包括等标污染负荷法、排毒系数法、等标排放量法、潜在污染能力指数法和环境影响潜在指数法等；经济技术评价法主要包括消耗指数法和流失量指数法等方法。

（一）污染源单一评价方法

1. 浓度指标

以某污染源排放某种污染物的浓度值来表达污染源的污染能力大小。但这种方法存在一定的不足，容易忽略污染物排放量大，而排放浓度低的污染源对环境的污染影响。

2. 排放强度指标

排放强度指标的表达式为

$$W_i = c_i q_i \tag{7-10}$$

式中：W_i 为某种污染物的排放强度，g/d；q_i 为含有某种污染物的废水排放流量，m³/d；c_i 为废水中某种污染物的平均浓度，g/m³。

3. 统计指标

(1) 检出率：某种污染物被检测出的样品数占样品总数的百分比。

(2) 超标率：某种污染物超过排放标准的样品数占样品总数的百分比。

(3) 超标倍数：某种超过排放标准的污染物浓度值与标准值之比。

(4) 标准偏差：某种污染物的标准偏差定义为

$$\delta=\sqrt{\frac{\sum(\rho_i-\rho_{0i})^2}{n-1}} \qquad (7-11)$$

式中：δ 为实测值与排放标准的标准差，其值越大，污染排放越严重；ρ_i 为污染物实测浓度；ρ_{0i} 为污染物排放标准；n 为监测次数。

(二) 污染源综合评价方法

1. 等标污染负荷法[5]

(1) 某污染物的等标污染负荷 P_i：

$$P_i=\frac{C_i}{|C_{0i}|}Q_i\times 10^{-6} \qquad (7-12)$$

式中：C_i 为污染物的实测浓度值；$|C_{0i}|$ 为污染物的评价标准值；Q_i 为污染物的废水排放量；10^{-6} 为换算系数。

(2) 某污染源的等标污染负荷 P_n：

$$P_n=\sum_{i=1}^{n}P_i=\sum_{i=1}^{n}\frac{C_i}{|C_{0i}|}Q_i\times 10^{-6} \qquad (7-13)$$

式中：n 为污染物的种类；其他符号意义同前。

(3) 某区域（或流域）的等标污染负荷 P_m：

$$P_m=\sum_{j=1}^{m}P_{nj} \qquad (7-14)$$

式中：m 为污染源的个数；其他符号意义同前。

(4) 区域中某污染物的总等标污染负荷 $P_{i总}$：

$$P_{i总}=\sum_{j=1}^{m}P_{ij} \qquad (7-15)$$

式中：P_{ij} 为第 j 个污染源中污染物 i 的等标污染负荷；其他符号意义同前。

(5) 某污染物在污染源或区域中的等标污染负荷比 K_i 和 $K_{i总}$：

$$K_i=\frac{P_i}{P_{i总}}\times 100\%,\ K_{i总}=\frac{P_{i总}}{P_m}\times 100\% \qquad (7-16)$$

(6) 某污染源在区域中的等标污染负荷比 K_n：

$$K_n=\frac{P_n}{P_m}\times 100\% \qquad (7-17)$$

根据上述公式，结合区域内污染源排放实测数据，便可求出相应的等标污染负荷或等标污染负荷比指标，进而按照排列图原理筛选出本区内的主要污染源和污染物：首先，将区域内污染物总等标污染负荷（$P_{i总}$）按大小排列，分别计算 $P_{i总}$ 指标的百分比及累积百分比，将累积百分比大于 80% 的污染物列为该地区的主要污染物。其次，将区域内污染源的等标污染负荷（P_n）按大小排列，分别计算 P_n 指标的百分比及累积百分比，将累积百分比大于 80% 的污染源列为区域内的主要污染源。

2. 排毒系数法

排毒系数是指污染物的实测排放浓度与相应毒性标准浓度的比值，其表达式为

$$F_i = \frac{c_i}{c_{mi}} \tag{7-18}$$

式中：F_i 为污染物 i 的排毒系数；c_i 为污染物 i 的实测排放浓度，mg/m^3；c_{mi} 为污染物 i 的毒性标准浓度，mg/m^3。

3. 环境影响潜在指数法[6]

将污染物、污染源状况与承受污染的具体环境结合起来进行评价，可以更为客观地评价污染源，此类评价方法带有指明污染源对环境潜在影响的意义，称为环境影响潜在指数法。其计算公式为

$$P_i = K_{ij} \frac{m_i}{C_{0i}} a_j \tag{7-19}$$

式中：P_i 为污染物的环境影响潜在指数；m_i 为污染物日绝对排放量；C_{0i} 为污染物的排放标准浓度；a_j 为水体功能用废水水量分配系数；K_{ij} 为污染物的环境功能系数。环境功能系数 K_{ij} 是指污染物的排放标准浓度（C_{0i}）与污染物的水体功能标准浓度（C_s）之比，即 $K_{ij} = C_{0i}/C_s$。K_{ij} 越大，表明污染物（源）对功能水体的污染威胁越大。

（三）经济技术评价法

经济技术评价法是以经济技术指标作为评价标准的一种方法，其指导思想是基于污染源排放污染物的主要原因是资源利用率低、企业管理不善、技术条件落后、设备陈旧等。该方法认为，污染物的排放量取决于生产单位产品所消耗的水量、能源和原材料数量，这些物质能量的消耗量越大，则污染物排放量越大，对环境的危害也越大。因此，利用经济技术评价法进行评价，可从另一侧面反映污染源的潜在污染能力，并使得人们对污染源的认识进一步提高。此类方法中常用到的方法包括消耗指数法和流失量指数法。

1. 消耗指数法

消耗指数是指生产单位产品所消耗的水量、能量、原材料量与定额消耗量的比值，其表达式为

$$E_i = \frac{a_i}{a_{0i}} \tag{7-20}$$

式中：E_i 为某种产品的耗量指数；a_i 为某种产品的水量（或能量、原材料量）的单耗，t/t；a_{0i} 为某种产品的水量（或能量、原材料量）的定额耗量，t/t。

2. 流失量指数法

流失量指数是指某一污染源的水量、能量、原材料量的流失量与定额流失量之比，它反映出生产技术、生产工艺和生产管理的总水平，表达式为

$$F_i = \frac{q_i}{q_{0i}} \tag{7-21}$$

式中：F_i 为流失量指数；q_i 为水量（或能量、原材料量）的日平均流失量，kg/d；q_{0i}

为水量（或能量、原材料量）的定额日平均流失量，kg/d。

第四节 污染负荷预测[*]

一、基本概念

污染负荷是指在单位时间内从污染源传输到水体中的污染物的质量（或重量）[7]。对于河流、湖泊、水库等纳污水体，其输入的污染物数量、分布和强度是不断变化的，因此将某一水域在某一时段内输入的污染物数量称为污染负荷量，其变化过程称为污染负荷过程。根据污染源在流域上的分布特征，可将污染负荷的来源分为点源和非点源两种形式：前者以点状形式排放而使水体造成污染，例如工业废水和城镇生活污水在经过城市污水处理厂处理或下水道管网汇集后输送至排污口，以点源的形式向水体进行排放；后者是相对点源污染而言的，它是指溶解的和固体的污染物从非特定的地点，在降水（或融雪）冲刷作用下，通过径流过程而汇入受纳水体，引起水体富营养化或其他形式的污染。两者的形成机制与性质显著不同，预测方法也相差很大。

污染负荷预测主要是对陆域各类污染源的排污量进行预测，其结果可进一步与水环境数学模型结合，模拟计算受纳水体在不同水平年和相应设计条件下，BOD、COD、DO、TN、TP、温度、藻类等环境要素随时间、空间的变化过程，为合理开发利用水资源以及编制水环境保护规划和管理方案提供依据。

二、点源污染负荷预测

点源污染一般分生活污水和工业废水两种类型。生活污水的成分比较固定，但随着地区的不同，其污水浓度略有差别，具体情况常常需要通过对当地的生活污水调查分析获得。工业废水的污染物成分则随着产品的不同有很大差异，如造纸厂废水中含有大量的木质素、碱和游离氯；煤气厂、焦化厂、炼油厂废水中含有较多的酚和氨；电镀厂废水中含有重金属铬、镉化合物和氰化物；火电厂的冷却水则比较清洁等。在计算时，可通过对当地各行各业的废水抽样调查，分析其工业废水成分和耗水率。

点源污染负荷预测，涉及区域经济结构组成、国内经济产值、经济增长速度、人口数量、万元产值废水排放量、人均生活污水排放量、中水回用情况等，其影响因素错综复杂。为此，需根据当地的国民经济发展纲要、中长期规划、环境保护规划等规划材料，并结合对历史资料的统计分析结果，选择适宜的预测方法来对污染负荷进行预测。由于其影响因素众多，在预测时准确度受到一定的限制，因而在实际工作中，通常采用几种方法同时进行预测，在分析对比后选取合理可靠的结果。

下面首先介绍一些与点源污染负荷预测有关的影响因素指标（如人口、GDP）的预测方法，再进一步介绍生活污水和工业废水污染负荷的预测方法。

（一）污染负荷影响因素预测

与点源污染负荷预测有关的影响因素指标有城镇人口数量、工业产值、第三产业产值、万元产值废水排放量、人均生活污水排放量等，可根据历史统计资料并选用适当的模型来预测这些因素的变化趋势，为点源污染负荷预测提供数据支持。

1. 指数外延预测模型

如果预测事件是一组随时间变化的数据，其变化发展趋势符合指数增长规律，可由历史资料建立指数曲线方程，并依此来推测未来事件的发展趋势与状态。指数增长模型的一般形式为

$$P = P_0(1+\alpha)^t \tag{7-22}$$

式中：P_0 为基准年的指标值，基准年可根据国民经济发展计划的实施情况来确定；t 为从基准年开始至预测年份的时间；P 为指标预测值；α 为预测期内指标的平均增长率，α 通常不是一个固定不变的常数，而是一个随时间变化的数据序列。

2. 龚柏兹预测模型

龚柏兹曲线是一种常用的生长曲线，其数学模型的一般形式为

$$P = ka^{b^t} \tag{7-23}$$

式中：P 为指标预测值；t 为时间；k、a、b 为参数。

对不同的参数值，龚柏兹曲线有不同的形状和变化趋势，既可以是增长曲线，也可以是下降曲线。k 为曲线的上限或下限值。

已知时间序列值 (t_i, P_i)，应用龚柏兹曲线拟合，即可求得参数 k、a、b。现介绍一种较简单的求解方法，具体步骤如下：

(1) 时间序列值的个数 N 应能被 3 整除，即等分为 3 组，每组 n（$n = N/3$）项。

(2) 将各组变量值 P_{1i}、P_{2i}、P_{3i} 取对数，并求得三组数据值的和：$\sum \lg P_{1i}$、$\sum \lg P_{2i}$、$\sum \lg P_{3i}$。

(3) 利用下列公式计算参数 k、a、b

$$b^n = \frac{\sum \lg P_{3i} - \sum \lg P_{2i}}{\sum \lg P_{2i} - \sum \lg P_{1i}} \tag{7-24}$$

$$\lg a = (\sum \lg P_{2i} - \sum \lg P_{1i}) \frac{b-1}{(b^n-1)^2} \tag{7-25}$$

$$\lg k = \frac{1}{n}\left(\sum \lg P_1 - \frac{b^n-1}{b-1} \lg a\right) \tag{7-26}$$

将求得的 k、a、b 代入式（7-23），即可得该模型的预测方程。

（二）生活污水污染负荷预测

1. 生活污水排放量预测[8]

某地区生活污水排放量预测按照式（7-27）计算

$$Q_{st} = 365 \times 10^{-3} P_t \alpha_t \tag{7-27}$$

式中：Q_{st} 为设计水平年 t 的生活污水排放量，m³/a；P_t 为设计水平年的城镇或乡村人口数，人；α_t 为设计水平年城区或郊区城镇生活污水量排放系数，L/(人·d)，该系数可根据研究区的长期经济社会发展规划来确定，如利用规划中的用水定额与生活污水排放系数联合确定。

2. 生活污水污染物负荷量预测

对于某一地区，预测其生活污水污染物负荷量的表达式如下

$$W_{st} = Q_{st} C_s \times 10^{-6} \tag{7-28}$$

式中：W_{st} 为设计水平年 t 生活污水中某一污染物负荷量，t/a；Q_{st} 为设计水平年 t 的生活污水排放量，m³/a；C_s 为生活污水中某种污染物的浓度，该参数可通过当地的城镇和农村生活污水统计资料分析确定，mg/L。

(三) 工业废水污染负荷预测

工业废水污染负荷包括工业生产过程中排放的废水量和各种污染物量，其预测程序一般为：先根据一个地区的经济社会发展规划，预测不同设计水平年的工业产值，由此得到预测的工业废水排放量；将其乘以废水的污染物浓度，即可得到预测的污染物量。

1. 工业废水排放量预测

一个地区的工业废水排放量是由工业中的各个行业废水排放量组成的，因此将设计水平年各个行业的废水排放量扣除相应的重复用水后相加，即可预测该地区的工业废水排放量。其预测方程为

$$Q_{gt} = \sum_{i=1}^{n} V_{it} d_{it} (1 - P_{it}) \times 10^{-4} \tag{7-29}$$

式中：Q_{gt} 为设计水平年 t 的工业废水排放量，万 t/a；V_{it} 为设计水平年 t 第 i 行业的工业产值，万元/a；d_{it} 为设计水平年 t 第 i 行业的万元工业产值废水排放量，t/万元，该参数与行业性质、物价变化、科技进步、地区水资源状况等有关，可根据当地的经济社会发展规划等资料分析预测；P_{it} 为设计水平年 t 第 i 行业的工业用水重复率，可在水资源规划中查找该指标；n 为设计水平年 t 的工业行业数。

2. 污染物排放量预测

某地区的某种污染物排放量按照下式计算：

$$W_{gt} = \sum Q_{git} m_{it} (1 - R) \tag{7-30}$$

式中：W_{gt} 为设计水平年 t 某种污染物排放量（即污染负荷量），万 t/a；Q_{git} 为设计水平年 t 第 i 行业的废水排放量，万 m³/a；m_{it} 为设计水平年 t 第 i 行业排放废水中的某种污染物浓度，t/m³；R 为污水处理率，可根据当地的经济社会发展规划来确定。

三、非点源污染负荷预测

(一) 非点源污染负荷及其形成

水环境中的非点源污染主要是指降雨（尤其是暴雨）产生的径流，冲刷地表的污染物，通过地表径流等水文循环过程进入各种水体，引起含水层、湖泊、河流、水库、海湾及滨岸生态系统等的污染。因此非点源污染与降雨过程密切相关，受水文循环过程的影响和支配，其发生具有随机性；污染物的来源和排放点不固定，污染负荷的时间和空间变化幅度大，其监测、控制和处理具有情况复杂、难度大、成本高等特点。目前，非点源污染已经成为一些地区水环境的首要污染源。

从图 7-2 可见，非点源污染可以分成随水文产流过程而形成的产污过程和随水文汇流过程而形成的入河过程。非点源污染源主要是由于人类活动而累积在地表的污染物，如投放到农田中的化肥和农药、累积在城市街道的地表沉积物、畜禽养殖产生的粪便及垃圾、矿山的固体废物等。

(二) 非点源污染负荷预测

非点源污染过程主要包括降雨径流过程、产沙输沙过程和污染物随水流运动的迁移转

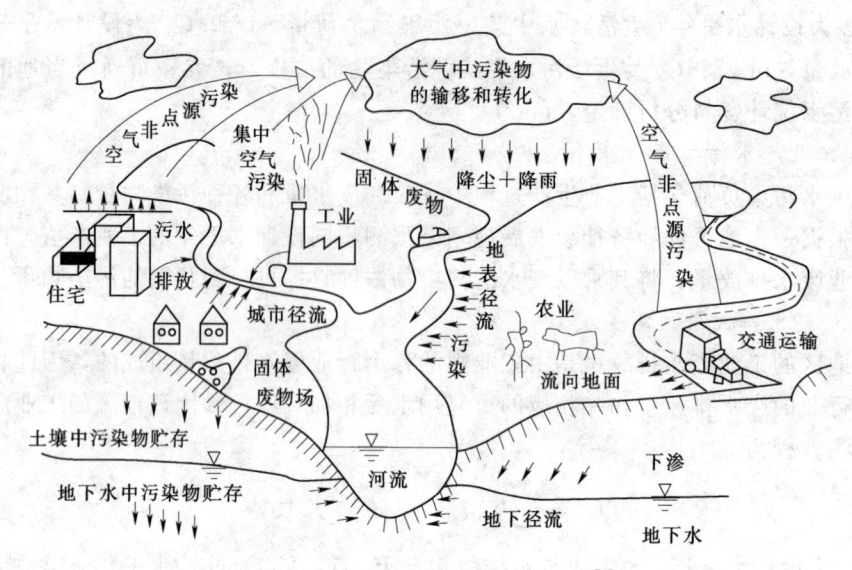

图 7-2 非点源污染负荷产生过程[1]

化过程。降雨径流污染形成的基础是降雨径流过程，因此非点源污染预测中常常借助水文学的概念和方法，如经验公式法、单位线法等，同时也出现了一些非点源污染负荷预测的机理模型，如 HSPF 模型和 SWAT 模型等，本书中简要介绍非点源负荷预测的经验公式法和 SWAT 模型法。

1. 经验公式法

1976 年 Haith 提出了一套用经验公式预测非点源污染负荷的方法[1]。该方法主要用于污染控制规划，预测不同治理水平下的非点源污染负荷量。该方法的计算步骤如下。

(1) 划分单元小区。把流域划分为若干小单元，要求每个单元的作物、土壤、管理、地形、气象条件基本一致，并认为每个单元对流域输出总负荷的贡献是相互独立的。

(2) 计算各单元的径流量、土壤流失量和产污量。

1) 径流量。采用美国水土保持局（SCS）提出的径流曲线（CN）方程计算，即

$$R_s = \frac{(P-0.2S)^2}{P+0.8S} \tag{7-31}$$

式中：R_s 为地表径流量，mm；P 为降水量，mm；S 为流域土壤蓄水能力，mm。

针对流域土壤的最大可能入渗量 S，SCS 提出了一个径流曲线数（runoff curve number，记为 CN）指标作为反映降雨前流域特征的综合参数，则有

$$S = \frac{25400}{CN} - 254 \tag{7-32}$$

式中：S 为流域土壤蓄水能力，mm；CN 为径流曲线数。

2) 土壤流失量。采用美国农业部农业研究所根据美国多年观测资料分析得到的通用土壤流失方程（WSLE）计算，其计算公式为

$$M_s = KR_p L_s CB \tag{7-33}$$

式中：M_s 为单位面积上土壤流失量，即土壤侵蚀模数，t/hm²；K 为土壤可蚀性因子，

根据淤泥和细沙百分数、沙子百分数、有机质百分数、土壤质地和渗透性查图确定;R_p 为降雨能量因子,反映降雨的雨滴能量对土壤侵蚀的作用,根据暴雨强度、雨量由综合分析的 R_p 计算公式推求;L_s 为坡度—长度因子,根据坡面长度和坡度进行计算;C 为植物覆盖因子,根据土地利用和植物覆盖情况查表确定;B 为侵蚀控制措施因子,根据土地利用情况和控制土壤侵蚀措施查表确定。

上述各因子的估算有一整套具体的方法,可查阅有关文献。我国也开展了一些类似的研究,如根据西峰水保站在南小河沟坡耕地径流小区的实验资料,提出的土壤流失方程式为[1]

$$M_s = 0.01 P^{0.9} I_{30}^{1.3} K \left(\frac{L}{20}\right)^{1.8} \left(\frac{J_s}{5}\right)^3 CB \qquad (7-34)$$

式中:M_s 为土壤侵蚀模数,t/km^2;P 为次暴雨量,mm,应大于临界侵蚀雨量 10mm,否则对产沙无效,取作零;I_{30} 为次降雨中最大连续 30min 内的平均雨强,mm/h;L 为坡面长度,m;J_s 为坡面坡度,%;K 为土壤可蚀因子,取 0.4;C 为植被覆盖因子,对休闲地取 1.0,对秋作物取 0.8;B 为侵蚀控制措施因子,对梯田取 0.05,林地取 0.19,草地取 0.18。

该式计算值与实测值非常相近,相关系数达 0.98,可用于估算西北黄土高原沟壑区坡耕地的降雨侵蚀流失量。

3) 污染负荷量。在某一小单元上,第 t 天径流输出的污染物数量为

$$LD_t = 0.1 CD_t R_{s,t} TD \qquad (7-35)$$

$$LS_t = 10^{-3} CS_t M_{s,t} TS \qquad (7-36)$$

式中:LD_t 为单位面积上,某种溶解态污染物第 t 天的流出量,kg/hm^2;LS_t 为单位面积上,某种固态污染物第 t 天的流出量,kg/hm^2;CD_t 为第 t 天某种溶解态污染物的浓度,mg/L;CS_t 为第 t 天某种固态污染物的浓度,mg/kg;$R_{s,t}$ 为第 t 天的地表径流量,cm;$M_{s,t}$ 为第 t 天的土壤流失量,t/hm^2;TD 为溶解态污染物沿地表向流域出口输移的比例系数;TS 为固态污染物沿地表向流域出口输移的比例系数。

(3) 流域污染负荷量。将流域中各单元第 t 天的某种溶解态的污染物相加,得全流域第 t 天该种污染物溶解态的负荷量,若干天的结果相加,得全流域这些天该种污染物溶解态的负荷量;同理,可得到全流域某些天的固态污染物负荷量,计算公式如下:

$$LD = 0.1 \sum_{t=1}^{n} \sum_{k=1}^{m} CD_{kt} R_{s,kt} TD_k A_k \qquad (7-37)$$

$$LS = 10^{-3} \sum_{t=1}^{n} \sum_{k=1}^{m} CS_{kt} M_{s,kt} TS_k A_k \qquad (7-38)$$

式中:LD、LS 分别表示全流域 1~n 天的溶解态和固态的某种污染物非点源负荷量,kg;CD_{kt}、CS_{kt} 分别为 k 单元第 t 天的某种污染物溶解态和固态的浓度,mg/L;$R_{s,kt}$、$M_{s,kt}$ 分别为 k 单元第 t 天的地表径流量和土壤流失量;TD_k、TS_k 分别为 k 单元第 t 天某种溶解态和固态污染物沿地表向流域出口输移的比例系数;A_k 为 k 单元集水面积,hm^2。

2. SWAT 模型法

SWAT (Soil and Water Assessment Tool) 模型是美国农业研究中心开发的非点源污染模型,偏重水文过程模拟,是一个连续空间分布的流域模型,能模拟 100 年以内的某个

流域的总径流量、营养物负荷和泥沙流失量,但不能模拟单场降雨侵蚀的发生过程。在一个复杂的流域内,参考长期的降雨、土壤、土地利用和管理措施等方面的资料,将流域分为若干下垫面性质相同的子流域,可以模拟整个流域内径流、泥沙、营养物和农药的迁移运动过程,预测土地管理措施对非点源污染的影响,进一步评估整个流域范围内的水分平衡和非点源污染状况。

(1) SWAT 模型的发展历史。在 20 世纪 80 年代末,非点源污染模型的研究重点在水质影响评价和 SWRRB (Simulator for Water Resources in Rural Basins) 模型的二次开发方面。该时期 SWRRB 模型显著修改包括:引入 GLEAMS 模型的农药降解模块;评估农业管理成分对农作物轮种、种植、收获日期、化学物质的施用日期的影响;采用 SCS 方法估算高峰时的径流强度;开发新的泥沙量计算方程。这些方面的修改扩大了模型的应用范围。

80 年代末美国印第安纳州急需一个模型评估印第安纳保留地的水管理措施对下游流域的影响。但是,SWRRB 模型最大仅适合于 $500 km^2$ 的流域范围,为了应用该模型首先需要将整个流域分成若干个面积为数百平方千米的子流域。SWRRB 模型要求仅能将流域分成 10 个子流域,并且从小流域中排出的径流和泥沙直接通过流域出口。由于这些条件的制约,促进了一个新模型 ROTO (Routing Outputs to Outlet) 的出现,它接受多个 SWRRB 模型的输出结果,并通过一段河流将径流排放出去。ROTO 模型提供一段公共河道,将多个 SWRRB 模型"捆绑"在一起运行,有效地克服了 SWRRB 模型子流域的数量限制,但多个 SWRRB 模型会产生大量的输入输出文件,也会占用计算机的存储空间。为了克服这些缺点,将 SWRRB 和 ROTO 模型融合在一个独立的模型中,这样就出现了 SWAT 模型。

(2) SWAT 模型的特点。SWAT 模型能够准确模拟流域非点源污染状况,具有以下几个特点:

1) SWAT 模型不是采用回归方程描述输入和输出变量之间的关系,而是通过确定流域内气象、土壤特征、地形、植被、管理措施等具体参数,将各种条件诸如径流、泥沙迁移、植物生长、营养物循环直接输入到模型中,即使流域缺乏精确的河流监测数据也不影响模型的使用,此外各种输入参数(如管理措施、气候)的变化对水体造成的影响可以进行量化研究。

2) SWAT 易于获取数据源,需要的数据量不太繁琐,许多数据属于公开发行的信息,特殊的内部资料也可以从政府机关直接获取。

3) 运算效率高,模拟大流域或者运算大量参数不需要消耗太多时间。

4) 能进行长期的影响评价,解决目前用户关心的污染物积累以及对下游水域的影响等问题。

(3) 模型的构成。SWAT 模型分为两个重要部分:子流域模块和径流路线模块。

1) 子流域模块。为了利用 SWAT 进行非点源模拟,首先按土地利用方式和土壤类型将流域分为若干不同的子流域,比较各子流域污染物流失的空间变化规律。每个子流域的主要输入参数包括:气候、水文响应单元(HRUs)、水塘-湿地、地下水、河流干流或者支流、流域的出水口。其中,水文响应单元是子流域的最基本单元,将特征相近的土地归纳到一起，具有不同土地利用方式、土壤特征和管理方式。每个水文响应单元是不发生联系的，独立计算每个单元的污染物负荷，将计算结果相加就是该子流域的污染物负荷总量。子流域模块分为8个部分，具体内容为：

(a) 水文。水文模块的主要参数有地表径流、入渗、纵向径流、地下潜流、蒸发、融雪、蓄水池。根据水平衡方程原理，利用 SCS 曲线可以计算出地表径流量。在 SWAT 中入渗定义为降雨的负径流，能沿着土壤剖面穿过每一个土层。如果入渗量超过土层的蓄水能力时即为产生径流，此时可以用流量演算系数来预测通过每个土层的流量。当水流穿过最底部的土层时，则能直接进入浅层蓄水层，浅层蓄水层与河流密切联系，能直接接受河流和蓄水塘的渗漏补充。SWAT 模型考虑到灌溉水的影响，允许其他任意河段和水库的灌溉径流进入目标流域。

在 SWAT 模型中水平衡是流域地表径流发生的直接原因，其他污染物的迁移运动与之密切相关。在水平衡方程中水文循环表现在两个重要部分：一部分是水文循环的地表阶段，直接控制每个子流域的径流、泥沙、营养物、有毒物质进入干流的负荷量；另一部分是水文循环的水体阶段，可以认为是径流、泥沙等通过河道网排出流域的迁移过程。因此，可以利用 SCS 径流曲线和 Green-Ampt 入渗方程计算地表径流量和入渗量。

(b) 气候。大气为水文循环提供水分和能量，是控制流域水文平衡的关键因素。在 SWAT 模型中气候变量主要有日降水量、最高温度-最低温度、太阳辐射、风速和相对湿度。一套气候变量数据仅能模拟整个流域；若有多个气候变量数据，则能模拟每个子流域的非点源状况。

(c) 泥沙。在 SWAT 模型中利用 RUSLE 方程计算泥沙沉积量，根据不同泥沙颗粒的沉积速度来模拟泥沙的沉积过程。水文模块能提供径流量和峰值径流关系；植物管理因子与地表生物数量、植物残留量以及农作物的 C 因子最小值有关。其他参数可参考 RUSLE 中的有关描述。利用河流水力方程能模拟河道中泥沙的沉积速度和迁移路线，也能计算疏松沉积物在河道中反复沉积的过程。此外，模型还能模拟流域中不同形态氮、磷的流失量以及农药在地表径流和地下水中迁移过程。

(d) 土壤温度。在每个土层的中间，利用水文和生物腐殖质数据计算出日平均土壤温度；根据监测点的日最高气温、日最低气温和积雪、植被、地表残留物的覆盖情况以及过去4天的地表温度来计算地表温度。因此，土壤温度是地表温度、日平均气温和土壤衰减深度的共同函数。

(e) 植物生长。植物能量的累积量是太阳辐射和植被叶面指数的函数，利用累积的能量可以估算出植物的生长量，其中植被叶面指数还考虑到热量单位、植物收获指数等概念。

(f) 营养物。子流域的营养物产量直接来自 EPIC 模型。SWAT 模型能连续模拟每个子流域中的径流、泥沙、营养物进入流域的迁移路径，其中氮、磷两种营养元素是分开独立进行模拟的。

(g) 农药。将 GLEAMS 模型嵌入到 SWAT 中，即可模拟地表径流、渗漏、土壤挥发、泥沙携带造成的农药迁移状况。

(h) 农业管理。SWAT 模型考虑到多年的农业轮作和每年三种农作物的种植情况，还需要灌溉、施肥、施用农药的日期和数量。

2) 径流路线模块。径流路线模块由河道路线和蓄水池路线两个部分组成。其中，河道路线包括洪水路线、蓄水路线、河道泥沙路线、河道营养物路线、河道农药路线；蓄水池路线包括蓄水池水平衡、蓄水池的泥沙、营养物和农药的路线。

SWAT 模型需要大量的参数，为了便于集水区的参数输入，科研工作者已将 GRASS 软件与 SWAT 模型结合在一起，开发出以 GIS 为基础的界面，利用 GIS 软件将流域分为若干部分，直接从土壤、径流、气候等数据库中读取数据，并提供与其他数据库的接口，提高了数据的输入、输出效率，广泛用于大型流域的农作物管理措施的水质影响评价。但是，由于土壤、气候等数据格式的制约，模型还仅仅在美国的主要流域内使用。

课 后 习 题

1. 学习和了解污染源的分类及不同类型污染源的特征。
2. 简述不同类型污染源的调查内容。
3. 为什么要进行污染源评价？如何开展污染源评价工作？
4. 什么是点源污染负荷预测和非点源污染负荷预测？两者有什么不同？
5. 简述预测非点源污染负荷经验公式的计算步骤。

参 考 文 献

[1] 雒文生，李怀恩. 水环境保护 [M]. 北京：中国水利水电出版社，2009.
[2] 长江流域水环境监测中心. SL 219—98 水环境监测规范 [S]. 北京：中国水利水电出版社，1998.
[3] 张征. 环境评价学 [M]. 北京：高等教育出版社，2004.
[4] 国家环保总局. GB 8978—1996 污水综合排放标准 [S]. 北京：中国环境科学出版社，2002.
[5] 徐成汉. 等标污染负荷法在污染源评价中的应用 [J]. 长江工程职业技术学院学报，2004，21 (3)：23-50.
[6] 陈剑虹，杨保华. 环境统计应用 [M]. 2 版. 北京：化学工业出版社，2010.
[7] 梁博，王晓燕，曹利平. 我国水环境非点源污染负荷估算方法研究 [J]. 吉林师范大学学报（自然科学版），2004，(3)：58-61.
[8] 王圃陈，盛梁，龙腾锐. 长江、嘉陵江重庆段生活污水污染负荷研究 [J]. 给水排水，1995，(6)：12-14.
[9] 李崇明，黄真理. 三峡水库入库污染负荷研究（Ⅱ）——蓄水后污染负荷预测 [J]. 长江流域资源与环境，2006，15 (1)：97-106.
[10] 马蔚纯，陈立民，李建忠，等. 水环境非点源污染数学模型研究进展 [J]. 地球科学进展，2003，18 (3)：358-365.
[11] 薛亦峰，王晓燕. HSPF 模型及其在非点源污染研究中的应用 [J]. 首都师范大学学报（自然科学版），2009，30 (3)：61-65.
[12] 赖格英，吴敦银，钟业喜，等. SWAT 模型的开发与应用进展 [J]. 河海大学学报（自然科学版），2012，40 (3)：243-251.

第八章 水环境监测

水环境监测是为了及时、准确、全面地了解水体环境质量和水生态现状及发展趋势，为环境管理、环境规划、环境评价以及水污染控制与治理以及水生态环境保护等提供科学依据的重要基础工作。本章将介绍有关水环境监测方面的知识，包括水环境监测目的、程序及监测项目，水质监测采样点设置，水质样品的采集、保存及预处理，水生生物的采样、保存及预处理等内容。

第一节 水环境监测概述

水环境监测，是指通过适当方法对可能影响水环境质量的代表性指标进行测定，从而确定水体的水质状况及其变化趋势。水环境监测的对象可分为纳污水体水质监测和污染源监测：前者包括地表水（江、河、湖、库、海水）和地下水；后者包括生活污水、医院污水和各种工业废水，有时还包括农业退水、初级雨水和酸性矿山排水等。水环境监测就是以这些未被污染和已受污染的水体为对象，监测影响水体的各种有害物质和因素，以及有关的水文和水文地质参数。

一、监测目的与内容

水环境监测的目的，是获取有关水环境方面的适时资料信息，为水环境模拟、预测、评价、规划、预警、管理和制定环境政策、标准等提供基础资料和依据。水环境监测包括如下内容。

（1）对进入江、河、湖、库及海洋等地表水体的污染物质及渗透到地下水中的污染物质进行常规性监测，以掌握水环境质量现状及其发展趋势。

（2）对生产过程、生活设施及其他污染源排放的各类废水进行重点监测，为实现日常监督管理、预防和控制污染提供依据。

（3）对水环境污染事故进行应急监测，为分析判断事故原因、危害及采取对策提供依据。

（4）为国家政府部门制定水环境保护法规、标准和规划，全面开展水环境管理工作提供数据和资料支撑。

（5）为开展水环境质量评价、水资源影响评价、水资源论证以及水环境科学研究等提供基础数据和依据。

（6）收集本底数据、积累长期监测资料，为研究水环境容量、实施总量控制与目标管理提供依据。

二、工作程序与步骤

水环境监测的一般工作程序与步骤如下。

(1) 现场调查与资料收集。根据监测区域的特点，开展周密的现场调查和资料收集工作，主要调查收集区域内各种污染源及其排放情况、自然与社会环境特征（包括地理位置、地形地貌以及经济社会发展状况等）。

(2) 确定监测项目。监测项目应根据环境质量标准、区域内主要污染源及其主要排放物的特点来确定，同时还要监测一些水文测量项目。

(3) 监测点布设及采样时间和方法。监测点布设要合理，这是获取代表性样品的前提。

(4) 水环境样品保存。在样品存放过程中，可能会发生吸附、沉淀、氧化还原、微生物摄入与呼吸等反应过程，进而会引起样品成分的变化，造成较大的误差。因此，从样品采集到分析测定的时间间隔应尽可能地短，若不能及时检测样品，应采取适当的方法进行保存。

(5) 样品的分析测试。根据样品特征及所测水质成分的特点，选择适宜的分析测试方法。

(6) 数据处理与结果上报。由于监测误差存在于水环境监测的全过程，只有在可靠的采样和分析测试的基础上运用数理统计的方法处理数据，才能得到符合客观要求的数据，并将监测数据上报。

三、监测项目的选取

水环境监测的水质项目，随水体功能和污染源类型的不同而有所差异。由于污染物种类繁多，可达成千上万种，不可能也没必要一一进行监测。在实际操作中，通常根据实际情况和监测目的，选择环境标准中必须要求监测的以及那些影响大、危害重、分布范围广、测定方法可靠的环境指标项目进行监测。例如《地表水环境质量标准》（GB 3838—2002）中，规定的基本水质指标项目有 23 项，如水温、pH 值、溶解氧等，这是水质评价的必测项目，而在监测生活饮用水地表水源地时，为保障人体健康安全则需补充其他一些有毒有害的监测项目。同时，在《水环境监测规范》（SL 219—2013）、《地表水和污水监测技术规范》（HJ/T 91—2020）和《地下水环境监测技术规范》（HJ/T 164—2020）等规范中对水环境监测项目也进行了规定。总体来看，水环境监测项目可分为必测项目与选测项目两类，前者是开展常规监测时必须考虑的指标，后者是根据实际情况可选取或增加的指标。

（一）地表水监测项目

(1) 以河流（湖、库）等地表水为例进行说明。河流（湖、库）等地表水全国重点基本站监测项目首先应符合表 8-1 中必测项目要求；同时根据不同功能水域污染物的特征，增加表中部分选测项目。

表 8-1　　　　　　　　　　地表水监测项目[3]

	必 测 项 目	选 测 项 目
河流	水温、pH 值、悬浮物、总硬度、电导率、溶解氧、高锰酸盐指数、五日生化需氧量、氨氮、硝酸盐氮、亚硝酸盐氮、挥发酚、氰化物、氟化物、硫酸盐、氯化物、六价铬、总汞、总砷、镉、铅、铜、大肠菌群（共 23 项）	硫化物、矿化度、非离子氨、凯氏氮、总磷、化学需氧量、溶解性铁、总锰、总锌、硒、石油类、阴离子表面活性剂、有机氯农药、苯并（α）芘、丙烯醛、苯类、总有机碳（共 17 项）

续表

必 测 项 目	选 测 项 目
饮用水源地	水温、pH值、悬浮物、总硬度、电导率、溶解氧、高锰酸盐指数、五日生化需氧量、氨氮、硝酸盐氮、亚硝酸盐氮、挥发酚、氰化物、氟化物、硫酸盐、氯化物、六价铬、总汞、总砷、镉、铅、铜、大肠菌群、细菌总数（共24项）	铁、锰、铜、锌、硒、银、浑浊度、化学需氧量、阴离子表面活性剂、六六六、滴滴涕、苯并（α）芘、总α放射性、总β放射性（共14项）
湖泊水库	水温、pH值、悬浮物、总硬度、透明度、总磷、总氮、溶解氧、高锰酸盐指数、五日生化需氧量、氨氮、硝酸盐氮、亚硝酸盐氮、挥发酚、氰化物、氟化物、六价铬、总汞、总砷、镉、铅、铜、叶绿素-a（共23项）	钾、钠、锌、硫酸盐、氯化物、电导率、溶解性总固体、侵蚀性二氧化碳、游离二氧化碳、总碱度、碳酸盐、重碳酸盐、大肠菌群（共13项）

（2）潮汐河流潮流界内、入海河口及港湾水域应增测总氮、无机磷和氯化物。

（3）重金属和微量有机污染物等可参照国际、国内有关标准选测。

（4）若水体中挥发酚、总氰化物、总砷、六价铬、总汞等主要污染物连续三年未检出时，附近又无污染源，可将监测采样频次减为每年一次，在枯水期进行。一旦检出后，仍应按原规定执行。

（二）地下水监测项目

（1）全国重点基本站应符合表8-2中必测项目要求，同时根据地下水用途增加相关的选测项目。

表8-2　　　　　　　　地下水监测项目表[3]

必 测 项 目	选 测 项 目
pH值、总硬度、溶解性总固体、氯化物、氟化物、硫酸盐、氨氮、硝酸盐氮、亚硝酸盐氮、高锰酸盐指数、挥发性酚、氰化物、砷、汞、六价铬、铅、铁、锰、大肠菌群（共19项）	色、嗅、味、浑浊度、肉眼可见物、铜、锌、钼、钴、阴离子合成洗涤剂、碘化物、硒、铍、钡、镍、六六六、滴滴涕、细菌总数、总α放射性、总β放射性（共20项）

（2）源性地方病源流行地区应另增测碘、钼等项目。

（3）工业用水应另增测侵蚀性二氧化碳、磷酸盐、总可溶性固体等项目。

（4）沿海地区应另增测碘等项目。

（5）矿泉水应另增测硒、锶、偏硅酸等项目。

（6）农村地下水，可选测有机氯、有机磷农药及凯氏氮等项目；有机污染严重区域选择苯系物、烃类、挥发性有机碳和可溶性有机碳等项目。

第二节　水质监测采样位置的布设

为了监测水质的时空变化过程，首先要在研究水体的合适地点布置监测断面、采样垂线和水质采样点，这一过程被称为采样位置的布设；然后按规定的时间在采样点采集水样，并按规定的测定方法对水样测试分析，确定各个水质指标的数值。最后，将它们整编、刊印成册，供有关部门使用。但分析所用的水样必须具有代表性，若是忽略了样品的代表性，即使采用先进的分析手段，并认真分析，也不能得到正确的结果，不仅造成时间、人力、物力的浪费，而且还会误导水环境质量评价和治理工作。因此，正确的采样是水环境监测和分析的基础。

一、地表水采样位置布设

（一）监测断面的布设

监测断面在总体上应能反映水系或所在区域的水环境质量状况，各断面的具体位置应能反映所在区域环境的污染特征；尽可能以最少的断面获取足够的有代表性的环境信息；同时还应考虑现场采样时的可行性和方便性。

1. 河流采样断面布设要求

（1）城市或工业区河段，应布设对照断面、控制断面和消减断面。

（2）河流或水系背景断面或对照断面可设置在上游接近河流源头处，或未受人类活动明显影响的河段。

（3）污染严重的河段可根据排污口分布及排污状况，设置若干控制断面，控制的排污量不得小于本河段总量的80%。水质稳定或污染源对水体无明显影响的河段，可只布设一个控制断面。

（4）本河段内有较大支流汇入时，应在汇合点支流上游处及充分混合后的干流下游处布设断面；水网地区应按常年主导流向设置断面。有多个岔路时应设置在较大干流上，控制径流量不得少于总径流量的80%。

（5）出入境国际河流、重要省际河流等水环境敏感水域，在出入本行政区界处应布设断面；城市主要供水水源地上游1000m处应布设断面；重要河流的入海口应布设断面。

（6）水文地质或地球化学异常河段，应在上、下游分别设置断面。

（7）供水水源地、水生生物保护区以及水源型地方病发病区、水土流失严重区应设置断面。

（8）水体沉积物采样时，应在江（河）段上游设置背景采样断面（点），同时采样断面应选择在水流平缓、冲刷作用较弱的地方。

2. 湖泊（水库）采样断面布设要求

（1）在湖泊（水库）主要出入口、中心区、滞流区、饮用水源地、鱼类产卵区和游览区等应设置断面；峡谷型水库，应在水库上游、中游、近坝区及库层与主要库湾回水区布设采样断面。图8-1显示了丹江口水库的水质监测断面布设情况。

（2）主要排污口汇入处，视其污染物扩散情况在下游100~1000m处设置1~5个监测断面。

（3）湖泊（水库）的采样断面应与断面附近水流方向垂直。

（4）水体沉积物采样时，湖泊（水库）采样点布设应与湖泊（水库）水质采样垂线一致。

（二）采样垂线和采样点布设

设置监测断面后，应进一步根据水面的宽度确定断面上的采样垂线，再根据垂线的深

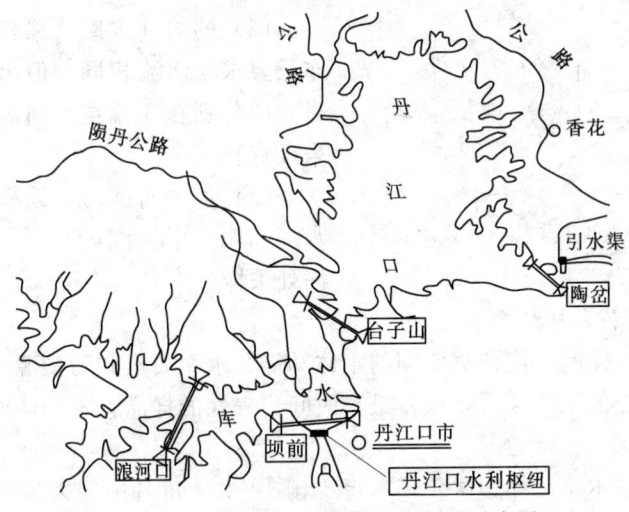

图 8-1 丹江口水库采样断面布设示意图

度确定采样点数目和位置。采样点泛指水体中一个具体的采样位置。一条河流即使在完全混合断面上，其各点的水质也是有差异的，同样湖泊和水库也存在分层现象，因此采样垂线和采样点布设是取得代表性样品的重要环节。

1. 采样垂线布设

一条河流的某个监测断面上设置的采样垂线数应符合表 8-3。

表 8-3　　　　　　　　　　河流采样垂线的布设

水面宽/m	采样垂线布设	岸边有污染带	相 对 范 围
<50	1 条（中泓处）	如一边有污染带增设 1 条垂线	
50~100	左、中、右 3 条	3 条	左、右设在距湿岸边陲 5~10m 处
100~1000	左、中、右 3 条	5 条（增加岸边两条）	岸边垂线距湿岸边陲 5~10m 处
>1000	3~5 条	7 条	

对于湖泊（水库），主要出入口上、下游和主要排污口下游断面，其采样垂线按表 8-3 规定布设；湖泊（水库）的中心，滞流区的各断面，可视湖库大小、水面宽窄，沿水流方向适当布设 1~5 条采样垂线。

2. 采样点布设

(1) 河流采样垂线上的采样点布设应符合表 8-4 的要求。图 8-2 给出河流一般采样点的布设示意图，特殊情况下可按河流水深和待测物分布均匀程度确定。

表 8-4　　　　　　　　　采 样 点 的 布 设

水深/m	采样点数	位 置	说 明
<5	1	水面下 0.5m	a. 不足 1m，取 1/2 水深；
5~10	2	水面下 0.5m，河底上 0.5m	b. 如沿垂线水质分布均匀，可减少中层采样点；
>10	3	水面下 0.5m，1/2 水深，河底以上 0.5m	c. 潮汐河流应设置分层采样点

175

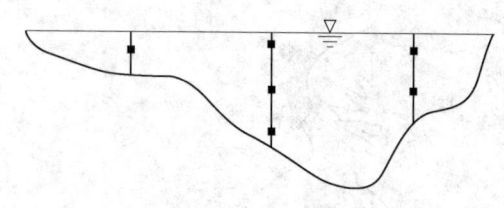

图 8-2 河流采样垂线上采样点布设示意图

(2) 湖泊（水库）采样垂线上采样点的布设要求与河流相同，但出现温度分层现象时，应分别在表温层、斜温层和亚温层布设采样点。

(3) 水体封冻时，采样点应布设在冰下水深 0.5m 处；水深小于 0.5m 时，在 1/2 水深处采样。

（三）采样时间和采样频率

在进行地表水监测时，应依据不同的水体功能、水文要素和污染源、污染物排放等实际情况，力求以最低的采样频次，取得最具时间代表性的样品，其具体原则如下：

1. 河流采样频次和时间要求

(1) 全国重点基本站采样频次每年不得少于 12 次，每月中旬采样；一般中小河流基本站采样频次每年不得少于 6 次，丰、平、枯水期各 2 次。

(2) 流经城市或工业区的污染较为严重的河段，采样频次每年不得少于 12 次，每月采样 1 次；纳污河段水质有季节差异时，采样频次和时间可按污染季节和非污染季节适当调整，但全年监测不得少于 12 次。

(3) 饮用水源地、省（自治区、直辖市）交界断面中需要重点控制的监测断面每月至少采样 1 次，每年不得少于 12 次，采样时间根据具体要求确定。

(4) 潮汐河段和河口采样频次每年不得少于 3 次，按丰、平、枯三期进行，每次采样应在当月大潮或小潮日采高平潮与低平潮水样各 1 个。全潮分析的水样采集时间可从第一个落憩到出现涨憩，每隔 1~2h 采一个水样，周而复始直到全潮结束。

(5) 若某必测项目连续 3 年均未检出，且在断面附近确定无新增排放源，而现有污染源排污量未增加的情况下，每年可采样 1 次进行测定。一旦检出，或在断面附近有新的排放源或现有污染源有新增排污量时，即恢复正常采样。

(6) 遇有特殊自然情况，或发生污染事故时，要随时增加采样频次。

(7) 沉积物样品每年应采样 1 次，通常在枯水期进行。悬移质样品可不定期进行，通常在丰水期采集。

2. 湖泊（水库）采样频率和时间要求

(1) 设有全国重点基本站或具有向城市供水功能的湖泊（水库），每月采样 1 次，全年 12 次。一般湖泊（水库）水质测站全年采样 3 次，丰、平、枯水期各 1 次。

(2) 污染严重的湖泊（水库），全年采样不得少于 6 次，隔月 1 次。

(3) 同一湖泊（水库）应力求水质、水量及时间同步采样。

(4) 在湖泊（水库）最枯水位和封冻期，应适当增加采样频次。

二、地下水采样位置布设

（一）前期工作

在地下水监测采样时，应开展以下前期工作。

(1) 收集监测区域水文、地质等方面的资料，包括地质图、剖面图、现有水井的成套参数、地下水补给水源的水文特征、地下水质类型、径流和流向等。

(2) 调查监测区域内城市发展布局、工业区分布、土地利用情况，尤其是地下工程情况。了解化肥和农药的施用情况。查清污染源及污水排放特征等。

(3) 确定主要污染源和污染物，并根据地区特点与地下水的主要类型把地下水分成若干个水文地质单元。

(二) 采样井点布设

地下水监测以浅层地下水为主，必要时也可对深层地下水的各层水质进行监测。孔隙水以监测在第四纪松散岩层中的地下水为主，基岩裂隙水以监测泉水为主。监测时应尽可能利用各水文地质单元中已建的观测井（包括机井），如果监测井数量不够时可以利用一些正在使用的民用井。采样井点的布设原则如下。

(1) 背景值采样点应设在污染区的外围不受或少受污染的地方。对于新开发区，应在引入污染源之前设背景值监测点。

(2) 对于工业区和重点污染源所在地区的监测井，主要根据污染物在地下水中的扩散形式确定。例如，渗坑、渗井和堆渣区在含水层渗透性较大的地区易造成条带状污染，污灌区、污养区及缺乏卫生设施的居民区的污水渗透到地下易造成片状污染，此时监测井应设在地下水流向的平行和垂直方向上，以监测污染物在两个方向上的扩散程度；渗坑、渗井和堆渣区的污染物在含水层渗透较小的地区易造成点状污染，其监测井应设在距污染源最近的地方。沿河、渠排放的工业废水和生活污水因渗漏可能造成带状污染，此时宜用网状布点法设置监测井。一般监测井在水面下 0.3~0.5m 处采样，若有多水层分布可分层取样。

(3) 对于地下水水源地来说，可采用点面结合的方法，将监测井布控在水源地的各级保护区。特别是在污染源与水源地之间，应沿着地下水流平行和垂直方向上，布设相应的监测井（图 8-3）。

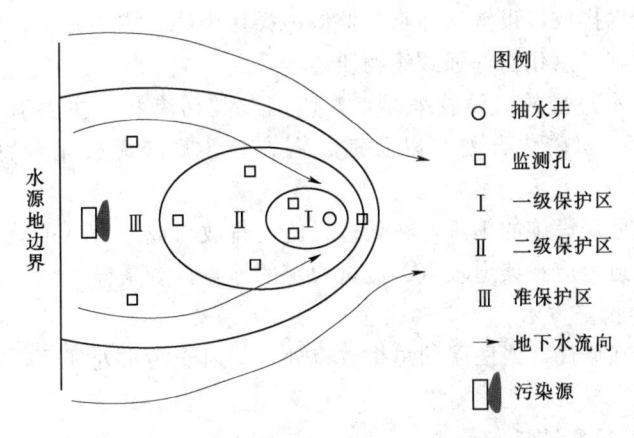

图 8-3 地下水水源地附近监测井布设示意图

(4) 根据地下水类型分区与开采强度分区，以主要开采层为主布设，兼顾深层和自流地下水，同时应尽量与现有地下水水位观测井网相结合。

(5) 采样井布设密度为主要供水区密，一般地区稀；城区密，农村稀；污染严重区密，非污染区稀；不同水质特征的地下水区域应分别布设采样井。

（三）采样时间和采样频率

（1）背景值监测井和区域性控制的孔隙承压水井每年枯水期采样 1 次。

（2）污染控制监测井隔月采样 1 次，全年 6 次。

（3）作为生活饮用水集中供水的地下水监测井，每月采样 1 次。

（4）污染控制监测井的某一监测项目如果连续 2 年均低于控制标准值的 1/5，且在监测井附近确实无新增污染源，而现有污染源排污量未增的情况下，该项目可每年在枯水期采样 1 次。一旦监测结果大于控制标准值的 1/5，或在监测井附近有新的污染源或现有污染源新增排污量时，即恢复正常采样频次。

（5）同一水文地质单元的监测井采样时间应尽量相对集中，日期跨度不宜过大。

（6）遇到特殊的情况或发生污染事故，可能影响地下水水质时，应随时增加采样频次。

三、污染源采样位置布设

污染源包括点源和非点源，这里仅指对工业废水源、生活污水源、医院污水源等点源的监测采样。

（一）资料调查和收集

在制定污染源监测方案之前，首先要开展污染源调查工作，摸清各类污染源的基本情况（如污废水类型、主要污染物、排污去向和排污量、排污口数量及分布位置等），然后进行综合分析，确定监测项目、监测点位置、采样时间和频率、采样方法。

（二）采样点布设

污染源一般通过管道或沟渠排放污废水，截面积比较小，不需设置采样断面，直接确定采样点位置即可。

1. 工业废水

（1）在车间废水排放口设置采样点，监测一类污染物，主要有汞、镉、砷、铅、六价铬的无机化合物和有机氯化物等强致癌物质。

（2）在工厂废水总排放口设置采样点，监测二类污染物，主要有悬浮物、硫化物、挥发酚、氰化物、有机磷化合物，以及镭、铜、锌、氟的无机化合物、硝基苯类、苯胺类。

（3）已有废水处理设施的工厂，在处理设施的排放口或进出口布设采样点。

（4）在排污渠道上应在渠道较直、流量稳定的地点设置采样点。

2. 生活污水和医院污水

采样点一般设在居民区或医院的总排放口处，但对于污水处理厂，应在进出口分别布设采样点。

（三）采样时间和采样频次

我国环境监测技术规范中对向国家直接报送数据的废水排放源规定：工业废水每年采样监测 2~4 次，上、下半年或每季各 1 次；生活污水每年采样监测 2 次，春、夏季各 1 次；医院污水每年采样监测 4 次，每季度 1 次。

工业废水的污染物含量和排放量随工艺条件及工作时间的不同而有很大差异，故采样时间、采样频率的选择是一个较复杂的问题。一般情况，应在正常生产条件下的一个生产周期内进行加密监测,即周期在8h以内的,每小时采样1次;周期大于8h的,每2h采样1次,但每个生产周期的采样次数不得少于3次。在采样的同时也要测定流量。根据加密监测结果,绘制废水污染物排放曲线,并与所掌握的资料对比,若是基本一致,即可据此确定采样频率。

地方环境监测站对污染源的监督性监测每年不少于1次,如果被国家或地方环境保护行政主管部门列为年度监测的重点排污单位,应增加到每年2~4次。因管理或执法需要所进行的抽查性监测或对企业的加密监测,由各级环境保护行政主管部门确定。

第三节 水质样品的采集、保存及预处理

一、水质样品的采集

为了顺利完成水样的现场采集工作,采样前要根据监测项目的性质和采样方法的需要,选择适宜材质的采样器和盛水容器,并清洗干净。同时,还要准备好相应的交通工具,如车辆、船只等。采样器具的材质要求化学性能稳定,大小和形状适宜,不吸附预测组分,容易清洗并可反复使用。

(一) 地表水水样的采集

1. 采样器和贮样容器的选择与要求

(1) 采样器的选择。采样器应有足够强度,且使用灵活、方便可靠,与水样接触部分应采用惰性材料,如不锈钢、聚四氟乙烯等制成。采样器在使用前,应先用洗涤剂洗去油污,用自来水冲净,再用10%盐酸洗刷,自来水冲净后备用。

根据当地实际情况,可选用以下类型的水质采样器:

1) 直立式采样器。适用于水流平缓的河流、湖泊、水库的水样采集。

2) 横式采样器。与铅鱼联用,用于山区水深流急的河流水样采集。

3) 有机玻璃采水器。由桶体、带轴的两个半圆上盖和活动底板等组成,主要用于水生生物样品的采集,也适用于除细菌指标与油类以外水质样品的采集。

4) 自动采样器。利用定时关启的电动采样泵抽取水样,或利用进水面与表层水面的水位差产生的压力采样,或可随流速变化自动按比例采样等。此类采样器适用于采集时间或空间混合积分样,但不适宜于油类、pH值、溶解氧、电导率、水温等项目的测定。

(2) 贮样容器材质要求。

1) 容器材质应化学稳定性好,不会溶出待测组分,且在贮存期内不会与水样发生物理化学反应。

2) 对光敏性组分,应具有遮光作用。

3) 用于微生物检验用的容器能耐受高温灭菌。

2. 采样方法与方式

(1) 采样方法。

1) 定流量采样。当累积水流流量达到某一设定值时,脉冲触发采样器采集水样。

2) 流速比例采样(可采集与流速成正比例的水样)。适用于流量与污染物浓度变化较

大的水样采集。

3）时间积分采样。适用于采集一定时段内的混合水样。

4）深度积分采样。适用于采集沿采样垂线不同深度的混合水样。

(2) 采样方式。

1）涉水采样。适用于水深较浅的水体。

2）桥梁采样。适用于有桥梁的采样断面。

3）船只采样。适用于水体较深的河流、水库、湖泊。

4）缆道采样。适用于山区流速较快的河流。

5）冰上采样。适用于北方冬季冰冻河流、湖泊和水库。

(3) 在水流较急的河流中采样时，采样器应与适当重量的铅鱼与绞车配合使用。

3．地表水采样注意事项

(1) 采样的地点和时间必须符合要求。为确保采样点位置的准确，可使用GPS等仪器进行定位。

(2) 水质采样应在自然水流状态下进行，不应扰动水流与底部沉积物，以保证样品代表性。采样时，采样器口部应面对水流方向。用船只采样时，船首应逆向水流，采样在船舷前部逆流进行，以避免船体污染水样。

(3) 除细菌、油的水样外，其他水样在用容器装载之前，先用该采样点原水冲洗容器3次。装入水样后，按要求加入相应的保存剂后摇匀。

(4) 测定油类的水样，应在水面至水表面下300mm采集柱状水样，并单独采样，全部用于测定。采样瓶（容器）不能用采集的水样冲洗。

(5) 如果水样中含沉降性固体（如泥沙等），则应分离除去。分离方法为：将所采水样摇匀后倒入筒形玻璃容器（如1~2L量筒），静置30min，将已不含沉降性固体但含有悬浮性固体的水样移入盛样容器并加入保存剂。测定总悬浮物和油类的水样除外。

(6) 测定油类、BOD_5、DO、硫化物、余氯、粪大肠菌群、悬浮物、放射性等项目要单独取样；测定溶解氧与生化需氧量的水样采集时应避免曝气，水样应充满容器，避免接触空气。

(7) 因采样器容积有限，需多次采样时，可将各次采集的水样倒入洗净的大容器中，混匀后分装，但不适用于溶解氧及细菌等易变项目测定。

(8) 采样时应做好现场采样记录，填写水样标签，填好水样送检单，核对瓶签。

(9) 采样结束前，应核对采样计划、记录采样情况，如有错误或遗漏要立即补采或重采。

4．样品质量控制

为了便于参证和对比，在采样时还常常采集部分样品作为质量控制样品。质量控制样品数量应为水样总数的10%~20%，每批水样不得少于两个。它包括以下几种类型。

(1) 现场空白样。在采样现场以纯水，按样品采集步骤装瓶，与水样相同处理方式，以掌握采样过程中环境与操作条件对监测结果的影响。

(2) 现场平行样。现场采集平行水样，用于反映采样与测定分析的精密程度，采集时应注意控制采样操作条件一致。

（3）加标样。取一组现场平行样，在其中一份中加入一定量的被测物标准溶液；然后两份水样均按常规方法处理后，送实验室分析。

（二）地下水水样的采集

地下水水样的获取，主要来自各种监测井中的抽水取样。在取样前，先放水数分钟，将积留在管道内的杂质及陈旧水排出，然后用采样器接取水样；对于无抽水设备的水井，可选择合适的专用采水器采集水样。

1. 采样器与贮样容器的要求

地下水采样器与贮样容器的材质和要求与地表水的基本相同。但要求在没有抽水设备时，采样器能在监测井中准确定位，并能取到足够量的代表性水样。

2. 采样方法

（1）采样时采样器放下与提升的动作要轻，避免搅动井水及底部沉积物。

（2）自流地下水样品应在水流流出处或水流汇集处采集。

（3）水样采集量应满足监测项目与分析方法所需量及备用量要求。

（4）地下水采样质量控制要求同地表水采样。

（三）沉积物样品的采集

水体沉积物监测断面的布设原则与水质监测断面相同，其位置应尽可能与水质监测断面一致，以便于将沉积物的组分及其物理化学性质与水质监测结果进行比较。

1. 沉积物样品采集要求

（1）采样前应先用水样冲洗采样器；采样时动作要尽量轻盈，避免过度搅动底部沉积物。

（2）为保证样品的代表性，在同一采样点可采样2~3次，然后混匀。

（3）样品采集后应先沥去水分，除去石块、树枝等杂物，然后封装。供无机物分析的样品可放置于塑料瓶（袋）中；供有机污染物分析的样品应置于棕色广口玻璃瓶中，瓶盖应内衬洁净的铝箔或聚四氟乙烯薄膜。

（4）沉积物采样量为0.5~1.0kg（湿重），监测项目多时应酌情增加。

2. 沉积物采样器

采样时，应选取材质强度高、耐磨及耐蚀性良好的沉积物采样器。下面介绍几种常见的沉积物采样器。

（1）挖式、锥式或抓斗式沉积物采样器。适用于绝大多数类型的底层沉积物取样，水流流速大时还可与铅鱼配用，抓斗式沉积物采样器如图8-4所示。

（2）管式沉积物采样器。适用于柱状沉积物样品的采集，能反映沉积物中污染物的垂向分布，如图8-5所示。

（3）简易的自制采样器。当水深小于1.5m时，亦可选用削有斜面的竹竿采样。

图8-4 抓斗式沉积物采样器

二、水样的保存与运输

（一）水样的保存

1. 水样保存基本要求

在从水体中采集样品至送到实验室分析测试的时间间隔中，由于水样离开了水体母源，水中原有的某些物质的动态化学平衡和氧化还原体系势必遭到破坏，使其物质组成发生物理的、化学的和生物的变化，这些变化会造成分析时的样品与原样品出现差异。

这些变化进行的程度随水样的化学和生物学性质不同而变化，其取决于水样所在的环境温度、所受的光线照射、用于贮存水样的容器特性、采样到分析所需的时间、传送样品的时间和条件等。而这些变化往往比较快，且很难完全制止其发生。因此，水样保存的基本要求只能是尽量减少其中各种待测组分的变化，即做到：①减缓水样的生物化学作用；②减缓化合物或络合物的氧化还原作用；③减少被测组分的挥发损失；④避免沉淀、吸附或结晶物析出所引起的组分变化。

图 8-5 管式沉积物采样器

2. 水样保存方法

由于储存水样的容器可能会吸附待测水样中的某些成分或污染水样，因此在实际应用时要选择性能稳定的材料所制作的器皿作为贮样容器。常用的容器材质有硼硅玻璃、石英、聚乙烯、聚四氟乙烯，其中石英和聚四氟乙烯杂质含量少，但其价格较贵，一般很少使用。

如果采集的水样不能够及时进行分析测定，应根据监测项目的需求，采取适当的保存措施进行储放。水样部分指标的保存措施如表 8-5 所示，若是样品超过了保存期则应按照废样处理，具体情况可参考《水环境监测规范》（SL 219—2013）。

表 8-5 常用水样保存技术[3]

	监测项目	容器材质①	保存方法	可保存时间	备 注
A 物理化学分析	pH 值	P 或 G	2～5℃冷藏	6h	
	酸度及碱度	P 或 G	2～5℃暗处冷藏	24h	水样注满容器
	电导率	P 或 G	2～5℃冷藏	24h	最好在现场测试
	悬浮物	P 或 G	2～5℃冷藏	24h	单独定容采样
	DO	G	现场固定并存放暗处	数小时	加 1mL 1mol/L 的 $MnSO_4$ 和 2mL 1mol/L 的碱性 KI 试剂（碘量法）
	砷	P 或 G	加 H_2SO_4 酸化至 pH 值<2 或加碱调至 pH 值=12	数月	不能用硝酸酸化；生活污水及工业废水应采用加碱保存法
	COD_{Mn}、COD_{Cr}	G	2～5℃暗处冷藏，并用 H_2SO_4 酸化至 pH 值<2	1 周	如果 COD 是因为存在有机物引起的，则必须加以酸化
	BOD	G	2～5℃暗处冷藏	尽快	

续表

	监测项目	容器材质①	保存方法	可保存时间	备 注
A 物理化学分析	氨氮	P或G	2～5℃暗处冷藏,并用H_2SO_4酸化至pH值<2	尽快	为了阻止硝化细菌的新陈代谢,应考虑加入杀菌剂(如丙烯基硫脲)
	硝酸盐氮	P或G	2～5℃暗处冷藏,并酸化至pH值<2	24h	有些废水样品不能保存,需要现场分析
	叶绿素a	P或G	2～5℃暗处冷藏,过滤后冷冻滤渣	24h	
	总镉、铅	P或BG	用硝酸酸化至pH值<2	1个月	取均匀样品消解后测定
	总铬	P或G	酸化至pH值<2	尽快	不能使用磨口及内壁已磨毛的容器,以避免对铬的吸附
	六价铬	P或G	用NaOH调节pH值至7～9	尽快	
	总磷	BG	用H_2SO_4酸化至pH值<2	数月	
B 微生物分析	细菌总数、大肠菌总数、粪大肠菌、粪链球菌、沙门氏菌等	灭菌容器G	2～5℃冷藏	尽快	取氯化或溴化过的水样时,所用的样品瓶中应先加入硫代硫酸钠,以消除氯或溴对细菌的抑制作用
C 生物学分析	底栖类无脊椎动物	P或G	加入70%(V/V)②乙醇或加入40%(V/V)的中性甲醛(用硼酸钠调节)使水样成为含2%～5%(V/V)的溶液	1年	应先倒出样品中的水以使防腐剂的浓度最大
			加入含70%(V/V)乙醇、40%(V/V)甲醛和甘油,三者比例为100:2:1		工作地点不应大量存放
	浮游植物、浮游动物	G	1份体积样品加入100份卢戈耳溶液;加40%(V/V)甲醛,使成4%(V/V)的福尔马林或加卢戈耳溶液	1年	若发生脱色,则应加更多的卢戈耳溶液

① P—聚乙烯;G—玻璃;BG—硼硅玻璃。
② (V/V)为体积比。

(二) 水样的运输

为了尽可能地降低水样存储期间造成的物质组成的变化,还应尽量缩短水样运输时间、尽快分析测定和采取必要的保护措施,而有些项目则必须在采样现场测定。针对采集的每一个水样都应做好记录,并在样品瓶上贴好标签,在运送至实验室的过程中,应注意以下几点:

(1) 要塞紧样品瓶口的塞子,必要时用封口胶、石蜡封口(测油类的水样不能用石蜡封口)。

(2) 为避免水样在运输过程中因震动、碰撞导致损失或玷污,最好将样品瓶装箱,并用泡沫塑料或纸条挤紧。

(3) 需冷藏的样品，应配合专门的隔热容器，并放入制冷剂，将样品瓶置于其中。

(4) 冬季应采取保温措施，以免冻裂样品瓶。

(5) 水样如通过铁路或公路部门托运，样品瓶上应附上能够清晰识别样品来源及托运到达目的地的装运标签。

(6) 样品运输必须配专门押运，防止样品损坏或玷污；样品移交实验室分析时，接收者与送样者双方应在样品登记表上签名，以示负责，采样单和采样记录应由双方各保存一份备查。

三、水样的预处理

水样的物质组成相当复杂，多数污染组分含量低，存在形态各异，所以在分析测定之前，需要进行适当的预处理，以达到后续检测的要求，并排除干扰物质。常用的预处理方法有离心分离、过滤、消解、溶剂萃取、蒸发或挥发等。下面仅对过滤和消解两种较为常用的预处理方式进行说明。

（一）水样的过滤

水体中污染物可能是溶解态，也可能存在于悬浮颗粒物中，在水环境检测分析中常常需要将待测成分中溶解的和悬浮状态的含量区分开。分离的方法主要有自然澄清法、离心沉降法和过滤法。前两种方法分别借用重力和离心力使悬浮颗粒物和水相分开，取上层清液作为分析用水样；后一种方法则是采用一定的过滤装置进行过滤，取滤液作为分析用水样。目前世界上普遍采用 $0.45\mu m$ 微孔滤膜过滤水样，以分别测定水中成分的可滤态、悬浮态和总量。

（二）水样的消解

用具有氧化性的酸或含有氧化性酸的混合酸处理水样的过程叫消解。消解的作用是通过氧化作用破坏水样中的有机物，消除其对待测物的干扰，利用酸的溶解能力，溶解出悬浮物中包括待测物在内的可溶物质。在水质监测分析中，除通常需对受污染较重或含有较多悬浮物的水样进行消解处理外，有时尚需对底泥乃至水生生物进行消解。常用的消解方法有湿式消解法、干式消解法和微波消解法等。

1. 湿式消解法

湿式消解法常用于消解污水和沉积物，采用硝酸和硫酸混合液或硝酸和高氯酸混合液都能有效地分解其中的有机物、还原性物质以及热不稳定物质。下面简单介绍几种方法。

(1) 硝酸消解法。对于较清洁的水样，可用硝酸消解法。在混匀的水样中加入适量浓硝酸，在电热板上加热煮沸，得到清澈透明、呈浅色或无色的试液。蒸至近干，取下稍冷后加 2％硝酸（或盐酸）20mL，过滤后的滤液冷至室温备用。

(2) 硝酸—高氯酸消解法。这两种酸都是强氧化性酸，联合使用可消解含难氧化有机物的水样。取适量水样（100mL）加入硝酸（5mL），在电热板上加热，消解至大部分有机物被分解，取下稍冷后加入高氯酸，继续加热至开始冒白烟，待白烟将尽（不可蒸至干涸），取下样品冷却，加入 2％硝酸，过滤后滤液冷至室温定容备用。

(3) 硝酸—盐酸消解法。此法适用于生成不溶性硫酸盐类物质的消解。对于污染严重的水样，每 50mL 水样加硝酸和盐酸（两者混合比为 1:3）5~8mL，置烧杯中加热至

10mL取下，冷却并稀释到一定体积，供测定用。

（4）碱性消解法。对在酸性条件下产生挥发成分的试样，可选用该消解法，即在水样中加入氢氧化钠和过氧化氢溶液，或者氨水和过氧化氢溶液，加热煮沸至近干，用水或稀碱溶液温热溶解。

2. 干式消解法

干式消解也称为干法灰化，多用于固态样品（如沉积物、底泥等底质）以及土壤样品的分解，其处理过程一般是：取适量的样品于白瓷或石英蒸发皿中，置于水浴锅上蒸干后移入马弗炉内，于450～550℃灼烧到残渣呈灰白色，使有机物完全分解除去；取出蒸发皿冷却，用适量2％硝酸（或盐酸）溶解样品灰分；将溶液过滤，滤液定容后供测定。目前，常用的干式消解法主要有普通灰化法、低温灰化法和高压釜密封灰化法。

干式消解法的优点是安全、快速、没有试剂对样品和环境的污染；缺点是待测成分因挥发或与坩埚壁的组分（如硅酸盐）形成不溶性化合物而不能定量回收。故本方法不适用于处理测定易挥发组分（如砷、汞、镉、硒和锡等）的水样。

3. 微波消解法

随着科技的进步，在20世纪80年代出现了微波消解法。该方法的原理是在2450MHz的微波电磁场作用下，样品与酸的混合物通过吸收微波能量，使介质中的分子相互摩擦，产生高热；同时，交变的电磁场使介质分子产生极化，由极化分子的快速排列引起张力。由于这两种作用，样品的表面层不断被搅动破裂，产生新的表面与酸反应。由于溶液在瞬间吸收了辐射能，取代了传统分解方法所用的热传导过程，因而分解快速。

微波消解法与经典消解法相比具有以下优点。

（1）样品消解时间从几小时减少至几十秒钟，大大缩短了消解时间。

（2）由于参与作用的消化试剂量少，因而消化样品具有较低的空白值。

（3）由于使用密闭容器，样品交叉污染的机会少，同时也消除了常规消解时产生大量酸气对实验室环境的污染；另外，密闭容器减少了或消除了某些易挥发元素的消解损失。

4. 消解操作注意事项

（1）选用的消解体系能使样品完全分解。

（2）消解过程中不能使待测组分因产生挥发性物质或沉淀而造成损失。

（3）消解过程中不得引入待测组分或任何其他干扰物质，避免为后续操作带来无谓的干扰和困难。

（4）消解过程应平稳，升温不宜过猛，以免反应过于激烈造成样品损失或人身伤害。

（5）使用高氯酸进行消解时，不得直接向含有机物的热溶液中加入高氯酸。

第四节　水生生物的采样、保存及预处理

水生生物是指生活在水体中各类生物的总称。水生生物是水生态水环境系统的有机组成部分，可以有效地指示水体环境质量状况。水生生物的存在，有利于维护水生态水环境系统的稳定。水生生物监测可以反映多种污染物在自然条件下对水生生物的综合影响，有助于掌握环境变化对水生生物的危害程度，也可利用监测的水生生物的结构变化情况，分

析当前自然水体的污染情况，有助于掌握水环境质量变化趋势。水生生物种类繁多，本节主要介绍浮游植物、浮游动物、底栖生物、大型高等水生植物和鱼类的采样、保存及预处理。

一、水生生物采样

（一）浮游植物的采样

浮游植物是指在水中营浮游生活的微小植物，通常指的是浮游藻类，是浮游生物中的自养生物部分。浮游植物广泛存在于河流、湖泊和海洋中，多分布于水域的上层，个体极小，需要用显微镜才能观察到，繁殖速度极快。河流和湖泊中常见的浮游植物主要包括蓝藻门（如色球藻、颤藻）、绿藻门（如小球藻、刚毛藻）和硅藻门（如针杆藻、圆筛藻）等。

1. 采样器和贮样容器的选择与要求

（1）采样器的选择。根据浮游植物采样方法的不同，选择相应的采样器。采样方法包括定量采样和定性采样。定量采样是指采用固定体积的采样容器或者在固定面积的样方内采集样品。定性采样是指通过非量化手段进行采样。定量采样与定性采样结合，可以更为有效地对样品中生物群落进行研究和评估。

1）采水器。采水器主要用于定量采集浮游植物。水深小于10m的水体采样可使用玻璃瓶采水器，深水采样应使用颠倒式采水器或有机玻璃采水器，常见的规格有1000mL、5000mL。采水器如图8-6所示。

2）浮游生物网。浮游生物网用于定性采集浮游植物，例如25号（孔径0.064mm）和13号（孔径0.112mm）浮游生物网，呈圆锥形。浮游生物网主要由3线绳索、网圈、网衣、网底收集管和二次闭锁器等组成，浮游生物网如图8-7所示。

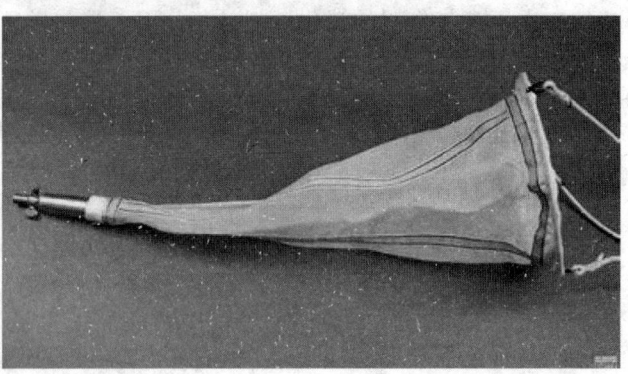

图8-6 采水器　　　　　图8-7 浮游生物网

（2）贮样容器材质的要求。选择不同规格的水样瓶和样品瓶作为贮样容器。

1）容器的材质要具有良好的稳定性，以保证浮游植物在一段时间内能正常生存。

2）对于一些对光比较敏感的浮游植物，要对样品瓶的透光性进行严格要求。

3）选择符合要求的材质容器，材质不能和储存的浮游植物发生物理化学等作用。

2. 采样

（1）河流。

第四节 水生生物的采样、保存及预处理

1) 采样点布设。采样点应在对所调查水体进行现场考察的基础上,根据水体的环境条件、水文特征和具体的工作需要布设,且宜结合现有的水质或水文监测断面进行布设。若水质或水文监测断面位于河流的闸坝、支流、排污口上游,则采样点布设范围应为监测断面至上游500m以内水域;若水质或水文监测断面位于河流的闸坝、支流、排污口下游,则采样点布设范围应为监测断面至下游500m以内水域。

2) 采样层次。根据河流水深和调查目的确定采样层次。当河流水深小于5m时,可只在河流表层(距河面0.5m处)取样;当河流水深处于5~10m时,应分别在河流表层(距河面0.5m处)和底层(距河底0.5m处)取样;当河流水深大于10m时,应分别在河流表层、中层和底层取样。

3) 采样时间和频次。样品的采集时间应在一天中的8:00—17:00进行。采样频次依调查目的而定,宜在春季、夏季、秋季各采样一次。

4) 采样方法。

(a) 定量采样。定量样品采集应在定性样品采集之前进行。根据水深使用采水器在不同的目标水样层采水,每个样品采水大于1L,应采集平行样品,平行样品数量应为采集样品总数的10%~20%,每批次应不少于1个。

(b) 定性采样。采样时,将25号浮游生物网系于竹竿或绳索上,网口向前,在各采样点水面下绕"8"字拖动3~5min,然后从水中缓慢提出,使水样集中到网底的收集管内。

(2) 湖泊。

1) 采样点布设。根据湖面面积、形态、浮游植物的生态分布特点和调查目的等确定采样点数量。应兼顾在湖泊近岸和中部设点,可根据湖泊形状在湖心区、大的湖湾中心区、进水口和出水口附近、沿岸浅水区(有水草区和无水草区)分散选点。

2) 采样层次。根据湖泊水深和调查目的确定采样层次。当湖泊水深小于3m时,只在中层取样;当湖泊水深处于3~6m时,分别在表层(距湖面0.5m处)和底层(距湖底0.5m处)取样;当湖泊水深处于6~10m时,分别在表层、中层和底层取样;当湖泊水深大于10m时,分别在0.5m、5m和10m处取样,10m以下除特殊需要外一般不取样。

3) 采样时间和频次。样品的采集应在一天中的上午8:00—10:00进行,采集时间宜保持一致。采样频次依研究目的而定,可逐月或按季节进行,一般按季节进行。

4) 采样方法。

(a) 定量采样。使用采水器进行采集,每个采样点取水样1L,贫营养型水体应酌情增加采水量。泥沙含量高时,应在容器内沉淀后再取样。

(b) 定性采样。用25号浮游生物网在湖泊表层缓慢拖曳采集大型浮游植物水样。采样过程中,要注意使网口垂直于水面,网口上端不要露出水面。蓝藻如图8-8所示。

图8-8 蓝藻

3. 采样注意事项

(1) 采样的地点和时间必须符合要求。为确保采样点位置的准确，可使用 GPS 等仪器进行定位。

(2) 同一类群的浮游生物采集时间（季节、月份）应尽量保持一致。

(3) 选择天气状况良好的时间，尽量在浮游生物处于相对稳定的时期。

(4) 尽量保证植物各个器官的完整性。对于不可能一次同时采全所有器官的植物，可按生育期分次采集。

(5) 对于进行生物毒性试验的污水样品，应在排污口排放的有毒污染物浓度最高时采集。

(6) 做好现场采样记录，填写水生生物标签，填好水生生物送检单，核对瓶签。

(7) 采样结束前，应核对采样计划、记录采样情况，如有错误或遗漏要立即重采或补采。

(二) 浮游动物的采样

浮游动物是一类经常在水中浮游，本身不能制造有机物的异养型无脊椎动物和脊索动物幼体的总称，是在水中营浮游性生活的动物类群，它们或者完全没有游泳能力，或者游泳能力微弱，不能做远距离的移动，也不足以抵拒水的流动力，会随水流漂动，与浮游植物一起构成浮游生物。在河流和湖泊中常见的浮游动物主要包括原生动物、轮虫类、枝角类和桡足类等。

1. 采样器和贮样容器的选择与要求

(1) 采样器的选择。根据浮游动物采样方法的不同，选择相应的采样器。

1) 采水器。采水器选择 1000mL 和 5000mL 的规格。

2) 浮游生物网。采用 13 号浮游生物网（孔径 0.112mm）和 25 号浮游生物网（孔径 0.064mm）。

(2) 贮样容器材质的要求。选择不同规格的水样瓶和样品瓶作为贮样容器。

1) 容器的材质要具有良好的稳定性，以保证浮游动物在一段时间内正常生存。

2) 对于一些对光比较敏感的浮游动物，要对样品瓶透光性进行严格要求。

3) 选择符合要求的材质容器，材质不能和储存的浮游动物发生物理化学等作用。

2. 采样

(1) 河流。

1) 采样点布设。采样点应在对所调查水体进行现场考察的基础上，根据水体的环境条件、水文特征和具体的工作需要布设，且宜结合现有的水质或水文监测断面进行布设。若水质、水文监测断面位于河流的闸坝或支流、排污口上游，则采样点布设范围应为监测断面至上游 500m 以内水域；若水质或水文监测断面位于河流的闸坝、支流、排污口下游，则采样点布设范围应为监测断面至下游 500m 以内水域。

2) 采样层次。同浮游植物中河流的采样层次。

3) 采样时间和频次。同浮游植物中河流的采样时间和频次。

4) 采样方法。

(a) 定量采样。原生动物、轮虫和无节幼体定量样品可使用浮游植物采样中的定量样品，采样方法如浮游植物在河流中的定量采样一样。枝角类、桡足类的定量样品，用采水器采水 10L，用 13 号浮游生物网过滤浓缩后注入样品瓶。

(b) 定性采样。浮游动物定性样品用 25 号浮游生物网在水面下绕"8"字拖动 3～5min，然后从水中缓慢提出浮游生物网，使水样集中到网底的收集管内，枝角类、桡足类定性样品可用 13 号浮游生物网在水面下绕"8"字拖动 3～5min。水螅如图 8-9 所示。

(2) 湖泊。

1) 采样点布设。根据湖面面积、形态、浮游植物的生态分布特点和调查目的等确定采样点数量。应兼顾在湖泊近岸和中部设点，可根据湖泊形状在湖心区、大的湖湾中心区、进水口和出水口附近、沿岸浅水区（有水草区和无水草区）分散选点。

2) 采样层次。同浮游植物中湖泊的采样层次。

图 8-9 水螅

3) 采样时间和频次。同浮游植物中湖泊的采样时间和频次。

4) 采样方法。

(a) 定量采样。原生动物、轮虫和无节幼体定量可使用浮游植物采样中的定量样品，如单独采集水样，取水样量以 1L 为宜。枝角类和桡足类定量样品应在定性采样之前用采水器采集，每个采样点采水样 10～50L，再用 25 号浮游生物网过滤浓缩，过滤物放入样品瓶中，并用滤出的水洗过滤网 3 次，所得过滤物也放入上述样品瓶中。

(b) 定性采样。原生动物、轮虫和无节幼体定性样品采集方法同浮游植物。枝角类和桡足类定性样品用 13 号浮游生物网在湖泊表层缓慢拖曳采集，过滤网和定性样品采集网应分开使用。

3. 浮游动物的采样注意事项

浮游动物采样的注意事项同浮游植物采样注意事项的（1）、（2）、（3）、（5）、（6）和（7），此外为防止采集出来的浮游动物发生变形，要在贮样容器中加入一定的试剂。

(三) 底栖动物的采样

底栖动物是指生活史的全部或大部分时间生活于水体底部的水生动物群，多为无脊椎动物，除定居和活动生活的以外，栖息的形式多为固着于岩石等坚硬的基体上和埋没于泥沙等松软的基底中，此外，还有附着于植物或其他底栖动物体表的，以及栖息在潮间带的底栖种类。底栖动物是一个庞杂的生态类群，其所包括的种类及其生活方式较浮游动物复杂得多，在河流和湖泊中常见的底栖动物主要包括水生昆虫、水栖寡毛类和软体动物门的腹足纲的螺和瓣鳃纲的蚌、河蚬等。

1. 采样器和贮样器的选择与要求

(1) 采样器的选择。采样器包括带网夹泥器（开口面积 $1/6m^2$），索伯网，三角拖网（开口面积 $1/6m^2$），改良式彼得森采泥器（开口面积 $1/16m^2$ 或 $1/20m^2$），手抄网，普通温度计，深水温度计，酸度计，40 目（孔径 0.635mm）、60 目（孔径 0.423mm）的分样筛等。带网夹泥器、索伯网如图 8-10、图 8-11 所示。

图 8-10 带网夹泥器　　　　图 8-11 索伯网

(2) 贮样容器的要求。选择塑料桶或盆、塑料袋和不同规格的样品瓶作为贮样容器。一些小型底栖动物和浮游动物的要求基本一致，对于一些大型底栖动物则可贮存在盆、桶等大规格的容器内。

2. 采样

(1) 河流。

1) 采样点布设。应选择 100m 常年流水的河段作为采样区域布设采样点。选取水深小于 0.6m 进行。浅滩/急流处生境（如卵石地质、树根、挺水植物覆盖处等）的底栖动物多样性及丰度通常是最高的，最具有代表性且采集难度低，宜布设代表性样点。

2) 采样时间和频次。采样时间和频次视研究任务而定。一般建议每季度采样 1 次，最低限度应在春季和夏末初秋各采样 1 次。

3) 采样方法。

(a) 可涉水区采样。在可涉水区采样时，用索伯网的采样框底部紧贴河道底质，将采样框内较大的石块在索伯网的网兜内仔细清洗，把石块上附着的大型底栖动物全部洗入网兜内。然后，用小型铁铲搅动索伯网的采样框的底质，所有底质与底栖动物均应采入索伯网的网兜内，搅动深度宜为 15~30cm。每个采样点采集 2 次（平行样）。

在岸边，将网兜内的所有底质和大型底栖动物倒入盆内，并在盆内加入一定量的水。仔细清理盆内枯枝落叶等杂物，确保捡出的杂物中无底栖动物附着；然后，轻柔地搅动盆内所有底质，由于底栖动物的质量相对较轻，会随着搅动悬浮于水中，立即用 60 目筛网进行过滤，重复数次，直至所有底栖动物收集完为止。

(b) 不可涉水区采样。对于不可涉水区，用改良式彼得森采泥器（或其他类型采泥器）采集底泥，主要采集水生昆虫、水栖寡毛类及小型软体动物。每个采样点采集 2 次（平行样）。采样后，将采到的底泥倒入盆内，经 60 目金属筛过滤，去除泥沙和杂物，将筛网上肉眼可见的底栖动物使用镊子挑拣出来。

带网夹泥器适用于采集以淤泥和细沙为主的软底质生境中螺、蚌等较大型的底栖动物。采得样品后将网口紧闭，在水中荡涤，除去网中泥沙，提出水面，使用钟表镊子把底栖动物挑拣出来。蚌如图 8-12 所示。

第四节 水生生物的采样、保存及预处理

(2) 湖泊。

1) 采样点布设。大型湖泊布设采样断面5～6个，中型湖泊布设采样断面3～5个，小型湖泊布设采样断面3个。采样断面上直线设点，采样点的间距100～500m，可以根据实际情况增设采样点。

2) 采样时间和频次。同底栖动物河流中采样时间和频次。

图8-12 蚌

3) 采样方法。

(a) 定量采样。螺、蚌等较大型底栖动物，使用带网夹泥器进行采集。采得泥样后应将网口闭紧，放在水中涤荡，清除网中泥沙，然后提出水面，捡出其中全部螺、蚌等底栖动物。

水生昆虫、水栖寡毛类和小型软体动物，用采泥器采集。将采得的泥样全部倒入塑料桶或盆内，经40目、60目分样筛筛洗后，拣出筛上可见的全部动物。如带回的样品不能及时分检，可置于低温（4℃）保存。

在采集点应采集2个平行样品。

(b) 定性采样。用三角拖网、手抄网等在沿岸带和亚沿岸带的不同生境中采集定性样品。

3. 底栖生物采样的注意事项

(1) 在清理采样中的枯枝落叶时，应确保检出的枯枝落叶上没有残留的底栖动物。

(2) 对于采集的样品，要重复过滤，并仔细挑出过滤后剩余底质中的残留生物，直至目测无残余底栖动物为止。

其余注意事项同浮游植物注意事项的（1）、（2）、（3）、（5）、（6）和（7）。

(四) 大型高等水生植物的采样

大型高等水生植物是除小型藻类以外所有的水生植物类群，它们在生理上依附于水环境，生活周期中至少有一部分发生在水中或水表面。在河流和湖泊中常见的大型高等水生植物主要包括挺水植物、漂浮植物和沉水植物。挺水植物是以根或地下茎生于水体底泥中，植物体上部挺出水面的类群，这类植物体形比较高大，为了支撑上部的植物体，往往具有庞大的根系，并能借助中空的茎或叶柄向根和根状茎输送氧气，常见的种类有芦苇、千屈菜和香蒲等；漂浮植物指植物体完全漂浮于水面上的植物类群，为了适应水上漂浮生活，它们的根系大多退化成悬垂状，叶或茎具有发达的通气组织，一些种类还发育出专门的贮气结构（如凤眼莲膨大成葫芦状的叶柄），这为整个植株漂浮在水面上提供了保障，常见的种类有紫背萍、浮萍、凤眼莲和满江红等；沉水植物是指植物体完全沉于水气界面以下，根扎在底泥中或漂浮在水中的类群，这类植物是严格意义上完全适应水生的高等植物类群，常见的种类有苦草、金鱼藻和菹草等。

1. 采集器和贮样器的选择与要求

采样器包括数码相机、钢卷尺、镰刀、水草定量夹、采样方框、带柄手抄网、水草采集耙等，可用样品袋、标本袋等作为贮样容器。水草定量夹如图8-13所示。

图8-13 水草定量夹

2. 采样

(1) 河流。

1) 采样点布设。

(a) 定量。调查断面应设置1~3个带状调查区,河流型调查区垂直于河流流向,包含河流两岸和水体,调查区宽度5~10m,每个调查区布置3~6个样方,样方面积0.25~3m²,考虑到植被群落结构变异性,长方形样方更为有效,样方形状根据调查情况确定。

(b) 定性。选择有代表性的采样样方(水生植物的密集区、一般区、稀疏区应都有代表性样方),拍摄群落全貌照片,宜拍样方垂直投影照片。

2) 采样时间和频次。采样时间和频次视研究任务而定。采样时间一般根据大型高等水生植物的生长时期进行采样。采样频次则遵循样品完整性的原则进行采集,如果采集的样品不完整,那么需要再次采集,直至采集完整为止。

3) 采样方法。

(a) 定量采样。将选取的样方用样方框围好,把样方(0.25~3m²)面积的全部植物从基部割断,分种类称重。挺水植物可用1m²采样方框采集,从植物基部割取,沉水植物、浮叶植物和漂浮植物的定量用水草定量夹(0.25m²)采集,采集时,将水草夹张开,插入水底,然后用力夹紧,将方框内的全部植物连根带泥夹起。

(b) 定性采样。定性样品主要采集水深在6m以内生长的大型水生植物。生长在水中的禾本科、香蒲科、莎草科、蓼科等挺水植物可直接用手采集;浮叶植物可用耙子连根拔起;漂浮植物可直接用带柄的手网采集;沉水植物可用耙子或拖钩采集。芦苇如图8-14所示。

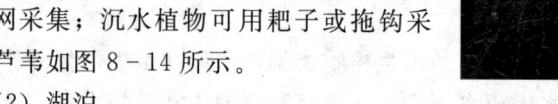

图8-14 芦苇

(2) 湖泊。

1) 采样点布设

(a) 测量或估计各类大型水生植物带区的面积。

(b) 选择密集区、一般区和稀疏区布设采样断面和点。

(c) 采样断面应平行排列,亦可为"之"字形。

(d) 采样断面的间距一般为50~100m。

(e) 采样断面上采样点的间距为100~200m。

(f) 没有大型水生植物分布的区域不设采样点。

2) 采样方法。

(a) 定量采样。与河流大型高等水生植物的定量采样方法相同。

每个采样点采集2个平行样品。

(b) 定性采样。与河流大型高等水生植物的定性采集方法相同。

第四节 水生生物的采样、保存及预处理

3. 大型高等水生植物采样的注意事项

(1) 样品宜在开花和（或）果实发育的生长高峰季节采集，采集的样品应完整（包括根、茎、叶、花、果）。

(2) 对于一些生长在深水处的植物，要做好人员潜水采集样品的准备。

其他采样注意事项与浮游植物采样的注意事项基本一致。

（五）鱼类的采样

鱼类是体被骨鳞、以鳃呼吸、通过尾部和躯干部的摆动以及鳍的协调作用游泳和凭上下颌摄食的变温水生脊椎动物，它们几乎栖居于地球上所有的水生环境，从淡水的湖泊、河流到咸水的大海和大洋。在河流和湖泊中常见的鱼类主要包括草鱼、鲫鱼、鳙鱼和鲤鱼等。

1. 采样器和贮样容器的选择与要求

(1) 采样器的选择。以不同规格的网具和饵钩为主，同时兼顾地笼、游钓等多种渔获方式。捕鱼笼如图 8-15 所示。

(2) 贮样容器材质的要求。选择不同规格的标本瓶（箱）和标本袋作为贮样容器。

1) 容器的材质要具有良好的稳定性，以保证鱼类在一段时间内能正常生存。

2) 选择符合要求的材质容器，材质不能和储存的鱼类发生物理化学等作用。

图 8-15 捕鱼笼

2. 采样

(1) 河流。

1) 采样点布设。宜结合文献、访问相关部门及人士（当地渔业部门、水产协会、水务部门和当地渔民），积累该水域鱼类的基础资料，进行采样点的布设。

2) 采样时间和频次。鱼类调查在全年均可进行。

3) 采样方法。以定置网具为主：调查断面的鱼类样品采集以定置网具为主，并辅以其他可采用的方法进行采集。鲫鱼如图 8-16 所示。

(2) 湖泊。

1) 采样点布设。同河流采样点的布设。

2) 采样时间和频次。同河流采样时间和频次

3) 采样方法。以围（拖）网具为主：湖泊的鱼类样品采集以围网、拖网为主，同时在湖泊水浅的区域、上游河流入库点使用定置网具进行捕捞，并辅以其他可采用的方法（目前以电捕居多）进行采集。

图 8-16 鲫鱼

3. 采样注意事项

(1) 在进行鱼类采样之前，应向有关主管部门办理好采捕手续等。

(2) 鱼类样本的采集应做到够用即可，尽量少捕，除保存必要样本外，其余个体应予

以放生。鱼类现场调查采集渔获物过程中，应进行录影、拍照作为调查结果分析的补充。

二、水生生物样品的保存和运输

（一）水生生物样品的保存

1. 水生生物样品保存的基本要求

水生生物被采集之后，离开了原来生活的水体母源，水中原有的某些物质的动态化学平衡和氧化还原体系势必遭到破坏，使其物质组成发生物理的、化学的和生物的变化，这些变化会造成分析时的样品与原样品出现差异。所以对样品保存最基本的要求就是要尽可能地保证水生生物样品不发生各种物理化学等变化。

2. 水生生物样品保存方法

（1）浮游植物。浮游植物用鲁哥氏液固定，用量为水样体积的1%～1.5%。如样品需较长时间保存，则需加入37%～40%甲醛溶液，用量为水样体积的4%。样品瓶应贴上标签，标明采集时间、地点、层次。

（2）浮游动物。

1）原生动物和轮虫定性样品，除留一瓶供活体观察不固定外，其余全部固定。固定方法同浮游植物。

2）枝角类和桡足类定量、定性样品应用37%～40%甲醛溶液固定，甲醛溶液用量为水样体积的5%。

3）采集的样品带回实验室后，在冰箱（4℃）内保存，一个月内完成鉴定。

（3）底栖动物。

1）软体动物宜用75%乙醇溶液保存，4～5d后再换一次乙醇溶液，或用5%甲醛溶液固定，或去内脏后保存空壳。

2）水生昆虫可用5%乙醇溶液固定，5～6h后移入75%乙醇溶液中保存。

3）水栖寡毛类应先放入培养皿中，加少量清水，并缓缓滴加数滴75%乙醇溶液将虫体麻醉，待其完全舒展伸直后，再用5%甲醛溶液固定，75%乙醇溶液保存。

（4）高等水生植物。采集的高等水生植物应使用样品袋进行保存，以保证植物的新鲜程度。在装袋前，应先对植物进行清洗，待洗净后再放入样品袋保存。

（5）鱼类。将采集到的鱼类样本放入标本瓶（箱），立即用10%甲醛溶液固定保存。如鱼体较大，应往腹腔内均匀注射10%甲醛溶液后固定、保存。容易掉鳞的鱼、稀有种类和小规格种类要用纱布包起来再放入固定液中。标本瓶上注明水体名称、采集时间。带回实验室，2周内完成实验、测量。

（二）水生生物样品的运输

水生生物样品的运输要求与水质样品的运输基本一致，应尽量缩短样品的运输时间，同时满足样品运输的要求。

三、水生生物样品的预处理

在对水生生物样品进行检测前，应进行预先处理，以达到检测要求。

（一）浮游植物样品预处理

浮游植物样品预处理包括沉淀、浓缩等环节。

1. 沉淀

固定后的浮游植物水样摇匀倒入固定在架子上的 1L 沉淀器内，2h 后将沉淀器轻轻旋转，使沉淀器壁上尽量少附着浮游植物，再静置 24h。

2. 浓缩

充分沉淀后，用虹吸管慢慢吸去沉淀器上部的澄清液。当吸至沉淀器上部澄清液的 1/3 时，应逐渐减缓流速，直至留下含沉淀物的水样 20～25mL（或 30～40mL），放入 30mL（或 50mL）的定量样品瓶内。浓缩后的水样体积要视浮游植物浓度大小而定，一般情况下可用透明度作为参考。根据水样透明度，确定水样的浓缩体积，浓缩标准以每个视野里有十几个藻类为宜。

（二）浮游动物样品预处理

（1）原生动物和轮虫的计数可与浮游植物计数合用一个样品。

（2）枝角类和桡足类通常用过滤法浓缩水样。

（三）底栖动物样品的预处理

小型底栖动物处理参考浮游动物的处理方法，对于一些较大的底栖动物则只需清洗干净就可直接观察。

（四）高等水生植物样品的预处理

选择带有茎、叶、花和果实等较完整的高等水生植物体，并去除根、枯枝、败叶和其他杂质。

（五）鱼类样品的预处理

记录鱼类的类别名称、条数和生境，并测量各种鱼类的全长、体长、体高、头长、宽度和体重。

课 后 习 题

1. 为什么要开展水环境监测？
2. 介绍水环境监测的一般工作程序。
3. 以河流为例，说明如何设置监测断面和采样点？
4. 在河流采样时，其采样频次和时间要求是什么？
5. 在水质样品保存和运输时，应注意的事项是什么？
6. 简述水质样品预处理的方法。
7. 简述河流浮游植物采样方法。
8. 在湖泊采集大型高等水生植物时，如何布设采样点？
9. 底栖动物采样中用到的采样器有哪些？它们的适用条件分别是什么？
10. 介绍各类水生生物样品的保存方法。

参 考 文 献

[1]　雒文生，李怀恩. 水环境保护 [M]. 北京：中国水利水电出版社，2009.
[2]　中国环境科学研究院. GB 3838—2002 地表水环境质量标准 [S]. 北京：中国环境科学出版

［3］ 水利部. SL 219—2013 水环境监测规范［S］. 北京：中国水利水电出版社，2014.

［4］ 中国环境监测总站. HJ/T 91—2002 地表水和污水监测技术规范［S］. 北京：中国环境出版社，2002.

［5］ 中国环境监测总站，浙江省环境监测中心站. HJ/T 164—2004 地下水环境监测技术规范［S］. 北京：中国环境科学出版社，2005.

［6］ 陈朝东，王子东，李晋峰，等. 水环境监测技术问答［M］. 北京：化学工业出版社，2006.

［7］ 李青山，李怡庭. 水环境监测实用手册［M］. 北京：中国水利水电出版社，2003.

［8］ 国家环境保护总局，水和废水监测分析方法编委会. 水和废水监测分析方法［M］. 4版. 北京：中国环境科学出版社，2002.

［9］ 肖长来，梁秀娟，卞建民，等. 水环境监测与评价［M］. 北京：清华大学出版社，2008.

［10］ 吉林农业大学. DB 22/T 2963—2019 湖库水生生物资源调查技术规程［S］. 长春：吉林省市场监督管理厅，2019.

［11］ 北京市水文总站. DB11/T 1721—2020 水生生物调查技术规范［S］. 北京：北京市市场监督管理局，2020.

第九章 水环境质量评价

近年来，随着水环境污染问题的日益突出，如何定量评价水污染的严重程度，识别水环境系统的演变规律，进而提出有效保护水环境的对策措施是管理人员和科研工作者所面临的主要技术难题之一。水环境质量评价是对水环境质量状况进行定量评估的一套理论方法体系，是环境评价学的一个重要分支，同时也是开展水环境保护工作的基础和合理开发利用水资源的前提。本章将系统介绍有关水环境质量评价方面的基础知识，包括基本概念、现行的水环境质量评价标准、评价方法以及水生生物评价方面的相关内容。

第一节 水环境质量评价概述

一、概念与内涵

水环境质量评价，简称为水质评价，是根据水体用途，选择适当的水质评价指标，按相应用途的水质标准和一定的评价方法，对水体质量进行定性或定量评定的过程。

水环境是一个统一的整体，主要由水体、底质和水生生物三部分组成，三者之间相互关联与影响。在进行水环境质量评价时，需要重视不同水体之间和水环境内各组成部分之间的相互关系。造成水体污染的任何污染物进入水体后都有其本身的运动规律和存在形式，水环境质量评价的目的正是要准确地反映目前的水体质量和污染状况，理清水体质量变化发展的规律，找出水域的主要污染问题，为水污染治理、水功能区划以及水环境管理提供依据。

水环境质量评价的工作内容包括选定评价指标（包括一般评价指标、氧平衡指标、重金属指标、有机污染物指标、无机污染物指标、生物指标等）、水体监测和监测值处理、选择评价标准和建立评价方法等。

二、评价分类

水环境质量评价的核心问题，是研究水环境质量的好坏，并以其是否适宜人类生存和发展作为判别的标准。一般来说，可将水环境质量评价分为回顾评价、现状评价和预断评价三种类型。

1. 水环境质量回顾评价

回顾评价是指对水域过去一定历史时期的环境质量，根据历史资料进行回顾性的评价。通过回顾评价可以揭示出水域环境污染与环境质量的发展变化过程，但这种评价需要历史资料的积累，一般多在监测工作基础比较好的地区进行。

2. 水环境质量现状评价

现状评价是我国各地普遍开展的评价形式，一般是根据近五年的环境监测资料进行评价的。通过这种形式的评价，可以阐明水环境污染程度与水环境质量现状，为进行区域水污染综合防治与水环境管理提供科学依据。

3. 水环境质量预断评价

预断评价又称为水环境影响评价，是指对区域开发活动带来的环境质量影响进行评价。这种评价主要是在新的大中型厂矿企业、水利水电工程、机场、港口及高速公路等项目建设之前必须进行的环境影响评价，并编写环境影响评价报告书，分析工程实施后会对环境带来的影响。有关环境影响评价方面的内容将在第十一章进行介绍。

三、评价要求

（一）地表水环境质量评价要求

（1）在评价区内，应根据河道地理特征、污染源分布、水质监测站网状况，划分成不同评价单元（河段、湖、库区等）。

（2）在评价大江、大河水环境质量时，应划分成中泓水域与岸边水域，分别进行评价。

（3）应描述地表水环境质量的时间变化及地区分布特征。

（4）在人口稠密、工业集中、污染物排放量大的水域，应进行水体污染负荷总量控制分析。

（二）地下水环境质量评价要求

（1）选用的监测井点应具有代表性。

（2）应描述地下水环境质量的时间变化及地区分布特征。

（3）应将地表水、地下水作为一个整体，分析地表水污染、纳污水库、污水灌溉和固体废弃物的堆放、填埋等对地下水环境质量的影响。

四、评价步骤

1. 水环境背景值调查

在未受人为污染影响的情况下，确定水体在自然演化过程中原有的化学组成。因目前难以找到绝对不受污染影响的水体，所以测得的水环境背景值实际上是一个相对值，可以作为判别水体受污染影响程度的参考对比值。在进行一个区域或河段的评价时，可将对照断面的监测值作为背景值。

2. 污染源调查评价

污染源是影响水质的重要因素，通过污染源调查与评价，可了解水体的污染物质组成，进而确定水质监测及评价项目。

3. 水质监测

根据前两项工作的结论，结合水质评价目的、评价水体特性以及影响水体水质的主要污染物质，制定水质监测方案并进行取样分析，获取水质评价所必需的水质监测数据。

4. 确定评价标准

水质标准是水质评价的准则和依据。对于同一水体，采用不同的标准会得出不同的评价结果，甚至于水体是否被污染的结论也不相同。因此，应根据评价水体的用途和评价目的选择相应的评价标准。

5. 分析与评价

应用相应的数学方法，将水质监测结果与评价标准进行对照分析和水质评价。

6. 评价结论

根据计算结果进行水质优劣分级，提出评价结论。

第二节 水环境质量评价标准

一、环境标准概述

环境标准是为了保护人们健康、防治环境污染和促使生态系统良性循环，在依据相关环境保护法规和政策的基础上，对环境中有害成分含量划定限量阈值的技术性标准和规范。环境标准是政策、法规的具体体现。

（一）环境标准的作用

环境标准既是环境保护的目标，又是环境保护的手段，它具有如下作用：

（1）环境标准是判断环境质量和衡量环保工作优劣的准绳。

（2）环境标准是执法的依据。环境问题的诉讼、排污费的收取、污染治理效果的评价都是以环境标准为依据的。

（3）环境标准是促进技术进步、推行清洁生产、控制污染、保护生态、实现社会可持续发展的重要手段。

（二）环境标准的分级和分类

1. 环境标准的分级

根据《中华人民共和国标准化法》规定，我国标准按照使用的效力等级，可分为国家环境标准、行业标准和地方环境标准三个级别，其执行效力依次递减。当低效力等级标准遇到高效力等级标准时，必须服从于高效力等级标准。下面对各级环境标准作简要介绍。

（1）国家环境标准。国家环境标准由国务院环境保护行政主管部门制定，并会同国务院标准化行政主管部门编号、发布。国家标准主要针对在全国具有普遍性的环境问题而编制，其指标阈值是按全国平均水平和要求提出的，因此适用于全国多数地区。国家标准在整个环境标准体系中处于核心地位，是国家环境政策目标的综合反映。

（2）行业标准。这类标准是由生态环境部制定的行业内通用的技术标准，它是比较特殊的一类环境标准，是在环境保护工作中对还需要统一的技术要求所制定的标准（包括执行各项环境管理制度、检测技术、环境区划、规划的技术要求等）。这些标准属于环境保护行业内标准的性质，可用来指导全国各级环境保护行政主管部门开展相关的业务工作，但不属于国家标准，随着应用的逐步成熟以后有可能会上升到国家标准。

（3）地方环境标准。地方环境标准是对国家环境标准的补充和完善，它由省级或市级人民政府制定。地方人民政府可针对国家环境标准中未作规定的项目，制定适用于当地实际情况的地方环境标准；同时也可针对国家环境标准已作规定的项目，从环境保护和严格管理的角度，制定严于国家标准的地方标准。

2. 环境标准的分类

按照环境标准的使用途径，还可以对其进行分类，主要包括以下几种类型。

（1）环境质量标准。为了保护人类健康和维持生态系统良性循环，对环境中有害物质含量所做出的限制性规定。它是衡量环境质量优劣的依据，也是制定污染物控制标准的基础。

(2) 污染物排放标准。根据国家环境质量标准,并考虑可采用的污染控制技术和经济承受能力,对排入环境的有害物质和产生污染的各种因素所作的限制性规定,是对污染源进行控制的标准。

(3) 环境基础标准。在环境标准化工作范围内,对有指导意义的符号、代号、指南、程序和规范等所作的统一规定,主要包括标准化、质量管理、技术管理、基础标准与通用方法、污染控制技术规范等。它是制定其他环境标准的基础。

(4) 环境监测方法标准。是为监测环境质量和污染物排放,规范采样、样品处理、分析测试、数据处理等所作的统一规定。其中最常见的是分析方法、测定方法、采样方法等方面的有关规定。

(5) 环境标准样品标准。是为保证环境监测数据的准确、可靠,对用于量值传递或质量控制的材料、实物样品而研制的标准物质所做的统一规定。标准样品在环境管理中起着甄别的作用:可用来评价分析仪器、鉴别其灵敏度;评价分析者的技术,使操作技术规范化。它由生态环境部和全国标准样品技术委员会进行技术评审,国家质量监督检验检疫总局批准、颁布并授权生产,以"GSB"进行编号。

二、水环境质量评价的标准

水环境质量评价标准是环境标准中的一个大类,属于环境质量标准范畴,它主要用于对水域环境质量状况的评价和管理。目前,我国已经颁布了一系列的水环境质量标准,比较有代表性的有:《地表水环境质量标准》(GB 3838—2002)、《海水水质标准》(GB 3097—1997)、《生活饮用水卫生标准》(GB 5749—2006)、《渔业水质标准》(GB 11607—1989)、《农田灌溉水质标准》(GB 5084—2021)、《地下水质量标准》(GB/T 14848—2017)、《再生水回用景观水体的水质标准》(CJ/T 95—2000)和《生活杂用水水质标准》(CJ/T 48—1999)。同时,这些标准通常几年修订一次,新标准自然代替老标准。

(一)《地表水环境质量标准》(GB 3838—2002)[4]

我国的地表水环境标准最早是在1983年编制的,并于1989年、1999年和2002年进行了三次修订,目前现行标准为《地表水环境质量标准》(GB 3838—2002)。该标准的评价项目共计109项,其中地表水环境质量标准基本项目24项;集中式生活饮用水地表水源地补充项目5项;集中式生活饮用水地表水源地特定项目80项。《地表水环境质量标准》基本项目适用于中华人民共和国领域内江河、湖泊、运河、渠道、水库等具有使用功能的地表水水域;集中式生活饮用水地表水源地补充项目和特定项目,适用于集中式生活饮用水地表水源地一级保护区和二级保护区。依据地表水水域使用目的和保护目标,按功能高低划分为五类。

Ⅰ类:主要适用于源头水、国家自然保护区。

Ⅱ类:主要适用于集中式生活饮用水地表水源地一级保护区、珍稀水生生物栖息地、鱼虾类产卵场、仔稚幼鱼的索饵场等。

Ⅲ类:主要适用于集中式生活饮用水地表水源地二级保护区、鱼虾类越冬场、洄游通道、水产养殖区等渔业水域及游泳区。

Ⅳ类:主要适用于一般工业用水及人体非直接接触的娱乐用水区。

Ⅴ类：主要适用于农业用水区及一般景观要求水域。

下面以地表水环境质量标准基本项目为例进行说明。对应上述五类水域功能，将地表水环境质量标准基本项目标准值也分为五类，不同功能类别分别执行相应类别的标准值（表9-1）。同一水域兼有多类使用功能的，依最高功能划分类别。有季节性功能的，可分季划分类别。水域功能类别高的标准值严于水域功能类别低的标准值。同一水域兼有多种使用功能时，执行最高功能类别所对应的标准值。

表9-1　　　　　　　　地表水环境质量标准基本项目标准限值　　　　　　　单位：mg/L

序号	项目		Ⅰ类	Ⅱ类	Ⅲ类	Ⅳ类	Ⅴ类
1	水温		\multicolumn{5}{人为造成的环境水温变化应限制在：周平均最大温升≤1℃；周平均最大温降≤2℃}
2	pH值		\multicolumn{5}{6～9}
3	溶解氧	≥	饱和率90%（或7.5）	6	5	3	2
4	高锰酸盐指数	≤	2	4	6	10	15
5	化学需氧量（COD）	≤	15	15	20	30	40
6	五日生化需氧量（BOD_5）	≤	3	3	4	6	10
7	氨氮（NH_3-N）	≤	0.015	0.5	1.0	1.5	2.0
8	总磷（以P计）	≤	0.02（湖、库0.01）	0.1（湖、库0.025）	0.2（湖、库0.05）	0.3（湖、库0.1）	0.4（湖、库0.2）
9	总氮(湖、库，以N计)	≤	0.2	0.5	1.0	1.5	2.0
10	铜	≤	0.01	1.0	1.0	1.0	1.0
11	锌	≤	0.05	1.0	1.0	2.0	2.0
12	氟化物（以F^-计）	≤	1.0	1.0	1.0	1.5	1.5
13	硒	≤	0.01	0.01	0.01	0.02	0.02
14	砷	≤	0.05	0.05	0.05	0.1	0.1
15	汞	≤	0.00005	0.00005	0.0001	0.001	0.001
16	镉	≤	0.001	0.005	0.005	0.005	0.01
17	铬（六价）	≤	0.01	0.05	0.05	0.05	0.1
18	铅	≤					
19	氰化物	≤	0.005	0.05	0.2	0.2	0.2
20	挥发酚	≤	0.002	0.002	0.005	0.01	0.1
21	石油类	≤	0.05	0.05	0.05	0.5	1.0
22	阴离子表面活性剂	≤	0.2	0.2	0.2	0.3	0.3
23	硫化物	≤	0.05	0.1	0.2	0.5	1.0
24	粪大肠菌群/(个/L)	≤	200	2000	10000	20000	40000

上述标准值中水温属于感官性状指标，pH值、生化需氧量、高锰酸盐指数和化学需氧量是保证水质自净的指标，磷和氮是防止封闭水域富营养化的指标，大肠菌群是细菌学

201

指标，其他属于化学、毒理指标。

（二）《生活饮用水卫生标准》（GB 5749—2006）[5]

饮用水卫生标准是为保证水质适用于生活饮用而制定的环境标准，它要求水质必须保证居民终生饮用安全，其定位直接关系到人体健康。目前，我国现行的标准是《生活饮用水卫生标准》（GB 5749—2006）（以下简称新《标准》），它是在1985年制定的《生活饮用水卫生标准》（GB 5749—85）（以下简称原《标准》）基础上修订得到的。与原《标准》相比，新《标准》具有如下特色：一是加强了对水体有机物、微生物和有毒有害物质方面的要求，其指标由原《标准》的35项增至106项，增加了71项。其中，微生物指标由2项增至6项；饮用水消毒剂指标由1项增至4项；毒理指标中无机化合物由10项增至21项；毒理指标中有机化合物由5项增至53项；感官性状和一般理化指标由15项增至20项；放射性指标仍为2项。二是注重与国际接轨。新《标准》的水质项目和指标值选取，充分考虑了我国实际情况，并参考了世界卫生组织的《饮用水水质准则》，以及欧盟、美国、俄罗斯和日本等国家和地区的饮用水标准。三是统一了城镇和农村饮用水卫生标准。新《标准》适用于各类集中式供水的生活饮用水，也适用于分散式供水的生活饮用水。

此外，2001年卫生部颁布了《生活饮用水水质卫生规范》，该规范共包含96项指标，其中，常规检验项目34项，非常规检验项目和限值62项，该规范对水源水质和监测方法均做了详细规定。

（三）《地下水质量标准》（GB/T 14848—2017）

我国在2017年颁布了新的《地下水质量标准》（GB/T 14848—2017），替代原有的《地下水质量标准》（GB/T 14848—1993）。新标准结合修订的 GB 5749—2006、自然资源部近20年地下水方面的科研成果和国际最新研究成果进行修订，增加了指标数量，指标由 GB/T 14848—1993 的39项增加至93项；调整了20项指标分类限值，直接采用了19项指标分类限值；减少了综合评价规定，使标准具有更广泛的应用性。新标准依据我国地下水质量状况和人体健康风险，参照生活饮用水、工业、农业等用水质量要求，依据各组分含量高低（pH值除外），分为5类：Ⅰ类地下水化学组分含量低，适用于各种用途；Ⅱ类地下水化学组分含量较低，适用于各种用途；Ⅲ类地下水化学组分含量中等，主要适用于集中式生活饮用水水源及工农业用水；Ⅳ类地下水化学组分含量较高，以农业和工业用水质量要求以及一定水平的人体健康风险为依据，适用于农业和部分工业用水，适当处理后可作生活饮用水；Ⅴ类地下水化学组分含量高，不宜作为生活饮用水水源，其他用水可根据使用目的选用。地下水质量常规指标及其限值见表9-2。

表9-2　　　　　　　　　　地下水质量常规指标及其限值

序号	项目	Ⅰ类	Ⅱ类	Ⅲ类	Ⅳ类	Ⅴ类
1	色（铂钴色度单位）	≤5	≤5	≤15	≤25	>25
2	嗅和味	无	无	无	无	有
3	浑浊度/NTU[a]	≤3	≤3	≤3	≤10	>10
4	肉眼可见物	无	无	无	无	有

第二节 水环境质量评价标准

续表

序号	项 目	I类	II类	III类	IV类	V类
5	pH值		6.5～8.5		5.5～6.5, 8.5～9	<5.5, >9
6	总硬度（以$CaCO_3$计）/(mg/L)	≤150	300	≤450	≤650	>650
7	溶解性总固体/(mg/L)	≤300	≤500	≤1000	≤2000	>2000
8	硫酸盐/(mg/L)	≤50	≤150	≤250	≤350	>350
9	氯化物/(mg/L)	≤50	≤150	≤250	≤350	>350
10	铁/(mg/L)	≤0.1	≤0.2	≤0.3	≤2.0	>2.0
11	锰/(mg/L)	≤0.05	≤0.05	≤0.1	≤1.5	>1.5
12	铜/(mg/L)	≤0.01	≤0.05	≤1.0	≤1.5	>1.5
13	锌/(mg/L)	≤0.05	≤0.5	≤1.0	≤5.0	>5.0
14	铝/(mg/L)	≤0.01	≤0.05	≤0.20	≤0.50	>0.50
15	挥发性酚类（以苯酚计）/(mg/L)	≤0.001	≤0.001	≤0.002	≤0.01	>0.01
16	阴离子表面活性剂/(mg/L)	不得检出	≤0.1	≤0.3	≤0.3	>0.3
17	耗氧量（COD_{Mn}法）/(mg/L)	≤1.0	≤2.0	≤3.0	≤10.0	>10.0
18	氨氮（以N计）/(mg/L)	≤0.02	≤0.10	≤0.50	≤1.50	>1.50
19	硫化物/(mg/L)	≤0.005	≤0.01	≤0.02	≤0.10	>0.10
20	钠/(mg/L)	≤100	≤150	≤200	≤400	>400
微生物指标						
21	总大肠菌群/(MPN^b/100mL 或 CFU^c/100mL)	≤3.0	≤3.0	≤3.0	≤100	≤100
22	菌落总数/(CFU^c/mL)	≤100	≤100	≤100	≤1000	>1000
毒理学指标						
23	亚硝酸盐（以N计）/(mg/L)	≤0.01	≤0.10	≤1.00	≤4.80	>4.80
24	硝酸盐（以N计）/(mg/L)	≤2.0	≤5.0	≤20.0	≤30.0	>30.0
25	氰化物/(mg/L)	≤0.001	≤0.01	≤0.05	≤0.1	>0.1
26	氟化物/(mg/L)	≤1.0	≤1.0	≤1.0	≤2.0	>2.0
27	碘化物/(mg/L)	≤0.04	≤0.04	≤0.08	≤0.50	>0.50
28	汞/(mg/L)	≤0.0001	≤0.0001	≤0.001	≤0.002	>0.002
29	砷/(mg/L)	≤0.001	≤0.001	≤0.01	≤0.05	>0.05
30	硒/(mg/L)	≤0.01	≤0.01	≤0.01	≤0.1	>0.1
31	镉/(mg/L)	≤0.0001	≤0.001	≤0.005	≤0.01	>0.01
32	铬（六价）/(mg/L)	≤0.005	≤0.005	≤0.01	≤0.10	>0.10
33	铅/(mg/L)	≤0.005	≤0.005	≤0.01	≤0.10	>0.10
34	三氯甲烷/(μg/L)	≤0.5	≤6	≤60	≤300	>300
35	四氯化碳/(μg/L)	≤0.5	≤0.5	≤2.0	≤50.0	>50.0

续表

序号	项目	I类	II类	III类	IV类	V类
36	苯/（μg/L）	≤0.5	≤1.0	≤10.0	≤120	>120
37	甲苯/（μg/L）	≤0.5	≤140	≤700	≤1400	>1400
	放射性指标[d]					
38	总α放射性/（Bq/L）	≤0.1	≤0.1	≤0.5	>0.5	>0.5
39	总β放射性/（Bq/L）	≤0.1	≤1.0	≤1.0	>1.0	>1.0

a NTU为散射浊度单位。
b MPN表示最可能数。
c CFU表示菌落形成单位。
d 放射性指标超过指导值，应进行核素分析和评价。

（四）《农田灌溉水质标准》（GB 5084—2021）

我国现行的农田灌溉水质标准是生态环境部颁布的《农田灌溉水质标准》（GB 5084—2021），替代GB 5084—2005、GB 22573—2008、GB 22574—2008。该标准于1985年首次发布，1992年第一次修订，2005年第二次修订，2021年第三次修订。该标准适用于以地表水、地下水作为农田灌溉水源的水质监督管理；城镇污水（工业废水和医疗污水除外）以及未综合利用的畜禽养殖废水、农产品加工废水和农村生活污水进入农田灌溉渠道，其下游最近的灌溉取水点的水质按本标准进行监督管理。具体的农田灌溉水质基本控制项目限值见表9-3。

表9-3 农田灌溉水质基本控制项目限值

序号	项目类型		作物种类		
			水田作物	旱地作物	蔬菜
1	pH值		5.5~8.5		
2	水温/℃	≤	35		
3	悬浮物/（mg/L）	≤	80	100	60[a], 15[b]
4	五日生化需氧量（BOD$_5$）/（mg/L）	≤	60	100	40[a], 15[b]
5	化学需氧量（COD$_{Cr}$）/（mg/L）	≤	150	200	100[a], 60[b]
6	阴离子表面活性剂/（mg/L）	≤	5	8	5
7	氯化物（以Cl$^-$计）/（mg/L）	≤	350		
8	硫化物（以S^{2-}计）/（mg/L）	≤	1		
9	全盐量/（mg/L）	≤	1000（非盐碱土地区），2000（盐碱土地区）		
10	总铅/（mg/L）	≤	0.2		
11	总镉/（mg/L）	≤	0.01		
12	铬（六价）/（mg/L）	≤	0.1		
13	总汞/（mg/L）	≤	0.001		
14	总砷/（mg/L）	≤	0.05	0.1	0.05
15	粪大肠菌群数/（MPN/L）	≤	40000	40000	20000[a], 10000[b]
16	蛔虫卵数/（个/10L）	≤	20		20[a], 10[b]

a 表示加工、烹调及去皮蔬菜。
b 表示生食类蔬菜、瓜类和草本水果。

(五)《景观娱乐用水水质标准》(GB 12941—91)

1991年,国家环境保护总局颁布了《景观娱乐用水水质标准》(GB 12941—91),该标准适用于以景观、疗养、度假和娱乐为目的的江、河、湖(水库)、海水水体或其中一部分。标准按照水体的不同功能,分为三大类。

A类:主要适用于天然浴场或其他与人体直接接触的景观、娱乐水体。

B类:主要适用于国家重点风景游览区及那些与人体非直接接触的景观、娱乐水体。

C类:主要适用于一般景观用水水体。

各类水质标准项目及标准值见表9-4。该标准未做出明确规定的项目,执行《地表水环境质量标准》(GB 3838—2002)和《海水水质标准》(GB 3097—1997);若是景观、娱乐水体中有些标准项目的自然本底值(即没有受到人为的污染)高于本标准所规定的标准值,应维持原自然状态。标准还要求,在不发生事故和特殊自然条件干扰的情况下,景观、娱乐水体的水质一年内应有95%以上的分析样品数符合本标准值的规定。A类水体内的天然浴场在游泳季节内水质应保证全部分析样品符合该水质标准;含有毒有害污染物的废水,禁止排入景观、娱乐用水水域;一般工业废水、生活污水禁止直接排入A类、B类水域,该废水必须经过处理并保证其受纳水体符合水标准的情况下方可排入C类水域;同一水域兼有多种功能的,执行最高功能用水的水质标准。

表9-4 景观娱乐用水水质项目及标准值

序号	指标	A类	B类	C类
1	色	颜色无异常变化		不超过25色度单位
2	嗅	不得含有任何异嗅		无明显异嗅
3	漂浮物	不得含有漂浮的浮膜、油斑和积聚的其他物质		
4	透明度/m ≥	1.2		0.5
5	水温/℃	不高于近十年当月平均水温2℃[b]		不高于近十年当月平均水温4℃
6	pH值	6.5~8.5		
7	溶解氧/(mg/L) ≥	5	4	3
8	高锰酸盐指数/(mg/L) ≥	6	6	10
9	生化需氧量(BOD$_5$)/(mg/L) ≤	4	4	8
10	氨氮[a]/(mg/L) ≤	0.5	0.5	0.5
11	非离子氨/(mg/L) ≤	0.02	0.02	0.2
12	亚硝酸盐氮/(mg/L) ≤	0.15	0.15	1.0
13	总铁/(mg/L) ≤	0.3	0.5	1.0
14	总铜/(mg/L) ≤	0.01(浴场0.1)	0.01(海水0.1)	0.1
15	总锌/(mg/L) ≤	0.1(浴场1.0)	0.1(海水1.0)	1.0
16	总镍/(mg/L) ≤	0.05	0.05	0.1
17	总磷(以P计)/(mg/L) ≤	0.02	0.02	0.05

续表

序号	指标		A类	B类	C类
18	挥发酚/(mg/L)	≤	0.005	0.01	0.1
19	阴离子表面活性剂/(mg/L)	≤	0.2	0.2	0.3
20	总大肠菌群/(个/L)	≤	10000		
21	粪大肠菌群/(个/L)	≤	2000		

a 氨氮和非离子氨在水中存在化学平衡关系,在水温高于20℃、pH值大于8时,必须用非离子氨作为控制水质的指标。
b 浴场水温各地区可根据当地的具体情况自行规定。

第三节 水环境质量评价方法介绍

由于不同用水目的均有相应的水质标准,从而规范了不同水质水体的使用范围。然而在更多的情况下,需要对水环境质量给出一个综合评价结果,以便更好地说明水体的综合质量状况,为水资源合理利用与保护提供科学依据。

一、评价方法的发展沿革

早期的水质评价主要根据水的色、味、嗅、浑浊等感观性状做定性描述,概念比较模糊。随着科技水平的不断提高,人们对水体的物理、化学和生物性状有了较为深入的认识,水环境评价方法得到了不断的补充和发展。目前,国内外水环境质量评价方法多种多样,各具特色。在我国水环境质量评价中,单因子评价方法曾被普遍采用,但该方法造成各评价指标之间互不联系,不能全面反映水体污染的综合情况。随着对水环境保护重视程度的增加,单因子评价方法已不能满足生产和科研需求,随之产生了水环境质量综合评价方法。目前常用的综合评价方法有评分法、水质综合污染指数法、内梅罗水质指数法、罗斯水质指数法、水质质量系数法、有机污染综合评价法等,这类方法一般能够对水质整体做出定量描述,且计算比较便捷,但缺点是不能很好地与国家统一的水质功能类别相一致,且没有统一的环境质量分级标准。同时随着模糊数学、灰色理论和计算机技术的发展,在水质综合评价方面涌现出了一批新的评价技术方法,如模糊数学评价法、灰色关联评价法、集对分析法、人工神经网络评价法等。这些评价方法促进了水质定量评价理论与具体实践应用的发展,但存在评价和计算过程复杂等问题。

二、主要评价方法介绍

目前,水环境质量的评价方法很多,按选取评价项目的多少可分为单因子评价方法和综合评价方法。

(一) 单因子评价方法

单因子评价法是目前普遍使用的水质评价方法,它是将各水质浓度指标值与评价标准逐项对比,以单项评价最差项目的级别作为最终水质评价级别。此类方法具有简单明了,可直接了解水质状况与评价标准之间的关系等优点,同时便于给出各评价指标的达标率、超标率和超标倍数等特征值。比较有代表性的单因子评价方法有单项污染指数法、污染超标倍数法等。

1. 单项污染指数法

单项污染指数法是指某一评价指标的实测浓度与选定标准值的比值,计算公式为

$$I_i = \frac{C_i}{C_{si}} \tag{9-1}$$

式中:I_i 为评价指标 i 的污染指数;C_i 为评价指标 i 的实测值,mg/L;C_{si} 为评价指标 i 的标准值,mg/L。

当评价指标的污染指数 $I_i \leqslant 1$ 时,表明该水质指标能够满足所给定的水质标准;污染指数 $I_i > 1$ 时,则表明该水质指标超过给定的水质标准,不能满足使用要求。

2. 污染超标倍数法

污染超标倍数法是依据污染超标倍数来判断水体污染程度的一种方法,计算公式为

$$P_i = \frac{C_i - C_{si}}{C_{si}} = \frac{C_i}{C_{si}} - 1 \tag{9-2}$$

式中:P_i 为评价指标 i 的超标倍数;其他符号意义同前。

(二) 综合评价方法

综合评价方法的主要特点是用各种污染物的相对污染指数进行数学上的归纳和统计,得出一个较简单的代表水体污染程度的数值,这类方法能够了解多个水质指标及其与标准值之间的综合对应关系,但有时也会忽略高浓度污染物的影响。下面简单介绍几种常用的综合评价方法。

1. 评分法

评分法的求解原理与步骤如下:

(1) 首先进行各单项指标评价,划分指标所属质量等级。

(2) 针对等级划分结果,分别确定单项指标评价分值 F_i(表 9-5)。

表 9-5 各等级分值 F_i 表

类别	Ⅰ	Ⅱ	Ⅲ	Ⅳ	Ⅴ
F_i	0	1	3	5	10

(3) 按式 (9-3) 计算综合评价分值 F。

$$F = \sqrt{\frac{\overline{F}^2 + F_{max}^2}{2}} \tag{9-3}$$

$$\overline{F} = \frac{1}{n} \sum_{i=1}^{n} F_i \tag{9-4}$$

式中:$\overline{F}$ 为各单项指标评分值 F_i 的平均值;F_{max} 为单项指标评分值 F_i 中的最大值;n 为项数。

(4) 根据 F 值,按表 9-6 的规定划分水环境质量级别,如"优良(Ⅰ类)""较好(Ⅲ类)"等。

表 9-6 F 值与水环境质量级别的划分

级别	优良	良好	较好	较差	极差
F	<0.80	0.80~2.49	2.50~4.24	4.25~7.19	≥7.20

【例 9-1】 某水体监测点的实测数据见表 9-7，应用评分法评价该水体水质状况。

表 9-7　　　　　　　　　　某水体监测点的实测数据　　　　　　　　　　单位：mg/L

水质指标	BOD_5	COD_{Mn}	DO	NH_3-N	Cd	As	硫化物	石油类	挥发酚
监测值	13	9	8	0.8	0.005	0.05	0.15	0.04	0.01

解：

(1) 进行各单项指标评价，划分其所属质量类别如下：

BOD_5 属于Ⅴ类；COD_{Mn} 属于Ⅳ类；DO 属于Ⅰ类；NH_3-N 属于Ⅲ类；Cd 属于Ⅱ类；As 属于Ⅰ类；硫化物属于Ⅲ类；石油类属于Ⅰ类；挥发酚属于Ⅳ类。

(2) 对各类别分别确定单项指标评价分值 F_i，有

$F_{BOD_5}=10$；$F_{COD}=5$；$F_{DO}=0$；$F_{NH_3-N}=3$；$F_{Cd}=1$；$F_{As}=0$；$F_{硫化物}=3$；$F_{石油类}=0$；$F_{挥发酚}=5$。

$F_{max}=10$，$\overline{F}=3$。

(3) 计算综合评价分值

$$F=\sqrt{\frac{F_{max}^2+\overline{F}^2}{2}}=\sqrt{\frac{10^2+3^2}{2}}=\sqrt{54.5}=7.38$$

(4) 根据评分表 9-6，监测水体的水质级别为Ⅴ类（极差）。

2. 多项污染指数法

在单项污染指数法的基础上，可通过相应的综合集成算法对各评价指标的污染指数进行集成，从而求出一个综合指数，这种方法称为多项污染指数法。多项污染指数法具有以下几种表达形式：

(1) 均值型污染指数：

$$I=\frac{1}{n}\sum_{i=1}^{n}I_i \qquad (9-5a)$$

(2) 加权叠加型污染指数：

$$I=\sum_{i=1}^{n}W_i \cdot I_i \qquad (9-5b)$$

(3) 加权均值型污染指数：

$$I=\frac{1}{n}\sum_{i=1}^{n}W_i \cdot I_i \qquad (9-5c)$$

(4) 均方根型污染指数：

$$I=\sqrt{\sum_{i=1}^{n}\frac{I_i^2}{n}} \qquad (9-5d)$$

式中：W_i 为权重系数，$\sum_{i=1}^{n}W_i=1$；其他符号意义同前。

下面给出均值型污染指数所对应的水质污染程度分级表（表 9-8）。

表 9-8　　　　　　　　　　水质污染程度分级

I	级　别	分　级　依　据
<0.2	清洁	多数项目未检出，个别检出也在标准内
0.2~0.4	尚清洁	检出值均在标准内，个别接近标准
0.4~0.7	轻污染	个别项目检出值超过标准

续表

I	级　别	分　级　依　据
0.7～1.0	中污染	有两次检出值超过标准
1.0～2.0	重污染	相当一部分项目检出值超过标准
>2.0	严重污染	相当一部分检出值超过标准数倍或几十倍

【例 9-2】 某河流水质监测数据和水质评价标准列于表 9-9，试用均值型多项污染指数法计算水质指数，并评价该河流水质状况。

表 9-9　　　　　　　　水质监测数据和评价标准　　　　　　　单位：mg/L

监测项目	NO_3-N	SO_4^{2-}	Cl^-	COD_{Mn}	BOD_5	NO_2-N	DO
实测值	0.55	50.0	43.5	2.43	2.21	0.023	8.56
评价标准	10	250	250	4	3	0.1	6

解： 将表中的数据代入式（9-5a），求得

$$I = \frac{1}{8}\sum_{i=1}^{8}\frac{C_i}{C_{si}} = \frac{\frac{0.55}{10}+\frac{50}{250}+\frac{43.5}{250}+\frac{2.43}{4}+\frac{2.21}{3}+\frac{0.023}{0.1}+\frac{8.56}{6}}{8} = 0.429$$

查表 9-8 可知，该河流水质属于轻污染。

3. 内梅罗水质指数法

内梅罗水质指数法是由美国学者内梅罗（N. L. Nemerow）提出，其特点是不仅考虑了各种污染物实测浓度与相应环境标准的比值的平均水平，而且也考虑了实测浓度与环境标准比值的最高水平。其计算公式为

$$PI_j = \sqrt{\frac{\max(C_i/L_{ij})^2 + \text{average}(C_i/L_{ij})^2}{2}} \quad (9-6)$$

式中：PI_j 为 j 用途时的水质指数；C_i 为水体中 i 污染物的实测浓度；L_{ij} 为水体中 i 污染物作为 j 用途时的水质标准；max(·) 表示取最大值；average(·) 表示取平均值。

内梅罗水质指数法共选取了 14 种水质指标作为计算水质指数的依据，这些指标分别为：pH 值、水温、水色、透明度、总溶解固体、溶解氧、总氮、碱度、硬度、氯、铁、锰、硫酸盐、大肠杆菌数。同时，还将水体用途划分为三类：①人直接接触使用的（PI_1）；②人间接接触使用的（PI_2）；③人不接触使用的（PI_3）。在进行评价时，先按照三类用途分别计算 PI_j 值，然后再求三类用途的总指数，按下式进行计算：

$$PI = \sum_{j=1}^{3} W_j \cdot PI_j \quad (9-7)$$

式中：PI 为三类用途的水质总指数；PI_j 为某种用途的水质指数；W_j 为某种用途权重系数，内梅罗将第一类和第二类用途的权重设定为 0.4，第三类设定为 0.2。

在计算出内梅罗综合指数 PI 后，可按以下标准进行判别：当 $PI \leq 1.0$ 时，水质处于清洁水平；当 $1.0 < PI \leq 2.0$ 时，水质处于轻污染水平；当 $PI > 2.0$ 时，水质处于污染水平。

【例 9-3】 某湖泊的水体 40% 用于游泳，40% 用于渔业，20% 用于航行。表 9-10

给出了该湖泊部分水质监测数据 C_i 与水质评价标准 L_{ij} 的比值，试采用内梅罗水质指数法计算水质指数，并评价该湖泊水质状况。

表 9-10　　　　　　　　某湖泊水质监测 C_i/L_{ij} 部分结果值

项　目	C_i/L_{i1}	C_i/L_{i2}	C_i/L_{i3}	C_i
水温	0.75	1.15		43.3
水色	0.96			12.0
透明度	2.90	0.4		12.0
pH 值	0.89	0.89	0.89	8
大肠杆菌	0.70	0.036		72
平均值	1.24	0.619	0.89	

解：将表 9-10 中的各项数据分别代入式（9-6），可得 $PI_1=2.23$，$PI_2=0.923$，$PI_3=0.89$，该湖泊湖水 40% 用于游泳，40% 用于渔业，20% 用于航行，运用式（9-7）进行加权计算可得：$PI=0.4\times2.23+0.4\times0.923+0.2\times0.89=1.439$。

由内梅罗综合指数评判标准可知，该湖泊水质属于轻污染水平。

4. 罗斯水质指数法

罗斯水质指数法选用悬浮固体、BOD_5、DO、氨氮作为水质评价指标，并分别给予权重（表 9-11）。

表 9-11　　　　　　　　　　各评价指标权重

参　数	BOD_5	氨　氮	悬浮固体	DO（浓度）	DO（饱和度）
权重系数	3	3	2	1	1

在计算水质指数时，不直接用各参数的测定值或相对污染值来统计，而是先将其分成不同的等级（表 9-12）。

表 9-12　　　　　　　　　　各指标的评分尺度

悬浮固体 浓度/(mg/L)	分级值	BOD_5 浓度/(mg/L)	分级值	氨　氮 浓度/(mg/L)	分级值	DO 饱和度/%	分级值	DO 浓度/(mg/L)	分级值
0~10	20	0~2	30	0~0.2	30	90~105	10	>9	10
10~20	18	2~4	27	0.2~0.5	24	80~90		8~9	8
20~40	14	4~6	24	0.5~1.0	18	105~120	8	6~8	6
40~80	10	6~10	18	1.0~2.0	12	60~80		4~6	4
80~150	6	10~15	12	2.0~5.0	6	>120	6	1~4	2
150~300	2	15~25	6	5.0~10.0	3	40~60	4	0~1	0
>300	0	25~50	3	>10.0		10~40	2		
		>50	0			0~10	0		

接着，按照划分的等级进行计算（计算结果取整数），其计算公式如下：

$$WQI=\frac{\sum 分级值}{\sum 权重值} \qquad (9-8)$$

将水质指数 WQI 分成从 0～10 的 11 个等级，数值越大，则水质越好，各级指数分级如下：$WQI=10$ 时为天然纯净水；$WQI=8$ 时为轻度污染水；$WQI=6$ 时为污染水；$WQI=3$ 时为严重污染水；$WQI=0$ 时为水质类似腐败的原污水。

（三）其他综合评价方法

水环境质量评价的对象是一个具有多层次、多因子的复杂结构体系。对于如此复杂的系统进行评价，一些简单的评价方法显然有其自身的局限性。近年来，随着随机数学、模糊数学、灰色系统理论等不确定性理论的发展和推广，在综合评价方面有了很大的发展，如模糊综合评价方法、灰色关联评价方法、物元可拓评价方法等在水质评价方面的应用。下面将简要介绍模糊综合评价方法的建模原理和步骤。

模糊综合评价法是目前在水质评价方面应用比较成功的一种方法，它是以隶属度来描述指标标准的模糊界限的。由于水环境的复杂性、评价对象的层次性以及评价标准的模糊性等一系列问题，使得很难用经典的数学模型加以统一度量。而建立在模糊集基础上的模糊综合评价法，一方面考虑评价对象的层次性，使评价标准的模糊性得以体现，并可以做到定性和定量因素相结合，扩大信息量，使评价精度得以提高；另一方面，在评价中又可以充分发挥人的经验，使评价结果更客观，符合实际情况。

1. 基本原理

模糊综合评价主要是根据对某一事物的多种因素（或多个评价指标）进行综合考虑，最终得出一个合理的评价结果。其描述如下：设 U 和 V 是两个有限的论域（表 9-13），其中 U 称为评价因素集合（或评价指标集合），V 称为评语集合（或评价标准集合）。

表 9-13　　　　　　　　　　　　评　价　标　准　矩　阵

	v_1	v_2	⋯	v_m
u_1	μ_{11}	μ_{12}	⋯	μ_{1m}
u_2	μ_{21}	μ_{22}	⋯	μ_{2m}
⋮	⋮	⋮	⋯	⋮
u_n	μ_{n1}	μ_{n2}	⋯	μ_{nm}

对单因素 $u_1 \in U$ 而言，对于某事物给出的模糊评价结果用在评语集 V 上的一个模糊集 $[(\mu_{i1}/v_1, \mu_{i2}/v_2, \cdots, \mu_{im}/v_m), 0 \leqslant \mu_{ij} \leqslant 1, i=1, 2, \cdots, n; j=1, 2, \cdots, m]$ 来表示。这样，就得到一个对该事物的评价矩阵 E。

若各评价因素（或评价指标）的权重用 U 上的一个模糊集 $(x_1/u_1, x_2/u_2, \cdots, x_n/u_n)$ 或向量 $X=(x_1, x_2, \cdots, x_n)$，$\sum_{i=1}^{n} x_i = 1$，$x_i \geqslant 0 (i=1, 2, \cdots, n)$ 表示，则对该事物的综合评价结果为 V 上的模糊集 $(y_1/v_1, y_2/v_2, \cdots, y_m/v_m)$ 或向量 $Y=(y_1, y_2, \cdots, y_m)$，它由 $Y=X \circ E$ 计算得出，其中"∘"为一适当的模糊运算法则，如"+"和"×"等。

2. 评价步骤

模糊综合评价是通过构造等级模糊子集把反映被评事物的模糊指标进行量化，然后利用模糊变换原理综合各指标。其具体步骤如下。

(1) 建立评价因素集 $U=\{u_1, u_2, \cdots, u_n\}$，即有 n 个评价指标。

(2) 确定评语集 $V=\{v_1, v_2, \cdots, v_m\}$，即代表评价等级的集合（有 m 个等级），每一等级可对应一个模糊子集。

(3) 建立隶属函数，构造模糊关系矩阵。隶属函数的建立是模糊数学应用的关键。应用模糊数学的基本概念，确定每一个评价因素隶属于评价等级集合中不同评价等级的程度，称为隶属度，以 r_{ij} 表示。隶属度通过隶属函数 $\mu(x)$ 计算求得，求隶属函数的方法很多，如线性函数法等。根据隶属函数，可确定各指标实际值的隶属度，进行单因素评价，并得到隶属度模糊关系矩阵 R：

$$R = \begin{bmatrix} R_1 | u_1 \\ R_2 | u_2 \\ \vdots \\ R_n | u_n \end{bmatrix} = \begin{bmatrix} r_{11} & r_{12} & \cdots & r_{1m} \\ r_{21} & r_{22} & \cdots & r_{2m} \\ \vdots & \vdots & \cdots & \vdots \\ r_{n1} & r_{n2} & \cdots & r_{nm} \end{bmatrix} \quad (9-9)$$

(4) 确定加权模糊向量。在综合评价中，考虑到各评价因素对水环境的影响不同，在合成之前要确定模糊权向量 $A=\{a_1, a_2, \cdots, a_n\}$，$A$ 中的元素 a_i 本质上是因素 u_i 对模糊子集〈对被评事物重要的因素〉的隶属度。

(5) 模糊复合运算。模糊综合评价的原理是模糊变换，计算公式为

$$B = A \circ R = (a_1, a_2, \cdots, a_n) \begin{bmatrix} r_{11} & r_{12} & \cdots & r_{1m} \\ r_{21} & r_{22} & \cdots & r_{2m} \\ \vdots & \vdots & \cdots & \vdots \\ r_{n1} & r_{n2} & \cdots & r_{nm} \end{bmatrix} = (b_1, b_2, \cdots, b_m) \quad (9-10)$$

根据评判结果，取 $B = \max(b_i)$ $(i=1, 2, \cdots, n)$，即得相应的综合评价等级为 v_i。

第四节 水生生物评价[*]

生物与非生物环境是相互关联的。非生物环境影响生物的分布与生长，非生物环境中任何一个因子的改变都会引起生物的变化；生物的一切变化，都可作为了解环境状况、评价环境质量的依据。生物在环境评价中有其特殊意义。首先，它所表现的症状是对环境条件综合影响的反映；其次，由于任何一种生物都有一定的生活周期。所以，它所表示的是一段时间内的环境质量，是对污染状况的连续性、累积性的反映，与其他评价指标相比，生物评价更具有代表性和准确性，也是其他方法不能取代的。生物评价的不足之处是易受污染以外的其他各种因素的影响，不像物理、化学指标那样提供准确的数量概念。

一、水生生物评价发展沿革

水生生物评价是指通过对水体中水生生物的调查或对水生生物的直接检测来评价水体的生物学质量。1902 年，德国科学家 Kolkwita 和 Marsson 建立的污水生物系统是最早的评价水体有机污染的定性系统；1933 年，Wright 和 Todd 利用生物指数计算了水体中寡毛类的密度来反映水体的污染程度；1955 年，在污水生物系统的基础上建立了 Saprobic 指数及计算公式；同年，Beck 建立了第一个真正意义上的生物指数（Beck's Biotic Index），即基于所有底栖动物的耐污能力建立的评价指数，为以后生物指数的发展奠定了

基础；1961年，在Saprobic指数计算公式中增加了物种的指示权重，即根据物种在不同污染带出现概率的大小赋予不同的指示权重；1964年，在Saprobic指数的基础上又提出了生物指数TBI（Trent Biotic Index），该指数解决了Saprobic指数应用中的一个最大难题，即将生物的鉴定水平由种提升至属或科，但该指数准确性较低；1972年，南非的Chutter在TBI的基础上首次提出了BI指数，并用简单的数学公式替代了欧洲国家普遍采用的计分系统，BI指数的建立为水生生物评价注入了新的活力，并逐渐被研究者和环境管理者接受；1977年，美国学者Hilsenhoff对BI指数进行了修订，建立了HBI指数（Hilsenhoff Biotic Index）。

除此之外，生物多样性指数的提出促进了水生生物评价的发展。1977年，Whittaker将生物多样性或群落多样性划分为α多样性、β多样性和γ多样性，一般认为α多样性就是物种多样性。物种多样性是指物种种类与数量的丰富程度，是一个区域或一个生态系统可测定的生物学特征指标。它是应用数理统计方法求得的表示生物群落和个体数量的指标，用以评价环境质量状况。在清洁的沉积环境中，通常生物种类极其多样，但由于竞争，各种生物不仅以有限的数量存在，且相互制约而维持着生态平衡。当沉积环境及水体受到污染后，不能适应的生物或者死亡淘汰，或者逃离；能够适应的生物生存下来。由于竞争生物的减少，使生存下来的少数生物种类的个体数大大增加。因此，清洁水域中生物种类多，每一种的个体数少；而污染水域中生物种类少，每一种的个体数多，这是建立种类多样性指数式的基础。

目前，生物学界已提出大量的群落多样性测度指数和模型，但要选择一个适合的方法仍有一定难度。常用的判别方法是看各种多样性测度方法对一组数据的应用效果，用于检验的数据分为两类：一类是理论数据；另一类是真实的调查数据。根据相应的数据来看多样性测度方法对物种丰富度和均匀度变化的反应。然而，现实世界中物种丰富度与均匀度常常是相关的，并非像大多数理论数据中那样各自独立地变化，因此采用现实数据来选择多样性测度方法就更有意义。综合大多数学者的研究结果，Margalef种类丰富度指数、Shannon-Wiener种类多样性指数、Simpson指数等是值得推荐的群落多样性指数。在反映物种变化的多样性指数中，Simpson指数被认为是反映群落优势度较好的一个指数，又称为优势度指数，是对多样性的反面即集中性的度量；Margalef种类指数则被认为是反映物种丰富度较好的一个指数。蔡立哲等研究表明，以密度（数量）计算的H值（Shannon-Wiener种类多样性指数）比以生物量计算的H值更能反映污染状况；Shannon-Wiener指数比Margalef、Simpson和Pielou指数更能反映污染状况；Shannon-Wiener指数能反映季节变化，但敏感度不够。

综上所述，生物指数在评价水体污染方面具有一定优越性，但也不是万能工具，有些时候生物指数对污染指示不敏感，造成评价结果偏离实际情况。因此，在具体的应用时要将评价方法与周围环境结合，运用多种指数进行综合评价，具体情况具体分析，而不能生搬硬套评价标准。下面将简单地介绍几种水生生物评价方法，作为水生生物生活环境及其耐污性的辅助手段，用于评价水体的污染情况。

二、主要水生生物评价方法介绍

（一）一般描述法

根据调查水体水生生物区系的组成、种类、数量、生态分布、资源情况等方面的描述,对比该水体或所在区域内同类水体的历史资料,对当前河流环境质量状况做出评价。这种方法较为常用,但由于资料的可比性较差,且要求评价人员具有丰富的经验,因而不易标准化。

(二) 指示生物法

指示生物法是指根据调查水体中对有机物或某些特定污染物质具有敏感性或较高耐受力的生物种类的存在或缺失,指示河段中有机物或者某种特定污染物的多寡或降解程度。

指示生物通常选择栖息地较固定、生命期较长的生物物种,如静水时可选择底栖生物或浮游生物;动水时可选择底栖生物、鱼类或大型无脊椎动物。另外,同一类不同属或种的生物对某种污染的敏感或耐受程度虽然相似,但并不完全相同,因此在作精确评价时,最好将指示生物鉴定到种。下面给出在不同污染程度水体下的主要指示性生物:

1. 指示水体严重污染的生物

主要有:颤蚓类($Tubificid\ worms$)、毛蠓($Psychoda\ alternata$)、细长摇蚊幼虫($Tendipes\ attenuatus$)、绿色裸藻($Euglena\ viridis$)、静裸藻($E.caudata$)、小颤藻($Oscillatoria\ tenuis$)等,如图9-1所示。

(a) 颤蚓　　　　　　(b) 细长摇蚊幼虫

图9-1 严重污染水体指示性生物

2. 指示水体中度污染的生物

主要有:居栉水虱($Asellus\ communis$)、瓶螺($Physaheteroteropha$)、被甲栅藻($Scenedesmus\ armatus$)、四角盘星藻($Pediastrum\ tetras$)、环绿藻($Ulothrix\ zonata$)、脆弱刚毛藻($Cladophora\ fracta$)、蜂巢席藻($Phormidium\ favo-sum$)和美洲眼子菜($Potamogeton\ americanus$)等,如图9-2所示。

(a) 水虱　　　　　　(b) 瓶螺

图9-2 中度污染水体指示性生物

3. 指示清洁水体的生物

主要有：纹石蚕（$Hydropsyche\ sp.$）、扁蜉（$Heptagenia$）和蜻蜓（$Anax\ junius$）的稚虫以及田螺（$Compeloma\ decisum$）、肘状针杆藻（$Synedra\ ulna$）、簇生竹枝藻（$Drapar\ naldia\ glomerata$）等，如图9-3所示。

(a) 扁蜉稚虫　　　　　　(b) 蜻蜓稚虫

图9-3　清洁水体指示性生物

（三）生物指数法

生物指数法，是依据水体污染影响水生生物群落结构的原理，用数学形式表现群落结构的变化状况，从而指示水体质量的方法。

1. 水污染生态效应

由污染引起的水质变化对生物群落的生态效应主要表现在以下6个方面。

（1）某些对污染物没有指示价值的生物种类出现或消失，导致群落结构种类的组成发生变化。

（2）群落中的生物种类在水污染趋于严重时减少，而在水质较好时增加，但在过于清洁水中数量又会减少。

（3）组成群落的个别种群变化（如种群数量变化）。

（4）群落中种类组成比例的变化。

（5）自养—异样程度的变化。

（6）生产力的变化。

2. 生物指数计算法

目前已提出大量的描述水体污染程度的生物指数和模型，如污染生物指数、贝克生物指数、硅藻类生物指数、Shannon-Wiener种类多样性指数、Margalef种类丰富度指数、自养指数及Simpson指数等方法，本书仅介绍部分计算方法。

（1）污染生物指数（BIP）。该指标表示无叶绿素微生物占全部微生物（有叶绿素和无叶绿素）的百分比，即

$$BIP = \frac{B}{A+B} \times 100\% \tag{9-11}$$

式中：A为有叶绿素微生物数量；B为无叶绿素微生物数量。

水质情况与BIP有明显的相关性：$0 \leqslant BIP < 8$时，水体为清洁水；$8 \leqslant BIP < 20$时，水体为轻度污染水；$20 \leqslant BIP < 60$时，水体为中度污染水；$60 \leqslant BIP \leqslant 100$时，水体为严

重污染水[1]。

(2) 贝克生物指数（BI）。贝克（Beek）于 1955 年提出了一个简易的生物指数计算方法，该方法将调查发现的底栖动物分成 A 和 B 两大类，A 为敏感种类，在污染状况下从未发现；B 为耐污种类，是在污染状况下才会出现。在此基础上，按下式计算生物指数：

$$BI = 2C + D \tag{9-12}$$

式中：C 为采样的敏感种动物数目；D 为采样的耐污种动物数目。

依据该指标进行水体污染程度评价，标准如下：$0 \leqslant BI < 6$ 时，为重度污染水；$6 \leqslant BI < 10$ 时，为中度污染水；$10 \leqslant BI < 20$ 时，为轻度污染水；$BI \geqslant 20$ 时，为清洁水[1]。

(3) 硅藻类生物指数（XBI）[2]。根据河流中硅藻的种类数计算生物指数，计算公式为

$$XBI = \frac{2A + B - 2C}{A + B - C} \times 100 \tag{9-13}$$

式中：A 为不耐污染的种类数；B 为对有机污染无特殊反应的种类数；C 为在污染区内独有的种类数。

其评价标准为：XBI 的值在 0～50 为多污带；XBI 的值在 50～150 为中污带；XBI 的值在 150～200 为轻污带。

(4) Shannon-Wiener 多样性指数（H）。

$$H = -\sum_{i=1}^{s} \left[\left(\frac{n_i}{N}\right) \log_2 \left(\frac{n_i}{N}\right) \right] \tag{9-14}$$

式中：n_i 为样本中第 i 类个体数量，ind/L；N 为样本中所有个体数量，ind/L；s 为样本中的种类数。当收集的个体在不同种中平均分布时，H 达到最大。Shannon-Wiener 种类多样性指数与水样污染程度的关系为：$H > 3$ 时，水体为轻度污染至无污染水；$1 < H \leqslant 3$ 时，水体为中度污染水；$0 \leqslant H \leqslant 1$ 时，水体为重度污染水[12]。

(5) Margalef 种类丰富度指数（d）。Margalef 种类丰富度指数是多样性指数的一种，又称丰度指数，其计算式为

$$d = \frac{s-1}{\ln N} \tag{9-15}$$

式中：s 为样本中的种类数；N 为样本中所有个体数量。

d 值的高低表示种类多样性的丰富与匮乏，其值越大表示水质越好。

第五节　水生态系统健康评价

目前，全世界淡水生态系统广泛受到水体污染和栖息地丧失的影响，导致水生物生存受到威胁。随着淡水生物生存条件的恶化，河流、湖泊等地表水体处于何种状态逐渐受到人们的普遍关注，由此流域水生态健康的概念就应运而生。但是，目前我国对河流和湖泊水体的管理仍然以水体理化指标评价为主，以水生生物为核心的水生态系统健康评价体系尚未形成。

一、流域水生态系统健康评价发展沿革

近年来，受污染水体状况越来越受到公众的重视，但是，简单的水体物理化学指标监

测不能反映更多的生态信息,而水生生物则可以反映长期的污染特征、难以监测分析的污染物的影响以及综合影响等信息。早在19世纪,Nylander(1866)就发现地衣对城市环境变化的敏感性。此后,这种利用生物指标进行生态系统评价的方法被引入到水生态系统健康评价中。流域水生态系统健康评价发展历程,可以分为3个阶段。

第一个阶段,主要是利用水生生物的生物学和生态学属性信息进行水体评价。20世纪初期,德国学者首先提出了"污水生物系统",这是人们最早利用水生生物对河流有机污染的敏感性进行水体评价。50年代后,一些学者经过深入研究,补充了污染带的种类名录,增加了指示种的生理学和生态学描述。1964年,日本学者津田松苗编制了一个污水生物系统各带的化学和生物特征表,这一水体健康评价方法主要在中欧和东欧应用较多。

第二个阶段,利用生物指数计算、模型分析等数理统计手段成为主流。随着20世纪六七十年代统计分析方法的不断进步,涌现出大量的水生生物评价指数,如生物指数(Biotic Indices, BI)等,这些生物评价指数有别于之前利用水生生物物种生态属性的评价方法,而更多考虑了水生生物群落结构与功能特征。自20世纪80年代以后,水体评价从单一生物指数逐渐向多参数或综合参数的生物指数过渡,如生物完整性指数(Index of Biological Integrity, IBI)。同时,人们逐渐认识到河流生物群落具有整合不同时间尺度上各种化学、生物和物理影响的能力,生物群落的结构和功能能够反映诸如化学品污染、物理生境丧失、外来物种入侵、水资源过量消耗、河岸带植被过度采伐等干扰压力,水生生物也成为流域健康评价的核心内容。由此,以水生生物要素为核心,综合考虑水文、水化学、物理生境、景观等要素的流域综合评价方法逐步形成并完善。美国、英国、澳大利亚、南非都在此方面开展了颇具代表性的流域健康评价工作,其中以英国的RIVPACS(River Invertebrate Prediction and Classification System)和澳大利亚的AUSRIVAS(Australian River Assessment System)最为典型。

第三个阶段,主要是依靠现在不断发展的各类生物新技术、新手段、新方法等,从水生生物个体生理、分子水平去评价水生态系统的健康状况。例如,通过分析水体即水生生物体内含污量、关键生理指标活力水平进行水体环境评价,在鱼类、大型底栖动物方面研究较多。此外,也有通过分析水体环境DNA(Environmental DNA, EDNA)反映的生物信息,对河流进行健康评价。目前,这一研究方向刚刚开始,在评价指标、评价标准等方面还需要不断完善。

二、流域水生态系统健康评价方法

水生态系统健康评价的方法学不断发展,就评价原理而言,大致分为预测模型法和指标评价法。

(一)预测模型法

预测模型法以英国建立的RIVPACS和澳大利亚提出的AUSRIVAS为代表。其主要思路为:将假设河流在无人为干扰条件下理论上应该存在的物种组成与河流实际的生物组成进行比较,评价河流的健康状况。具体的评价流程为:①选取无人为干扰或人为干扰非常小的河流作为参照河流;②调查参照河流的物理化学特征及生物组成;③建立参照河流物理化学特征与相应生物组成之间的经验模型;④调查被评价河流的物理化学特征,并将调查结果代入经验模型,得到被评价河流理论上(河流健康情况下)应具备的生物组成(E);⑤调查被评价河流的实际生物组成(O);⑥O/E 的值即反映被评价河流的健康情况,比值越接近 1 表明河流越接近自然状态,其健康情况也就越好。

RIVPACS 是由英国淡水生态研究所(现为英国生态与水文中心)提出的,利用区域特征预测河流自然状况下应存在的大型底栖动物,并将预测值与该河流大型底栖动物的实际监测值相比较,从而评价河流健康状况。RIVPACS 被许多国家采用,并影响到了欧盟《水框架指令》(Water Framework Directive,WFD)的制订,是《水框架指令》诸多原则的基础。RIVPACS 方法近年来不断被发展完善,2008 年,英国生态与水文中心提出了 RIVPACS Ⅳ 版本,并发布了 RIVPACS 使用说明书,这个版本是在前几个版本基础上发展完善的预测模型,可用于 WFD 规定的水生态健康评价。

AUSRIVAS 也是一种用于河流生物健康评价的快速预测系统,是在澳大利亚联邦政府开展的 NRHP 项目中建立起来的。针对澳大利亚河流的特点,AUSRIVAS 在评价数据的采集和分析方面对 RIVPACS 方法进行了修改,利用大型底栖动物科级分类单元代替属级分类单元进行模型预测,使得该预测模型可以广泛用于澳大利亚河流健康状况的评价。

预测模型法存在一个较大缺陷,即主要通过单一物种对流域健康状况进行比较评价,并且假设河流任何变化都会反映在这一物种的变化上,一旦出现流域健康状况受到破坏却未反映在所选物种变化上的情况,这类方法就无法反映流域健康的真实状况,具有一定的局限性。

(二)指标评价法

利用指标进行流域健康评价可从流域水生态系统要素组成上考虑,即包括水体理化指标、水文指标、生物栖息地指标和水生生物指标等。水生生物评价按照不同研究层次的差异,分为分子与基因表达、组织与生理功能、物种种群、群落结构等不同层次,其中对物种种群与群落结构的评价研究较为深入。

物种种群方面是通过检测一些生物或种群的数量、生物量、生产力的动态变化,来描述水生态系统的健康状况。最经典的生物监测方法是指示物种法,根据物种的有无来评判生态系统健康状况。但是,指示物种法的重要缺陷在于筛选标准不明确,目前研究得到的可作为指示物种的生物种类名录太长,涉及种类繁多,鉴定困难,定量性差,使其推广受到一定限制。20 世纪 50 年代以来,许多学者应用较为简单的生物评价指标来逐步代替物种监测河流状况,到 80 年代初期又发展出利用多参数生物指标进行河流健康评价。这类方法多以鱼类、大型底栖动物、着生藻类为监测与研究对象,较有代表性的指标有 IBI、FAII、TDI、ITC 等。

生物指数法虽然是河流生态系统健康评价的常用方法,但也存在不足,即一个指数只能反映干扰过程中造成的某方面影响,在流域范围内对所有干扰都敏感的单一河流健康指标是不可能存在的。对此,多指标评价法逐渐发展起来,这类评价法综合使用物理、化学、生物指标构建能够反映不同尺度信息的综合指标进行流域健康评价。此类方法以 RBPs、ISC、RHP、RHS、河岸河道环境清单(Riparian Channel and Environmental Inventory,RCE)等为代表。多指标评价方法的建立和应用,综合考虑了生物群落结构、自然环境条件和外界环境干扰等各种复杂因素,实现了河流水生态健康评价由单一生物指数向综合应用多种生物和非生物指标的过渡，使得多指标体系能够更加客观地反映人为干扰。多指标评价法考虑的表征因子远多于预测模型法，但是该类方法存在评价标准较难确定、评价工作复杂程度高等问题。

三、多指标评价法评价流程

流域水生态健康评价的技术步骤主要包括水体类型划分、概念模型建立、水生态系统调查、评价指标筛选、评价指标参照值和临界值确定、评价指标标准化、综合得分计算与健康等级划分等。

（一）水体类型划分

中国流域淡水水体类型可划分为湖泊与河流。湖泊流域水域面积相对较小，在空间上的地理差异不明显。相对而言，河流流域面积较大，长度较长，沿河流流动方向会有不同类型的地理特征，可根据需要对河流进行进一步分类。河流的分类主要是依据河流的自然特征，从空间上选择其自然属性指标进行河流类型划分，如可分为山地溪流类型、丘陵河流类型和冲积平原河流类型等。

（二）概念模型建立

通过河流野外实地考察和监测、文献调研等方式，收集影响研究区河流水生态健康的人为活动因素，初步确定河流受到的压力指标，进而初步筛选出影响水体水生态健康的指标，并有针对性地确定管理的有限顺序。

（三）评价指标筛选

从生态系统完整性的角度考虑，评价指标应包括化学、物理和生物3个方面。评价指标筛选从技术角度讲主要包括候选评价指标建立、评价指标数据选取、评价指标筛选、评价指标参照值和临界值确定、评价指标标准化、符合得分计算等技术环节。

1. 候选评价指标建立

基于河流水生态健康的概念、内涵及评价指标体系的构建原则，在综合国内外研究成果、专家意见和研究区域实际情况的基础上，选择能够反映主要特征的要素作为评价指标，尽量避免指标的遗漏和重复。一般可以从河流理化指标、水文、生态、河流结构形式和河岸带等方面选择评价指标，但是不同河流水生态健康状况的影响因子也会存在差别，这时可以根据河流的实际情况对候选指标进行增补，以尽可能准确地反映拟评价河流的实际情况。

2. 评价指标数据获取

水生态系统调查可以获取健康评价所需的基本数据，通过现场调查或实验获取所需的水体理化指标、水文指标、水生态指标等。具体的调查过程及方法可参考本书第八章水环境监测部分。

3. 评价指标筛选

依据流域压力指标和健康评价指标定量法统计分析，选择适合用于不同水体类型的评价核心指标。选择适宜指标筛选方法，如理论分析法、频度统计法、线性回归模型法等，筛选对土地利用和水质具有显著响应关系的水生生物参数，以统计分析的显著性检验作为判别候选参数是否具有有效指示人为活动干扰的依据。

核心参数应当具有以下特征：①依据数理统计分析，指标对人类活动干扰具有明显响应关系;②指标对人为活动的响应与大多数文献中的预测趋势一致;③指标间相互独立、不存在重复信息;④能够反映河流水生态健康的特征。

4. 评价指标参照值和临界值确定

评价指标筛选后,如何判断评价指标所反映的水生态系统健康状况的好坏,需对每个评价指标设定一个参比标准。每个标准包括一个最低标准(临界值)和一个最高标准(参照值),其中参照值表示流域未受到人为活动干扰下评价参数的取值,指代流域的水生态健康状况最佳;临界值是指流域在受到人为活动干扰后,流域水生态系统濒临崩溃的评价指标取值,此时流域水生态状况最差。

评价指标参照值和临界值确定的方法有很多种,如参照条件法、干扰梯度法、专家经验法、国家或行业标准等。

5. 评价指标标准化

多指标体系中,由于各指标的量纲不同、数量级不同,不便于进行分析计算,甚至会影响评价结果。对此,为统一标准,要对所有的评价指标进行标准化处理,使不同评价指标处于同一数量级再进行加权合并,为后续综合得分计算奠定基础。目前,指标标准化方法主要有极差变换法、比例变换法、偏差法、比重法、专家调查法、数理分析法和向量归一化法等。

针对已确定出参照值和临界值的情况,可以用这两个值进行评价指标的标准化计算。通过标准化处理后,使得各指标分布范围为 0~1。

$$S = 1 - \frac{|T-X|}{|T-B|} \tag{9-16}$$

式中:S 为评价指标的标准化计算值;T 为参照值;B 为临界值;X 为指标实际值。

6. 综合得分计算

为了对水体水生态健康程度进行评价,采用基于线性加权的综合指数法进行河流水生态健康评价,构建水生态健康综合指数评价模型。具体评价步骤如下:

(1) 建立因素集 $U = \{u_1, u_2, \cdots, u_i\}$,其中 $u_1, u_2, \cdots, u_i$ 为筛选出的影响因子,具体数据可由现场监测或查阅文献、书籍、年鉴等资料获得。

(2) 构建单因子模糊评价集 $I = \{I_1, I_2, \cdots, I_i\}$,基于获取的原始数据资料,利用数据归一化处理方法,对其进行归一化处理,进而得到相应的模糊评价集。

(3) 建立权重集 $W = \{w_1, w_2, \cdots, w_i\}$,利用适宜的因子权重值计算方法进行确定,如主观权重法和客观权重法等。

(4) 计算水生态健康综合指数 (Water Ecological Health Composite Index,WEHCI),公式如下:

$$WEHCI = \sum_{i}^{n} W_i I_i \tag{9-17}$$

式中:$WEHCI$ 为水生态健康综合指数值,其值范围为 0~1;W_i 为评价指标在综合评价指标体系中的权重值,其值范围为 0~1;I_i 为评价指标归一化值,其值范围为 0~1。

7. 水生态健康等级划分

流域水生态健康综合得分的范围为 0~1,根据流域水生态健康综合得分平均设定 5

个健康等级标准,包括"健康""亚健康""临界""亚病态"和"病态"5个等级,具体分级情况见表9-14。

表9-14　　　　　　　　　　水生态健康等级划分标准

健康等级	得分	描述
健康	0.8～1.0	水生态系统未受到或仅受到较小的人为干扰,并且接近水生态系统的自然状况
亚健康	0.6～0.8	水生态系统受到较少的人类干扰,极少数对人为活动最敏感的物种有一定程度的丧失
临界	0.4～0.6	水生态系统受到中等程度的人为干扰,大部分对人为干扰敏感的物种丧失,水生生物群落以中等耐污物种占据优势
亚病态	0.2～0.4	水生态系统受到人为干扰程度较高,对人为活动敏感的物种全部丧失,水生生物群落中等耐污和耐污物种占据优势,群落呈现单一化趋势
病态	0～0.2	水生态系统受到人为干扰严重,水生生物群落以耐污物种占据绝对优势

课 后 习 题

1. 简要叙述水环境质量评价的步骤。
2. 学习和了解针对不同水环境质量评价目的下的评价指标有哪些?
3. 了解常用的水环境质量评价标准。
4. 水环境质量评价方法中单因子评价方法和综合评价方法的优缺点是什么?
5. 掌握常用的水环境质量评价方法,同时结合书上的算例运用不同方法进行评价。
6. 水生生物评价的原理及主要评价方法。

参 考 文 献

[1] 雒文生,李怀恩. 水环境保护 [M]. 北京:中国水利水电出版社,2009.
[2] 张征. 环境评价学 [M]. 北京:高等教育出版社,2004.
[3] 何立慧. 环境与资源保护法学 [M]. 北京:经济科学出版社,2009.
[4] 中国环境科学研究院. GB 3838—2002 地表水环境质量标准 [S]. 北京:中国环境科学出版社,2002.
[5] 中国疾病预防控制中心环境与健康相关产品安全所. GB 5749—2006 生活饮用水卫生标准 [S]. 北京:中国标准出版社,2007.
[6] 自然资源部,水利部,等. GB/T 14848—2017 地下水质量指标 [S]. 国家质量监督检验检疫总局,中国国家标准化管理委员会. 2017.
[7] 中国环境科学研究院,等. GB 5084—2021 农田灌溉水质标准 [S]. 生态环境部,国家市场监督管理总局. 2021.
[8] 中国环境科学研究院. GB 12941—91 景观娱乐用水水质标准 [S]. 北京:中国标准出版社,1991.
[9] 凌敏华,左其亭. 水质评价的模糊数学方法及其应用研究 [J]. 人民黄河,2006,28 (1):34-36.
[10] 周宾. 灰色关联分析法在淮河流域水环境质量综合评价中的应用 [J]. 广州环境科学,2007,22 (3):39-43.

[11] 吴东浩，王备新，张咏，等. 底栖动物生物指数水质评价进展及在中国的应用前景 [J]. 南京农业大学学报，2011，34（2）：129-134.
[12] 徐祖信. 河流污染治理技术与实践 [M]. 北京：中国水利水电出版社，2003.
[13] 陆晓晗，曹宸，李叙勇. 付疃河流域中下游大型底栖动物群落结构与水质生物学评价 [J]. 生态学报，2021，41（8）：3201-3214.
[14] 陈朝东，王子东，李晋峰，等. 水环境监测技术问答 [M]. 北京：化学工业出版社，环境能源出版中心，2006.
[15] 肖长来，梁秀娟，卞建民，等. 水环境监测与评价 [M]. 北京：清华大学出版社，2008.
[16] 张远，江源，等. 中国重点流域水生态系统健康评价 [M]. 北京：科学出版社，2019.
[17] 陈豪. 闸控河流水生态健康评估与和谐调控研究 [M]. 北京：中国农业出版社，2020.

第十章 水环境规划

水资源是事关国计民生的基础性自然资源和支撑经济社会可持续发展的战略性经济资源，也是生态环境保护和建设中的重要控制性要素。当前我国水资源面临的形势十分严峻，水资源短缺、水污染严重等问题日益突出，水环境矛盾日渐尖锐，已成为制约我国经济社会可持续发展的主要瓶颈。水环境规划是人类协调经济社会发展与水环境保护关系的重要手段，已经越来越受到人们的重视，并且在实践中也得到了广泛应用。本章的重点是介绍水环境规划的概念和类型、基本原则和工作流程、水功能区划、水环境容量以及水环境规划报告编制等。

第一节 水环境规划概述

水环境规划是以水（河流、湖泊、水库、地下水、海水等）为对象的环境保护规划，是环境规划的重要内容之一。本书除特别说明外，水环境规划是指以地表水（包括河流、湖泊、水库等）环境为对象的保护规划。

一、水环境规划概念与任务

（一）水环境规划概念

我国的水环境规划编制工作始于20世纪80年代，先后完成了洋河、渭河、沱江、湘江、深圳河等河流的水环境规划编制工作。水环境规划曾有水质规划、水污染控制系统规划、水环境综合整治规划、水污染防治综合规划等几种不同的提法，在国内应用的起始时间、特点及发展过程不尽相同，但是从防治水污染，保护水环境的目的出发，又有许多相同之处，目前已经相互交叉融合，趋于一体化。随着人口、工农业及城市的快速发展，水污染日趋严重，水环境保护也从单一的治理措施，发展到同土地利用规划、水资源综合规划、国民经济社会发展规划等协调统一的水环境保护综合规划。

水环境规划是指将经济社会与水环境作为一个有机整体，根据经济社会发展以及生态环境系统对水环境质量的要求，以实行水污染物排放总量控制为主要手段，从法律、行政、经济、技术等方面，对各种污染源和污染物的排放制定总体安排，以达到保护水资源、防治水污染和改善水环境质量的目的。

（二）水环境规划的任务、内容和目的

水环境规划的基本任务是：根据国家或地区的经济社会发展规划、生态文明建设要求，结合区域内或区域间的水环境条件和特点，选定规划目标，拟定水环境治理和保护方案，提出生态系统保护、经济结构调整建议等。

水环境规划的主要内容包括：水环境质量评估、水功能区的划分与协调、水污染物预测、水污染物排放总量控制、水污染防治工程措施和管理措施拟定等。

水环境规划的目的是：协调好经济社会发展与水环境保护的关系，合理开发利用水资源，维护好水域水量、水质的功能与资源属性，运用模拟和优化方法，寻求达到确定的水环境保护目标的最低经济代价和最佳运行管理策略。

水环境规划的工作范畴涉及水文学、水资源学、社会学、经济学、环境学以及管理学等多门学科，需要国家、流域或地区范围内一切与水有关的行政管理部门的通力合作以及公众的积极参与。

二、水环境规划类型

根据不同水环境保护目标的要求，按不同的划分方法，通常可将水环境规划分为以下四类。

（一）按层次分类

按照规划范围与内容的不同，水环境规划可划分为不同层次的规划。不同层次的规划之间相互联系、相互衔接，上一层规划对下一层规划提出了限制条件和要求，具有指导作用，下一层规划又是上一层规划实施的基础。一般来说，规划层次越高、规模越大，需要考虑的因素越多，技术越复杂。

1. 流域规划

流域是一个复杂的巨系统，各种水环境问题都可能发生。流域水环境规划，就是从全流域着眼，由技术经济论证入手，在流域范围内协调各个主要污染源（城市或区域）之间的关系，保证在全流域范围内干支流、上下游、左右岸的用水能满足规定的水质要求。流域规划的结果可以作为污染物总量控制的依据，是区域规划的基础。流域规划属于高层次规划，通常需要高层次的主管部门主持和协调。在规划中应拟定水环境保护的近期要求和远期目标，确定水环境保护方案的经济效益、社会效益和环境效益，并提出规划实施的具体措施和途径。如我国制定的《重点流域水污染防治规划》（2011—2015年）、《三峡库区及上游水污染防治规划》、《闽江流域水环境保护规划》等。

2. 区域规划

区域规划是指流域范围内具有复杂污染源的城市或工业园区的水环境规划。区域规划是在流域规划指导下进行的，其目的是将流域规划的结果——污染物限制排放总量分配给各个污染源，并以此制定具体的方案。

区域规划服从流域规划，流域规划对该区域提出了限制要求。对于一个大区域，可以包含若干个相对较小的区域，它们之间的关系可能是父系统和子系统，下一级区域的规划要接受上一级规划的指导；同时，区域规划又要为下一层次的城市规划以及设施规划提供指导。

我国地域辽阔，区域经济社会发展程度不同，水环境要素有着显著的地域特点。不同区域的水环境规划有不同的内容与侧重点，按地区特点制定区域水环境规划能较好地符合当地实际情况，既经济合理，也便于实施。

3. 城市规划

城市规划是以城市（或工矿区）作为规划对象而开展的水环境规划，其特点是系统主体相对集中在一个城市区域内。目前，我国水体污染主要发生在城市附近，因此，城区段或市区范围内的水环境保护具有普遍意义和突出地位。城市水环境规划是目前环境保护规划中最主要和最基本的类型,也是目前实践最多的类型。

4. 设施规划

设施规划是指针对某一个具体的水污染控制系统而制定的建设规划。它按照区域规划和城市规划的结果,提出合理可行的污水处理设施建设方案。所选定的污水处理设施既要满足污水处理效率的要求,又要使污水处理的费用最低。

(二) 按规划方法分类

作为一个规划,水环境规划必然涉及系统优化问题。由于其面对的水污染控制系统包含了各种制约因素,因此根据管理需求的不同,其规划内容和优化对象也不尽相同。目前在水环境规划中已得到不同程度应用的最优规划主要有以下三类。

1. 排放口处理最优规划

排放口处理最优规划是以每个小区的污水排放口为基础,在水体水质保护目标的约束下,求解各排放口污水处理效率的最佳组合,目标是各排放口的污水处理费用之和最低。在进行排放口处理最优规划时,各个污水处理厂的处理规模不变,处理污水量等于各小区收集的污水量。

2. 均匀处理最优规划

均匀处理最优规划的目的是在区域范围内寻求最佳的污水处理厂位置与规模的组合,在相同的污水处理效率条件下,追求全区域的污水处理费用最低,也称为污水处理厂群规划问题。一些国家或地区规定所有排入水体的污水都必须经过二级处理,尽管有的水体具有充裕的自净能力,但也不允许降低污水处理程度,这就是污水均匀处理最优规划的基础。

3. 区域处理最优规划

区域处理最优规划是排放口处理最优规划与均匀处理最优规划的综合体。在区域处理最优规划中,既要寻求最佳的污水处理厂的位置与容量,又要寻求最佳的污水处理效率的组合。采用区域处理最优规划方法既能充分发挥污水处理系统的经济效能,又能合理利用水体的自净能力。

(三) 按水体分类

按照所保护水体的不同,可将水环境规划分为以下四类。

1. 河流规划

河流规划是以一条完整河流为对象而编制的水环境规划,因此规划包括水源、上游、下游及河口等各个环节,如《黄浦江污染防治综合规划》《大沙河水质规划》《闽江流域水环境保护规划》等,需要统筹考虑各有关方面。

2. 河段规划

河段规划是以一条完整河流中污染严重或有特殊要求的河段为对象、在河流规划指导下编制的局部河段水环境规划,如《长江武汉江段污染防治规划》《运河(杭州段)污染综合防治方案》等,规划具有明确的针对性。

3. 湖泊规划

湖泊规划是以湖泊为主要对象而编制的水环境规划,规划时要考虑湖泊的水体特征和污染特征,如《太湖流域水环境综合治理总体方案》等。

4. 水库规划

水库规划是以水库及库区周边区域为主要对象而编制的水环境保护规划,如《官厅水库流域水污染综合防治规划》等。

(四) 按管理目的分类

按照水质管理目的的不同,可将水环境保护规划分为以下三类。

1. 水污染控制系统规划

水污染控制系统由污水排放口、污水处理厂、污水输送管道和接纳污水的水体组成。水污染控制是一项复杂的系统工程。水污染控制系统规划就是选择适当的位置,建设适当规模和处理能力的污水处理厂,以达到既能满足水体的水质要求,又能使整个系统水污染控制费用最低的效果。

2. 水质规划

水质规划是为使既定水域的水质在规划水平年能满足水环境保护目标需求而开展的规划工作。在规划过程中通过水体水质现状分析,建立水质模型,利用模拟优化技术,寻求防治水体水污染的可行性方案。

3. 水污染综合防治规划

水污染综合防治规划是为保护和改善水质而制定的一系列综合防治措施体系。在规划过程中要根据规划水平年的水域水质保护目标,运用模拟和优化方法,提出防治水污染的综合措施和总体安排。

三、水环境规划原则与工作流程

(一) 基本原则

1. 符合政策、遵守法规

水环境规划应符合国家和地方各级政府制定的有关政策,遵守有关法律法规,以使水环境保护工作纳入"科学治水、依法管水"的正确轨道。

2. 统筹兼顾、突出重点

水环境规划是本流域或本地区经济社会发展规划的一部分,应与水资源综合规划、土地利用规划等协调衔接。流域、区域、城市的水环境规划是一个有机联系的整体,应从整体着眼,全盘考虑,互相促进,不能过分强调局部利益,否则不利于统筹兼顾、全面安排。同时,又要突出重点区域、重点行业和重点工程,通过水污染防治重点项目带动水环境保护的整体推进。

3. 环境与经济社会协调发展

水环境规划要与经济社会发展的目标和水平相适应,同时经济社会发展水平又要与资源环境承载能力相适应。要以水环境保护工作为抓手,优化产业结构和布局,加快经济增长方式的转变,进而促进水资源的可持续利用。

4. 综合治理、多措并举

严格执行水污染物排放总量控制制度和最严格水资源管理制度,做到节流与开源、水质与水量有机结合,点污染源治理与面污染源治理相结合,工程措施与非工程措施相结合,推进水环境、水资源的有效保护。

5. 经济合理、技术可行

进行水环境保护需要投入大量的人力、物力和财力，因此规划不仅要考虑技术方案的先进性和治理效果的显著性，也要考虑我国国情和当地实际情况。在规划时必须实地深入搜集各种原始资料，了解当地人民和有关部门的实际需要以及经济、技术能力，使规划不仅在技术上可行，而且在经济上合理，实现综合效益的最大化。

（二）工作流程

水环境规划的制定是一个科学决策的过程，往往需要经过多次反复论证，才能使各部门之间以及现状与远景、需要与可能等多方面协调统一。因此，规划的制定过程实际上就是寻求一个最佳决策方案的过程。虽然不同地区会有其侧重点和具体要求，但大都按照以下四个环节来开展工作。水环境规划工作流程见图10-1。

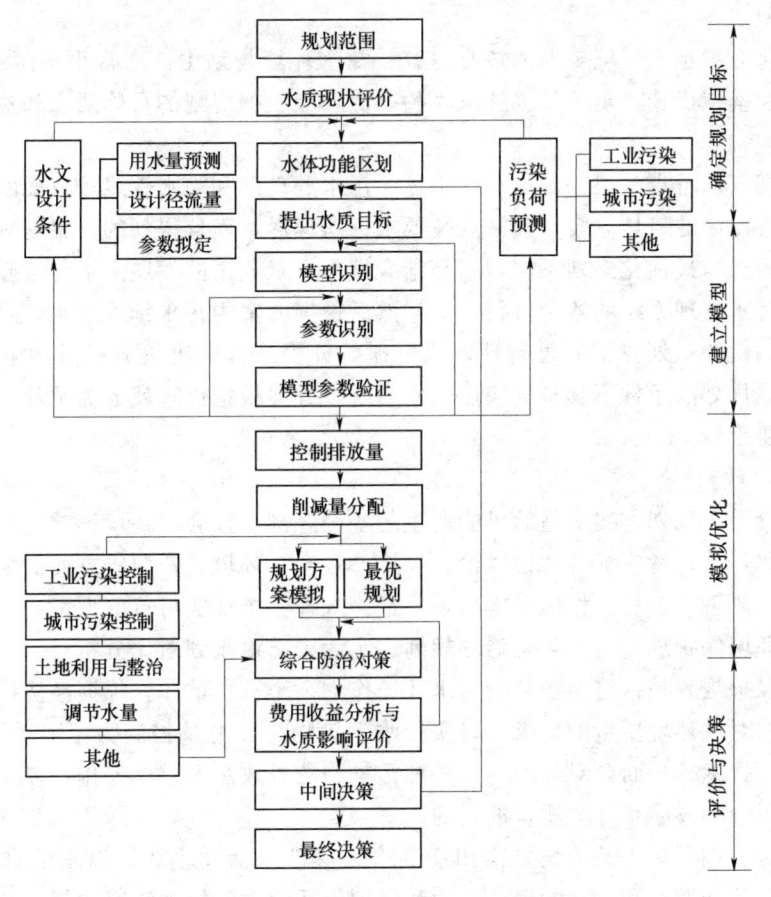

图 10-1　水环境规划工作流程图

1. 确定规划目标

在开展水环境规划工作之前，首先要确立规划的目标与方向，这也是后续制定具体保护方案和措施的依据。规划目标主要包括水环境规划范围、水体功能、水质标准等。它应根据规划区域的具体情况和发展需要来制定，特别要根据经济社会发展要求，从水质和水量两个方面来拟定目标值。规划目标是经济社会与水环境协调发展的综合体现，是水环境保护规划的出发点和归宿。为此，规划者应先通过环境背景值调查、污染源调查与评价、水质现状调查与评价、水功能区划等工作提出水质保护目标方案，经过几次反复协调后，确定一个或多个可行的规划目标。

2. 建立模型

运用物理模型、数学模型等，根据与规划水平年相一致的污染负荷及相应的水文资料，模拟水体的水质状况。流域或区域规划的水平年，近期不少于5年，远景多则数十年。水域设计径流量，美国规定用10年一遇最低连续的7天平均流量，我国多采用10年内最枯月的平均流量。就模型选择而言，当研究水域内质点的水力、水质要素只在1个方向上有梯度变化时，一般采用一维水质模型就能满足要求；在2个方向上都有梯度变化时，就应采用二维水质模型；只有在某些特殊情况下才采用三维水质模型。

3. 模拟优化

寻求优化方案是水环境规划的核心内容。在水环境规划中，通常采用两种寻优方法：最优化规划和模拟优选。至于最终选取哪种方法，应根据规划的具体要求和资料收集情况来确定。

最优化规划的特点是根据污染源、水体、污水处理厂和输水管线等方面的信息，一次性求出水污染控制的最佳方案，其缺点是要求资料详尽，而且得到的方案是理想状态下的方案。模拟优选与最优化规划不同，它是结合城市、工业区的发展水平与市政的规划建设水平，拟定污水处理系统的各种可行方案，然后根据方案中污水排放与水体之间的关系进行水质模拟，检验规划方案的可行性，通过损益分析或其他决策分析方法来进行方案优选。当最优化规划的条件不具备、应用受限制时，方案模拟优选就成为水环境规划最佳方案获取的主要手段。

4. 评价与决策

影响评价是对规划方案实施后可能产生的各种经济、社会、环境影响进行鉴别、描述和衡量。为此，规划者应综合考虑政治、经济、社会、环境、资源等方面的限制因素，反复协调各种水质管理矛盾，作出科学决策，最终选择一个切实可行的方案。

四、水环境保护规划、水环境治理规划、水污染防治规划对比分析

水环境保护规划是指将经济社会与水环境作为一个有机整体，根据经济社会发展以及生态环境系统对水环境质量的要求，以实行水污染物排放总量控制为主要手段，从法律、行政、经济、技术等方面，对各种污染源和污染物的排放制定总体安排，以达到保护水资源、防治水污染和改善水环境质量的目的。

水环境治理规划是指政府、社会组织和个人等涉水活动主体，以水的自然属性为前提，在水资源的开发、利用、配置、节约和保护等活动中，根据法律法规、政府政策、国家标准等正式制度，以及社会习俗等非正式制度，采取法律、行政、工程技术以及协商、谈判等不同方式和渠道，对全社会的涉水活动所采取的综合措施。

水污染防治规划是指对水体因某种物质的介入，而导致其化学、物理、生物或者放射性等方面特性的改变，从而影响水的有效利用，危害人体健康或者破坏生态环境，造成水质恶化的现象的预防和治理。

水污染防治是对水体污染专门的预防和治理，水环境治理则是对所有涉水活动所采取的综合措施，而水环境保护主要是针对各种污染源和污染物的排放制定的总体安排。从它们概念来看，水污染防治是水环境治理的一个重要部分，水环境保护则是贯穿于水污染防治和水环境治理之中。

第二节 水功能区划

水功能区是指为满足水资源合理开发、利用、节约和保护的需求，根据水资源的自然条件和开发利用现状，按照流域综合规划、水资源与水生态系统保护和经济社会发展要求，依其主导功能划定范围并执行相应水环境质量标准的水域，是水资源开发利用、水环境保护和水污染综合治理等工作的重要基础。

一、水功能区划目的与意义

(一) 水功能区划目的

1. 确定重点保护水域和保护目标

水功能区划分主要是在对研究区域内水系进行系统调查和分析的基础上，科学合理地在相应水域划定具有特定功能、满足水资源合理开发利用和保护要求并能够发挥最佳效益的不同区域。据此，确定各水域的主导功能及功能顺序，制定水域功能不遭破坏的水资源保护目标。

2. 科学计算水域水环境容量

通过正确地划分水功能区，可以科学地计算水域水环境容量，从而达到既能充分利用水体自净能力、节省污水处理费用，又能有效地保护水资源和生态系统、满足水域功能要求的目标。

3. 排污口的优化分配和综合整治

在科学地划定水功能区和计算其水环境容量后，制定入河排污口的排污总量控制规划，并对该水域的污染源进行优化分配和综合治理，提出入河排污口布局、限期治理和综合整治的方案。这样可将水资源保护的目标管理落实到污染物综合整治的实处，从而保证水功能区水质目标的实现。

(二) 水功能区划的意义

1. 水功能区划是应对当前水资源保护严峻形势的迫切需要

当前水资源短缺、水污染严重仍然是我国经济社会可持续发展的主要瓶颈。根据《全国水资源综合规划》，目前全国多年平均总缺水量为 536 亿 m^3，主要由于河道外供水不足、超采地下水和挤占河道内生态环境用水所致。一些地区水资源开发已经接近或超过当地水资源承载能力，引发一系列生态环境问题。水污染状况仍然十分严重，2011 年，4128 个监测评价的水功能区中，水质达标的仅为 46.4%；18.9 万 km 评价河流中，35.8% 的河流水质劣于 Ⅲ 类；452 个省界断面中，有 44.3% 的断面水质劣于 Ⅲ 类，直接威胁城乡饮水安全和人民身心健康。由于江河湖库水域没有明确的功能划分和保护要求，出现了用水、排污布局不合理、开发利用与保护的关系不协调、水域保护目标不明确等问题，影响了水资源管理和保护工作的全面开展。

2. 水功能区划是贯彻落实《水法》等有关法律法规的明确要求

《水法》第三十二条明确规定，国务院水行政主管部门会同国务院环境保护行政主管部门、有关部门和有关省、自治区、直辖市人民政府，拟定国家确定的重要江河、湖泊的水功能区划，报国务院批准。同时，要求按照水功能区对水质的要求和水体的自然净化能力，核定该水域的纳污能力，提出该水域的限制排污总量意见，对水功能区的水质状况进行监测。

3. 水功能区划是实行最严格水资源管理制度的重要内容

2011年中央水利工作会议和《中共中央 国务院关于加快水利改革发展的决定》（中发〔2011〕1号）明确要求把严格水资源管理作为加快转变经济发展方式的战略举措，《国务院关于实行最严格水资源管理制度的意见》（国发〔2012〕3号）对实施最严格水资源管理制度进行了全面部署，明确要求到2015年、2020年、2030年全国重要江河湖泊水功能区水质达标率分别提高到60%、80%、95%以上。由此可见，加强水功能区管理和水资源保护将成为我国最严格水资源管理制度建设的重要内容之一。

二、水功能区划的指导思想及原则

（一）指导思想

水功能区划应遵循以下指导思想：以水资源承载能力与水环境承载能力为基础，以合理开发和有效保护水资源为核心，以改善水资源质量、遏制水生态系统恶化为目标，按照流域综合规划、水资源保护规划及经济社会发展要求，从我国水资源开发利用现状、水生态系统保护状况以及未来发展需要出发，科学合理地划定水功能区，实行最严格的水资源管理，建立水功能区限制纳污制度，促进经济社会和水资源保护的协调发展，以水资源的可持续利用支撑经济社会的可持续发展。

（二）基本原则

1. 可持续发展的原则

水功能区划分应以促进经济社会与水资源、水生态系统的协调发展为目的，与水资源综合规划、流域综合规划、国家主体功能区规划、经济社会发展规划相结合，坚持可持续发展原则，根据水资源和水环境承载能力及水生态系统保护要求，确定水域主体功能，对未来经济社会发展有所前瞻和预见，为未来发展留有余地，保障满足当代和后代对水资源的需求。

2. 统筹兼顾和突出重点相结合的原则

水功能区划分应以流域或区域为单元，统筹兼顾上下游、左右岸、近远期水资源及水生态保护目标与经济社会发展需求，区划体系和区划指标既考虑普遍性，又兼顾不同水资源区特点。对于城镇集中饮用水源和具有特殊保护要求的水域，应划为保护区或饮用水源区并提出重点保护要求，保障饮用水安全。

3. 水质、水量、水生态并重的原则

水功能区划分应充分考虑各水资源分区的水资源开发利用和经济社会发展状况、水环境及水生态现状，以及经济社会发展对水质、水量、水生态保护的需求。部分仅对水量有需求的功能（例如航运、水力发电等），不单独划分水功能区。

4. 尊重水域自然属性的原则

水功能区划分应尊重水域自然属性，充分考虑水域原有状况、所在区域自然环境、水资源及水生态的基本特点。对于特定水域（如东北、西北地区），在执行区划水质目标时还要考虑河湖水域天然背景值偏高的影响。

三、水功能区的分类体系和划分程序

我国目前的水功能区划分采用的是两级体系，即一级区划和二级区划（图10-2）。一级水功能区分为四类，即保护区、缓冲区、开发利用区和保留区；二级水功能区是将一级水功能区中的开发利用区具体划分为七类，分别为饮用水源区、工业用水区、农业用水区、渔业用水区、景观娱乐用水区、过渡区和排污控制区。一级水功能区是在宏观上解决水资源开发利用与保护的问题，主要协调地区之间的用水关系，并从长远上考虑可持续发展的需求；二级水功能区主要协调各用水行业、部门之间的关系。

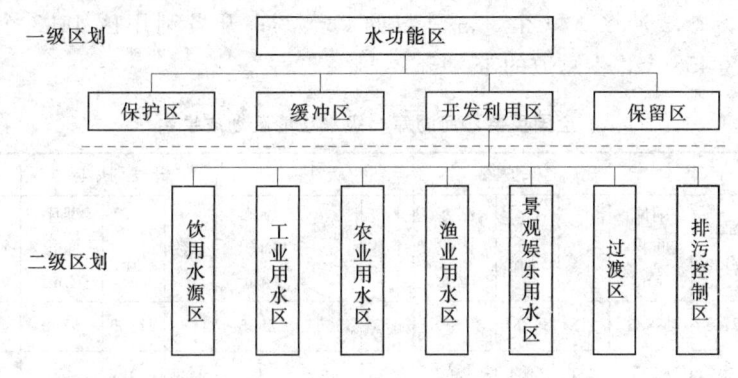

图10-2 水功能区划分级分类体系

（一）一级水功能区的划分

一级水功能区的划分一般是先易后难，即首先划定保护区，然后划定缓冲区和开发利用区，最后划定保留区。

1. 保护区

保护区是指对水资源保护、饮用水保护、生态系统和珍稀濒危物种的保护具有重要意义的水域，参考指标包括集水面积、水量、调水量、保护级别等。其划分应具备以下条件之一：①重要的涉水国家级和省级自然保护区、国际重要湿地及重要国家级水产种质资源保护区范围内的水域、或具有典型生态保护意义的自然生境内的水域；②已建和拟建（规划水平年内建设）跨流域、跨区域的调水工程水源（包括线路）和国家重要水源地水域；③重要河流源头河段一定范围内的水域。

2. 缓冲区

缓冲区是指为协调省际间或矛盾突出的地区间的用水关系而划定的水域，参考指标包括省界断面水域、用水矛盾突出的水域范围、水质、水量状况等。其划分应具备以下条件之一：①跨省（自治区、直辖市）行政区域边界的水域；②河流沿线上下游地区间或部门间矛盾比较突出或者有争议的水域，缓冲区的长度视矛盾的突出程度而定。

3. 开发利用区

开发利用区是指为满足城镇生活、工农业生产、渔业、娱乐等功能需求而划定的水域,参考指标包括产值、人口、用水量、排污量、水域水质等。其划分应具备以下条件之一:取水口集中,有关指标达到一定规模和要求的水域(如流域内重要城市河段、具有一定灌溉用水量和渔业用水要求的水域等)。具体划分可参见二级水功能区的划分方法。

4. 保留区

保留区是指目前开发利用程度不高,但为今后开发利用和保护水资源而预留的水域,参考指标包括产值、人口、用水量、水域水质等。保留区内水资源应维持现状不遭破坏。其划分应具备以下条件之一:①受人类活动影响较少,水资源开发利用程度较低的水域;②目前不具备开发条件的水域;③考虑可持续发展需要,为今后发展保留的水域;④划定保护区、缓冲区和开发利用区后的其余水域。

表10-1给出了全国重要江河湖库一级水功能区划成果。全国重要江河湖泊一级水功能区共2888个,区划河长177977km,区划湖库面积43333km²。其中,保护区618个,占总数的21.4%;缓冲区679个,占总数的23.5%;开发利用区1133个,占总数的39.2%;保留区458个,占总数的15.9%。

表10-1　　　　　　　　全国重要江河湖库一级水功能区划成果

分 区	合计			保护区			缓冲区			开发利用区			保留区		
	个数	河长/km	湖库面积/km²	个数	河长/km	湖库面积/km²	个数	河长/km	湖库面积/km²	个数	河长/km	湖库面积/km²	个数	河长/km	湖库面积/km²
全国合计	2888	177977	43333	618	36861	33358	679	55651	2685	1133	71865	6792	458	13600	506
松花江	289	25097	6771	101	7451	6766	42	3964	0	102	11925	5	44	1757	0
辽河	149	11294	92	42	1353	0	4	202	0	78	9092	92	25	647	0
海河	168	9542	1415	27	1145	1115	9	600	0	85	5917	292	47	1880	8
黄河	171	16883	456	36	2240	448	16	2966	0	59	9836	8	60	1841	0
淮河	226	12036	6434	64	1811	5987	16	888	0	107	8331	447	39	1006	0
长江	1181	52660	13610	187	9109	9120	407	28698	2039	416	10878	1961	171	3975	498
东南诸河	126	4836	1202	25	679	471	17	787	0	71	3208	731	13	162	0
珠江	339	16607	1213	52	1912	995	90	5967	0	143	6608	218	54	2120	0
西南诸河	159	16876	1482	48	5025	888	69	10627	568	37	1012	26	5	212	0
西北诸河	80	12146	10658	36	6136	7568	9	952	78	35	5058	3012	0	0	0

(二)二级水功能区的划分

二级水功能区划分采用资料分析和绘图法,基本划分程序是:首先,确定区划具体范围,包括城市现状水域范围以及城市在规划水平年涉及的水域范围;其次,收集划分水功能区的资料,包括水质资料(如取水口和排污口资料)、特殊用水要求(如鱼类产卵场、越冬场,水上运动场等)以及规划资料(包括陆域和水域的规划,如城区的发展规划,河岸上码头规划等);再次,对各二级水功能区的位置和长度进行适当的协调和平衡,尽量避免出现从低功能区向高功能区跃变的情况;最后,考虑与区域水资源综合规划的衔接,并进行合理性检查,对不合理的水功能区进行调整。

1. 饮用水源区

饮用水源区是指为城镇提供综合生活用水而划定的水域。其划分条件为:①现有城镇综合生活用水取水口分布较集中的水域,或在规划水平年内为城镇发展设置的综合生活供水水域;②用水户的取水量符合取水许可管理的有关规定。在划分饮用水源区时,尽可能选择在开发利用区上游或受开发利用影响较小的水域。

2. 工业用水区

工业用水区是指为满足工业用水需要而划定的水域。其划分条件为:①现有工业用水取水口分布较集中的水域,或在规划水平年内需设置的工业用水供水水域;②供水量满足取水许可管理的有关规定。

3. 农业用水区

农业用水区是指为满足农业灌溉用水需要而划定的水域。其划分条件为:①现有的农业灌溉用水取水口分布较集中的水域,或在规划水平年内需设置的农业灌溉用水供水水域;②供水量满足取水许可管理的有关规定。

4. 渔业用水区

渔业用水区是指为水生生物自然繁育以及水产养殖而划定的水域。其划分依据为:①天然的或天然水域中人工营造的水生生物养殖用水的水域;②天然水生生物的重要产卵场、索饵场、越冬场及主要洄游通道涉及的水域,或为水生生物养护、生态修复所开展的增殖水域。

5. 景观娱乐用水区

景观娱乐用水区是指以景观、疗养、度假和娱乐需要为目的的水域。其划分条件为:①休闲、娱乐、度假所涉及的水域和水上运动场需要的水域;②风景名胜区所涉及的水域。

6. 过渡区

过渡区是指为使水质要求有较大差异的相邻水功能区顺利衔接而划定的水域。其划分条件为:①下游水质要求高于上游水质要求的相邻功能区之间的水域;②有双向水流,且水质要求不同的相邻功能区之间的水域。水质要求低的功能区对水质要求高的功能区影响较大时,过渡区的范围应适当大一些。

7. 排污控制区

排污控制区是指生产、生活污废水排放口比较集中,且所接纳的污废水不会对下游水环境保护目标产生重大不利影响的水域。其划分依据为:①接纳污废水中污染物为可稀释降解的;②水域稀释自净能力较强,其水文、生态特性适宜作为排污区。排污控制区的设置应从严掌握,其分区范围也不宜划得过大。

表10-2给出了全国重要江河湖泊二级水功能区划成果。

四、水功能区水质目标确定

水功能区划定后,还要根据水功能区的水质现状、排污状况、不同水功能区的特点以及当地技术经济条件等,拟定各一、二级水功能区的水质目标值。水功能区的水质目标值是相应水体水质指标的确定浓度值。下面简要叙述水功能区水质目标拟定的参考依据。

第十章 水环境规划

表10-2 全国重要江河湖泊二级水功能区划成果

分区	合计 个数	合计 河长/km	合计 湖库面积/km²	饮用水源区 个数	饮用水源区 河长/km	饮用水源区 湖库面积/km²	工业用水区 个数	工业用水区 河长/km	工业用水区 湖库面积/km²	农业用水区 个数	农业用水区 河长/km	农业用水区 湖库面积/km²	渔业用水区 个数	渔业用水区 河长/km	渔业用水区 湖库面积/km²	景观娱乐用水区 个数	景观娱乐用水区 河长/km	景观娱乐用水区 湖库面积/km²	过渡区 个数	过渡区 河长/km	过渡区 湖库面积/km²	排污控制区 个数	排污控制区 河长/km
全国合计	2738	72018	6792	687	13160	2015	553	14999	179	625	32166	450	90	2075	2335	243	3502	1803	309	4116	10	231	2000
松花江	219	11925	5	33	1187	0	28	2423	0	81	6846	5	3	189	0	6	128	0	35	780	0	33	372
辽河	262	9092	92	71	2283	92	26	1095	0	91	4489	0	7	250	0	10	162	0	31	521	0	26	292
海河	147	5917	292	32	1222	271	16	955	0	70	3290	11	1	36	0	10	151	10	10	183	0	8	80
黄河	234	9836	8	36	1717	0	34	2012	0	70	4233	0	7	512	0	11	105	8	35	681	0	41	576
淮河	275	8331	447	42	997	145	15	369	0	116	5669	153	12	327	142	16	154	0	28	406	7	46	409
长江	978	11031	1961	258	2480	749	297	3880	169	78	1501	205	22	220	565	130	1838	270	125	911	3	68	201
东南诸河	179	3208	731	59	735	635	36	1205	0	36	622	0	5	28	3	28	394	93	15	224	0	0	0
珠江	323	6608	218	132	2286	110	88	2227	0	31	928	73	26	513	35	19	359	0	21	265	0	6	30
西南诸河	59	1012	26	20	115	13	7	135	10	16	531	3	0	0	0	11	211	0	5	20	0	0	0
西北诸河	62	5058	3012	4	138	0	6	698	0	36	4057	0	7	0	1590	2	0	1422	4	125	0	3	40

注 本表根据公布的《全国重要江河湖泊水功能区划成果》整理。

在一级水功能区中，保护区应按照《地表水环境质量标准》（GB 3838—2002）中Ⅰ、Ⅱ类水质标准来定，因自然、地质原因不满足Ⅰ、Ⅱ类水质标准的，应维持水质现状；缓冲区应按照实际需要来制定相应水质标准，或按现状水质类别来控制；开发利用区按各二级区划来制定相应的水质标准；保留区应按不低于《地表水环境质量标准》（GB 3838—2002）规定的Ⅲ类水质标准或按现状水质类别来控制。

在二级水功能区中，饮用水源区应按照《地表水环境质量标准》（GB 3838—2002）中Ⅱ、Ⅲ类水质标准来定，经省级人民政府批准的饮用水源一级保护区执行Ⅱ类标准；工业用水区应按照《地表水环境质量标准》（GB 3838—2002）中Ⅳ类水质标准来定；农业用水区应按照《地表水环境质量标准》（GB 3838—2002）中Ⅴ类水质标准来定；渔业用水区应按照《渔业水质标准》（GB 11607—89），并参照《地表水环境质量标准》（GB 3838—2002）中Ⅱ、Ⅲ类水质标准来定；景观娱乐用水区应按照《景观娱乐用水水质标准》（GB 12941—91），并参照《地表水环境质量标准》（GB 3838—2002）中Ⅲ、Ⅳ类水质标准来定；过渡区和排污控制区应按照出流断面水质达到相邻水功能区的水质要求来选择相应的水质控制标准。

表 10-3 给出了全国重要江河湖泊水功能区的水质目标。

表 10-3　　　　　全国重要江河湖泊水功能区的水质目标统计表

分 区	一级、二级水功能区个数	不同类别的水功能区个数 Ⅲ类及优于Ⅲ类	不同类别的水功能区个数 Ⅳ类及劣于Ⅳ类	Ⅲ类及优于Ⅲ类的个数比例/%
全国合计	4493	3631	862	81
松花江	406	318	88	78
辽河	333	231	102	69
海河	230	117	113	51
黄河	346	219	127	63
淮河	394	256	138	65
长江	1743	1506	237	86
东南诸河	234	211	23	90
珠江	519	496	23	96
西南诸河	181	180	1	99
西北诸河	107	97	10	91

注　一级水功能区的保护区、保留区和缓冲区以及二级水功能区的各类功能区合并统计，即一级水功能区中的开发利用区不重复统计。

第三节　水 环 境 容 量

在水环境保护中，水环境容量的确定是实施水污染物总量控制的依据，是水环境管理的基础。水污染物总量控制的核心问题就是厘清一定水域中的环境质量与受纳污染物之间的对应关系，并由此制定污染物削减量和控制量方案。

一、水环境容量的概念及特征

（一）水环境容量与水域纳污能力

水环境容量来源于环境容量。自然环境在人类生存和生态系统都不致受害的情况下，对污染物有一定的容纳限度，这个限度便称之为环境容量或环境容许负荷量。水环境容量是指水体在一定功能要求、设计水文条件和水环境目标下，所允许容纳的污染负荷量，也就是在水环境功能不受到破坏的条件下，水体能容纳污染物的最大数量。水环境容量经常被用来定量描述天然水体对污染物的容纳和自净能力，对于水资源保护和水污染防治具有重要的理论指导作用。

水域纳污能力是指水体在设计水文条件下、规定环境保护目标和排污口位置条件下，所能容纳的最大污染物数量。水域纳污能力与水环境容量的主要区别是：水域纳污能力考虑排污口和排放方式；水环境容量一般不考虑排污口情况。通常将给定水域范围、水质标准、设计条件下的水域最大允许纳污量近似看作水环境容量来处理。在实际工作中，水环境容量也是用于计算在限定排污口位置下的污染物最大允许入河量，此时的水环境容量就是水域纳污能力，因此，本书中对两者不作严格区分，主要采用水环境容量。一般而言，我国环保部门多采用水环境容量，水利部门则习惯采用水域纳污能力。

（二）水环境容量的影响因素

影响水域水环境容量的因素众多，主要包括水体特征、水体功能特性、污染物特性、污染物排放方式等。

1. 水体特征

水体特征包括水体的几何特征（岸边形状、水底地形、水深或体积），水文特征（流量、流速、降雨、径流等），化学性质（pH 值、硬度等），物理自净能力（挥发、扩散、稀释、沉降、吸附），化学自净能力（氧化、水解等），生物降解能力（光合、呼吸作用）。水体特征决定着水体对污染物的扩散稀释能力和自净能力，从而决定着水环境容量的大小。

2. 水体功能特性

水环境容量是相对于水体满足一定的用途和功能而言的。水体的用途不同，允许在水体中存在的污染物数量是不同的。目前，我国已划定并公布了全国重要江河湖泊的水功能区，提出了不同水功能区的水质目标要求。不同的水功能区划，对水环境容量的影响也是不同的：水质要求高的水域，水环境容量小；水质要求低的水域，水环境容量大。

3. 污染物特性

不同污染物具有不同的物理化学特性和生物反应机理，同时它们对水生生物和人体健康的影响程度也是不同的。因此，不同的污染物具有不同的环境容量，这又会影响到水体的自净能力。但当水体中存在多种污染物质时，其相互之间会有一定的影响，提高某种污染物的环境容量可能会降低另一种污染物的环境容量。

4. 污染物排放方式

水环境容量还与污染物的排放位置和排放方式有关。一般来说，在其他条件相同的情况下，集中排放的比分散排放的水环境容量小，瞬时排放的比连续排放的水环境容量小，在岸边排放的比在河中心排放的水环境容量小。因此，限定的排污方式也是确定水环境容量的一个重要影响因素。

（三）水环境容量基本特征

水环境容量具有以下基本特征。

（1）资源性。水环境容量是一种自然资源，其价值体现在对排入污染物的缓冲作用，即容纳一定数量的污染物也能满足人类生产、生活和生态系统的需要，但水环境容量是有限的可再生资源，一旦污染负荷超过水环境容量，其恢复将十分缓慢与艰难。

（2）区域性。由于受到区域地理、水文、气象等因素影响，不同水域对污染物的物理、化学和生物净化能力存在明显的差异，从而导致水环境容量具有明显的地域特征。

（3）系统性。河流、湖泊等水域一般处在大的流域系统中，水域与陆域、上游与下游、左岸与右岸构成不同尺度的空间生态系统。因此，在确定局部水域水环境容量时，必须从流域的角度出发，合理协调流域内各水功能区的水环境容量。

（四）水环境容量的应用

水环境容量主要用于水环境质量控制，并作为经济社会发展综合规划的一种环境约束条件而存在。区域经济建设与生活生产导致的污染物入河量，应与当地水功能区的水环境容量相适应。如果超出水环境容量就必须采取相应的措施，如降低污染物排放浓度、削减污染物排放量，加强污水处理设施建设、加大污水处理力度，以及通过合理规划经济社会与生产建设布局，更有效地利用水环境容量。水环境容量的应用主要体现在以下三个方面。

1. 制定地区水污染物排放标准

目前制定的全国工业"三废"排放标准往往不能完全涵盖各地区的实际情况，在实际操作中如果只是简单地生搬硬套，就很难取得良好的经济效益和环境效益。即使对同一行业来说，若针对不同环境容量的水体采用同一排放标准，也不可能收到相同的环境效益。因此，需要依据具体水域的水环境容量，有针对性地制定适宜本地区的水污染物排放标准。

2. 在水环境规划中的应用

水环境容量计算是水环境规划编制的基础工作之一。只有摸清和掌握当地的水环境容量，才能使制定的水环境规划真正体现出其应有的环境效益和经济效益，做到工业布局更加合理和污水处理设施的设计、建造和运行更加经济有效，从而更加合理有效地保护水环境。

3. 在水资源开发利用中的应用

水资源的开发利用，不仅要考虑江河湖库能提供相应的符合水质要求的水量，而且还要考虑水体对污染物的容纳能力。区域水环境容量大小也是评价当地水资源是否丰富的重要标准之一。如果不能合理利用和维持水环境容量，则会造成水资源的破坏或浪费。因此，在进行水资源综合开发利用规划时，必须弄清该地区水环境对污染物的容量。

总之，水环境容量的确定是水环境管理与保护工作的前提，也是水资源合理开发利用的保障。由于水环境容量是在考虑水体的污染特性及自净能力基础上，以总量控制的方式来预防水污染，这要比单纯地采用污染物浓度控制更具科学性和合理性。

二、水环境容量分类及计算

(一) 水环境容量分类

根据不同的应用机制,水环境容量大致可以按以下 4 种情况分类。

1. 按水环境目标分类

(1) 自然容量。自然容量是以污染物在水体中的本底值为水质目标,由此计算出来的水体允许纳污量。它反映了污染物在水体中存在的客观性,即在水体不会对水生生态和人体健康造成不良影响前提下的纳污能力,它与人们的意愿无关,不受各种人为因素的影响。

(2) 管理容量。管理容量是以水功能区的使用功能标准值为水质目标,由此计算出来的水体允许纳污量。它反映了污染物在水体中存在的主观性,即在满足一定人为规定的水质约束下的纳污能力。管理容量不仅与水体的自然属性有关,而且还与技术上能达到的治理水平和经济上能承受的支付能力有关。

2. 按污染物性质分类

(1) 耗氧有机物容量。耗氧有机物容量是在相应的水功能区保护目标值下耗氧有机物在水体中能容纳的最大数量。由于耗氧有机物是水体中最常见的污染物质,而且又比较容易被水体自净同化,具有较大的纳污量,因此耗氧有机物容量也就是通常所说的水环境容量。

(2) 有毒有机物容量。有毒有机物容量是在相应的水功能区保护目标值下有毒有机物在水体中能容纳的最大数量。由于有毒有机物毒性大且难以降解,同化容量很小,一般只能依靠水体的稀释作用,因此在对水功能区的有毒有机物容量设置时应非常谨慎。

(3) 重金属容量。重金属容量是在相应的水功能区保护目标值下重金属在水体中能容纳的最大数量。重金属可被水体稀释到阈值以下,从这个角度来看它也具有一定的水环境容量。但由于重金属是保守性污染物,只存在形态变化与相态转移,不能被分解,因此重金属不具有同化容量,其环境容量的设置要更加严格。

3. 按作用机理分类

(1) 稀释容量。稀释容量是当水体污染物浓度低于水功能区的控制目标值时,通过稀释作用使得一部分污染物进入水体同时又不超过控制目标值时所能容纳的污染物数量上限。这部分容量又被称为差值容量。

(2) 自净容量。自净容量是通过水体中的各种物理、化学和生物作用(稀释作用除外),让水域水质达到控制目标值时所能容纳的污染物数量上限。自净容量也被称为同化容量,它是水环境容量最重要的组成部分。

4. 按可再生性分类

(1) 可更新容量。可更新容量是指水体对污染物的降解自净容量或无害化容量,也是最具有实际开发利用价值的环境容量。如耗氧有机物的水环境容量属于可更新容量,若控制和利用得当,是可以永续利用的。通常所说的利用水体自净能力,就是指利用水体的可更新容量。但是,可更新容量的过度开发利用,同样会造成水环境污染。

(2) 不可更新容量。不可更新容量是指在自然条件下,水体对不可降解或长时间只能微量降解的污染物所具有的环境容量。这部分容量的恢复,主要依靠水体对污染物的稀释、迁移、扩散等作用。如重金属以及诸多人工合成的有毒有机物，它们的水环境容量均属于不可更新容量。对这部分容量应立足于保护，在污染源就要严格控制污染物排放量，同时也不宜对其进行开发利用。

(二) 水环境容量计算

水环境容量是建立在水质保护目标和水体稀释、自净能力的基础上，它与水体空间特性、水流运动特性、污染物可降解性质、排放数量及排放方式等因素密切相关。以上因素中有些（如水体流量和污染物入河量）具有时序变化的特点，有些则具有某些不确定的特点（如水质目标不确定、排污口位置不确定等），因此水环境容量具有时空动态变化的特点。在实际计算中，通常先限定一些关键的控制因子（如排污方式、水质目标、设计水文条件等），然后再选用计算方法来确定水环境容量。水环境容量大致可按照以下 6 个步骤来进行计算：

(1) 水域概化。将天然水域（河流、湖泊、水库）概化为计算水域，例如将天然弯曲的河道概化为顺直河道，对复杂的河道地形进行简化处理，非稳态水流简化为稳态水流，将多个距离较近的排污口简化为一个集中排污口等。

(2) 基础资料调查与评价。包括调查与评价水域水文资料（流速、流量、水位等）和水质资料，同时收集水域内的排污口资料（废水排放量与污染物浓度）、支流资料（支流水量与污染物浓度）、取水口资料（取水量、取水方式）、污染源资料（排污数量、排污途径与排放方式）等，并进行数据一致性分析与处理。

(3) 选择控制点。根据水功能区划和水域内的水质敏感点位置分析，确定水质控制断面和浓度控制标准。对于包含污染混合区的环境问题，需要根据环境管理的要求确定污染混合区的控制边界。

(4) 建立水质模型。根据实际情况，构建相应的零维、一维或二维水环境数学模型，确定模型所需的各项参数。

(5) 给出相应的设计条件。进一步给出水环境容量计算时所需的设计水文条件、水质目标浓度、水质背景浓度等计算要素。

(6) 确定水环境容量。结合设计条件进行水质模拟计算，利用试算法（根据经验调整污染负荷分布反复试算，直到水功能区达标为止）或建立线性规划模型（建立优化的约束条件方程）等方法计算得到水域的水环境容量，然后扣除非点源污染影响部分，得出实际环境管理可利用的水环境容量。

三、水污染物排放总量控制管理

(一) 实施水污染排放总量控制的意义

防止水污染的关键技术就是要控制向水体排放污染物的数量。浓度控制一直是长期采用的方法之一。浓度控制，是指通过控制污废水的排放浓度来限制进入水体的污染物总量，其核心内容为达标排放。水污染物排放标准有行业排放标准和国家污水综合排放标准等，不同行业和不同受纳水体的污染物排放浓度要求是不同的。

应该说，浓度控制对于污染源管理和水污染控制是有效的，但还要看到其存在的问题也很多。由于浓度控制没有考虑到受纳水体的环境容量，有时候即使污染源全部达标排放，由于不能控制排放总量，纳污水体的水质还是被严重污染；再加上全国性的水污染物排放标准往往不能把所有地区和所有情况都包括进去，在执行过程中会遇到一些具体问题。如对于具有不同环境容量的水体，同一行业执行同一标准，水环境污染程度却不同，水环境容量大的水体的功能可能不会受到破坏，而容量小的水体却有可能被严重污染。对这些问题的解决，一方面可通过制定更为严格、具体的区域水污染物排放标准；另一方面，就是实行总量控制。

总量控制，是根据受纳水体的水环境容量，将所有污染源的排污总量控制在水体所能承受的阈值之内，即污染源的排污总量要小于水环境容量。总量控制是目前水环境管理的一种新方法。一般情况下，可依据水功能区的水环境容量，来反推允许排入水域的污染物总量，这种方法称为容量控制法；也可依据一个既定的水环境目标或污染物削减目标，推算限定排污单位的污染物排放总量，称为目标总量控制法。

由此可见，在水环境容量研究的基础上，将水功能区的污染物入河量分配到相应陆域各污染源，是总量控制的重要环节，也是总量控制中的关键技术问题。只有掌握水功能区污染物的控制量和削减量，才能有效控制水污染。因此，制定污染物控制量和削减量方案是实施污染物排放总量控制的前提，对于防治水环境污染，改善和提高水环境质量具有重大的意义。

（二）水污染物排放总量控制类型

水污染物排放总量控制，可分为容量总量控制、目标总量控制、行业总量控制三种类型。

1. 容量总量控制

容量总量控制是指将允许排放的污染物总量控制在受纳水体给定功能所确定的水环境质量标准范围之内，依据水功能区的水环境容量，利用水质模型，来反推计算允许排入水体的污染物总量的控制方式。容量总量控制是水环境管理和排污量控制的基本依据。

2. 目标总量控制

目标总量控制是指将允许排放的污染物总量控制在管理目标所规定的排放量削减范围之内。它是依据一个既定的水环境目标或污染物削减目标，运用总量控制技术，进行排污单位的污染物排放总量分配。目标总量控制可以看作为容量总量控制的近似、简化及其控制进程中的某个阶段任务，这种方法便于管理人员操作。

3. 行业总量控制

行业总量控制是指从生产工艺出发，通过实施清洁生产、污染物全过程控制方法以及新污染源的控制等措施，使污染物排放总量控制在管理目标规定的限额内。它是以能源、资源合理利用为控制基点，从最佳生产工艺和实用处理技术两个方面进行污染物排放总量分配，是总量控制管理的重要补充手段。

（三）水污染排放量和削减量的确定

根据总量控制原则，污染物入河量应与对应水功能区的水环境容量相适应。如果超出水环境容量就必须采取措施，如降低排放浓度、削减排放总量、增加污水处理设施等，否则水体功能就会被破坏。也就是说，必须对进入水功能区的污染物入河量和相应陆域污染源排放量进行控制和削减。

1. 污染物入河控制量

污染物入河控制量是根据水功能区的水环境容量和污染物入河量,并综合考虑水功能区的水质状况、当地科技水平和经济社会发展等因素,确定进入水功能区污染物的最大数量。水功能区的污染物入河控制量可采用下面的方法来确定:当污染物入河量大于水环境容量时,以水环境容量作为污染物入河控制量;当污染物入河量小于水环境容量时,以现状条件下污染物入河量作为入河控制量。

2. 污染物入河削减量

将水功能区的污染物入河量与其入河控制量相比较,如果污染物入河量超过污染物入河控制量,则其差值即为该水功能区的污染物入河削减量。

水功能区的污染物入河控制量和削减量是水行政主管部门进行水资源管理和发现污染物排放总量超标或水域水质不满足要求时,向有关政府和环境保护主管部门报告,并提出排污控制意见的依据,也是制定水污染防治规划方案的基础。

3. 污染物排放控制量

为保证水功能区的水质符合水域功能要求,根据陆域污染源污染物排放量和入河量之间的关系,由水功能区污染物入河控制量所推出的水功能区相应陆域污染源的污染物最大排放数量,称为污染物排放控制量。

4. 污染物排放削减量

水功能区对应陆域的污染物排放量与排放控制量之差,即为该水功能区陆域污染物排放削减量。陆域污染物排放削减量是制定污染源控制规划的基础。

四、水环境容量分配原则及方法

水环境容量的分配,是根据污染物排放的地点、数量以及方式,结合污染源排污量削减的优先顺序和技术、经济的可行性等因素,对各控制区域分配水环境容量。根据水环境容量,确定控制水域所对应的陆域范围内各污染源的排放控制量或削减量,是实现水环境保护目标的重要环节,也是我国实施水污染物排放总量控制的技术关键所在。

对某一具体水域来说,水污染物排放削减量的分配有两种方法:一是将水域的水环境容量作为总量控制目标,分配到各水功能区或水污染控制单元,然后再根据相应陆域污染源排放量的计算结果,分别求出各个污染源的削减量;二是根据该水域的水环境容量和污染物入河总量,计算出水域污染物排放削减总量,直接将其作为污染物排放削减指标,分配到各个污染源。

根据水环境容量分配出发点的不同,可以将其分为优化分配和公平分配两种。前者以环境经济整体效益最优化为目标,后者则在公平的原则上兼顾效率。

(一)水环境容量分配原则

1. 公平性原则

水环境容量分配关系到各污染源责任人的切身利益,因此分配应体现公平性原则。由于水环境容量的自然属性,因此每个人都有同等利用其价值的权利,要对同类型的排污者一视同仁,同时也要公平合理的分担责任。

2. 效率原则

在基本含义上,公平和效率并不是互相矛盾的,但在实际操作中,追求效率的手段与追求公平的手段往往是相抵触的。公平性原则是水环境容量分配顺利实施的基础，而在公平的基础上还要追求经济效益，要以较低的社会成本达到保护环境、促进经济发展的目的。追求效率体现在对各区域的水环境容量分配上，在保证公平的前提下，使得区域内总的允许排放量最大。

3. 水环境容量充分利用的原则

水环境容量的价值体现在水体通过对污染物的稀释扩散，既容纳了一定污染物，又不影响水体的其他使用功能。想要完全彻底的治理污染，实现污染零排放，既不经济，也不现实，而应该充分地利用水环境容量，发挥其最大的使用价值。

4. 体现功能区域差异的原则

在水环境容量的分配问题上，应该考虑不同功能区域中不同行业的自身特点，按照不同的功能区域进行划分。由于各行业的污染物产生数量、技术水平或污染物处理边际费用的差异，处理相同数量污染物所需费用相差很大或生产单位产品排放污染物数量相差甚远，因此在各个功能区域间分配污染物允许排放量时应该兼顾这种功能划分的差别，适当进行调整，以较小的成本实现环境的达标。

（二）常用的分配方法介绍

目前在水污染物排放总量控制中，水污染物排放量的分配主要有以下三种方法。

1. 等比例分配法

等比例分配法是在承认各污染源排放现状的基础上，将受总量控制的允许排放总量等比例地分配到研究区内的污染源中，各污染源等比例分担排放责任。这是一种在承认现状基础上比较简单易行的分配方法。

2. 按贡献率消减分配法

按贡献率消减分配法是按照各污染源对总量控制区域内环境质量的影响程度，按污染物贡献率大小来消减污染负荷。该方法在一定程度上体现了每个污染源在平等共享水环境容量的基础上，也平等承担超过其允许负荷量责任的公平性。

3. 费用最小分配法

费用最小分配法是以治理费用作为目标函数，以环境目标作为约束条件，使系统的污染治理投资费用总和最小，求得各污染源的允许排放负荷。其分配原则是依据优化方法，通过优化方法求得的结果能反映系统整体的经济效益、社会效益和环境效益。

第四节 水环境规划数学模型

水污染的控制和治理是水环境保护的重要内容，开展水污染控制系统规划是水环境规划的首要任务。按水污染问题解决途径的不同，水环境规划的求解方法可分为系统的最优化规划和规划方案的模拟优选两大类。

一、最优化规划

最优化规划方法是应用数学规划原理，考虑污染源、水体、污水处理设施等因素，科学规划污染物的排放方式与协调各个治理环节，以最小的费用达到所规定的水质目标。不同的组成要素及不同的优化目标可形成不同形式的最优规划方法，目前应用较多的有排放口最优化处理、最优化均匀处理、区域最优化处理三种规划方法。

(一) 排放口最优化处理规划

将规划区域划分成若干个小区，每个小区内污水收集与处理自成系统。排放口最优化处理是在各小区污水处理厂位置及规模固定的前提下，考虑水体的自净能力，通过协调各个污水处理厂的处理效率，求得一个最佳处理效率组合，从而使包括每一个小区在内的全区域污水处理费用最低。排放口最优化处理是目前水污染控制系统规划中研究最多、技术上最为成熟的一种处理方法。

排放口最优化处理的数学模型为

目标函数：
$$\min Z = \sum_{i=1}^{n} C_i(\eta_i) \tag{10-1a}$$

约束条件：
$$\begin{cases} U\vec{L} \pm \vec{m} \leqslant \vec{L}^0 \\ V\vec{L} + \vec{n} \leqslant \vec{O}^0 \\ \vec{L} \geqslant \vec{O} \\ \eta_i^1 \leqslant \eta_i \leqslant \eta_i^2 \end{cases} \tag{10-1b}$$

式中：$C_i(\eta_i)$ 为第 i 个小区污水处理厂的污水处理费用，是污水处理效率 η_i 的单值函数；$\vec{L}$ 为输入河流的 BOD_5 向量；$\vec{L}^0$ 为由河流各断面 BOD_5 约束组成的 n 维向量；$\vec{O}^0$ 为由河流各断面的 DO 约束组成的 n 维向量；$\vec{O}$ 为由零组成的 n 维向量；η_i^1 和 η_i^2 为第 i 个小区污水处理厂处理效率的下限和上限约束；U 为河流的 BOD_5 响应矩阵；V 为河流的 DO 响应矩阵。

这里的约束方程是一维河流水质约束方程，对于二维或三维河流，可将相应的水质方程写成约束形式，形成相应的水质约束方程。在一般情况下，这是一个非线性规划问题，其目标函数是非线性的费用函数，约束条件则是线性的。对目标函数进行线性化或分段线性化处理，可将上述问题转换为一个线性规划问题。

求解这类问题，目前应用较多的方法是线性规划法、灰色线性规划法和动态规划法等。下面简要介绍利用线性规划法进行求解的过程。

首先，对目标函数进行分段线性化处理。把式（10-1）转变为如下线性规划问题，即

$$\min Z = \sum_{i=1}^{n} \left(a_{i0} + \sum_{j=1}^{m} a_{ij} \eta_{ij} \right) \tag{10-2}$$

$$U\vec{L} \leqslant \vec{L}^0 - \vec{m}$$
$$V\vec{L} \geqslant \vec{O}^0 - \vec{n}$$
$$\vec{L} \geqslant \vec{O}$$
$$\eta_{ij} \leqslant \eta_{ij}^0$$

式中：a_{i0} 为第 i 个小区污水处理厂费用函数的常数项；a_{ij} 为第 i 个费用函数的第 j 个直线段的斜率；η_{ij} 为第 i 个费用函数第 j 个直线段的函数值（即处理效率）；$i=1, 2, \cdots, n$ 为污水处理厂编号；$j=1, 2, \cdots, m$ 为费用函数线性化的区间编号；η_{ij}^0 为第 ij 区间

的污水处理效率约束。

然后将约束条件中的 $\vec{L}$ 变换成 η，或者将目标函数中的 η 变换成 $\vec{L}$，其变换公式为

$$\eta_i = \frac{L_{i0} - L_i}{L_{i0}} \tag{10-3a}$$

或

$$L_i = L_{i0}(1 - \eta_i) \tag{10-3b}$$

式中：L_{i0} 为第 i 个污水处理厂进水中 BOD_5 的浓度，mg/L；L_i 为第 i 个污水处理厂出水中 BOD_5 的浓度，mg/L。

接着，将式（10-3a）代入式（10-2）中，得到新的线性规划数学模式：

$$\min Z = \sum_{i=1}^{n} \left(a_{i0} + \sum_{j=1}^{m} a_{ij} \eta_{ij} \right) \tag{10-4a}$$

$$U'\vec{\eta} \geqslant \vec{m}' - \vec{L}^0$$

$$V'\vec{\eta} \leqslant \vec{n}' - \vec{O}^0$$

$$\vec{\eta} \geqslant \vec{O}$$

$$\eta_{ij} \leqslant \eta_{ij}^0$$

或

$$\min Z = \sum_{i=1}^{n} \left[a'_{i0} + \sum_{j=1}^{m} a'_{ij}(-L_{ij}) \right] \tag{10-4b}$$

$$U\vec{L} \leqslant \vec{L}^0 - \vec{m}$$

$$V\vec{L} \geqslant \vec{O}^0 - \vec{n}$$

$$\vec{L} \geqslant \vec{O}$$

$$L_{ij} \leqslant L_{ij}^0$$

通过上述转换后，所得的式（10-4a）或式（10-4b）就可以采用单纯形法来进行求解。

（二）最优化均匀处理规划

最优化均匀处理规划是在各小区污水处理厂处理效率固定且不考虑水体自净能力的前提下，寻求污水处理厂的最佳位置和容量的组合，即寻求各个小区污水合并处理的最佳方案，以使整个区域的污水处理费用最低。

在均匀处理最优化问题中，污水处理效率是固定值，费用函数为污水处理规模函数。在约束条件中不出现水质约束条件，即

$$\begin{cases} \min Z = \sum_{i=1}^{n} C_i(Q_i) + \sum_{i=1}^{n} \sum_{j=1}^{n} C_{ij}(Q_{ij}) & Q_i, q_i \geqslant 0 \\ \text{满足}: q_i + \sum_{j=1}^{n} Q_{ji} - \sum_{j=1}^{n} Q_{ij} - Q_i = 0 & Q_{ji}, Q_{ji} \geqslant 0 \quad \forall i, j \end{cases} \tag{10-5}$$

式中：$C_i(Q_i)$ 为第 i 个污水处理厂的污水处理费用，它是污水处理规模的单值函数；Q_{ij} 为由 i 地输往 j 地的污水量，$Q_{ji} = -Q_{ij}$；$C_{ij}(Q_{ij})$ 为由 i 地输往 j 地的污水输送费用，它是污水量 Q_{ij} 的函数；q_i 为在 i 地收集的污水量；Q_i 为在 i 地处理的污水量。由于费用函数为非线性函数，因此最优化均匀处理规划模型是非线性模型。

(三) 区域最优化处理规划

区域最优化处理规划是水污染控制系统规划中最高层面的规划工作，它相当于排放口最优化处理规划和最优化均匀处理规划的整合。在区域最优化处理规划中，既要考虑污水处理厂的最佳位置和容量，又要考虑每座污水处理厂的最佳处理效率；既要充分发挥污水处理系统的经济效能，又要合理利用水体的自净能力。由此，给出区域最优化处理规划的一般形式为

$$\begin{cases} \min Z = \sum_{i=1}^{n} C_i(Q_i, \eta_i) + \sum_{i=1}^{n}\sum_{j=1}^{n} C_{ij}(Q_{ij}) \\ U\vec{L} + \vec{m} \leqslant \vec{L}^0 \\ V\vec{L} + \vec{n} \geqslant \vec{O}^0 \\ q_i + \sum_{j=1}^{n} Q_{ji} - \sum_{j=1}^{n} Q_{ij} - Q_i = 0, \forall i \\ \vec{L} \geqslant 0 \\ \eta_i^1 \leqslant \eta_i \leqslant \eta_i^2 \quad \forall i \\ Q_i, Q_{ij} \geqslant 0, \forall i, j \end{cases} \quad (10-6)$$

式中：$C_i(Q_i, \eta_i)$ 为污水处理费用，它既是污水处理规模 Q_i 的函数，又是处理效率 η_i 的函数；其他符号意义同前。

区域最优化处理规划比以上两种规划更为复杂，目前尚未有成熟的求解方法，一般采用试探法（也称回溯法）来进行求解。试探法是基于全部处理或全不处理的策略，也就是将原问题分解成排污口最优化处理和污水处理厂处理效率优化两个子问题，这两个子问题独立最优化之后的费用之和即为一次试探的总费用，将这个总费用返回原问题进行协调，与上一次保留的最优解进行比较，舍劣存优。然后重新分解和协调，不断使目标获得改进，直到取得满意的解。

二、规划方案模拟优选

规划方案模拟优选方法是首先根据经验构建一个可供选择的优选方案集，建立各方案下污染源排放与河流水质之间的对应关系，并进行水质模拟计算；检验规划方案的可行性并在此基础上对各方案进行经济、技术、社会等全面评价与对比，从其中选择较好的方案作为推荐方案。这虽然不是经过优化模型得到的最优解，但在情况较为复杂或缺乏最优解条件时，不失为一种实用而有效的解决途径。

第五节 水环境规划报告编制

本节将介绍水环境规划报告的主体内容、报告书编写的基本要求以及报告目录框架。

一、水环境规划报告的主体内容

水环境规划的内容主要包括区域自然和经济社会概况、水环境现状调查与评价、水功能区划、污染负荷与水质预测、水环境容量计算、污染物总量控制与削减方案、水环境保护与治理方案、工程措施与投资估算、工程效益及目标可达性分析、保障措施等。

(一) 区域自然和经济社会概况

(1) 自然环境概况。包括区域地理位置、行政区划、地形地质条件、水文气象特征、生态与物产资源、土地利用情况等内容。

(2) 水系与水资源概况。包括主要河流与支流水文基本情况、水资源及其开发利用现状、水利工程设施建设及调度情况，主要河道的河宽、河长、水底地形资料。

(3) 经济社会概况。包括规划区域内人口、经济发展、三产结构、主要工业企业及其涉及的基础设施建设情况。

(二) 水环境现状调查与评价

(1) 污染源调查与评价。通过水环境背景值调查，对未受污染的水体中有害物质的自然含量进行采样和分析，了解污染物的自然背景值含量；通过对工业、农业和城镇生活等各种污染源的调查与评价，分析区域污染物主要来源及其污染物成分的组成特征，重点污染源的行业性质及其排放量，总结污染源治理现状与存在的问题。

(2) 水质评价。根据近期的水质监测资料及水体用途，对区域内重要水域的水质现状进行定性分析或定量评价。通过水质评价，可确定水体污染程度及主要污染物，探明污染源、污染时段与污染水域，为水环境保护提供决策依据。

(3) 水环境问题诊断。评价目前已实施的水污染治理措施的效果，总结水环境保护与管理工作的经验教训，明确其中存在的主要问题。

(三) 水功能区划

在对规划区域经济社会条件、取用水情况和水污染现状等综合调查评价的基础上，把区域内的水体划分为具有不同功能用途的水域，再根据水域的自然条件指标、污染现状指标、功能用途指标等进行水功能区划，并制定相应的水质保护目标。

(四) 污染负荷与水质预测

根据经济社会发展规划中有关水资源的需求以及可能对水体的影响等方面的资料，预测不同水平年下水功能区的水环境状况。

(1) 水污染负荷预测。在现状调查的基础上，以各水功能区所对应的陆域为单元，预测不同水平年的污废水排放量、污染物排放量以及水体的污染负荷。点源污染一般采用工业产值排污系数（工业污染源）和人均排污系数（城镇生活污染源）或采用单位产品排污量和人均排污量来推算，非点源污染一般结合降水强度、持续时间与受水面积单位产污量进行计算。

(2) 水质预测。水体污染负荷的变化以及各种水资源开发工程所引起的水量变化，都会引起水质在空间和时间上的变化。水质预测就是根据水体的水文特征、水初始值以及实测或预测的污染负荷，预测污染源下游的某一河段或某一断面的水质浓度变化过程。水质预测可用于水环境规划的编制以及水资源开发工程的环境影响评价。

(五) 水环境容量（水域纳污能力）计算

根据实际情况，将天然水域概化为相对简单的计算水域，并依次构建相应的水质模型，确定模型参数，进而结合水功能区的水质控制目标和设计水文条件，计算和确定水环境容量。

第五节 水环境规划报告编制

（六）污染物总量控制与削减方案

根据规划水平年的污染负荷预测结果和水环境容量，计算得到不同水平年的污染物入河控制量和削减量。削减量可按各污染源的污染物排放量之比进行分配，也可以治理费用最小为目标对主要污染源进行优化分配，最终将削减量分配至区域各水功能区和污染源，据此提出对污染源的治理目标和治理方案。

（七）水环境保护与治理方案

水环境保护与治理方案主要包括工业污染源治理、生活污染源治理和农业面源治理三个方面的治理措施与方案。

（1）工业污染源治理。根据规划区域内工业污染源的分布和排污现状，并结合当地的水环境容量和整治需求，提出优化区域产业布局和结构调整的方向，综合考虑工业污染源治理现状、治理要求和经济、技术可行性，根据总量削减要求，提出具体可行的工业污染源治理方案。

（2）生活污染源治理。根据规划区域内城镇生活污染源分布和处理现状，并结合水环境治理要求和水功能区水质保护目标，提出生活污水集中处理的方案和措施，包括城市污水管网建设方案、污水处理厂整改方案等；在农村生活污水排放量较大和水污染比较突出的地方，还应因地制宜地提出农村生活污染源治理方案。

（3）农业面源治理。根据规划区域内农业面源分布及其治理现状，并结合地方农业发展规划等，提出农业面源的治理方案和治理措施，包括水产养殖污染源控制措施、畜禽养殖业污染源控制措施、农田径流污染源控制措施、生态农业建设与农业结构调整等。

（八）工程措施与投资估算

工程措施包括水利工程措施和非水利工程措施。水利工程措施包括污水库、氧化塘、净化湖、分层取水建筑物、河道整治、水源保护、引水冲污以及水库改善环境的调度工程等。非水利工程措施包括污水处理厂、污水截留工程、铺设截污管道，治理或搬迁污染源，改变污水排放方式、节约用水，以及各种污水处理措施和生物措施等。

在经过论证确定工程措施内容后，依据国家有关工程、管理项目的投资估算方法或标准，对重点工程和管理项目的投资进行估算。

（九）工程效益及目标可达性分析

（1）重点工程投资效益分析。应对规划方案中的重点工程的环境效益与社会效益进行定量、定性分析。

（2）规划目标可达性分析。根据重点工程实施后可形成的污染物削减能力，并结合规划期污染物排放量、入河量预测结果，分析规划方案的技术经济可行性和目标可达性。

（十）保障措施

保障措施包括加强组织领导、落实责任、建立和健全水环境保护工作体制及管理机构；加强水环境监测管理；严格排污许可证管理、严格征收排污费，鼓励水资源综合利用、整顿污染严重的企业等政策性措施；加大水环境保护宣传教育等。

二、水环境规划报告书编写的基本要求

在完成水环境规划所要求的分析计算工作后，需要提交一份"水环境规划报告书"及其附图、附表，作为水环境规划工作的最终成果。

水环境规划报告书的编写有以下基本要求。

(1) 理论与实践相结合。要结合流域、地区的实际情况，以解决重大水环境问题为出发点，按照科学和求实精神，采用现代的新思想、新方法、新技术，坚持理论与实践相结合的工作方法，求实创新地编制规划。

(2) 做好与相关规划的有机衔接。为确保规划的合理可行，在规划编制过程中要做好与流域规划、区域规划或设施规划等规划的对接，并突出规划的全面性、系统性和综合性。同时，还要做好与更高层次规划的衔接，例如与国民经济和社会发展总体部署、生产力布局以及国土整治、生态建设、水资源综合规划、防洪减灾、城市总体规划等相关规划的有机衔接。因此，在报告撰写过程中或完稿之后，一般要征求有关部门的意见。

(3) 确保规划计算正确、结果可靠。要重视与规划有关的基础数据一致性的审查、复核与分析工作，并采用多种方法进行相互比较、综合平衡，进行数据的合理性分析；对中间成果和最终成果进行综合分析、检查、协调、汇总，确保规划成果正确、合理和实用。

(4) 严格报告成果的质量管理。水环境规划报告是一个完整的技术文件，它作为水环境规划的最终成果，是未来一个时期内开展水环境保护工作的指导性文件，因此在撰写过程中务必要思路清晰、层次分明、详略得当、图文并茂、用词准确。在撰写后还要再认真修改完善，同时附上专家审查意见并在报告的审查人位置署名。

三、水环境规划报告书的目录框架

根据一般水环境规划的撰写步骤，并参考有关技术细则，列出了水环境规划报告书编写的一般形式如下。

1 概述

1.1 指导思想与基本原则

1.2 规划目标与指标

1.3 规划范围与水平年

1.4 规划编制依据

1.5 规划技术路线

2 区域概况

2.1 区域自然概况

2.2 经济社会概况

3 水环境现状调查与评价

3.1 污染源调查与评价

3.2 入河排污口和支流口调查与评价

3.3 水质现状调查与评价

3.4 水环境问题诊断

4 水功能区划

4.1 水功能区概述

4.2 水功能区划成果

4.3 水质保护目标

5 污染负荷与水质预测

5.1 污染负荷预测

5.2 水质预测

6 水环境容量（纳污能力）计算

6.1 设计流量、水量确定

6.2 水质目标与控制参数

6.3 水质模型选取与参数确定

6.4 主要污染物水环境容量（纳污能力）计算

7 污染物总量控制与削减方案

7.1 水功能区主要污染物入河控制总量方案

7.2 水功能区主要污染物削减方案

8 工程措施与投资估算

8.1 主要工程措施

8.2 投资估算

9 工程效益及目标可达性分析

9.1 重点工程效益分析

9.2 目标可达性分析

10 保障措施

10.1 监督管理措施

10.2 建议

四、案例介绍

以《苏南运河镇江段水环境综合整治规划（2009 年）》为例，简要介绍水环境规划报告书的编制。

（一）概述

"概述"主要包括规划编制指导思想与基本原则、规划目标与指标、规划范围与水平年以及规划编制依据等内容。

（1）规划编制指导思想与基本原则。以科学发展观为指导，以改善环境质量，保障人民群众环境权益，构建和谐社会为根本出发点。基本原则：坚持以人为本，质量优先；因地制宜，实事求是；坚持治理与管理并重；与其他规划相协调、衔接；法制保障、政府负责。

（2）规划目标与指标。规划总目标：实现流域水环境质量按功能区要求全面达标，城镇及农村饮用水源水质全面提高，流域生态功能区保护取得显著成效，流域大部分地区初步形成符合可持续发展要求的生态环境系统；近期目标：到 2012 年苏南运河镇江段主要河道水质指标明显改善，基本满足水功能水质标准要求；远期目标：到 2020 年苏南运河镇江段主要河道水质基本达到《地表水环境质量标准》（GB 3838—2002）Ⅲ类水功能要求，化学需氧量、氨氮、总磷等主要指标排放总量控制在相应的环境容量范围以内。综合整治指标：主要包括环境质量指标、总量控制指标和污染防治指标三大类共 11 项指标。

（3）规划范围与水平年。规划范围：苏南运河镇江段汇水区域，以及城区古运河段，包括的主要河道有苏南运河镇江段、古运河、小金河、中心河、九曲河、香草河、胜利河、洛阳河以及丹金溧漕河等，涉及镇江市区、丹阳市、丹徒区、京口区、润州区以及新区等行政区域。以2008年为基准年，以2009—2012年、2013—2020年分别为近期和远期规划期限。

(4) 规划编制依据。编制依据包括《太湖流域水环境综合治理总体方案》《关于印发江苏省太湖水污染治理工作方案的通知》《关于编制太湖流域主要入湖河道重点区域水环境整治达标方案的通知》和《关于在太湖主要入湖河流实行双河长制的通知》等文件。

(二) 区域概况

(1) 区域自然概况。镇江市地势西高东低，南高北低，呈波状起伏，形成以丘陵岗地为主的地貌特征；镇江市属北亚热带季风气候，市区年平均气温15.5℃，降水量1070.0mm，日照时数2057.2h；全市共有河流63条，总长702km，以人工运河为多，苏南运河镇江段全长40.7km，古称徒阳运河，流经镇江京口区谏壁镇、丹徒辛丰镇，穿过丹阳市区、陵口镇及吕城镇；土壤方面，低山丘陵以黄棕壤为主，岗地以黄土为主，平原以潜育型水稻土为主；生物方面，植物主要有落叶阔叶树和常绿阔叶树，鱼类资源丰富，全市鸟类有100多种，其他野生动物20多种。

(2) 经济社会概况。2008年末，镇江市全市户籍人口268.77万，家庭户数100.06万户；2008年全年镇江市全市完成地区生产总值1408.14亿元；交通上，全市现有内河航道里程597.19km，其中等级航道111km，航道闸坝21座，苏南运河镇江段40.7km，是全国第一条内河四级标准样板航道，可常年通行500t级船队；给水工程上，在市区有金山水厂和金西水厂两座集中式供水厂，丹阳市和扬中市饮用水取自长江，句容市饮用水取自北山水库；排水工程上，镇江市区已建污水处理厂共有6座，丹阳市已建污水处理厂2座，镇江市区2个乡镇污水处理厂和丹阳市6个乡镇污水处理厂将在2009年年底建成，城市排水系统划分为老城、丁卯、谷阳、谏壁、大港和高资等六大系统，镇江市排水为合流制、截流制和分流制并存；截至2008年年底，全市污水管网总长1925km，其中镇江市区1332km，丹阳市358km，至2007年年底，镇江全市共有无害化垃圾处理厂4座，环卫专用车辆276台，新建村级保洁站693个。

(三) 水环境现状调查与评价

水环境现状调查与评价包括规划范围内工业污染源、生活污染源、农业面源污染、污水处理厂排放源、航道污染源等各类污染源的调查与评价，苏南运河、古运河、主要支流水质现状评价等，并分析面临的主要水环境问题，为规划编制提供重要的基础资料。

1. 现状污染源调查与评价

(1) 工业污染源现状。2008年镇江全市工业用水总量80292.18万t，污水排放总量9280.3663万t，废水达标排放8575.8535万t，达标率为92.41%，废水中主要包含COD、氨氮、挥发酚、石油类、氰化物、砷、六价铬、铅8种污染物。其中镇江市区181家列统企业2008年废水排放总量为4923.74万t/a，丹阳市108家列统企业废水排放总量为1505.9万t/a。

(2) 生活污染源现状。2008年，镇江全市生活污染源废水量总量4030.12万t，产生的污染物主要是COD、氨氮、TN、TP，其中COD产生量13974.58t，氨氮产生量

1363.15t/a，TN 产生量 2185.45t，TP 产生量 84.21t，未接管生活污水污染物入河量中废水量 1593.97 万 t，COD 量为 4990.69t，氨氮量 569.28t，TN 量 868.15t，TP 量为 33.68t。

(3) 农业面源污染现状。2008 年，镇江市耕地类型主要包括灌溉水田、旱地和菜地，各市各规划区耕地面源污染物主要是 COD、N 和 P，其排放量分别为 6490.15t、2666.98t 和 141.62t；水产养殖污染物主要是 COD、TN 和 TP，其排放量分别为 1869.1t、451.6t 和 71.5t；禽畜养殖污染：污染物主要是 COD、TN、TP，排放量分别为 4092t、839t 和 189t。

(4) 污水处理厂排放源现状。至 2009 年底，镇江市区污水处理能力将达到 22.8 万 t/日，丹阳市污水处理能力将达到 10.5 万 t/日。远期镇江市区污水处理能力 46.1 万 t/日，丹阳市污水处理能力 23 万 t/日，但由于中水回用管网建设尚未到位，大多数污水处理厂的中水回用主要体现在污水处理厂自身用水方面，包括绿化、喷洒、冲洗用水等。

(5) 航道污染源。苏南运河航运产生的各类废水包括船舶油污水、船舶生活污水、港口码头生产污水和港口生活污水等。内河船舶对水域环境的污染主要分为油类污染和非油类污染两大类，船舶油类水污染主要来源是船舶的含油污水，非油类水污染主要是指生活污水、含有毒有害物质污水等。目前航运船舶普遍存在污染收集和处理设施不健全的现象，大部分船舶未配备生活污水和生活垃圾的收集和贮存装置。

2. 水质现状调查与评价

(1) 苏南运河水质现状评价。2008 年监测结果表明：苏南运河镇江段 8 个监测断面中有 7 个监测断面水质总体上均符合 2012 年水质目标要求，监测断面水质达标率为 87.5%，超标断面练湖砖瓦厂水质为Ⅳ类（氨氮超标），低于 2010 年水质目标要求一个等级。

(2) 古运河水质现状评价。古运河三个监测断面水质总体上均符合 2010 年水质目标要求，各监测断面水质类别均为Ⅳ类，三个断面的部分监测项目均存在不同程度的超标现象，氨氮、阴离子表面活性剂超标较为普遍，水质受生活污水影响较严重。

(3) 主要支流水质现状评价。有监测数据的主要支流丹金溧漕河和九曲河水质达到Ⅲ类标准，虽然均值不超标，但在部分监测时段存在氨氮超标现象。

3. 水环境问题诊断

2008 年，镇江市区、丹阳市水环境功能区水质达标率分别为 43.8% 和 60.0%。主要存在如下水环境问题：苏南运河镇江段氮磷污染较严重；由于雨污分流、污水截流等工程存在一定问题，古运河经过市区后，下游断面水质明显劣于上游水质，环境综合整治有待加强；支流是干流的主要补水来源，但主要支流中九曲河水质存在氨氮超标现象，所以支流的污染治理不容忽视。

(四) 水功能区划

苏南河网河流众多，星罗棋布，平原河网本身具有水深小、水力坡降小、流速缓慢等特性，同时受到长江潮汐和众多的水利工程引排水影响，导致水流特征较为复杂。根据水流及区位特征，《江苏省地表水（环境）功能区划》对规划区主要河流苏南运河、古运河、中心河、香草河、丹金溧漕河制定了地表水功能区划，主要包括工业、农业、渔业、景观和饮用五个类型功能区，此次功能区划对保证全市水资源有效供给、防治水污染、保障经济社会可持续发展具有十分重要的意义。

苏南河网主要河流都包括工业和农业两个功能区，其中苏南运河的王家桥—宝塔湾段和古运河的平政桥—大运河段兼有景观功能区，中心河、香草河的向阳桥—通济河（三岔河）和丹金溧漕河的大运河—丹金闸段兼有渔业功能区，九曲河的入江口—大运河段兼有饮用功能区。

由于镇江市邻近国家Ⅱ类水体——长江，同时又位于水环境较为脆弱的太湖流域上游，因此，对其水质要求较高。在近期，苏南运河镇江段全长 40.7km 的河段，除镇江新区段、丹阳市云阳镇段共 4.8km 河段水质目标为Ⅳ类水外，其余 35.9km 河段水质目标均为Ⅲ类水；古运河全长 16.38km 位于镇江城区，水质目标为Ⅳ类水；其他与苏南运河镇江段相连的河道均需满足Ⅲ类水要求。远期，除苏南运河镇江新区段 1.5km 为Ⅳ类水外，其他水体均要满足Ⅲ类水标准。

（五）污染负荷与水质预测

(1) 索普化工基地。2008 年，索普集团有职工 4200 多人，规划面积约 4km^2，索普化工基地产业定位为建立醋酸为核心、上下游一体化的醋酸产业链和以氯碱为源头的产业链，将索普化工基地建成重要的大型基础化工原料产业基地。近期（2012 年）预计新增 500 人、建设用地增加 30%、废水产生量约为 3.13 万 t/日，远期（2020 年）预计新增 1000 人、建设用地增加 55%、废水产生量约为 5.76 万 t/日，污染主要来源于工业、公共设施、交通道路广场、绿地和生活的废水排放，主要污染物为 COD、NH_3-N、SS、TP 和石油类。

(2) 镇江新区。镇江新区现辖 3 个镇、2 个街道，总人口近 20 万，新区开发用地按功能划分为"一港三园两区"，分别为：大港港区、国际化学工业园、机电科技工业园、高新技术产业园和中心商贸区、出口加工区。镇江新区在近期（2012 年）预计用水量约为 17.73 万 t/日、污水产生量约为 14.18 万 t/日，在远期（2020 年）预计用水量约为 23.06 万 t/日、污水产生量产生约为 18.44 万 t/日，污染主要来源于生活、工业和公共建设的废水排放，污染物主要包括 COD、氨氮、SS、TP 和石油类。

(3) 京口工业园区。京口工业园总规划面积为 13.8km^2，规划主导产业为有色金属压延加工业、轻型机械装备及制造、电器设备制造等产业，有其中色金属仅为压延加工，不含冶炼；新民洲港口产业园重点发展港口直接产业和船舶制造业。根据目前工业集中区的普遍发展水平，预计到 2012 年建设用地增加 30%、废水产生量约为 0.78 万 t/日，到 2020 年建设用地增加 55%，废水产生量约为 1.68 万 t/日，污染主要来源于工业、公共设施、交通道路广场、绿地和生活的废水排放，污染物主要包括 COD、NH_3-N、SS、TP 和石油类。

(4) 丹阳经济开发区。丹阳经济开发区南区、北区和东区，面积分别为 10.24km^2、9.47km^2 和 10.78km^2，产业以机械、电子、服装、食品等轻型新型工业为主。根据目前工业集中区的普遍发展水平，预计到 2012 年建设用地增加 30%、南区和东区废水产生量约为 1.9 万 t/日、北区废水产生量约为 0.6 万 t/日，到 2020 年建设用地增加 55%、南区和东区废水产生量约为 4.3 万 t/日、北区废水产生量约为 1.2 万 t/日，污染主要来源于工业、公共设施、交通道路广场、绿地和生活的废水排放，污染物主要包括COD、氨氮、SS、TP和石油类。

（六）水环境容量（纳污能力）计算

根据当地的水文、水质特征，分别建立一维水动力与水质模型，利用水力计算各断面流量、水位、过水断面等水力要素代入水质模型计算各断面水质状况，进而根据设定的水文条件计算水环境容量。在近期（2012年）苏南运河镇江段COD和氨氮容量分别为2274t/a和137t/a，远期（2020年）的COD和氨氮容量分别为2173t和112t，古运河在近期（2012年）的COD和氨氮容量分别为131t和13.4t，在远期（2020年）的COD和氨氮容量分别为54t和7.8t。

（七）污染物总量控制与削减方案

为使苏南运河镇江段河道断面尤其出界断面（吕城）达到预定的水质目标（Ⅲ类标准），必须削减污染源，对污染源及来水水质根据其所在功能区进行控制，削减原则如下：以环境容量作为总量控制的目标，兼顾国家及江苏省对太湖治污的要求；进行边界河流的污染控制，因规划区内上游为水质良好的长江，因此削减重点应放在区内的污染源上；削减工业污染源和生活污染源，削减措施为工业企业达标排放，加强生活污水截流，使其进污水处理厂，并按太湖水污染治理方案要求、尾水排放须达到（GB 18918—2002）一级A标准；控制农业污染物入河量。

苏南运河镇江段运河目标削减目标：在2012年化学需氧量和氨氮削减量分别达到430t/a和103t/a，削减率分别达15.9%和43.0%，在2020年化学需氧量和氨氮削减量分别达到531t/a和158t/a，削减率分别达到19.7%和53.4%。

（八）工程措施与投资估算

（1）工程措施。共计实施点源污染治理项目2项：对重点污染源排放企业进行清洁生产审核和ISO 14001认证；共计实施城镇污水处理项目和垃圾处理处置项目28项，其中，改造现有污水处理厂工程2项，新（扩）建污水处理厂工程16项，管网工程建设4项，垃圾处理处置项目4项，污泥处置项目2项；共计实施面源污染治理11项，其中，种植业清洁生产项目5项，畜禽养殖废弃物处理利用工程3项，水产清洁养殖项目2项，乡村清洁工程1项；实施综合整治工程9项，包括：苏南运河清淤工程、古运河清淤工程，以及闸涵建设、维护工程；实施生态修复工程2项：包括苏南运河河岸带植被修复工程，以及古运河河岸带植被修复工程；实施预警体系建设工程2项：包括健全水环境监测体系和重点源在线监控。

（2）投资估算。为实现规划目标，水环境综合整治重点工程项目建设共需投资9.98亿元。各级政府要根据本规划要求和环保工作需要，按照分级承担的原则，实行政府宏观调控和市场机制相结合，建立多元化、多渠道的环保投入机制，广泛动员社会力量增加环保投入，切实保证环保投入到位，确保重点工程的完成。投资渠道包括政府投资、企业投资和社会投资。

（九）工程效益及目标可达性分析

（1）社会效益分析。通过苏南运河水环境综合整治项目的实施，缓解苏南运河水质恶化的趋势，提升水环境质量，改善居民的生活环境，促进传统的生产、生活方式与观念向环境良好、资源高效、系统和谐、社会融洽的绿色健康的生产、生活消费方式转变，生态意识不断增强，精神文明建设取得显著的成效；通过河道、湖泊疏浚治理，增加水系的蓄水防洪能力，保障居民生活质量。

（2）经济效益分析。通过苏南运河水环境综合整治项目的实施，改善了镇江市地表水环境质量，提升了城市形象，投资环境得到了优化，有利于吸引科技含量高、污染产出少、对环境质量要求高的高新产业的进入，促进招商引资和经济又好又快、持续发展；水环境质量的改善，直接推动了生态旅游和生态产业发展，体现水乡文化特征，促进全市经济的多元化发展；同时水环境质量的提升也会带动土地的增值，给镇江的经济发展带来更多的增长点。

（3）环境效益分析。通过水环境污染防治项目的实施，提高了工业废水和城镇、农村生活污水处理率，至2020年，工业废水集中处理率将达到90%，生活污水集中处理率镇区达95%，农村地区达90%；加快了中水回用及分质供水工作的推进，提高工业用水重复利用率2020年至85%以上；减少了农村化肥、农药使用量，规范了畜禽的规模化养殖，降低了农业面源污染，2020年全市测土配方施肥技术推广率达95%以上，化肥施用强度（折纯）低于230kg/hm^2，集中式畜禽养殖区污水排放达标率达90%，绿色、有机、无公害农产品生产基地占农田面积比例达70%以上，有效地改善镇江市地表水质量，增加水环境容量。

（十）保障措施

保障措施包括：健全管理体制，明确责任分工；提升监管能力，切实强化执法；建立健全工业企业环保准入制度；建立健全水环境监测体系；加强科技攻关，推广适用技术；拓宽融资渠道，加大投入力度；促进公众参与，开展舆论监督。

课 后 习 题

1. 简述水环境规划的概念、类型及重要意义。
2. 简述水环境规划的基本原则和主要工作流程。
3. 简述水功能区划的目的意义、指导思想、原则和划分程序。
4. 简述水环境容量与水域纳污能力的异同点。
5. 简述水环境容量分类及应用。
6. 水污染排放总量和削减量是如何确定的？
7. 水污染控制系统规划的各种最优化方法的区别。
8. 试选取一个地区，收集有关资料，完成该地区的水环境规划工作任务，并撰写规划报告。

参 考 文 献

[1] 郭怀成，尚金城，章天柱. 环境规划学[M]. 北京：高等教育出版社，2001.
[2] GB/T 50594—2010 水功能区划分标准[S]. 北京：中国计划出版社，2010.

参 考 文 献

[3] GB 25173—2010 水域纳污能力计算规程[S]. 北京：中国计划出版社，2010.
[4] 左其亭，窦明，马军霞. 水资源学教程[M]. 北京：中国水利水电出版社，2008.
[5] 方子云，邹家祥，郑连生. 中国水利百科全书·环境水利分册[M]. 北京：中国水利水电出版社，2004.
[6] 张永良，刘培哲. 水环境容量综合手册[M]. 北京：清华大学出版社，1991.
[7] 方子云. 环境水利学[M]. 北京：中国环境科学出版社，1994.
[8] 傅国伟. 环境工程手册·环境规划卷[M]. 北京：高等教育出版社，2003.
[9] 雒文生，李怀恩. 水环境保护[M]. 北京：中国水利水电出版社，2009.
[10] 陈晓宏，江涛，陈俊合. 水环境评价与规划[M]. 北京：中国水利水电出版社，2007.
[11] 夏青，贺珍. 水环境综合整治规划[M]. 北京：海洋出版社，1989.
[12] 程声通. 环境系统分析教程[M]. 北京：化学工业出版社，2006.
[13] 张承中. 环境规划与管理[M]. 北京：高等教育出版社，2007.
[14] 马晓明. 环境规划理论与方法[M]. 北京：化学工业出版社，2004.
[15] 镇江市环境保护局，江苏省环境工程咨询中心. 苏南运河镇江段水环境综合整治规划[R]，2009.

第十一章 水环境管理

随着我国工业化和城镇化的快速推进，水环境问题日益凸显。水环境问题产生的根源在于人们自然观上的错误认识，以及在此基础上形成的基本思想观念上的扭曲，进而导致人类社会行为的失当，最终使自然环境受到干扰和破坏。水环境管理是以治理环境污染为主要管理手段，通过法律、行政、经济、教育、科技等手段进行自我约束的管理行为总和，它是人类社会发展的重要保障与重要内容。本章主要介绍有关水环境管理方面的基础知识，包括水环境管理的概念及内容、水环境保护法规、行政管理体制机制、水环境管理制度以及水环境管理信息系统等。

第一节 水环境管理的概念与内容

一、水环境管理的概念

水环境管理是指运用法律、行政、经济、教育、科技等管理手段，调控人类的各种社会活动，特别是对人类损害水环境质量的行为进行限制和约束，进而协调经济社会发展与水环境保护之间的关系，促进经济社会可持续发展和人水和谐性局面的形成。

水环境管理可分为狭义的和广义的水环境管理。狭义的水环境管理，也被称为水环境质量管理，是指紧密围绕水污染防治工作，采取法律、行政、经济、技术、宣传教育等综合措施，改善和保护水环境质量，以协调经济社会发展与水环境保护之间的关系。广义的水环境管理则是一个非常综合的概念，涉及与水环境有关的一切要素和行为都属于其范畴，它是指从人类与环境的耦合系统出发，通过全面规划、合理布局、严格管理，使经济社会与水环境保护协调发展，达到既促进经济社会发展以满足人类的基本需要，又不超出水环境的允许极限，其涵盖了水污染治理与控制、水资源保护、水源涵养、水土保持、水生态保护与修复等多方面的内容。与广义的水环境管理相比，狭义的水环境管理未纳入与水环境有关的生态环境保护等方面的内容，主要以水污染防治工作为中心。从本书的侧重点出发，本章所指的水环境管理是狭义的水环境管理。

二、水环境管理的内容

水环境管理的对象是与水环境有关的人类活动，即为保障一定范围内生活或生产活动对水资源的需求，从防止水环境状况恶化或改善水环境状况的角度出发，对水资源开发利用及其他可能对水环境质量产生影响的人类活动进行的一系列规范、限制和组织协调工作。水环境管理主要包括以下内容。

1. 水质监测与资料汇编

（1）水质调查。对水体质量进行现场查勘、布点采样等工作，分为一般性调查和专项调查两类。调查内容包括水体自然环境状况调查、污染源调查等。

(2) 水质监测。通过对水体进行现场勘察和水质监测，了解和掌握水环境状况及其影响因素。水质监测分为常规监测和专门监测两类。水质监测工作内容包括水质采样频率、采样方法的确定、测定项目和分析方法的确定等。水质监测提供水环境质量状况、水污染物时空分布、污染物的来源和污染途径及其危害等信息，进而帮助确定污染影响范围以及评价污染治理效果，为水环境管理提供科学依据。

(3) 监测资料整编与汇编。按照科学方法和统一规格要求，对原始的监测资料进行分析、统计、审核、汇编、刊印或储存，整理成系统的简明图表，汇编成年鉴或其他形式，便于管理使用。例如，中华人民共和国生态环境部每年度发布的《中国生态环境状况公报》《中国生态环境统计年报》《中国环境统计年鉴》等汇编资料。

2. 水质评价、预测与预报

水质评价是依据评价要求，确定评价范围，选取评价参数和评价标准，按照确定的评价方法和程序，对水体质量状况进行评价。水质预测则是根据水体特征、水质初始值以及实测或预测的污染负荷，预测污染源下游的某一河段或某一断面的水质浓度变化过程。水质评价、预测与预报结果可为水环境保护规划编制、水环境治理与保护等提供科学依据。

3. 污染源控制与排污许可管理

对各类污染源进行治理与排污控制管理，包括：①点源污染治理，包括治理方法、工艺、投资、成本、效率以及运行技术经济评价等；②排污口管理和面源污染的管理；③实施排污许可管理和水污染物排放总量控制管理。

4. 水功能区划与水环境保护规划

(1) 水功能区划。结合水环境质量评价、水环境保护规划、水资源综合规划、城市规划及环境管理需要等，对江河湖泊等不同水域划定水功能区，并规定其在经济社会发展、自然环境保护等方面的水质功能要求。目前，国家正在完善水功能区监督管理制度，并建立水功能区水质达标评价体系，严格控制水功能区排污总量。

(2) 水环境保护规划是水环境管理的重要内容，包括规划编制、审批、实施以及规划的修编等工作。规划实施阶段包括落实责任、目标考核、效果评估等内容。规划修编是指根据地区经济社会发展和国家有关政策调整，及时对规划进行修订，以反映最新情况和满足新形势下的管理需求。

5. 饮用水水源地保护

饮用水水源地保护事关饮水安全，关乎人民身体健康，是水环境管理的重要内容。主要包括建立饮用水水源保护区制度，划定饮用水水源地保护区、设立警示标志、清理和搬迁污染源，采取措施涵养和保护水源，水源地应急管理等内容。

6. 水环境影响评价

水环境影响评价是环境影响评价的重要内容，是防治水污染的重要措施。水环境影响评价工作内容包括对新建、扩建、改建工程项目的环境影响评价报告书的审核，以及建设前的环境影响评价和建设中环境保护设施的施工、竣工验收的管理等。

7. 水环境管理政策法规建设

政府及有关部门出台有利于水环境管理与保护的政策；根据依法进行水环境保护与治理的需要，人大和政府及有关部门制定和颁布相关法规；水环境行政主管部门制定水环境相关技术标准与规范，为水环境管理与保护工作提供技术支持。

8. 水污染事故应急管理与调查、仲裁及纠纷调解

水污染事故应急管理主要包括水污染事故的应急管理体制建立、预防、预警、应急响应、信息报告、应急监测、应急决策和协调、公众沟通等。

水污染事故调查包括水污染事故性质判别、受害症状诊断、污染源调查、有害物分析、直接经济损失测算、主要致害物的技术仲裁及事故的协调处理等。

9. 水环境管理基础设施建设与维护

水环境管理基础设施主要包括监测站网、信息管理系统等。其工作内容包括监测站网的合理规划、建设与监测设施运行管理，水环境信息管理系统建设、运行、软硬件维护等内容。

三、水环境管理新理念新举措

针对我国日趋严重的水污染、水环境损害、水生态退化等问题，近年来国家提出了一系列与水环境保护与管理相关的新理念新举措，例如最严格水资源管理、生态文明建设，实施了长江大保护、黄河流域生态保护与高质量发展重大战略。

（一）最严格水资源管理

2011年中央1号文件和中央水利工作会议明确要求实行最严格水资源管理制度。2012年1月，国务院发布了《关于实行最严格水资源管理制度的意见》，要求确立了水资源开发利用控制、用水效率控制、水功能区限制纳污"三条红线"，用水总量控制、用水效率控制、水功能区限制纳污、水资源管理责任和考核"四项制度"，对实行该制度作出的全面部署和具体安排，是指导当前和今后一个时期我国水资源工作的纲领性文件，对于解决我国复杂的水资源水环境问题，实现经济社会的可持续发展具有深远意义和重要影响。2013年1月2日，国务院办公厅发布《实行最严格水资源管理制度考核办法》，自发布之日起施行。目前，"三条红线""四项制度"已经建立，为我国水资源管理、水环境保护提供了制度保障。

（二）水生态文明建设

为贯彻落实党关于加强生态文明建设的重要精神，水利部以水资源〔2013〕1号文印发了《关于加快推进水生态文明建设工作的意见》，要求加快推进水生态文明建设，促进经济社会发展与水资源水环境承载能力相协调，不断提升我国生态文明水平，努力建设美丽中国。水生态文明建设，是全面贯彻党的十八大关于生态文明建设战略部署，把生态文明理念融入水资源开发、利用、治理、配置、节约、保护的各方面和水利规划、建设、管理的各环节，坚持节约优先、保护优先和自然修复为主的方针，以落实最严格水资源管理制度为核心，通过优化水资源配置、加强水资源节约保护、实施水生态综合治理、加强制度建设等措施，大力推进水生态文明建设，完善水生态保护格局，实现水资源可持续利用，提高生态文明水平。推进水生态文明建设，是实现经济社会与生态环境和谐发展的基本要求，是保障和改善民生，提高人民福祉的必然选择，是促进城市可持续健康发展的重要支撑。

水利部选择了一批基础条件较好、代表性和典型性较强的城市，实施46个全国水生态文明城市建设试点，探索符合我国水资源、水生态条件的水生态文明建设模式。江苏、

浙江、安徽、河南、山东、云南等6省启动全省水生态文明创建。试点城市根据当地水资源禀赋、水环境条件和经济社会发展状况，通过优化水资源配置、加强水资源节约保护、实施水生态综合治理、加强制度建设等措施，积极探索各具特色的水生态文明建设模式，辐射带动流域、区域水生态的改善和提升。

（三）污染防治攻坚战

2018年，中共中央、国务院印发了《关于全面加强生态环境保护 坚决打好污染防治攻坚战的意见》，提出坚决打赢蓝天保卫战，着力打好碧水保卫战，扎实推进净土保卫战，并确定了到2020年三大保卫战具体指标。2021年11月7日，《中共中央 国务院关于深入打好污染防治攻坚战的意见》发布，在加快推动绿色低碳发展，深入打好蓝天、碧水、净土保卫战等方面作出具体部署。

在污染防治攻坚战方面，要深入打好蓝天保卫战，深入打好碧水保卫战，深入打好净土保卫战。其中，打好碧水保卫战，主要有以下要求：一是持续打好城市黑臭水体治理攻坚战；二是持续打好长江保护修复攻坚战；三是着力打好黄河生态保护治理攻坚战；四是巩固提升饮用水安全保障水平；五是着力打好重点海域综合治理攻坚战；六是强化陆域海域污染协同治理。

在城市黑臭水体治理方面，该意见要求统筹好上下游、左右岸、干支流、城市和乡村，系统推进城市黑臭水体治理。加强农业农村和工业企业污染防治，有效控制入河污染物排放。强化溯源整治，杜绝污水直接排入雨水管网。推进城镇污水管网全覆盖，对进水情况出现明显异常的污水处理厂开展片区管网系统化整治。因地制宜开展水体内源污染治理和生态修复，增强河湖自净功能。充分发挥河长制、湖长制作用，巩固城市黑臭水体治理成效，建立防止返黑返臭的长效机制。2022年6月底前，县级城市政府完成建成区内黑臭水体排查并制定整治方案，统一公布黑臭水体清单及达标期限。到2025年，县级城市建成区基本消除黑臭水体，京津冀、长三角、珠三角等区域力争提前1年完成。

在陆域海域污染治理方面，该意见要求持续开展入河入海排污口"查、测、溯、治"，到2025年，基本完成长江、黄河、渤海及赤水河等长江重要支流排污口整治。完善水污染防治流域协同机制，深化海河、辽河、淮河、松花江、珠江等重点流域综合治理，推进重要湖泊污染防治和生态修复。沿海城市加强固定污染源总氮排放控制和面源污染治理，实施入海河流总氮削减工程。建成一批具有全国示范价值的美丽河湖、美丽海湾。

（四）长江大保护

举世瞩目的长江在推动沿江11省市经济发展的同时，自身的生态资源也遭到了破坏，水污染日益严重。长江经济带的发展也面临着诸多亟待解决的困难和问题，主要是生态环境状况形势严峻、长江水道存在瓶颈制约、区域发展不平衡问题突出、产业转型升级任务艰巨、区域合作机制尚不健全等。习近平总书记提出，当前和今后相当长一个时期，要把修复长江生态环境摆在压倒性位置，共抓大保护，不搞大开发。

长江大保护项目，是指在贯彻落实习近平总书记关于"共抓长江大保护"的一系列重要指示精神下，开展的与保护长江生态环境相关的规划、设计、投资、建设、运营、技术研发等项目。十八大以来，党中央、国务院对长江生态的保护非常重视，对长江经济带的发展多次提出要求，并做了战略部署和长远规划。2013年7月，习近平总书记在武汉调研时指出,长江流域要加强合作,发挥内河航运作用,把全流域打造成黄金水道。2014年12月,习近平总书记作出重要批示,强调长江通道是我国国土空间开发最重要的东西轴线,在区域发展总体格局中具有重要战略地位,建设长江经济带要坚持一盘棋思想,理顺体制机制,加强统筹协调,更好发挥长江黄金水道作用,为全国统筹发展提供新的支撑。2016年3月《长江经济带发展规划纲要》发布,长江生态保护上升到国家战略高度,强调长江经济带发展的战略定位必须坚持生态优先、绿色发展,共抓大保护、不搞大开发。2016年9月《长江岸线保护和开发利用总体规划》《长江经济带沿江取水口、排污口和应急水源布局规划》印发,这两个文件是长江总体保护的指导性管理规划。2017年12月起,开展长江干流岸线保护和利用专项检查行动,摸清了长江干流5711个岸线利用项目基本情况,指导督促各地推进2441个涉嫌违法违规项目的整改。2019年1月,《长江保护修复攻坚战行动计划》发布,明确到2020年底,长江流域水质优良的国控断面比例达到85%以上,丧失使用功能(劣于Ⅴ类)的国控断面比例低于2%。2020年12月,《中华人民共和国长江保护法》通过,自2021年3月1日起施行,这是我国第一部流域专门法律,旨在加强长江流域生态环境保护和修复,促进资源合理高效利用,保障生态安全,实现人与自然和谐共生、中华民族永续发展。

(五)黄河生态保护与高质量发展

黄河是中华民族的母亲河,孕育了古老而伟大的中华文明,保护黄河是事关中华民族伟大复兴的千秋大计。黄河是全世界泥沙含量最高、治理难度最大、水害严重的河流之一,历史上曾"三年两决口、百年一改道",洪涝灾害波及范围北达天津、南抵江淮。黄河"善淤、善决、善徙",在塑造形成沃野千里的华北大平原的同时,也给沿岸人民带来深重灾难。受生产力水平和社会制度制约,加之"以水代兵"等人为破坏,黄河"屡治屡决"的局面始终没有根本改观,沿黄人民对安宁幸福生活的夙愿一直难以实现。新中国成立后,毛泽东同志于1952年发出"要把黄河的事情办好"的伟大号召,党和国家把这项工作作为治国兴邦的大事来抓。党的十八大以来,习近平总书记多次实地考察黄河流域生态保护和经济社会发展情况,就三江源、祁连山、秦岭、贺兰山等重点区域生态保护建设作出重要指示批示。2019年9月18日,习近平总书记在郑州主持召开黄河流域生态保护和高质量发展座谈会并发表重要讲话。习近平总书记强调黄河流域生态保护和高质量发展是重大国家战略,要共同抓好大保护,协同推进大治理,着力加强生态保护治理、保障黄河长治久安、促进全流域高质量发展、改善人民群众生活、保护传承弘扬黄河文化,让黄河成为造福人民的幸福河。

2021年10月,《黄河流域生态保护和高质量发展规划纲要》由中共中央、国务院印发,该文件是指导当前和今后一个时期黄河流域生态保护和高质量发展的纲领性文件,是制定实施相关规划方案、政策措施和建设相关工程项目的重要依据,要求以习近平新时代中国特色社会主义思想为指导,坚持生态优先、绿色发展,坚持量水而行、节水优先,坚持因地制宜、分类施策,坚持统筹谋划、协同推进,将黄河流域打造成为大江大河治理的重要标杆、国家生态安全的重要屏障、高质量发展的重要实验区和中华文化保护传承弘扬的重要承载区。

第二节 水环境保护法规

立法是政策制定的依据，执法是政策落实的保障。自1978年改革开放以来，随着我国法制化建设进程的稳步推进，水法律法规体系逐步完善，大大促进了水管理和政策水平的提高。伴随着法制建设的加强，水环境管理执法体系不断健全，有力地保障了各项水环境管理政策的有效落实。

一、国内外水环境保护立法概述

（一）世界水环境保护立法介绍

纵观世界水环境保护立法历史，水环境保护立法是随着水环境问题的出现而产生，并随着认识的深入而逐步发展与完善。在西方工业革命开始之前，当时还未出现严重的水环境问题，水环境保护方面的立法只是零星的。从西方工业革命开始至今，世界水环境保护立法进程可分为两个主要阶段。

1. 近代水环境保护立法

从18世纪60年代到20世纪60年代，西方资本主义产业革命蓬勃发展，工业化进程快速推进，由此引起水污染问题加剧，迫使西方工业发达国家制定水环境保护方面的法律法规。这一时期的水环境保护立法的内容大多是针对所面临的最严重的水污染问题，主要是要求水污染物排放者采取措施防治水污染，而在防治水污染的国家管理与干预等方面则很少涉及。英国是世界上最早实施依法治污的国家，早在1833年就制定了《水质污染控制法》，1876年颁布了《河流污染防治法》，1961年颁布了《河流法》。美国于1899年颁布了《江河港口管理法》，该法规定"禁止向通航水域倾倒垃圾"；1924年颁布了与水体污染有关的《防止油污染法》；1948年颁布了《水污染控制法》。日本于1896年颁布了《河流法》，该法首次提出了"公害"这一名词，1958年又颁布了《水质保护法》。

2. 现代水环境保护立法

从20世纪60年代至今，是水环境保护立法的快速发展与逐步成熟阶段。这一时期，现代工农业突飞猛进、人口急剧膨胀、城市化进程加快，大量生产废水、生活污水排入水体，形成区域性的甚至全球性的污染，从而促使世界各国都重视水环境保护，加强了水环境立法工作，水环境保护立法内容则扩展到水资源保护、污染源管理和控制、水环境管理、水质监控等多个方面。这段时期颁布的水环境保护法律法规突出了立法的科学性和技术性，强调了保护对象的系统性，即面对的水环境污染问题和其他破坏因素是一个有机系统，需要采取综合措施来进行治理，同时也强调了立法的适应性，即立法应遵照本国国情，根据经济社会和环境现状制定，并随经济社会的发展及时进行修正与完善。例如，英国先后颁布了《防止油污染法》（1971年）、《水法》（1973年）、《污染控制法》（1974年）、《环境保护法》（1990年）、《污染预防和控制法》（1999年）等与水环境保护有关的法律，并在2003年重新修订了《水法》。法国于1964年颁布了《水法》，1992年又对《水法》进行了补充和完善。西班牙于1985年颁布了《水法》。美国于1972年颁布了《清洁水法》，该法是美国水环境保护方面的主要法律，此后历经多次修订，该法规定极为庞杂，涉及水污染控制的各个方面；1974年颁布了《安全饮用水法》，此后又分别于1986年和1996年对该法进行了修订，该法要求对全国饮用水供给进行管理，以保障公众健康；1986年颁布了《濒危物种法》，规定各州须为每条河流确定最低流量标准，以保护特种鱼类和整个河流环境。日本于1967年颁布了《防止公害基本法》，1970年颁布了《水质污染防治法》，并建立了流域监测评价系统。欧盟于2000年颁布了《欧盟水政策领域的行动框架指令》（简称为"欧盟水框架指令"），2006年又颁布了专门针对地下水环境保护的《关于保护地下水免受污染和防止状况恶化的指令》（简称为"欧盟地下水指令"）。

（二）我国水环境保护立法历程

我国古代已制定有关于保护水环境的法律条文，如《唐律》中规定："其穿垣出秽污者，杖六十，出水者，不论。主司不禁，与同罪。"该条文规定任何人不得排放污水污染他人，且规定为官者若不察不纠，同样要接受处罚；元代对为大都宫廷供水的金水河进行严格管理，百姓若有在金水河内洗澡、洗衣服、倒垃圾之类或牵牛马到金水河饮水等行为，将受到鞭笞处罚；清代对北京城地下排水沟建立了维修制度，据《大清会典事例》记载，各街道的下水沟眼一律要注册登记，并随时进行检查等。近代，涉及法律以民国时期颁布的《民法》和《水利法》为代表。1942年颁布的《水利法》，以清代法典为基础，同时吸收了西方法学理论，是一部内容比较完整的水法律。新中国成立之后，虽然颁布了一些水环境保护方面的法规，但均未对水环境污染防治做出严格规定，亦未能真正付诸实施，如1959年颁布的《生活饮用水卫生规程》，是我国第一部关于饮用水源保护的法规。

我国的现代水环境立法始于20世纪70年代。1973年在北京召开的第一次全国环境保护会议，拉开了我国环境保护事业的序幕。1978年修订的《宪法》第一次对环境保护做出了明确规定，"国家保护环境和自然资源，防治污染和其他公害"。1979年我国颁布了《环境保护法（试行）》，这是我国第一部关于环境保护方面的专项法律。1982年第五届全国人民代表大会第五次会议审议并通过的新宪法（即我国现行宪法），第二十六条明确规定："国家保护和改善生活环境和生态环境，防治污染和其他公害"。1983年，国务院宣布保护环境是中国的一项基本国策，至此，环境保护开始贯穿于我国经济社会建设活动。随着我国经济社会的快速发展，水污染问题日渐突出，为了使全国水污染防治工作有法可依，我国第一部针对水环境保护和水污染防治方面的专项法律《水污染防治法》于1984年11月开始施行。1988年水环境管理方面的另一部重要法律《水法》颁布施行。在经历了10年的试行后，《环境保护法》于1989年正式颁布实施。1991年《水土保持法》颁布施行。此外，国务院和有关部门还颁布了相关配套行政法规和部门规章，各省（自治区、直辖市）也出台了大量的地方性法规和政府规章。

针对形势的变化和一些新问题的出现，1996年我国对《水污染防治法》进行了修订。1997年《防洪法》颁布施行。2002年新修订的《水法》开始施行，同年《环境影响评价法》颁布实施。近年来，随着我国经济的持续快速增长和经济规模的不断扩大，水污染防治形势愈发严峻，分别于2008年、2017年对《水污染防治法》进行了两次修订。为了加强长江流域生态环境保护和修复，促进资源合理高效利用，保障生态安全，我国第一部流域法律《长江保护法》于2021年3月1日正式施行。

二、水环境保护法律法规体系

尽管我国水环境立法时间相对较短，但目前已经制定了为数众多的涉及水环境保护方面的法律法规文件，其表现形式多种多样，内容和任务各不相同。同时，这些法律法规制定的机关以及法律效力也不尽一致，已初步形成了由宪法统领、与水环境保护有关的专项法律、行政法规、部门规章、地方法规和政府规章、司法解释等共同组成的多层级的法规体系，为我国水环境保护提供了法律保障。

（一）宪法

《宪法》第九条规定："矿藏、水流、森林、山岭、草原、荒地、滩涂等自然资源，都属于国家所有，即全民所有；由法律规定属于集体所有的森林和山岭、草原、荒地、滩涂除外。国家保障自然资源的合理利用，保护珍贵的动物和植物。禁止任何组织或者个人用任何手段侵占或者破坏自然资源。"第十条第五款规定："一切使用土地的组织和个人必须合理地利用土地。"第二十六条规定："国家保护和改善生活环境和生态环境，防治污染和其他公害。国家组织和管理植树造林，保护林木。"宪法中有关保护水环境的这些条款，确立了我国水环境保护立法的基本框架和主要内容，是我国水环境保护立法的基础和依据。

（二）专项法律

我国现行的与水环境保护相关的法律包括《环境保护法》《海洋环境保护法》《环境影响评价法》《城乡规划法》《水污染防治法》《固体废物污染环境防治法》《清洁生产促进法》《森林法》《水法》《水土保持法》《防洪法》《环境保护税法》《长江保护法》《黄河保护法》等。与水环境保护工作关系最为密切的法律包括《环境保护法》《环境影响评价法》《水污染防治法》《水法》《水土保持法》《环境保护税法》《长江保护法》，它们为我国水资源管理、水环境保护提供了法律依据。

（三）行政法规

行政法规是指为调整社会水事活动关系，由国务院依照法定权限和程序制定的有关行使水环境行政权力，履行水环境行政职责的规范性文件的总称。从法律效力上看，行政法规次于法律，但高于部门规章和地方法规与政府规章，在全国范围内具有约束力。

为配套水环境方面的专项法律，国务院制定了大量与水环境保护有关的行政法规和规范性文件，内容涉及河道管理、水污染防治、环境保护、排污费征收、水土保持、流域规划、排污许可、环境保护税等。如《河道管理条例》（1988年）、《水土保持法实施条例》（1993年）、《建设项目环境保护管理条例》（1998年）、《水污染防治法实施细则》（2000年）、《排污费征收使用管理条例》（2002年）、《取水许可与水资源费征收管理条例》（2006年）、《规划环境影响评价条例》（2009年）、《城镇排水与污水处理条例》（2013年）、《南水北调工程供用水管理条例》（2014年）、《环境保护税法实施条例》（2018年）、《排污许可管理条例》（2021年）以及《国务院办公厅转发环保总局等部门关于加强重点湖泊水环境保护工作意见的通知》（2008年）、《国务院关于实行最严格水资源管理制度的意见》（2012年）、《国务院关于印发水污染防治行动计划的通知》（2015年）等。1995年，我国首部流域性水污染防治法规《淮河流域水污染防治暂行条例》颁布实施。2011年11月1日，我国首部流域综合性行政法规《太湖流域管理条例》正式施行，为太湖流域水环境保护提供了法律依据。2021年12月1日，《地下水管理条例》正式实施，对地下水污染防治作出了明确规定，为地下水资源与地下保护提供了法律保障。与专项法律相比，行政法规的规定则更为具体、详细。

（四）部门规章

部门规章是由国家行政管理机关根据法律和国务院的行政法规、决定、命令、规定，在职权范围内按照规定的立法程序所制定的、以部令形式发布的、调整社会水事活动关系的、具有普遍约束力的行为规范文件的总和。如水利部出台的《关于发布〈重大水污染事件报告暂行办法〉的通知》（2000年）、《入河排污口监督管理办法》（2004年）、《三峡水库调度和库区水资源与河道管理办法》（2008年）、《取水许可管理办法》（2017年）等，住房和城乡建设部出台的《城市排水许可管理办法》（2006年）、《城市供水水质管理规定》（2007年）、《城镇污水处理工作考核办法》（2010年），生态环境部出台的《畜禽养殖污染防治管理办法》（2001年）、《排污费征收工作稽查办法》（2007年），农业部出台的《农药管理条例实施办法》（2008年）等。

（五）地方法规和政府规章

地方人大和政府根据《水污染防治法》《水法》及其他有关法律、法规，结合本地区面临的水环境问题，出台了地方性法规和政府规章。例如，省（自治区、直辖市）一级的法规有《北京市水污染防治条例》（2010年）、《浙江省水污染防治条例》（2010年）、《河南省水污染防治条例》（2010年）等；地市一级的法规有《合肥市水环境保护条例》（2011年）、《无锡市水环境保护条例》（2008年）、《郑州市人民政府办公厅关于加强西流湖区域水环境管理的通知》（2011年）等。其他还有如广东省为保护东江水系的水质，保障水系沿岸城乡用水及对香港供水，出台了《广东省东江水系水质保护条例》（2008年）；湖南省为保护东江湖水质，出台了《湖南省东江湖水环境保护条例》（2001年），在此不再一一列举。

（六）立法机关、司法机关的相关法律解释

法律解释是指由立法机关、司法机关对以上各种法律、法规、规章、规范性文件做出的说明性文字，或是对其实际执行过程中出现问题的解释、答复，大多与程序、权限、数量等问题相关。如《全国人大常委会法制委员会关于排污费的种类及其适用条件的答复》（1991年）、国务院法制办对《关于征收超标准排污费有关问题的请示》的复函（2005年）等。

三、我国水环境保护标准

我国的水环境保护标准体系，是在总结我国多年工作实践经验的基础上，参照国外有关标准体系制定的、用于指导水环境行业领域工作开展的标准性技术规范。水环境保护标准是水环境保护法律法规的具体化和指标化，是水环境管理的技术标准与依据。我国水环境标准大致可分为水环境质量标准、水污染物排放标准、水环境监测方法标准、水环境标准样品标准以及水环境基础标准等5大类。表11-1列举了我国部分现行的水环境保护技术标准（有关标准方面的详细介绍可见第九章）。

表 11-1　　我国部分现行的水环境保护技术标准

标准分类	标准名称
水环境质量标准	地表水环境质量标准（GB 3838—2002）
	海水水质标准（GB 3097—1997）
	地下水质量标准（GB/T 14848—2017）
	农田灌溉水质标准（GB 5084—2021）
	渔业水质标准（GB 11607—1989）
水污染物排放标准	污水综合排放标准（GB 8978—1996）
	合成氨工业水污染物排放标准（GB 13458—2013）
	毛纺工业水污染物排放标准（GB 28937—2012）
	缫丝工业水污染物排放标准（GB 28936—2012）
	钢铁工业水污染物排放标准（GB 13456—2012）
水环境监测方法标准	水质　氨氮的测定　纳氏试剂分光光度法（HJ 535—2009）
	水质　五日生化需氧量（BOD_5）的测定　稀释与接种法（HJ 505—2009）
	水质　总有机碳的测定　燃烧氧化（非分散红外吸收法）（HJ 501—2009）
	水质采样　样品的保存和管理技术规定（HJ 493—2009）
	多泥沙河流水环境样品采集及预处理技术规程（SL 270—2001）
水环境标准样品标准	水质 pH 值（GSBZ 50017—90）
	水质　总氮（以 N 计）（GSBZ 50026—94）
	水质　总磷（以 P 计）（GSBZ 50033—95）
	水质　总铁标准样品（0.1～5mg/L）（GSB 07—1188—2000）
	水质　铅标准样品（0.01～2mg/L）（GSB 07—1183—2000）
水环境基础标准	饮用水水源保护区划分技术规范（HJ/T 338—2018）
	环境影响评价技术导则　地面水环境（HJ/T 2.3—2018）
	水域纳污能力计算规程（GB 25173—2010）
	水功能区划分标准（GB/T 50594—2010）
	水质　词汇　第一部分（HJ 596.1—2010）
	溶解氧（DO）水质自动分析仪技术要求（HJ/T 99—2003）
	六价铬水质自动在线监测仪技术要求（HJ 609—2011）

四、《水污染防治法》与《长江保护法》简介

（一）《水污染防治法》

《水污染防治法》是与水环境保护最直接相关的单行法❶。现行水污染防治法是 1984 年制定的，先后于 1996 年和 2008 年两次修正，对防治水污染发挥了重要作用，水污染防治工作在标准规划、监督管理、工业和城镇水污染防治、饮用水水源安全保障等方面均取得积极进展。但随着我国全面建设小康社会的不断推进，人民群众对美好环境的诉求日益

---

❶ 单行法是法典的对称，只规定某一方面的事项，或只适用于某些地区、某些主体的规范性法律文件。

提升，对水污染防治、水环境保护工作提出了新要求。

2015 年，国务院印发了《水污染防治行动计划》。2016 年 12 月，中共中央办公厅、国务院办公厅印发了《关于全面推行河长制的意见》。为全面落实《水污染防治行动计划》确定的主要制度措施，充分体现建立河长制的精神，并与新修订的《环境保护法》相衔接，围绕全国人大常委会执法检查发现的重点问题和社会普遍关注的突出问题，新《水污染防治法》于 2017 年 6 月 27 日第十二届全国人民代表大会常务委员会第二十八次会议修正，自 2018 年 1 月 1 日起施行。新《水污染防治法》增加了河长制内容，规定省、市、县、乡建立河长制，分级分段组织领导本行政区域内江河、湖泊的水资源保护、水域岸线管理、水污染防治、水环境治理等工作，进一步强化了地方政府责任，明确了企业主体责任，完善了总量控制与排污许可、饮用水安全保障、地下水污染防治与水生态保护、区域流域水污染联合防治等制度，加大违法行为的处罚力度，将确定的各项制度措施法制化、规范化。

新的《水污染防治法》共八章内容，包括总则、水污染防治的标准和规划、水污染防治的监督管理、水污染防治措施（包括一般规定、工业水污染防治、城镇水污染防治、农业和农村水污染防治、船舶水污染防治）、饮用水水源和其他特殊水体保护、水污染事故处置、法律责任、附则等。

（二）《长江保护法》

改革开放以来，长江流域承担起带动中国经济增长的历史重任，流域高投入、高消耗、高污染、低产出的粗放式经济发展方式，使我国付出了沉重的自然资源和生态环境代价，因此亟需制定一部长江保护法，让保护长江生态环境有法可依。《长江保护法》是我国第一部流域专项法律，于 2021 年 3 月 1 日施行，标志长江保护治理迈入依法实施的新阶段。目前我国涉水法律主要有《水法》《水污染防治法》《防洪法》《水土保持法》，《长江保护法》注重与一般法之间的衔接协调，基于已出台的法律法规，针对突出问题提出了特殊规定，是对现行法律法规的细化与补充。

《长江保护法》共九章九十六条，明确了管理体制、规划与管控、资源保护、污染防治、生态保护与修复、绿色发展等内容。适用范围为由长江干流、支流和湖泊形成的集水区域所涉及的 19 个省（自治区、直辖市）的相关县级行政区域。长江保护法的重点是保护和修复生态环境，其重点内容包括：

（1）首次建立了生态流量保障制度，提出生态流量管控指标，将生产水量纳入年度水量调度计划，将生态用水调度纳入工程日常运行调度规程，并明确了相关法律责任，为生态流量管理提供了法律支撑。

（2）加强规划管控和负面清单管理，健全规划水资源认证制度，实施取用水总量控制和消耗强度控制，优化产业布局，调整产业结构，划定生态保护红线，实现长江流域绿色高质量发展。

（3）针对非法采砂、岸线保护、长江禁渔等重点问题，加大处罚力度。规定了长江流域河道采砂规划和许可制度，划定禁止采砂区和禁止采砂期，划定河湖岸线保护范围，制定河湖岸线保护规划，要求重点水域实行严格捕捞管理，明确对破坏渔业资源和生态环境的捕捞行为的惩罚规则。

(4) 建立长江流域生态保护补偿制度，上下游之间通过补偿方与被补偿方之间的利益协调和共享机制，促进环境福祉的共享。

第三节　水环境行政管理体制机制

水环境问题已成为事关我国未来发展的战略性问题，该问题的解决对保证我国经济社会可持续发展具有重大的推动作用。要解决水环境问题，有必要改革完善现有的水环境行政管理体制，建立更为科学、合理的管理体制机制，提高水环境管理效率。

一、我国现行水环境管理体制

（一）国家环境保护机构沿革

我国的水环境管理起步较晚，水污染防治工作从20世纪70年代才开始受到重视。1972年，国务院成立了官厅水系水源保护领导小组，该领导小组也是我国成立最早的环保部门。1973年，国务院成立了环境保护领导小组办公室。1984年，国务院成立环境保护委员会，统一协调管理国家环境问题，同时成立了由原城乡建设环境保护部管理的国家环境保护局。1984年颁布实施了《水污染防治法》，并在1996年和2008年两次进行了修订，其适用范围为我国领域内的江河、湖泊、运河、渠道、水库等地表水和地下水的污染防治，该法授权各级人民政府的环境保护部门为对水污染防治实施统一监督管理的机关，标志着我国的水环境管理开始步入正轨。此后几年，国家环境保护局又从原城乡建设环境保护部独立为国务院直属局，后升格为国务院副部级直属局。1998年，国家环境保护局由国务院副部级直属局升格为正部级直属局，更名为国家环境保护总局，同时国务院环境保护委员会被撤销。2008年，根据第十一届全国人民代表大会第一次会议批准的国务院机构改革方案和《国务院关于机构设置的通知》（国发2008〔11〕号），设立环境保护部，为国务院组成部门，主要负责拟订并实施环境保护规划、政策和标准，组织编制环境功能区划，监督管理环境污染防治，协调解决重大环境保护问题，以及环境政策的制订和落实、法律的监督与执行、跨行政地区环境事务协调等职能。

2016年年底，中共中央下发了《关于全面推行河长制的意见》，全面设立省、市、县、乡四级河长体系，各级河长负责组织领导相应河湖的管理和保护工作，包括水资源保护、水域岸线管理、水污染防治、水环境治理等，牵头组织对侵占河道、围垦湖泊、超标排污、非法采砂、破坏航道、电毒炸鱼等突出问题依法进行清理整治等。

2018年，我国启动了新一轮政府机构改革，将生态环境部的职责，自然资源部的监督防止地下水污染职责，水利部的编制水功能区划、排污口设置管理、流域水环境保护职责，农业部的监督指导农业面源污染治理职责，国家海洋局的海洋环境保护职责，国务院南水北调工程建设委员会办公室的南水北调工程项目区环境保护职责整合，组建生态环境部，负责全国水环境保护的监督管理，具体事务由生态环境部内设的水生态环境管理司负责。

（二）水环境管理体制

目前，我国已经初步建立符合我国国情的水环境管理体制，水环境监督管理归口生态环境部，国家发展和改革委员会、水利部、住房和城乡建设部、农业农村部等部门各负其责，参与水环境管理，形成了"一龙主管、多龙参与"的管理体制。我国的水环境行政管理体制主要在《水污染防治法》《环境保护法》等法律以及国务院"三定"方案中给予了规定。

《水污染防治法》规定："地方各级人民政府对本行政区域的水环境质量负责，应当及时采取措施防治水污染。地方各级人民政府对本行政区域的水环境质量负责，应当及时采取措施防治水污染。县级以上人民政府环境保护主管部门对水污染防治实施统一监督管理。交通主管部门的海事管理机构对船舶污染水域的防治实施监督管理。县级以上人民政府水行政、国土资源、卫生、建设、农业、渔业等部门以及重要江河、湖泊的流域水资源保护机构，在各自的职责范围内，对有关水污染防治实施监督管理。"从中央层面来看，我国主要涉及水环境管理的部门见表11-2。

表11-2 我国主要涉及水环境管理的部门

部门	水环境管理方面的职责
生态环境部	负责全国地表水生态环境监管工作，拟订和监督实施国家重点流域生态环境规划，建立和组织实施跨省（国）界水体断面水质考核制度，监督管理饮用水水源地生态环境保护工作，指导入河排污口设置；负责全国土壤、地下水等污染防治和生态保护的监督管理，组织指导农村生态环境保护，监督指导农业面源污染治理工作等
水利部	负责生活、生产经营和生态环境用水的统筹和保障，组织实施最严格水资源管理制度，实施水资源的统一监督管理，拟订全国和跨区域水中长期供求规划、水量分配方案并监督实施。负责重要流域、区域以及重大调水工程的水资源调度；组织编制并实施水资源保护规划，指导饮用水水源保护有关工作；负责节约用水工作；指导河湖水生态保护与修复、河湖生态流量水量管理以及河湖水系连通工作；负责水文水资源监测，对江河湖库和地下水实施监测，发布水文水资源信息、情报预报和国家水资源公报等
住房和城乡建设部	根据城乡规划和水污染防治规划，组织编制全国城镇污水处理设施建设规划，指导城镇污水处理设施和管网配套建设等
农业农村部	指导农业生产者科学、合理地施用化肥和农药，推广测土配方施肥技术和高效低毒低残留农药，控制化肥和农药的过量使用，防止造成水污染等
国家发展和改革委员会	公布限期禁止采用的严重污染水环境的工艺名录和限期禁止生产、销售、进口、使用的严重污染水环境的设备名录；制定污水处理费征收标准、水环境基础设施建设和投资管理等
卫生部	参与制定有毒有害水污染物名录等

二、突发水污染事件的应急管理

近年来，我国水污染事件时有发生，如2004年2—4月的四川沱江特大水污染事件、2005年11月的松花江特大水污染事件、2005年12月的广东北江重大水污染事件、2010年7月的紫金矿业污染事件、2012年1月的广西龙江河镉污染事件、2013年1月的浊漳河水污染事件等，由此造成的污染损失和环境危害触目惊心。

（一）水污染突发事件案例介绍

1. 松花江特大水污染事件

2005年11月13日，吉林省吉林市的中国石油吉林石化公司双苯厂发生连续爆炸，导致 100t 苯类污染物倾泻入松花江,造成了长达 135km 的污染带,硝基苯和苯污染物严重超标,给下游的哈尔滨等城市带来严重的水危机。国务院对爆炸事故引起的松花江污染事件极为重视,指示环保等部门和地方政府采取一些必要措施,加强监测防治,确保饮水安全。国家环保总局启动应急预案,迅速实施应急指挥与协调,协助吉林、黑龙江两省政府落实应急措施,为当地政府防控决策提出建议。

事故发生后,吉林省政府迅速部署防控工作,有关部门及时封堵了事故污染物排放口,采取堵截、投放活性炭等一切可能措施,努力减轻江水污染物浓度,并加大丰满电站下泄流量,加快污染物稀释速度。黑龙江省政府在接到吉林省的通报后,对松花江沿岸市县,特别是哈尔滨市的应急工作进行了统一部署。两省环保部门增加了松花江监测点位,以半小时为周期密切监测污染物,及时掌握动态。经评价,松花江吉林段水质于 11 月 22 日 18 时全面达到国家地表水标准,11 月 27 日 18 时哈尔滨市恢复供水。11 月 30 日,国家环保总局提出了经专家论证评审的松花江生态环境影响评估与修复方案。

虽然中央和地方政府做出了巨大的努力,将污染损失降到最低,但此次事件已留下了隐患。由于硝基苯密度大于水,进入水体的硝基苯会沉入水底,且该物质具有极高的稳定性,可长时间保持不变。硝基苯将沉淀在底泥中,进而可能渗透底泥继续沉淀,污染地下水。

2. 紫金矿业污染事件

2010 年 7 月 3 日,福建省上杭县紫金山(金)铜矿污水渗漏外溢,造成汀江水污染重大事件。事故的原因是由于企业的各堆浸场及溶液池均采用 HDPE 衬垫防渗膜作为污水防渗漏措施,但未进行硬化处理,导致防渗膜承受压力不均,进而出现不同程度的撕裂;加之紫金山矿区受持续强降雨影响,雨水大量汇集导致污水池底部防渗膜破裂,污水大量渗入地下并外溢至汀江,造成汀江部分河段严重污染及大量网箱养鱼死亡。

事件发生后,上杭县人民政府通报了事件的相关情况,并组织环保部门密切监测汀江的水质,卫生部门及时通报城区饮用水检测、供应情况。福建省人民政府对此次事件也做出了相关处理:①责成紫金公司铜湿法选冶厂全面停产,加快泄漏污水的清理进度,尽快高标准修复渗漏的废水池;全面排查隐患,落实整改措施;在隐患排查和整改措施未得到省级环保等相关部门认可之前,企业不得恢复生产。②组织开展防渗系统、环境影响、矿山地质等的后评估,并制定相应的整改方案,确保防范到位,使矿山生产不对汀江及周边环境造成污染。③做好水质监测和水量调度。加强紫金矿排污口、汀江流域取水口以及与广东交界断面的水质监测,加密监测频率,及时掌握水质变化动态。④确保维护社会稳定。对受污染影响的养殖户做好补偿工作,督促企业兑现赔偿,保障群众利益,并从根本上解决上杭县城饮水安全问题。⑤严肃追究事故责任。依法追究肇事企业及相关责任人责任,对触犯法律的及时移交司法机关处理。

从上述两个案例可以看出,突发水污染事件不仅会对当地的生态环境造成严重的破坏,而且还遗留下次生水污染、环境健康风险等方面的隐患。由于突发水污染事件涉及的污染因素多、一次排污量大、发生突然、造成的危害严重,因此处置这类事件必须快速及时,且措施得当有效。事实上,对突发水污染事件的监测、处置要比一般水污染更为复杂和艰巨。为了在突发水污染事件发生后能及时予以控制,最大限度地减少人员伤亡和财产损失,最大限度地减轻事故对水环境造成的影响,加强突发水污染事件的预防与应急管理、提高突发水污染事件的处置能力是非常必要的。

（二）突发水污染事件的应急管理

突发水污染事件的应急管理是指政府及其他公共机构在突发水污染事件的事前预防、事发应对、事中处置和善后恢复过程中，通过采取一系列必要措施、应用技术、经济与行政管理等手段，建立应对突发水污染事件的运行机制，及时有效地控制和减轻事件对水环境造成的危害，保障供水安全。突发水污染事件应急管理的工作内容和工作程序如下：

（1）建立应急管理机制。建立突发水污染事件所在地的指挥机构，建立健全应急处置的专业队伍、专家队伍。指挥机构负责统一指挥和协调各方面力量处置突发水污染事件，负责对外宣传以及统一发布突发水污染事件的有关信息。

（2）预防。对突发水污染事件要防患于未然，注重加强对突发性污染风险源的监督管理。通过开展风险源调查，掌握各类风险源的产生、种类及地区分布情况，并建立突发性污染风险源信息库；建立环境安全预警系统，加强对污染风险隐患的监督管理和安全防范工作；开展各类突发水污染事件的假设、仿真模拟、分析和风险评估工作，完善各类突发水污染事件的应急预案。

（3）预警。建立突发水污染事件应急指挥信息系统，采取有线、无线和计算机网络等多种方式，确保应急通信畅通；按照突发水污染事件的严重性、紧急程度和可能波及范围，预警级别由低到高依次为Ⅳ级、Ⅲ级、Ⅱ级、Ⅰ级，颜色依次为蓝色、黄色、橙色、红色，其中蓝色预警由县（市、区）人民政府发布，黄色预警由市人民政府发布，橙色预警由省人民政府发布，红色预警由省人民政府根据国务院授权发布。水污染事件突发后，按照事件级别启动预警程序，对外发布预警信息。

（4）分级负责和响应。按照突发水污染事件的可控性和危急程度，应急响应分为一般水污染事件（Ⅳ级）、较大水污染事件（Ⅲ级）、重大水污染事件（Ⅱ级）和特别重大水污染事件（Ⅰ级）四级。突发水污染事件的响应坚持属地为主的原则，各级政府按照有关规定负责突发水污染事件的应急处置工作，若超出本级应急处置能力时，应及时请求上一级应急救援指挥机构启动上一级应急预案。

（5）信息上报。事故责任单位、责任人以及负有监管责任的单位在发现突发水污染事件后，应在1h内向所在地县级以上人民政府汇报，同时向上一级相关业务主管部门汇报，并立即组织进行现场调查。紧急情况下，可以越级上报。负责确认突发水污染事件的单位，在确认重大（Ⅱ级）水污染事件后，1h内上报省级相关主管部门，特别重大（Ⅰ级）水污染事件立即上报国务院主管部门，并通报其他相关部门。地方各级人民政府应当在接到报告后1h内向上一级人民政府汇报。

（6）应急监测。根据突发水污染事件的污染物类型、发生地点的水域特点和水文条件，初步确定污染物的传播速度和扩散范围，布设相应数量的监测断面，增加监测频次。根据监测结果，组织专家分析污染变化情况，预测污染发展趋势，为应急决策提供依据。

（7）应急决策和协调。指挥机构应提出现场应急行动原则与要求，派出有关专家和人员参与应急指挥工作。协调各专业应急力量实施应急行动，协调受威胁的周边地区危险源的监控工作，协调建立现场警戒区和交通管制区域，确定重点防护区域。

（8）公众沟通。根据突发水污染事件的性质、特点，及时告知社会公众应采取的安全防护措施；及时向社会公众发布信息，公开处理进展避免引起恐慌，维护社会稳定。

（9）应急终止。当突发水污染事件现场得到控制，事件级别条件已经消除，或污染源的排放已降至规定限值以内，或事件所造成的危害已经彻底消除，且无继发的可能，或事件现场的应急处置行动已无继续的必要，执行应急终止程序。

（10）善后与奖惩。突发水污染事件结束后，应对事件的处理情况进行评估，总结存在的问题和经验，并提出补偿和对遭受污染的水域进行治理与恢复等方案。对事件处置中做出突出贡献的有功单位和个人，给予表彰、奖励；根据事件调查结果，依法追究有关单位和个人责任。

三、水环境管理经济调控机制

采取经济手段进行强制性调控是保护水环境的重要手段。为了保护生态环境，我国于1979年开始试点征收排污费，并于2003年7月1日正式实施《排污费征收使用管理条例》。排污费是指环保部门根据国家规定，对向环境排放废水、废气及固体废物以及超过规定排放噪声的排污者所征收的一种行政性收费。征收排污费的目的是促进排污单位对污染源进行治理，同时也是对有限环境容量的使用进行补偿。此外，征收污水处理费也是保护水环境的重要经济手段。我国规定向城市污水集中处理设施及排水管网排放污废水的单位和个人，应当缴纳城市污水处理费，并且规定对向城市污水集中处理设施排放污水、按规定缴纳污水处理费的，不再征收污水排污费。污水处理费是指城市污水集中处理设施按照规定向排污者提供污水处理的有偿服务而收取的费用，以保证污水集中处理设施的正常运行。一般情况，污水处理费是包含在水价里面，通过调控水价，促进节约水资源，减少污水排放量，保护水环境。

由于排污费征收标准过低、排污费收费对象不全面等问题，导致治理成本要大于征收费用，排污费对环境的约束保护作用不明显。此外，排污费征收往往带有强烈的地方色彩，地方政府可以主导排污费的征收，一些地区为了招商引资、发展经济而忽视了环境保护，少征甚至不征排污费。针对排污费征收制度存在的执法刚性不足、行政干预较多、强制性和规范性较为缺乏等问题，我国提出要制定环境保护税法、推进环境保护费改税。税收是国家宏观调控的重要工具之一，政府可以通过设计合理有效的税收制度调节生态文明建设与经济发展之间的关系，有利于促进形成治污减排的内在约束机制，有利于推进生态文明建设、加快经济发展方式转变。相对于排污费，环境保护税的征收上升到了法律的高度，环境保护税的严肃性、权威性更强，易引起企业的重视环境保护，纳税遵从度也更高。同时，如果企业积极履行环保责任，降低排污量就可以少交税。

（一）环境保护税概述

最早提出环境保护税的是英国经济学家庇古。为保护生态环境，欧美各国的环保政策逐渐减少运用直接干预手段，越来越多地采用生态税、绿色环保税等特指税种进行调节，针对污水、废气、噪音和废弃物等突出的"显性污染"进行强制征收。荷兰是较早征收环境保护税的国家，其为环境保护设计的税收主要包括燃料税、噪音税、水污染税等，税收政策已为很多发达国家借鉴。我国在"十一五"期间提出要征收环境保护税。2015年6月，国务院法制办公布了《环境保护税（征求意见稿）》。2016年12月25日，第十二届全国人民代表大会常务委员会第二十五次会议通过了《环境保护税法》。2018年1月1日

《环境保护税法》施行,标志着首个以环境保护为目标的税种正式实施。征收环境保护税可以带来如下有利之处:一是有利于减少污染,确保完成节能减排指标;二是有利于促使企业产生保护生态环境的压力和动力;三是有利于增加政府财政收入,使政府有更多的资金用于治理环境及支持、鼓励、补贴企业开发环保技术、实施环保项目。

(二)环境保护税征收程序

我国征收环境保护税工作包括两个步骤:第一步是确认环境保护税纳税人,第二步是纳税申报。具体而言,环境保护税征收主要流程如下(图11-1)。

首先,环保部门将区域内所有排污企业信息移交税务部门,税务部门对所移交数据进行整理和核实,确定排污企业所涉及的污染物是否为环境保护税应税污染物,并将涉及排放应税污染物的企业纳入环境保护税纳税人名单。

其次,税务部门将统计的环境保护税纳税人名单录入税收管理系统,并通知该排污企业进行涉税排污信息申报。排污企业对排污信息存在异议或者未按时进行填报的,移交环保部门进行信息数据复核。复核确为非纳税人的,从纳税名单中剔除;复核确为纳税人的,进行排污信息申报。

然后,环境保护税征期内纳税企业进行环境保护税明细申报,并由税务部门将申报数据与环保部门备案数据进行比对,比对无误的纳税企业进行环境保护税缴纳,比对有误的提请环保部门复核,根据环保部门反馈意见调整纳税企业申报信息及应纳税额,纳税企业再根据调整后的环保税进行缴税。

最后,税务部门对所有纳税企业申报信息、环保部门备案信息以及环保部门复核反馈信息进行存档,以备后期查阅。

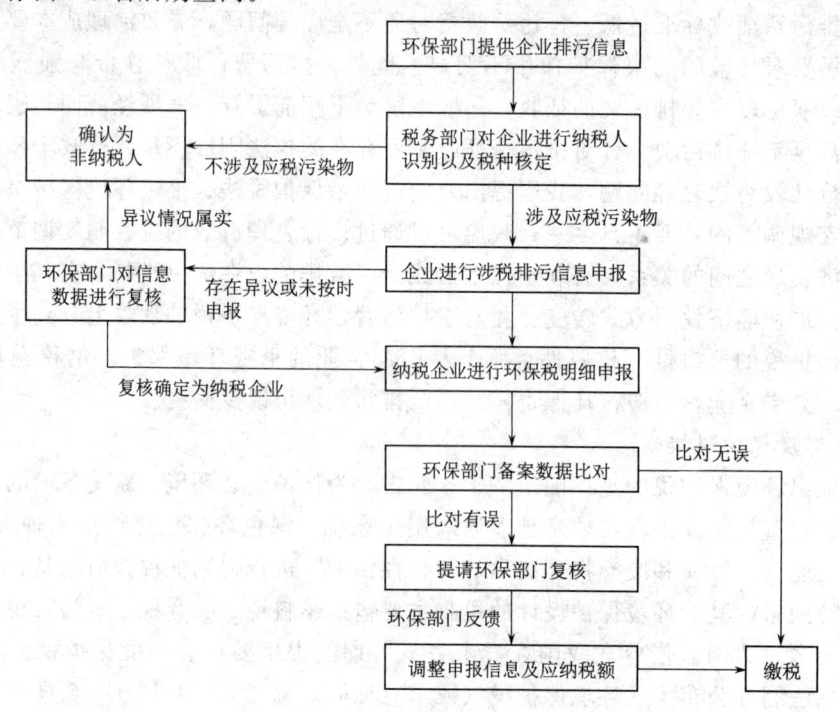

图11-1 环境保护税征收主要流程

第四节 水环境管理制度

水环境管理制度主要体现在《环境保护法》《环境影响评价法》《水污染防治法》《水法》等有关法律中,包括水污染物排放实施总量控制制度、排污许可制度、排污口论证制度、水环境影响评价制度、水环境质量监测和水污染物排放监测制度、饮用水水源保护区制度等。这里主要介绍排污许可制度、排污口论证制度、水环境影响评价制度。

一、排污许可制度

（一）概述

排污许可管理制度是依照不同行政管理相对人的申请,按照法律的有关规定对申请人申请排污的不同类别、总量等,允许申请人排放一定量的污染,并向其颁发相关证件,以明确其需要根据证件所规定的内容来进行排污行为的一种环境法律制度。

我国排污许可管理制度发展至今已有30多年的历史。1988年实施的《水污染物排放许可证管理暂行办法》（以下简称《暂行办法》）是我国排污许可证制度在国家法律层面最早的规定。《暂行办法》是依托《水污染防治法》《海洋环境保护法》的基础,规定在实施排污申报登记制度的前提下,根据对水污染物浓度的控制来实行排污许可证制度,并以此来达到控制污染物总量的目标。《暂行办法》是当时国家层面专门针对水污染排污许可证制度而制定的唯一法规,其中详尽规定了排污许可证的申请、审查、监管等程序性事项。1996年颁布的《水污染防治法》建立了点污染物排放核定制度和重点污染物排放总量控制制度。2000年的《水污染防治法实施细则》规定了环境保护部门制定污染物总量控制实施方案的职责,并且明确规定了县级以上地方人民政府环境保护部门有权审核本区域的水污染重点污染物排放量,有权对符合法律规定的排污者发放排污许可证,对于超过法律规定总量的,要求其限期整改,并发放临时排污许可证。从这些规定可知,水污染排污许可制度的目的在于总量控制制度,排污许可证制度仅为一项附属制度,并没有获得独立的法律地位。直到2008年,《水污染防治法》的修订,才将排污许可证制度纳入,明确了其法律地位,该法规定了"直接或者间接向水体排放工业废水和医疗污水以及其他按照规定应当取得排污许可证方可排放的废水、污水的企业事业单位,应当取得排污许可证"。2017年6月27日修正的《水污染防治法》以多个条文专门规定了排污许可管理制度,如第二十一条明确规定排污应当取得排污许可证,并禁止无排污许可证或者违反排污许可证的规定排污,第二十三条和第二十四条明确使用了"排污许可管理",同时规定企业有责任通过安装监测设备等方式实施排污监管,并对监测数据的真实性和准确性负责。

党的十八大和十八届三中、四中、五中全会都明确要求完善我国污染物排放许可制度。其中《中共中央国务院关于加快推进生态文明建设的意见》对污染物排放许可证制度改革进行了细化规定；2014年修订的《环境保护法》、2015年修订的《大气污染防治法》,以及2017年修订的《水污染防治法》等法律进一步对排污许可管理制度进行了明确。2018年1月10日《排污许可管理办法（试行）》发布,同年11月,生态环境部印发了《管理条例意见稿》,开启了排污许可管理制度专门立法的进程。2020年12月9日,《排污许可管理条例》在国务院第117次常务会议上通过,自2021年3月1日起施行。相较于《排污许可管理办法（试行）》，《排污许可管理条例》是我国在排污许可管理领域有史以来最为完备的一部国务院行政法规，标志着我国排污许可管理制度相关法律基础的四梁八柱基本建成。

排污许可制度是我国固定污染源管理的核心制度，关乎我国生态文明制度和生态环境治理体系建设，以改善生态环境质量为核心，落实排污单位主体责任为原则，《排污许可管理条例》的实施，对规范全国所有排污企事业单位和其他生产经营者的排污行为，控制污染物排放，强化企业自证守法，不断提升我国生态环境执法监管水平起到重要作用。

（二）排污许可申请

排污许可证的申请由排污单位向其生产经营场所所在地设区的市级以上地方人民政府生态环境主管部门（以下称"审批部门"）提出，申请程序分为两个步骤。首先，排污单位需在国家排污许可信息公开系统进行许可申请前信息公开（5个工作日），公示结束后持相关材料向审批部门提出许可申请，符合要求的，出具申请受理通知书并在国家排污许可合法平台上进行网上申报；不符合要求的，出具申请不予受理通知书，并说明理由；然后，审批部门对申报材料进行审查，对审查合格的，经环保局相关科室会签、主管局长签批、主要领导签批后依法作出许可证核发；对不符合要求的，书面通知申请人并说明理由。排污许可证申请流程如下。

第一步，根据《固定污染源排污许可证分类名录》中行业类别，确定排污单位所申请排污许可证的管理类别，共有以下三类：登记管理、简化管理、重点管理。

第二步，排污单位发起"许可证申请"，可以通过向全国排污许可证管理信息平台提交排污许可证申请表，也可以通过信函等方式。

第三步，逐步填报许可证申请所需要的信息。

申请填报内容，分别为：排污单位基本情况；排污单位基本情况——主要产品及产能；排污单位基本情况——主要燃料及原辅材料；排污单位基本情况——排污节点、污染物及污染治理设施；水污染物排放信息——排放口；水污染物排放信息——申请排放信息；环境管理要求——自行监测要求；环境管理要求——环境管理台账记录要求；地方环保部门依法增加的内容；相关附件。

第四步，发布许可申请前信息公开。排污单位填写完：①排污单位基本信息；②主要产品及产能；③主要原辅材料及燃料；④排污节点及污染治理设施；⑤水污染物排放信息——排放口；⑥水污染物排放信息。申请排放信息表格相关信息后，需在许可申请前信息公开。

第五步，许可申请所有信息填写完成后，申报信息提交给审批部门审核，并自行下载排污许可证申请表。申请信息统一提交给排污单位所在其生产经营场所所在地设区的市级以上地方人民政府生态环境主管部门分发处理。

第六步，审批部门审核。排污单位可在许可证申请系统查看许可证申请审核状态。当审批状态为"审批通过"，排污单位的许可证业务申请已审核通过，排污单位可在各地规定期限内去相关部门领取审批意见和排污许可证正、副本。当审批状态为"审批不通过"，排污单位不符合有关规定，不予办理排污许可证。

二、排污口论证制度

排污口论证制度目的是在满足水功能区保护要求的前提下，论证排污口设置对水功能区、水生态和第三者权益的影响，根据纳污能力、排污总量控制、水生态保护等要求，提出水环境水资源保护措施，优化排污口设置方案，为水环境管理部门审批排污口以及建设单位合理设置排污口提供科学依据，以保障生活、生产和生态用水安全。

（一）概述

2018年党和国家机构改革整合了过去分散的生态环境保护职责，将入河排污口设置管理和编制水功能区划职责由相关部门划转至生态环境部，加强环境污染方面的治理。对排污量已超出水功能区限制排污总量的地区，限制审批入河排污口；确需设置入河排污口的，原则上应当要求入河排污口出水水质不低于水功能区水质目标；对工业园区入河排污口设置，应当提出严格监管要求，限制高耗水、重污染企业入驻。入河排污口论证时，要充分听取水利等相关部门关于排污口设置对防洪安全、用水安全的意见。

（二）论证原则

排污口论证应遵循以下原则：

(1) 符合国家法律、法规和相关政策的要求和规定。
(2) 符合国家和行业有关技术标准与规范、规程。
(3) 符合流域或区域的水环境规划及水资源保护等专业规划。
(4) 符合水功能区管理要求。

（三）论证范围

排污口论证原则上以受排污口影响的主要水域和其影响范围内的第三方取、用水户为论证范围。论证工作的基础单元为水功能区，其中入河排污口所在水功能区和可能受到影响的周边水功能区，是论证的重点区域；涉及鱼类产卵场等生态敏感点的，论证范围可不限于上述水功能区。未划分水功能区的水域，排污口排污影响范围内的水域都应为论证范围。

（四）论证工作程序

论证应在现场查勘、调查和收集建设项目及相关区域基本资料，考虑排污口设置的初步方案，采用数学模型模拟的方法，预测污水在设计水文条件下对水功能区的影响及范围，论证排污口设置的合理性，提出设置排污口的建议。具体程序如图11-2所示。

（五）论证主要内容

排污口论证主要包括以下内容：

(1) 排污口所在水功能区管理要求和取排水状况分析。
(2) 排污口设置后污水排放对水功能区的影响范围。
(3) 排污口设置对水功能区水质和水生态影响分析。
(4) 排污口设置对有利害关系的第三者权益的影响分析。
(5) 排污口设置合理性分析。

三、水环境影响评价制度[*]

水环境影响评价制度，是为了全面了解工程建设项目的污染物排放情况和所在地水文、水质状况，预测项目建设过程中和竣工投产后当地水环境质量的变化情况，提出水环

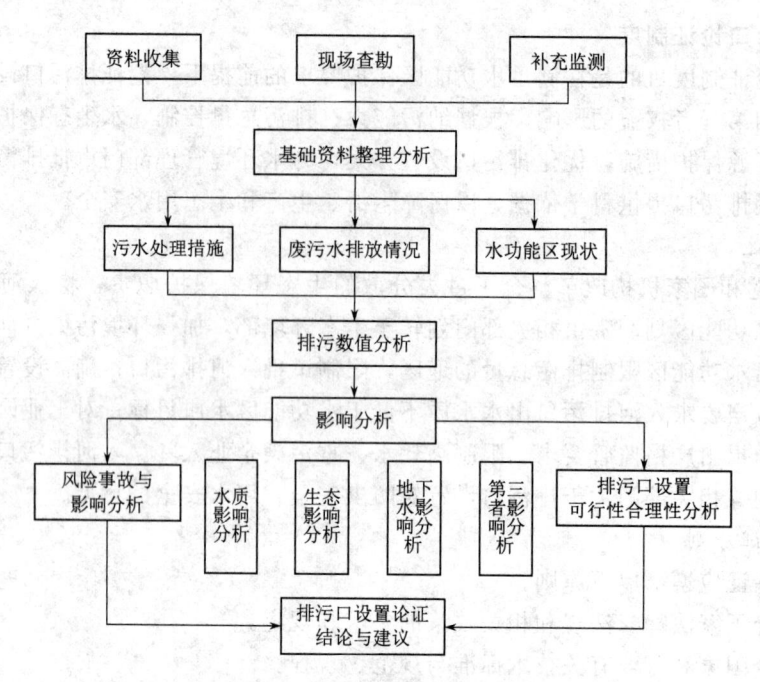

图 11-2 排污口设置论证工作程序

境保护措施和水污染防治对策的一种环境管理制度。

（一）水环境影响评价概述

1. 环境影响评价

环境影响评价是环境保护政策的重要组成部分，也被称为环境预断评价或环境未来评价。它是指在从事建设项目或国家制定规划、政策和法律时，应当在计划阶段或正式实施前，就其对环境可能产生影响的范围和程度，事前加以调查、对规划和建设项目实施后可能造成的环境影响进行分析、预测和评估，提出相应的预防或者减轻不良环境影响的意见和对策措施，并进行跟踪监测的方法与制度。

环境影响评价按照所评价的对象，可分为规划环境影响评价和建设项目环境影响评价。规划环境影响评价又可分为区域规划环境影响评价和专项规划环境影响评价两类。建设项目环境影响评价根据评价结果可分为三类：①可能造成重大环境影响的建设项目评价；②可能造成轻度环境影响的建设项目评价；③对环境影响很小的建设项目评价。

2. 水环境影响评价制度

水环境影响评价是环境影响评价的重要组成部分。水环境影响评价制度是指国家通过法定程序，以法律、法规或行政规章的形式对水环境影响评价工作进行确立且强制实施的制度。1979年9月我国颁布的《环境保护法（试行）》，首次以立法的形式确立了水环境影响评价制度。2002年，我国颁布了针对环境影响评价工作的专项法律——《环境影响评价法》，对水环境影响评价制度做了更为详细明确的规定。目前，我国已经建立了水环境影响评价的法规体系。开展水环境影响评价工作须严格贯彻《环境保护法》《水污染防治法》和《环境影响评价法》等法规，同时还须依据有关标准、技术规范，例如《地表水环境质量标准》《污水综合排放标准》《地下水质量标准》，以及适用于各行业的环境影响评价技术导则等。

(二) 水环境影响评价工作程序

根据评价对象，可将水环境影响评价分为地表水环境影响评价和地下水环境影响评价。下面以地表水环境影响评价为例，简要介绍其主要工作程序。

1. 地表水环境影响评价的等级划分

根据拟建项目排放的废水量、废水组分复杂程度、废水中污染物迁移、转化和衰减变化特点及受纳水体规模和类别，《环境影响评价技术导则—地面水环境》（HJ/T 2.3—93）将地表水环境影响评价分为三级（其分级标准具体参见该技术导则）。不同级别的评价要求是不同的，一级评价项目要求最高，二级次之，三级最低。低于三级评价要求的建设项目，不必再进行地表水环境影响评价，只需进行简单的水环境影响分析即可。

2. 地表水环境影响评价工作程序

地表水环境影响评价工作分为三个阶段：

第一阶段为准备阶段，主要工作为收集和研究有关文件，进行初步的工程分析；踏勘现场，进行水环境状况现场调查，筛选重点评价项目，确定地表水环境影响评价的工作等级、评价范围及评价标准，编写地表水环境影响评价工作方案。

第二阶段为正式工作阶段，主要工作为进一步进行工程分析和环境现状分析，预测项目可能造成的地表水环境影响，依据有关技术标准和指南，进行地表水环境影响范围和程度的评价。

第三阶段为报告编写阶段，综合各阶段的工作成果，得出评价结论，提出地表水环境保护对策和防治措施，编写《环境影响评价报告书》中有关地表水环境影响部分的内容。地表水环境影响评价工作程序如图11-3所示。

3. 地表水影响评价工作方案编写

地表水环境影响评价工作方案是开展影响评价的总体设计和行动指南。工作方案的编写应以建设项目为基础，以水环境保护法规为依据，以相关政策为指导，以水环境质量为尺度，坚持严肃和科学的态度；同时，工作方案的编写应目的明确，评价范围的划分应科学合理，标准选取和等级确定适当，工程分析过程与结果完备，评价因子的筛选满足环保目标的要求。地表水环境影响评价工作方案一般包括编制依据、建设项目概况、建设项目所在地区的环境概况、评价工作内容（包括评价范围、评价因子、监测断面的布设、监测项目、分析方法、评价标准、预测方法，地表水环境保护措施的可行性及建议、经济损益简要分析等）、组织实施与进度安排等。

(三) 水环境影响预测与评价

水环境影响预测与水环境影响评价是地表水环境影响评价的两个重要步骤，下面对这两个环节的工作内容进行重点介绍。

1. 水环境影响预测

(1) 预测范围与预测点位。地表水环境影响预测范围与环境现状调查的范围一致。为全面反映建设项目对预测范围内地表水环境的影响，应布设适当的预测点，预测点的数量和预测点的布设应根据受纳水体和建设项目的特点、评价等级以及当地的环境保护要求确

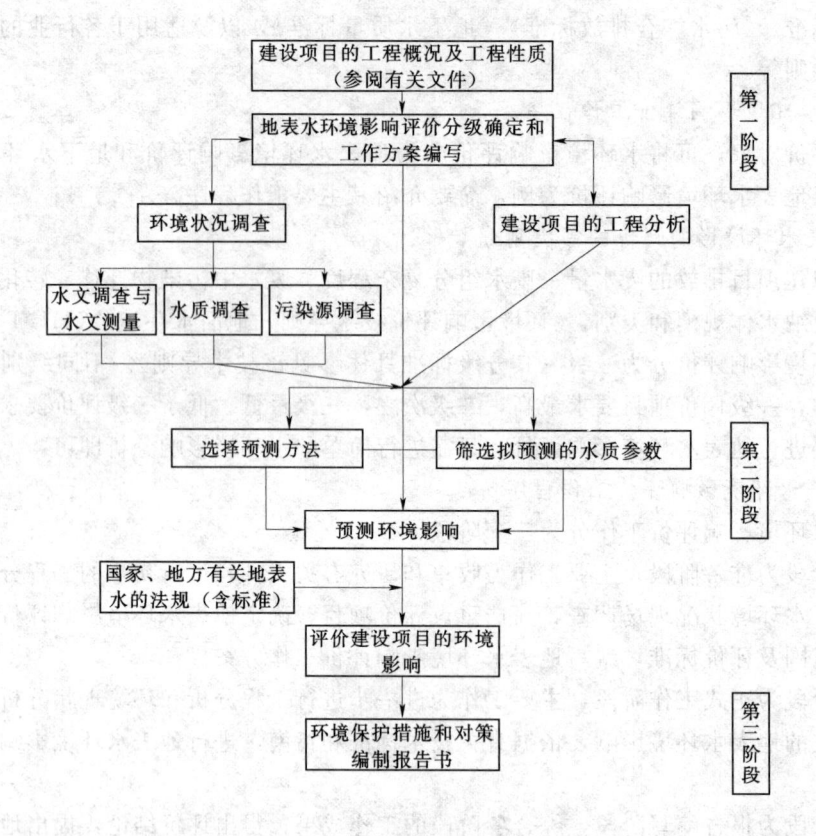

图 11-3 地表水环境影响评价工作程序

定,其基本设置原则如下:①敏感点,如重要取水地点;②环境现状监测点;③水文特征和水质突变处的上、下游,如重要水工建筑物、水文站附近;④河流混合过程段;⑤排污口附近。

(2) 预测阶段与预测时期。地表水环境影响的预测阶段一般分为建设期、生产运行期和服务期满后三个阶段。所有建设项目均应预测生产运行阶段的地表水环境影响,并按正常排污和不正常排污两种情况进行预测。对建设期超过一年的大型建设项目,或当地地表水质要求较高、产生流失物较多的建设项目,应预测建设期的环境影响。个别建设项目应根据项目特点、评价等级、当地地表水环境特点和环境保护要求,预测服务期满后的地表水环境影响,如矿山开发项目等。

地表水环境影响的预测时期分为丰水期、平水期和枯水期。一般来说,枯水期的水体自净能力最小,平水期的一般,丰水期的最好。对评价等级为一级或二级的建设项目应分别预测水体自净能力最小和自净能力一般两个时期的环境影响。对冰封期较长的水域,当其水体功能为生活饮用水、食品工业用水或渔业用水时,应预测冰封期的环境影响。当建设项目评价等级为三级或二级但评价时间较短时,只需预测水体自净能力最小时期的环境影响。

(3) 水环境影响预测方法。水环境影响预测应尽量选取通用、成熟、简便且能满足预测精度要求的方法。水环境影响的预测方法分为定性分析法和定量预测法。定性分析法主要是根据已有经验进行分析判断，该方法具有简便、省时、花费少等特点，包括专家判断法和类比调查法。定量预测法是根据模型进行定量分析与预测，包括数学模型法和物理模型法。

1) 专家判断法。根据专家经验，对建设项目可能产生的各种水环境影响，从不同方面提出意见和看法，然后采用一定的方法综合这些意见，得出建设项目可能产生的水环境影响的定性结论。

2) 类比调查法。根据建设项目的性质、规模，寻找与其类似的已建项目，并调查该已建项目的环境影响，据此推断新建项目的环境影响。

3) 数学模型法。水环境数学模型是最常用的预测方法，利用表征水体净化机制的数学方程预测建设项目引起的水体水质变化情况，给出定量的预测结果，但该方法依赖参数的有效性及模型的合理性。

4) 物理模型法。利用相似原理，按一定比例缩小后建立实体模型，开展水质模型试验，但花费较高。当对预测结果要求较为严格时，可选用该方法。

2. 水环境影响评价

(1) 评价原则。地表水环境影响评价，是用来评定与估计建设项目各生产阶段对地表水环境影响的技术环节，它是环境影响预测工作的继续。地表水环境影响的评价范围应与预测范围相一致。所有预测点和所有预测的水质参数均应进行各生产阶段不同情况的环境影响评价，但应有重点。在空间方面，水文要素和水质急剧变化处、水域功能改变处、取水口附近河段等应作为重点；在水质方面，影响较大的水质参数应作为重点。

(2) 评价资料。水域功能是进行水环境影响评价的基础。地表水环境影响评价所采用的水质标准应与环境质量现状评价采用的相一致。当河道断流时，应根据水利和环境保护部门规定的水功能区划来选择适当的标准。当若干规划建设项目在一定时期（如5年）内兴建并向同一水域排污时，应由政府有关部门规定各建设项目的排污总量或允许利用水体自净能力的比例。当向已超标的水域排污时，应结合水环境保护规划酌情处理或由环保、水利部门事先规定排污要求。

(3) 评价结论。通过地表水环境影响评价，最终应得出建设项目在不同实施阶段能否满足预定地表水环境质量的结论。

如果符合以下两种情况之一，应作出可以满足地表水环境保护要求的结论：①在建设项目实施过程的不同阶段，除排污口附近的很小范围外，水域的水质均能达到预定要求。②在建设项目实施过程的某个阶段，个别水质参数在较大范围内不能达到预定的水质要求，但采取一定的环保措施后可以满足要求。

如果符合以下两种情况之一，原则上应作出不能满足地表水环境保护要求的结论：①地表水现状水质已经超标。②污染物削减量过大以至于削减措施在技术、经济上明显不可行。

针对那些虽然不能满足预期环境保护要求、但影响不大且发生概率较低的建设项目，应根据具体情况来进行分析判断。对不宜作出明确结论的，如建设项目恶化了地表水环境的某些方面，但同时改善了其他某些方面，此时应说明建设项目对地表水环境的正影响、负影响及其影响范围与程度、评价者的意见等。

第五节　水环境管理信息系统

近年来，现代电子、通信、计算机网络等科学技术快速发展，3S（GIS、RS、GPS）、信息自动采集、通信与网络、信息存储与管理、软件工程、系统集成、决策支持等信息技术在各行各业得到了广泛应用。与高新技术接轨，是水环境管理工作的迫切需要，也是水信息化的发展趋势。通过建设水环境管理信息系统，及时掌握水环境信息动态，保证第一手信息的准确性、科学性和精细化，进而为水环境管理工作提供手段和依据。

一、水环境管理信息系统特点

水环境管理是一项复杂的系统工程，管理内容宽泛，需要收集、处理大范围、多因素和综合性信息。传统的水环境信息采集和管理决策方法已难以适应水环境变化的复杂性和海量信息。随着信息技术在水环境管理中的广泛应用，水环境管理进入系统化、信息化的管理时代。水环境信息系统的建设和应用，可以实现对海量水环境信息的有效利用与管理，通过采用现代化的技术手段促进水环境管理方式的变革，提高水环境管理的信息化水平。

水环境管理信息系统，是以管理学、系统工程、信息论、控制论等为基础，以网络技术、数据库技术、WEB技术、仿真技术、信息技术等为手段，支持水环境管理决策活动的智能管理平台，具有规范化、实时化和最优化管理等特点。目前，水环境管理信息系统已成为水信息学的重要研究方向之一。

二、水环境管理信息系统建设目标

水环境管理信息系统的建设目标是：根据水环境管理的技术路线，分析水环境现状及存在问题，利用先进的网络通信、遥测、数据库、地理信息系统等技术，以及决策支持理论、系统工程理论、信息工程理论，建立一个能提供多方位、全过程的管理信息系统。系统应具备实用性强、技术先进、功能齐全等特点，一般要达到以下几个具体目标：

（1）运行稳定、可靠，能够实时、准确地完成各类信息的采集、传输、处理和存储，系统软硬件整体及其功能模块具有稳定性，在各种情况下不会出现死机和系统崩溃现象。

（2）具有容错和自适应性能，对使用人员操作过程中出现的局部错序或可能导致信息丢失的操作能推理纠正或给予正确的操作提示。

（3）安全性好，要求保障系统数据安全，不易被侵入、干扰、窃取信息或破坏。

（4）易于维护，要求系统的数据、业务以及涉及电子地图的维护方便、快捷。

（5）扩展性和适应性强，系统从规模上、功能上易于扩展和升级，应制定可行的解决方案，预留相应的接口；系统在操作方式、运行环境、与其他软件的接口以及开发计划等发生变化时，应具有适应能力。

三、水环境管理信息系统结构及主要功能

水环境管理信息系统一般包括信息采集与传输子系统、数据管理与存储子系统、业务应用子系统、网络及配套设施，各子系统间遵照相关标准规范体系和信息安全体系紧密集成。水环境管理信息系统框架结构见图11-4。

第五节 水环境管理信息系统

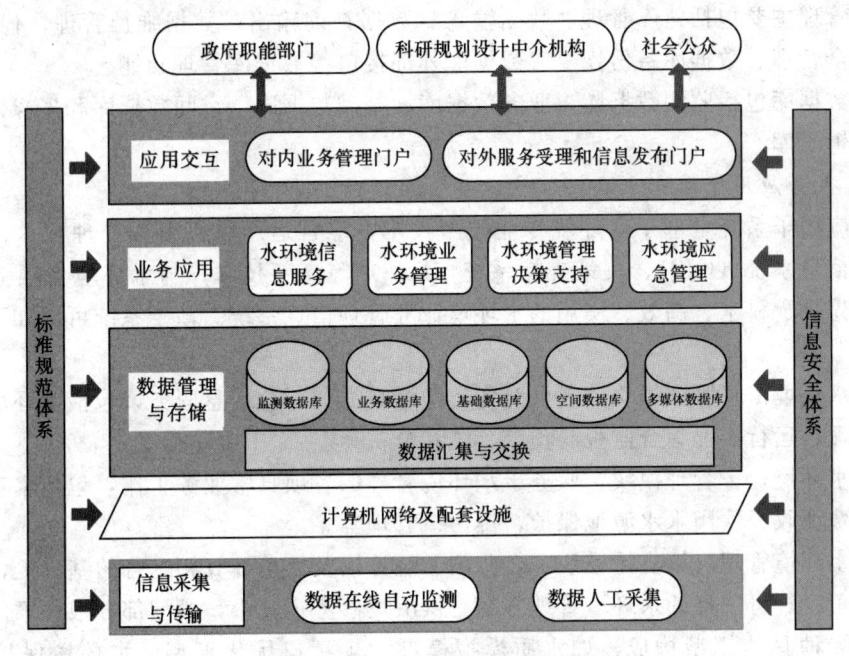

图 11-4 水环境管理信息系统框架结构

（一）信息采集与传输子系统

信息采集与传输是系统的重要信息来源。系统建设应充分利用现代科技成果，以信息自动采集传输为基础，辅以人工信息采集和传输，通过对信息采集传输基础设施设备的改造和建设，通过配置先进的适合各地水环境特性的新仪器、新设备，提高信息采集、传输、处理的自动化水平，提高信息采集的精度和传输的时效性，形成较为完善的信息采集体系，为水环境管理工作提供更准确的信息服务。

信息采集的实现根据信息来源情况分为在线自动采集和人工采集两种方式：在线自动采集方式是指监测点采集相关数据后，通过移动、有线、光纤等通信方式，由数据接收层进入系统的数据库；人工采集方式则是由工作人员将监测数据通过系统应用各层级的客户端导入或录入系统，直接进入系统的数据库。当采用人工采集方式时，应为用户提供便利的数据输入接口，如指定格式的 Excel 数据文件导入、友好的录入界面等。

（二）网络及配套设施

计算机网络系统是各种业务开展和对外交流的平台，同时还为管理机构之间数据、图像等各种信息提供高速可靠的传输通道。

（三）数据管理与存储子系统

水环境信息是指经过收集、分类、整理等处理后以特定形式存在的水环境资料，包括数字、字母、图像等多种形式。水环境信息是水环境系统受人类活动等外来影响作用后的反馈，而这些信息则有助于进一步认识与研究水环境，因此，水环境信息在水环境管理及研究工作中有着极其重要的作用。

数据存储管理主要是完成对数据的存储和备份、数据库服务器及网络基础设施的管理，实现对数据的物理存储管理和安全管理。

数据管理主要包括建库管理、数据输入、数据查询输出、数据维护管理、代码维护、数据库安全管理、数据库备份恢复、数据库外部接口等数据库管理功能。

系统数据库包括监测数据库、业务数据库、基础数据库、空间数据库和多媒体数据库等多个逻辑子库。

（四）业务应用子系统

业务应用子系统是基于水环境专业模型技术，综合运用联机事务处理技术、组件技术、地理信息系统（GIS）、决策支持系统（DSS）等高新技术，与水环境专项业务相结合，构建先进、科学、高效、实用的水环境业务管理信息系统。该子系统可由如下功能模块构成：

（1）水环境信息服务模块：提供对各类监测数据的综合信息服务，包括水环境监测信息接收处理、运行实况综合监视与预警、统计分析等。

（2）水环境业务管理模块：服务于水环境管理的各项日常业务工作，包括水功能区管理、排污费征收、饮用水水源地保护、排污口管理等。

（3）水环境管理决策支持模块：在监测、统计以及模型计算相结合的基础上，为决策者提供多角度、可选择的水环境管理方案，供决策参考。其中，模型部分根据不同的管理需求又由多种具体模型构成，如水质模拟模型、排污口优化模型、水环境保护规划模型等。

（4）水环境应急管理模块：对各种紧急情况下应急监测的信息进行接收处理、实况监视与预警、统计分析、应急调度管理等，以协助管理者积极应对各种突发状况和事故，如突发水污染事件的应急管理等。

（五）应用交互子系统

应用交互子系统主要实现相关应用入口的统一规范，提高业务人员效率，方便公众参与水环境监督管理，主要包括面向水环境管理工作者的水环境业务应用门户和面向社会公众的水环境信息服务门户。

课后习题

1. 简述水环境管理的概念及内容。
2. 简述我国水环境保护的法规标准体系。
3. 进一步学习《水污染防治法》等有关法律法规，论述水环境法律法规建设的意义。
4. 分析我国现行的水环境管理体制及存在问题，讨论其未来的改进方向。
5. 简述突发水污染事件应急管理内容；收集整理近几年我国发生的突发重大水污染事件，总结采取的应急处理措施及经验。
6. 简述排污口论证的程序。
7. 简述排污许可申请程序。
8. 简述水环境影响评价制度概念及工作程序。
9. 简述水环境影响预测点位的具体要求。
10. 水环境影响预测方法有哪些？

11. 查询有关资料，以某一个具体地区为例，开展水环境影响评价工作。
12. 举例说明水环境信息管理系统的作用与意义。

参 考 文 献

[1] 李兰．水环境评价与水污染控制规划［M］．武汉：武汉大学出版社，2009．
[2] 雒文生，李怀恩．水环境保护［M］．北京：中国水利水电出版社，2009．
[3] 叶文虎，张勇．环境管理学［M］．北京：高等教育出版社，2000．
[4] 俞衍升，岳元璋．中国水利百科全书·水利管理分册［M］．北京：中国水利水电出版社，2004．
[5] 傅国伟，程振东．水质管理信息系统的系统分析［M］．北京：中国环境科学出版社，1988．
[6] 张宝莉，徐玉新．环境管理与规划［M］．北京：中国环境科学出版社，2004．
[7] 朱永昌．水资源管理工作手册［M］．南京：江苏科学技术出版社，1992．
[8] 郑铭．环境影响评价导论［M］．北京：中国环境科学出版社，2003．
[9] 史宝忠．建设项目环境影响评价［M］．北京：中国环境科学出版社，1999．
[10] 王金南，葛察忠，张勇，等．中国水污染防治体制与政策［M］．北京：中国环境科学出版社，2003．
[11] HJ/T 2.3—1993 环境影响评价技术导则 地面水环境［S］．北京：中国计划出版社，1993．
[12] 方子云，邹家祥，郑连生．中国水利百科全书·环境水利分册［M］．北京：中国水利水电出版社，2004．
[13] 葛察忠．环境保护税详解［M］．北京：中国环境出版社，2018．
[14] 竺效．排污许可法律适用200问［M］．北京：中国环境出版社，2018．
[15] SL 532—2011 入河排污口管理技术导则［S］．北京：中国水利水电出版社，2011．